TURING 图灵计算机科学丛书

计算机程序设计艺术
MMIX增补

[美] 高德纳（**Donald E. Knuth**）
[德] 马丁·鲁克特（**Martin Ruckert**）　◎著

江志强 黄志斌 ◎译

The Art of Computer Programming
MMIX

人民邮电出版社

北 京

图书在版编目（CIP）数据

计算机程序设计艺术：MMIX 增补 / （美）高德纳
(Donald E. Knuth)，（德）马丁·鲁克特
(Martin Ruckert) 著；江志强，黄志斌译. -- 北京：
人民邮电出版社，2020.7（2023.12 重印）
（图灵计算机科学丛书）
ISBN 978-7-115-54120-8

I. ① 计…　II. ① 高… ② 马… ③ 江… ④ 黄…　III.
① 程序设计　IV. ① TP311.1

中国版本图书馆 CIP 数据核字 (2020) 第 088581 号

内　容　提　要

　　《计算机程序设计艺术》系列被公认为计算机科学领域的权威之作，深入阐述了程序设计理论，对计算机领域的发展有着极为深远的影响. MMIX 是新一代的以 RISC 为基础的计算机，比其前身 MIX 更加精简. 本书由两本小册子合并而成，第一部分描述了 MMIX 的内存、寄存器、指令、加载与存储等基础概念，并介绍了关于 MMIX 的一些基本编程技术；第二部分使用该语言重新实现了 TAOCP 前 3 卷中的所有算法.

　　本书适合从事计算机科学、计算数学等各方面工作的人员阅读，也适合高等院校相关专业的师生作为教学参考书，对于想深入理解计算机算法的读者，是一份必不可少的珍品.

◆ 著　　　　[美] 高德纳（Donald E. Knuth）
　　　　　　[德] 马丁·鲁克特（Martin Ruckert）
　　译　　　　江志强　黄志斌
　　责任编辑　傅志红
　　责任印制　周昇亮

◆ 人民邮电出版社出版发行　　北京市丰台区成寿寺路 11 号
　　邮编　100164　　电子邮件　315@ptpress.com.cn
　　网址　https://www.ptpress.com.cn
　　天津翔远印刷有限公司印刷

◆ 开本：787×1092　1/16
　　印张：19.75　　　　　　　2020 年 7 月第 1 版
　　字数：531 千字　　　　　2023 年 12 月天津第 3 次印刷

　　著作权合同登记号　图字：01-2016-5340 号

定价：159.00 元
读者服务热线：**(010)84084456-6009** 印装质量热线：**(010)81055316**
反盗版热线：**(010)81055315**
广告经营许可证：京东市监广登字 20170147 号

版权声明

关于本书的最新信息，请查阅 http://www-cs-faculty.stanford.edu/~knuth/taocp.html.
下载 MMIX 相关软件，请移步 http://www-cs-faculty.stanford.edu/~knuth/mmix.html.
关于 MMIX 的最新信息，请查阅 http://mmix.cs.hm.edu/.

目　录

第 一 部 分

计算机程序设计艺术

MMIX：新千年的精简指令集计算机

[美] 高德纳（Donald E. Knuth） 著

江志强 黄志斌 译

致中国读者

Greetings to all readers of these books in China! I fondly hope that many Chinese computer programmers will learn to recognize my Chinese name "高德纳", which was given to me by Francis Yao just before I visited your country in 1977. I still have very fond memories of that three-week visit, and I have been glad to see "高德纳" on the masthead of the *Journal of Computer Science and Technology* since 1989. This name makes me feel close to all Chinese people although I cannot speak your language.

People who devote much of their lives to computer programming must do a great deal of hard work and must master many subtle technical details. Not many are able to do this well. But the rewards are great, because a well written program can be a beautiful work of art, and because computer programs are helping to bring all people of the world together.

Donald E. Knuth

向我这些书的所有中国读者问好！我天真地希望中国的程序员们能记住我的中文名字叫高德纳，这是我 1977 年访问你们中国前夕，姚期智的夫人姚储枫给我起的名字. 对于那次为期三周的访问，我至今仍然留有深切的记忆，而且让我非常高兴的是，从 1989 年以后，《计算机科学技术学报》的刊头就用了我的中文名字. 虽然我不会说你们的中国话，但这个名字拉近了我们之间的距离.

投身计算机程序设计的人需要做大量相当艰苦的工作，而且必须掌握很多微妙的技术细节. 许多人还不能成功地做到这一点. 但是如果你做到了，就可以得到巨大的回报，因为精心编写的程序就像一个美丽的艺术作品，而且计算机程序能够聚拢全世界的人.

高德纳

前　言

fas·ci·cle \'fasəkəl\ n . . . 1：一小捆……由比团伞花序的头状花序少的紧凑聚伞花序组成的花簇.
. . . 2：一本书的一个分册.
——菲利普·戈夫, *Webster's Third New International Dictionary*（1961）

在致力于《计算机程序设计艺术》最终版本的过程中，我计划定期提供一系列更新内容，这是头一本.

我这样编写分册是受到查尔斯·狄更斯的启示，他曾以连载形式出版他的小说. 在构思出比尔·赛克斯这一角色之前，他出版了十几期连载的《雾都孤儿》! 我还受到詹姆斯·默里的影响，他先是于 1884 年开始出版《牛津英语词典》的前 350 页，到 1888 年才完成字母 B，1895 年完成字母 C.（默里于 1915 年在进行字母 T 的写作时去世，幸运的是，我的任务比他的简单得多.）

与狄更斯和默里不同的是，我有计算机来帮助我编辑这些素材，这样就可以轻松做修改后，再把所有内容放在一起组成最终形式. 虽然我试图尽力一步到位地写出所有内容，但我知道每一页都可能会有几百处出错和遗失重要想法的地方. 虽然我的文件中充满了许许多多已发现的优美算法的注记，但计算机科学已经发展到今天，我不敢奢望自己在希望涵盖的所有领域都能成为权威. 因此，在完成最终的版本之前，我需要读者的广泛反馈.

换句话说，我认为这些分册将包含很多好东西，我有机会把写出来的每份材料奉献给想要阅读它的人，心情十分激动. 但我也期望，像你这样的 β 测试者能帮助我做得更好. 像往常一样，我很乐意支付十六进制的 1 美元（#\$1.00 = \$2.56）给首先发现技术性错误、历史知识错误、印刷错误或立场错误的人.

查尔斯·狄更斯通常每月发表他的作品一次，有时每周一次. 詹姆斯·默里倾向于大约每 18 个月完成 350 页的内容. 如果一切顺利，我的目标是每年出版两本 128 页的分册. 大多数分册将作为第 4 卷和以后各卷的新内容，但有时我会用分册对早期卷进行增补. 例如，第 4 卷需要引用属于第 3 卷的主题，但这些内容在第 3 卷第一次出版时还未写到. 幸运的话，所有的工作能很好地呼应为一体.

第 1 分册是关于 MMIX 的，这是久已承诺的 MIX 替代者. 自从设计出 MIX 计算机，已经过去了 37 年，计算机体系结构在这些年间已经趋于一种相当不同的机器风格. 因此，我在 1990 年决定用新的计算机取代 MIX，它将比其前身更加精简.

第 1 卷前三版的习题 1.3.1–25 提到了名为"超级 MIX"的扩充的 MIX，它向下兼容旧版本. 但是超级 MIX 本身早已无可救药地过时了. 它可以有几十亿字节的内存，但是甚至无法用 ASCII 码打印小写字母. 而且，它调用子程序的标准约定也是不可改变地基于自修改指令! 在 1962 年，十进制算术和自修改代码很流行，但随着机器变得越来越大和越来越快，它们肯定会很快消失. 幸运的是，现代 RISC 架构具有非常吸引人的结构，所以我有机会设计出一款有趣的现代化新计算机.

许多读者无疑会想："为什么高德纳要以另一台机器取代 MIX，而不使用高级程序设计语言? 现在几乎没有人使用汇编语言了." 这些人有权发表他们的意见，而且他们不必费心阅读我书中的机器语言部分. 但是，20 世纪 60 年代初期我在第 1 卷前言里所写的使用机器语言的理由，至今仍然是成立的：

- 我的书的主要目标之一是说明高级结构实际上是如何在机器上实现的，而不仅仅是说明如何来应用这些结构. 我从头开始解释协同程序连接、树结构、随机数生成、高精度算术、进制转换、数据打包、组合搜索、递归，等等.

- 我的书中所需要的程序通常都很短，可以轻松掌握其要点.
- 对计算机不是只有一时兴趣的人，至少应该知道底层硬件是什么样的，否则他们编写的程序将会很奇怪.
- 如同我所描述的某些软件的输出那样，机器语言在任何情况下都是必要的.
- 用机器语言来表达用于排序和查找等算法的基本方法，使得在比较不同方案时有可能对高速缓存和 RAM 大小以及其他硬件特性（内存速度、流水线、多指令发射、旁查缓存、缓存块大小，等等）的影响进行有意义的研究.

而且，如果使用高级语言，应该是什么语言？在 20 世纪 60 年代，我可能会选择 Algol W；在 20 世纪 70 年代，我可能要使用 Pascal 重写我的书；在 20 世纪 80 年代，我肯定会把所有东西都改为 C；在 20 世纪 90 年代，我不得不切换到 C++，然后可能切换到 Java. 到 21 世纪，肯定还需要另一种语言. 我没有那个时间随着语言的兴衰而重写我的书. 语言并非我书中的要点，重点是能用你喜欢的语言做什么. 我的书专注于永恒的真理.

因此在《计算机程序设计艺术》中我将继续使用英语作为高级语言，并且将继续使用低级语言来指出机器实际上在如何计算. 只希望看到使用新潮语言以插件方式打包的算法的读者应该购买别人的书.

好消息是 MMIX 程序设计简单有趣. 这一分册给出：

(1) 面向程序员的对于机器的介绍（替换第 1 卷第 3 版的 1.3.1 节）；
(2) MMIX 汇编语言（替换 1.3.2 节）；
(3) 子程序，协同程序和解释程序的新内容（替换 1.4.1 节、1.4.2 节和 1.4.3 节）.

当然，MIX 出现在第 1–3 卷现有版本的许多地方，在这些卷的下一个版本准备好之前，这些程序需要使用 MMIX 重写. 我鼓励愿意帮助完成这个转换过程的读者加入"MMIX 大师"（MMIXmasters）项目，这是团结在 mmix.cs.hm.edu/mmixmasters 上的一群快乐的志愿者.

在第 4 卷和第 5 卷完成之前，我不会出版第 1 卷第 4 版. 因此，第 1.3.1、1.3.2、1.4.1、1.4.2 和 1.4.3 节的两个完全不同的版本将共存数年. 为了避免可能引起的混淆，我暂时对新内容赋予带撇的编号 1.3.1′、1.3.2′、1.4.1′、1.4.2′ 和 1.4.3′.

我对帮助我设计 MMIX 的所有人表示由衷的感谢. 特别是约翰·亨尼西和理查德·赛茨，应该特别感谢他们的积极参与和重大贡献. 还要感谢弗拉基米尔·伊万诺维奇自愿成为 MMIX 特级大师和网站管理员.

高德纳

1999 年 5 月于加州斯坦福市

新闻快讯：我很高兴地宣告，"MMIX 大师"项目的第一阶段于 2012 年 9 月在马丁·鲁克特的卓越领导下顺利完成. 第 1、2、3 卷中的所有 MIX 代码现在都转换为适当的 MMIX 代码. 马丁的书[①]使读者很容易在需要的地方用 21 世纪的内容来代替. 然而，我仍然鼓励志愿者继续提交改进，以使最终版本具有最高质量.（请参阅 http://mmix.cs.hm.edu/supplement/index.html.）

如果你愿意，你永远能改写.

——尼尔·西蒙，*Rewrites: A Memoir*（1996）

---

① *The MMIX Supplement* (Addison-Wesley, 2015), 中文版即本书的第二部分. 顺便说一下，本书第一部分的页眉遵循《计算机程序设计艺术》系列风格：左页页眉体现该页第一行的信息，右页页眉体现该页最后一行的信息. 本书第二部分的页眉则遵循通常约定：左右页眉都体现该页第一行的信息，因为页眉中有"[原作页码]"，体现第一行方便阅读，英文原书亦如此. ——译者注

第 1 章　基本概念

1.3′　MMIX

　　在本书中，我们经常需要用到计算机的内部机器语言. 我们用的是一台虚拟的计算机，称为"MMIX". MMIX（读作 *EM-micks*）酷似 1985 年以来的每一种通用计算机，要说有何不同的话，或许就是它更精巧. MMIX 机器语言有很强大的设计功能，足以对大多数算法编写出简短的程序；同时这种语言非常简单，很容易掌握它的运算与操作指令.

　　我们敦促读者细心学习这一节，因为 MMIX 语言会在本书中反复出现. 读者应该打消对于学习机器语言的顾虑. 事实上我甚至发现，在一周之内用五六种不同的机器语言编写程序也不算稀奇！每位对于计算机不是单纯一时兴起的人士，大概迟早会了解至少一种机器语言. 机器语言帮助程序员理解计算机内部实际上在运行着什么. 一旦掌握了一种机器语言，另外的机器语言的特性也就易于理解. 在很大程度上，计算机科学的主要内容是理解低级细节如何实现高层次目标.

　　从本书网站（网址见版权声明页）可以下载能在几乎任何计算机上运行 MMIX 程序的软件. *MMIXware* [*Lecture Notes in Computer Science* **1750** (1999)] 收录了我的 MMIX 例程的完整源代码，在后面的叙述中我们把该书称为《MMIXware 文档》.

1.3.1′　MMIX 概述

　　MMIX 是一台多不饱和的、100% 自然、有机的计算机. 像大多数计算机一样，它有一个标识码——2009. 这个号码是 14 台真实计算机的标识码的算术平均值，这些计算机与 MMIX 非常相似，而且很容易在它们上面模拟 MMIX：

$$\begin{aligned}
(\text{Cray I} &+ \text{IBM 801} + \text{RISC II} + \text{Clipper C300} + \text{AMD 29K} + \text{Motorola 88K} \\
&+ \text{IBM 601} + \text{Intel i960} + \text{Alpha 21164} + \text{POWER 2} + \text{MIPS R4000} \\
&+ \text{Hitachi SuperH4} + \text{StrongARM 110} + \text{Sparc 64})/14 \\
&= 28\,126/14 = 2\,009.
\end{aligned} \tag{1}$$

用罗马数字可以更简单地表示这一结果. [①]

　　二进制位和字节.　MMIX 以 0 和 1 的模式工作，0 和 1 称为二进制数字，或称为二进制位，简称位，MMIX 通常一次处理 64 个二进制位. 例如，64 位二进制量

$$1001111000110111011110011011100101111111010010100111110000010110 \tag{2}$$

是机器可能遇到的一个典型模式. 如果我们把这些二进制位分为每组四个，用十六进制数字表示每个组，就可以更方便地表达这样的长模式. 这 16 个十六进制数字是

$$\begin{array}{llll}
0 = 0000, & 4 = 0100, & 8 = 1000, & c = 1100, \\
1 = 0001, & 5 = 0101, & 9 = 1001, & d = 1101, \\
2 = 0010, & 6 = 0110, & a = 1010, & e = 1110, \\
3 = 0011, & 7 = 0111, & b = 1011, & f = 1111.
\end{array} \tag{3}$$

---

① 在罗马字母记数系统中，M 代表 1000，MM 代表 2000，IX 代表 9，所以 MMIX 表示 2009. ——译者注

如这里所示，我们总是使用另一种符号系统表示十六进制数字，使得它们不至于同十进制数字 0–9 混淆. 我们通常把符号 # 置于十六进制数前，使得这种区别更加清楚. 例如，在十六进制下，式 (2) 变成

$$\texttt{\#9e3779b97f4a7c}_{16} \tag{4}$$

我们经常用大写字母 ABCDEF 代替小写字母 abcdef，因为在某些上下文中 #9E3779B97F4A7C16 看起来比 #9e3779b97f4a7c16 舒服些，但两者无本质区别.

八个二进制位（或者两个十六进制数字）组成的序列通常称为一个字节. 大多数现代计算机都把字节作为基本的可独立寻址的数据单元. 我们将看到，MMIX 程序能访问多达 2^{64} 个字节，每个字节都有各自的地址，从 #0000000000000000 到 #ffffffffffffffff. 像英语这样的语言中的字母、数字和标点符号，通常每个字符用一个字节表示，使用美国信息交换标准代码（American Standard Code for Information Interchange, ASCII）. 例如，MMIX 的 ASCII 等效值是 #4d4d4958. ASCII 实际上是 7 位二进制码，有控制字符 #00–#1f、可打印字符 #20–#7e，以及一个"删除"字符 #7f [见 *CACM* **8** (1965), 207–214; **11** (1968), 849–852; **12** (1969), 166–178]. 20 世纪 80 年代，它扩充为国际标准 8 位二进制码，称为 Latin-1 或 ISO 8859-1. 例如，带有变音符号的字母 *pâté* 编码为 #70e274e9.

> "是在第 256 中队的吗?"
> "是在第 256 战斗中队的，"约萨里安回答.
> ……"那就是二的八次战斗乘方."
> ——约瑟夫·赫勒，《第二十二条军规》（1961）

人们还发展出一种支持几乎每种现代语言的 16 位代码. 这种代码非正式地称为 Unicode，不仅包括像 Σ 和 σ（#03a3 和 #03c3）这样的希腊字母，像 Щ 和 щ（#0429 和 #0449）这样的西里尔字母，像 Շ 和 ր（#0547 和 #0577）这样的亚美尼亚字母，像 ש（#05e9）这样的希伯来字母，像 ش（#0634）这样的阿拉伯字母，像 ऒ（#0936）或 শ（#09b6）或 ଶ（#0b36）或 ஶ（#0bb7）这样的印度字母，等等，而且还包括数以万计的东亚表意文字，例如用于表示数学与计算的汉字"算"（#7b97）. 甚至有对罗马数字的特殊代码: MMIX = #216f216f21602169. 简单地加一个前导零字节可以表示普通的 ASCII 或 Latin-1 字符: *pâté* 的 Unicode 表示是 #007000e2007400e9. [实际上，成熟的 Unicode 标准已经超出了它的 16 位起源. 现在，它包含超过 2^{16} 个代码点，可以用 8 位、16 位、32 位编码来表示，如 7.1.3 节讨论的那样. 但是，它的 16 位"基本多语言平面"确实包含了大多数常见字符.]

因为双字节的量在实践中十分重要，我们将使用方便的术语短字（*wyde*）来描述像 Unicode 基本平面的宽字符这样的 16 位量. 四字节和八字节的量也需要方便的名称，它们分别称为半字（*tetrabyte* 或 *tetra*）和全字（*octabyte* 或 *octa*）. 因此

$$2\ \text{字节} = 1\ \text{短字};$$
$$2\ \text{短字} = 1\ \text{半字};$$
$$2\ \text{半字} = 1\ \text{全字}.$$

1 个全字等于 4 个短字，等于 8 个字节，等于 64 个二进制位.

字节和多字节的量当然可以表示数，正如它们可以表示字母字符. 使用二进制数系，

一个无符号字节可以表示从 0 到 255 的整数;

一个无符号短字可以表示从 0 到 65 535 的整数;

一个无符号半字可以表示从 0 到 4 294 967 295 的整数;

一个无符号全字可以表示从 0 到 18 446 744 073 709 551 615 的整数.

整数也可以表示为二进制补码, 最左边的二进制位是符号位: 在这种表示法中, 如果前导二进制位是 1, 就减去 2^n 得到对应于 n 位二进制数的整数. 例如, -1 可以表示为带符号字节 $\texttt{\#ff}$, 带符号短字 $\texttt{\#ffff}$, 带符号半字 $\texttt{\#ffffffff}$, 带符号全字 $\texttt{\#ffffffffffffffff}$. 这样一来,

一个带符号字节可以表示从 -128 到 127 的整数;

一个带符号短字可以表示从 $-32\,768$ 到 $32\,767$ 的整数;

一个带符号半字可以表示从 $-2\,147\,483\,648$ 到 $2\,147\,483\,647$ 的整数;

一个带符号全字可以表示从 $-9\,223\,372\,036\,854\,775\,808$ 到 $9\,223\,372\,036\,854\,775\,807$ 的整数.

内存和寄存器. 从程序员的角度来看, MMIX 计算机有 2^{64} 个存储单元和 2^8 个通用寄存器, 以及 2^5 个专用寄存器 (见图 13). 数据从内存传输到寄存器, 在寄存器中变换, 然后从寄存器传输到内存. 内存单元命名为 M[0], M[1], $\ldots$, M[$2^{64}-1$]. 因此, 如果 x 是任意一个全字, 则 M[x] 是内存中的一个字节. 通用寄存器命名为 \$0, \$1, $\ldots$, \$255. 因此, 如果 x 是任意一个字节, 则 \$$x$ 是一个全字.

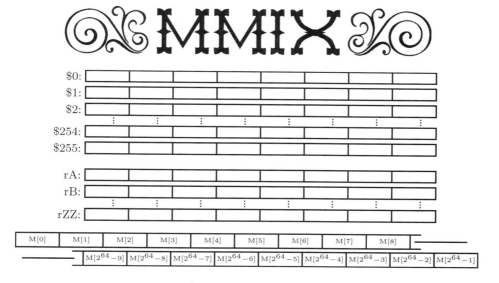

图 13   程序员所见的 MMIX 计算机, 有 256 个通用寄存器和 32 个专用寄存器, 2^{64} 字节虚拟内存. 每个寄存器能保存 64 位二进制数据.

2^{64} 字节的内存空间被分组为 2^{63} 个短字, $M_2[0] = M_2[1] = M[0]M[1]$, $M_2[2] = M_2[3] = M[2]M[3]$, $\ldots$; 每个短字由两个连续的字节组成: $M[2k]M[2k+1] = M[2k] \times 2^8 + M[2k+1]$, 以 $M_2[2k]$ 或 $M_2[2k+1]$ 表示. 类似地, 有 2^{62} 个半字:

$$M_4[4k] = M_4[4k+1] = M_4[4k+2] = M_4[4k+3] = M[4k]M[4k+1]M[4k+2]M[4k+3],$$

2^{61} 个全字:

$$M_8[8k] = M_8[8k+1] = \cdots = M_8[8k+7] = M[8k]M[8k+1]\ldots M[8k+7].$$

一般来说, 如果 x 是全字, 则记号 $M_2[x]$, $M_4[x]$, $M_8[x]$ 分别表示包含字节 M[x] 的短字、半字、全字, 提到 $M_t[x]$ 时, 我们忽略 x 的最低有效位的 $\lg t$ 个二进制位. 为完备起见, 我们定义 $M_1[x] = M[x]$, 另外, 当 $x < 0$ 或 $x \geq 2^{64}$ 时定义 $M[x] = M[x \bmod 2^{64}]$.

MMIX 的 32 个专用寄存器分别命名为 rA, rB, ..., rZ, rBB, rTT, rWW, rXX, rYY, rZZ. 和通用寄存器一样, 它们每个都能保存一个全字的数据. 稍后会说明它们的用途. 例如, 我们将看到, rA 控制算术中断, rR 保存做除法后的余数.

指令. MMIX 的内存中既包含数据, 也包含指令. 指令 (或称为 "命令") 是一个半字, 由名为 OP, X, Y, Z 的四个字节组成. OP 是操作码, X, Y, Z 描述操作数. 例如, 在 #20010203 这条指令中, OP = #20, X = #01, Y = #02, Z = #03, 含义为 "置 \$1 为 \$2 与 \$3 的和". 操作数字节总是视为无符号整数.

256 个可能的操作码中的每一个都有便于记忆的符号形式. 例如, 操作码 #20 是 ADD. 后面我们只用符号形式的操作码. 如有需要, 可以在第 20 页的表 1 (以及本书最后的 "MMIX 操作码表") 中找到其数值等价形式.

X, Y, Z 字节也有符号表示, 它们与将在 1.3.2′ 节讨论的汇编语言一致. 例如, 指令 #20010203 按照惯例写作 "ADD \$1,\$2,\$3", 加法指令一般写作 "ADD \$X,\$Y,\$Z". 大多数指令有三个操作数, 但有的只有两个, 还有一些仅有一个. 当有两个操作数时, 第一个操作数是 X, 第二个操作数是双字节量 YZ, 符号记法中只有一个逗号. 例如, 指令 "INCL \$X,YZ" 使得寄存器 \$X 加上数值 YZ. 当只有一个操作数时, 它是无符号的三字节量 XYZ, 符号记法中全然没有逗号. 例如, 我们将看到, "JMP @+4*XYZ" 告诉 MMIX 跳过 XYZ 个半字找到下一条指令. 指令 "JMP @+1000000" 的十六进制形式是 #f003d090, 因为 JMP = #f0 而 250 000 = #03d090.

我们将非形式地和形式地描述每一条 MMIX 指令. 例如, 指令 "ADD \$X,\$Y,\$Z" 非形式意义是 "置 \$X 为 \$Y 与 \$Z 的和", 形式定义是 "s(\$X) ← s(\$Y) + s(\$Z)". 这里 s(x) 表示按照二进制补码约定对应于位模式 x 的带符号整数. 像 s(x) ← N 这样的赋值意味着把 x 置为 s(x) = N 的位模式. (如果 N 的表示需要太多的二进制位而无法放入 x 中, 这样的赋值将引发整数溢出. 例如, 如果 s(\$Y) + s(\$Z) 小于 -2^{63} 或大于 $2^{63} - 1$, 则 ADD 将溢出. 在非形式地讨论一条指令时, 我们常常忽略溢出的可能性; 然而, 形式化的定义会使一切变得精确. 一般来说, 赋值 s(x) ← N 把 x 置为 $N \bmod 2^n$ 的二进制表示, 其中 n 是 x 的二进制的位数, 如果 $N < -2^{n-1}$ 或 $N \geq 2^{n-1}$, 则溢出; 见习题 5.)

装入和存储. 尽管 MMIX 有 256 个不同的操作码, 我们将看到, 它们可以归入几个易于学习的类别. 现在我们先看看在寄存器和内存之间传输信息的指令.

以下每条指令都有通过把 \$Y 加到 \$Z 上得到的内存地址 A. 形式地说,

$$A = \big(u(\$Y) + u(\$Z)\big) \bmod 2^{64} \tag{5}$$

是把 \$Y 和 \$Z 表示为无符号整数, 然后两个整数相加, 忽略左端出现的任何进位, 从而得到的 64 位二进制整数. 在这个式子中, 记号 u(x) 类似于 s(x), 但是把 x 看作无符号二进制整数.

- LDB \$X,\$Y,\$Z (装入字节): s(\$X) ← s(M_1[A]).
- LDW \$X,\$Y,\$Z (装入短字): s(\$X) ← s(M_2[A]).
- LDT \$X,\$Y,\$Z (装入半字): s(\$X) ← s(M_4[A]).
- LDO \$X,\$Y,\$Z (装入全字): s(\$X) ← s(M_8[A]).

这些指令把数据从内存传到寄存器 \$X, 如有必要, 把这些数据从带符号字节、短字或半字转换为同样值的带符号全字. 例如, 假设全字 $M_8[1002] = M_8[1000]$ 是

$$M[1000]M[1001]\ldots M[1007] = \texttt{\#0123456789abcdef}. \tag{6}$$

那么，如果 $2 = 1000 且 $3 = 2，则我们有 A = 1002，而且

    LDB $1,$2,$3 置 $1 ← #0000 0000 0000 0045;
    LDW $1,$2,$3 置 $1 ← #0000 0000 0000 4567;
    LDT $1,$2,$3 置 $1 ← #0000 0000 0123 4567;
    LDO $1,$2,$3 置 $1 ← #0123 4567 89ab cdef.

但是，如果 $3 = 5，则 A = 1005，

    LDB $1,$2,$3 置 $1 ← #ffff ffff ffff ffab;
    LDW $1,$2,$3 置 $1 ← #ffff ffff ffff 89ab;
    LDT $1,$2,$3 置 $1 ← #ffff ffff 89ab cdef;
    LDO $1,$2,$3 置 $1 ← #0123 4567 89ab cdef.

当带符号字节、短字或半字转换为带符号全字时，它的符号位被"扩展"到左边所有位置.

- LDBU $X,$Y,$Z (装入无符号字节): u($X) ← u$(M_1[A])$.
- LDWU $X,$Y,$Z (装入无符号短字): u($X) ← u$(M_2[A])$.
- LDTU $X,$Y,$Z (装入无符号半字): u($X) ← u$(M_4[A])$.
- LDOU $X,$Y,$Z (装入无符号全字): u($X) ← u$(M_8[A])$.

这些指令类似于 LDB, LDW, LDT, LDO，但它们把内存中的数据看作无符号的：当加长一个短量时，把寄存器左边的二进制位置为零. 因此，在上面的例子中，如果 $2 + $3 = 1005，则 LDBU $1,$2,$3 置 $1 ← #0000 0000 0000 00ab.

实际上，因为把全字装入寄存器时无须扩展符号位或填零，指令 LDO 和 LDOU 具有完全相同的行为. 但是，优秀程序员在符号相关时使用 LDO，在符号无关时使用 LDOU. 于是，程序的读者可以更好地理解装入内容的意义.

- LDHT $X,$Y,$Z (装入高半字): u($X) ← u$(M_4[A]) \times 2^{32}$.

这里把半字 $M_4[A]$ 装入寄存器 $X 的左半，右半置零. 例如，假定 (6) 成立，如果 $2 + $3 = 1005，则 LDHT $1,$2,$3 置 $1 ← #89ab cdef 0000 0000.

- LDA $X,$Y,$Z (装入地址): u($X) ← A.

这条指令把内存地址装入寄存器，本质上与第 10 页描述的 ADDU 指令相同. 有时，"装入地址"一词比"无符号加"能更好地描述它的目的.

- STB $X,$Y,$Z (存储字节): s$(M_1[A])$ ← s($X).
- STW $X,$Y,$Z (存储短字): s$(M_2[A])$ ← s($X).
- STT $X,$Y,$Z (存储半字): s$(M_4[A])$ ← s($X).
- STO $X,$Y,$Z (存储全字): s$(M_8[A])$ ← s($X).

这些指令执行另一个方向的操作，它们把数据从寄存器传输到内存. 如果寄存器中的（带符号）数处于内存字段范围之外则引发溢出. 例如，假定寄存器 $1 包含整数 $-65536 =$ #ffff ffff ffff 0000. 假定 (6) 成立，如果 $2 = 1000, $3 = 2，则

    STB $1,$2,$3 置 $M_8[1000]$ ← #0123 0067 89ab cdef (引发溢出);
    STW $1,$2,$3 置 $M_8[1000]$ ← #0123 0000 89ab cdef (引发溢出);
    STT $1,$2,$3 置 $M_8[1000]$ ← #ffff 0000 89ab cdef;
    STO $1,$2,$3 置 $M_8[1000]$ ← #ffff ffff ffff 0000.

- STBU \$X,\$Y,\$Z (*存储无符号字节*): $u(M_1[A]) \leftarrow u(\$X) \bmod 2^8$.
- STWU \$X,\$Y,\$Z (*存储无符号短字*): $u(M_2[A]) \leftarrow u(\$X) \bmod 2^{16}$.
- STTU \$X,\$Y,\$Z (*存储无符号半字*): $u(M_4[A]) \leftarrow u(\$X) \bmod 2^{32}$.
- STOU \$X,\$Y,\$Z (*存储无符号全字*): $u(M_8[A]) \leftarrow u(\$X)$.

这些指令同对应的有符号指令 STB, STW, STT, STO 对内存的作用完全相同, 但绝不会引发溢出.

- STHT \$X,\$Y,\$Z (*存储高半字*): $u(M_4[A]) \leftarrow \lfloor u(\$X)/2^{32} \rfloor$.

把寄存器 \$X 的左半传输到内存的半字 $M_4[A]$.

- STCO X,\$Y,\$Z (*存储常数到全字*): $u(M_8[A]) \leftarrow X$.

把一个 0 至 255 之间的常数装入内存的全字 $M_8[A]$.

算术运算符. MMIX 的大多数操作严格地在寄存器之间进行. 因为计算机必须能够进行计算, 我们不妨考虑加法、减法、乘法和除法, 以此开始研究寄存器到寄存器的操作.

- ADD \$X,\$Y,\$Z (*加*): $s(\$X) \leftarrow s(\$Y) + s(\$Z)$.
- SUB \$X,\$Y,\$Z (*减*): $s(\$X) \leftarrow s(\$Y) - s(\$Z)$.
- MUL \$X,\$Y,\$Z (*乘*): $s(\$X) \leftarrow s(\$Y) \times s(\$Z)$.
- DIV \$X,\$Y,\$Z (*除*): $s(\$X) \leftarrow \lfloor s(\$Y)/s(\$Z) \rfloor [\$Z \neq 0]$ 且 $s(rR) \leftarrow s(\$Y) \bmod s(\$Z)$.

加法、减法和乘法无须进一步讨论. DIV 命令产生 1.2.4 节定义的商和余数, 余数进入专用的余数寄存器 rR, 可以使用第 19 页描述的 GET \$X,rR 指令查看. 如果除数 \$Z 为零, DIV 置 $\$X \leftarrow 0$ 且 $rR \leftarrow \$Y$ (见式 1.2.4–(1)), 同时引发"整数除法校验". 稍后我们将讨论像"除法校验"这样的异常条件的影响.

- ADDU \$X,\$Y,\$Z (*无符号加*): $u(\$X) \leftarrow (u(\$Y) + u(\$Z)) \bmod 2^{64}$.
- SUBU \$X,\$Y,\$Z (*无符号减*): $u(\$X) \leftarrow (u(\$Y) - u(\$Z)) \bmod 2^{64}$.
- MULU \$X,\$Y,\$Z (*无符号乘*): $u(rH\,\$X) \leftarrow u(\$Y) \times u(\$Z)$.
- DIVU \$X,\$Y,\$Z (*无符号除*): 如果 $u(\$Z) > u(rD)$ 则 $u(\$X) \leftarrow \lfloor u(rD\,\$Y)/u(\$Z) \rfloor$, $u(rR) \leftarrow u(rD\,\$Y) \bmod u(\$Z)$; 否则 $\$X \leftarrow rD$, $rR \leftarrow \$Y$.

无符号数的算术运算绝不会引发溢出. MULU 命令产生完整的 16 字节乘积, 上半部分进入专用的高乘寄存器 rH. 例如, 当前面 (2) 和 (4) 中的无符号数 #9e3779b97f4a7c16 同自身相乘时, 我们得到

$$rH \leftarrow {}^{\#}61c8864680b583ea, \quad \$X \leftarrow {}^{\#}1bb32095ccdd51e4. \tag{7}$$

在这种情形, rH 的值恰好是 2^{64} 减去原来的数 #9e3779b97f4a7c16. 这并非巧合! 原因是, 如果将二进制小数点放在左边, (2) 实际上给出黄金分割比 $\phi^{-1} = \phi - 1$ 的二进制表示的前 64 位. (见附录 A 表 2[①].) 平方之后给出 $\phi^{-2} = 1 - \phi^{-1}$ 的二进制表示的近似值, 现在小数点在 rH 的左边.

对于 16 字节的被除数和 8 字节的除数, DIVU 的除法产生 8 字节的商和余数. 被除数的上半部分出现在专用的被除数寄存器 rD 中, 在程序开始时它是零, 使用第 19 页描述的 PUT rD,\$Z 指令可以把这个寄存器置为任何希望的值. 如果 rD 大于等于除数 \$Z, 则 DIVU \$X,\$Y,\$Z 仅仅置 $\$X \leftarrow rD$, $rR \leftarrow \$Y$. (当 \$Z 为零时总是这种情形.) 但 DIVU 绝不会引发整数除法校验.

ADDU 指令按照定义 (5) 计算内存地址 A. 因此, 如前面讨论过的, 有时给 ADDU 另一个名称 LDA. 以下相关指令也有助于地址计算.

[①] 本书第 1–3 卷当前版本 (第 1、2 卷第 3 版, 第 3 卷第 2 版) 附录 A 表 2 中的数值都是以 45 位八进制数字给出的, 第 4A 卷的这个数值表以 40 位十六进制数字给出: $\phi = 1.9E37\,79B9\,7F4A\,7C15\,F39C\,C060\,5CED\,C834\,1082\,276C-$.

——译者注

- 2ADDU $X,$Y,$Z (乘 2 然后无符号加): $u(\$X) \leftarrow \big(u(\$Y) \times 2 + u(\$Z)\big) \bmod 2^{64}$.
- 4ADDU $X,$Y,$Z (乘 4 然后无符号加): $u(\$X) \leftarrow \big(u(\$Y) \times 4 + u(\$Z)\big) \bmod 2^{64}$.
- 8ADDU $X,$Y,$Z (乘 8 然后无符号加): $u(\$X) \leftarrow \big(u(\$Y) \times 8 + u(\$Z)\big) \bmod 2^{64}$.
- 16ADDU $X,$Y,$Z (乘 16 然后无符号加): $u(\$X) \leftarrow \big(u(\$Y) \times 16 + u(\$Z)\big) \bmod 2^{64}$.

如果溢出不是问题, 则执行指令 2ADDU $X,$Y,$Y 比乘以 3 要快.

- NEG $X,Y,$Z (取相反数): $s(\$X) \leftarrow Y - s(\$Z)$.
- NEGU $X,Y,$Z (无符号取相反数): $u(\$X) \leftarrow \big(Y - u(\$Z)\big) \bmod 2^{64}$.

在这些指令中, Y 只不过是一个无符号常数, 而不是寄存器号 (正如 X 是 STCO 指令中的无符号常数一样). Y 通常是零, 在这种情形, 我们可以简单地写 NEG $X,$Z 或 NEGU $X,$Z.

- SL $X,$Y,$Z (左移): $s(\$X) \leftarrow s(\$Y) \times 2^{u(\$Z)}$.
- SLU $X,$Y,$Z (无符号左移): $u(\$X) \leftarrow \big(u(\$Y) \times 2^{u(\$Z)}\big) \bmod 2^{64}$.
- SR $X,$Y,$Z (右移): $s(\$X) \leftarrow \lfloor s(\$Y)/2^{u(\$Z)} \rfloor$.
- SRU $X,$Y,$Z (无符号右移): $u(\$X) \leftarrow \lfloor u(\$Y)/2^{u(\$Z)} \rfloor$.

SL 和 SLU 在 $X 中产生相同的结果, SL 可能引发溢出而 SLU 绝不会引发溢出. SR 右移时扩展符号位, 而 SRU 从左边移入零. 因此, SR 和 SRU 产生相同结果当且仅当 $Y 非负或 $Z 为零. 求 2 的乘幂时, SL 和 SR 指令比 MUL 和 DIV 要快得多. 求 2 的正乘幂时, SLU 指令比 MULU 快得多, 但前者不影响 rH 而后者影响 rH. 求 2 的负乘幂时, SLR 指令比 DIVU 快得多, 但它不受 rD 的影响. 我们通常用记号 $y \ll z$ 表示把二进制值 y 左移 z 位的结果, 类似地, $y \gg z$ 表示右移的结果.

- CMP $X,$Y,$Z (比较): $s(\$X) \leftarrow \big[s(\$Y) > s(\$Z)\big] - \big[s(\$Y) < s(\$Z)\big]$.
- CMPU $X,$Y,$Z (无符号比较): $s(\$X) \leftarrow \big[u(\$Y) > u(\$Z)\big] - \big[u(\$Y) < u(\$Z)\big]$.

取决于寄存器 $Y 小于、等于或大于寄存器 $Z, 这些指令中的每一条分别置 $X 为 $-1, 0, 1$.

条件指令. 以下几条指令依据寄存器是正、负或零确定它们的动作.

- CSN $X,$Y,$Z (为负时复制): 如果 $s(\$Y) < 0$ 置 $\$X \leftarrow \$Z$.
- CSZ $X,$Y,$Z (为零时复制): 如果 $\$Y = 0$ 置 $\$X \leftarrow \$Z$.
- CSP $X,$Y,$Z (为正时复制): 如果 $s(\$Y) > 0$ 置 $\$X \leftarrow \$Z$.
- CSOD $X,$Y,$Z (为奇数时复制): 如果 $\$Y \bmod 2 = 1$ 置 $\$X \leftarrow \$Z$.
- CSNN $X,$Y,$Z (非负时复制): 如果 $s(\$Y) \geq 0$ 置 $\$X \leftarrow \$Z$.
- CSNZ $X,$Y,$Z (非零时复制): 如果 $\$Y \neq 0$ 置 $\$X \leftarrow \$Z$.
- CSNP $X,$Y,$Z (非正时复制): 如果 $s(\$Y) \leq 0$ 置 $\$X \leftarrow \$Z$.
- CSEV $X,$Y,$Z (为偶数时复制): 如果 $\$Y \bmod 2 = 0$ 置 $\$X \leftarrow \$Z$.

如果寄存器 $Y 满足所述条件, 就把寄存器 $Z 复制到寄存器 $X, 否则什么也不做. 寄存器为负当且仅当它的前导 (最左边的) 二进制位为 1. 寄存器为奇数当且仅当它的末尾 (最右边的) 二进制位为 1.

- ZSN $X,$Y,$Z (为负时复制否则清零): $\$X \leftarrow \$Z\,[s(\$Y) < 0]$.
- ZSZ $X,$Y,$Z (为零时复制否则清零): $\$X \leftarrow \$Z\,[\$Y = 0]$.
- ZSP $X,$Y,$Z (为正时复制否则清零): $\$X \leftarrow \$Z\,[s(\$Y) > 0]$.
- ZSOD $X,$Y,$Z (为奇数时复制否则清零): $\$X \leftarrow \$Z\,[\$Y \bmod 2 = 1]$.
- ZSNN $X,$Y,$Z (非负时复制否则清零): $\$X \leftarrow \$Z\,[s(\$Y) \geq 0]$.
- ZSNZ $X,$Y,$Z (非零时复制否则清零): $\$X \leftarrow \$Z\,[\$Y \neq 0]$.

- ZSNP $X,$Y,$Z (非正时复制否则清零): $X ← $Z [s($Y) ≤ 0].
- ZSEV $X,$Y,$Z (为偶数时复制否则清零): $X ← $Z [$Y mod 2 = 0].

如果寄存器 $Y 满足所述条件，就把寄存器 $Z 复制到寄存器 $X，否则把寄存器 $X 清零.

按位运算. 我们经常发现，把全字 x 想像为 64 个独立二进制位组成的向量 v(x)，然后对两个这样的向量的每一个分量同时执行某种运算，这是很有用的.

- AND $X,$Y,$Z (按位与): v($X) ← v($Y) & v($Z).
- OR $X,$Y,$Z (按位或): v($X) ← v($Y) | v($Z).
- XOR $X,$Y,$Z (按位异或): v($X) ← v($Y) ⊕ v($Z).
- ANDN $X,$Y,$Z (按位与非): v($X) ← v($Y) & v̄($Z).
- ORN $X,$Y,$Z (按位或非): v($X) ← v($Y) | v̄($Z).
- NAND $X,$Y,$Z (按位非与): v̄($X) ← v($Y) & v($Z).
- NOR $X,$Y,$Z (按位非或): v̄($X) ← v($Y) | v($Z).
- NXOR $X,$Y,$Z (按位非异或): v̄($X) ← v($Y) ⊕ v($Z).

这里 v̄ 表示向量 v 的补，通过把 0 变为 1 且把 1 变为 0 得到. 二进制按位运算 &, |, ⊕ 由规则

$$
\begin{array}{lll}
0 \,\&\, 0 = 0, & 0 \mid 0 = 0, & 0 \oplus 0 = 0, \\
0 \,\&\, 1 = 0, & 0 \mid 1 = 1, & 0 \oplus 1 = 1, \\
1 \,\&\, 0 = 0, & 1 \mid 0 = 1, & 1 \oplus 0 = 1, \\
1 \,\&\, 1 = 1, & 1 \mid 1 = 1, & 1 \oplus 1 = 0
\end{array}
\tag{8}
$$

定义，它们独立地应用到每一个二进制位上. "按位与" 运算同乘法或取最小值一样; "按位或" 运算同取最大值一样; "按位异或" 运算同模 2 加法一样.

- MUX $X,$Y,$Z (按位多路复用): v($X) ← (v($Y) & v(rM)) | (v($Z) & v̄(rM)).

MUX 操作观察专用的多路复用掩码寄存器 rM 的各个二进制位，选择 rM 为 1 的 $Y 位和 rM 为 0 的 $Z 位来组合两个位向量.

- SADD $X,$Y,$Z (位叠加加法): s($X) ← s(ν(v($Y) & v̄($Z))).

SADD 操作计算在寄存器 $Y 中为 1 且在寄存器 $Z 中为 0 的二进制位的数量.

按字节运算. 同样，我们可以把全字 x 想像为 8 个独立字节组成的向量 b(x)，每个字节是 0 到 255 之间的整数; 或者想像为 4 个独立短字组成的向量 w(x)，或者想像为 2 个无符号半字组成的向量 t(x). 以下操作同时处理所有分量.

- BDIF $X,$Y,$Z (字节差): b($X) ← b($Y) ∸ b($Z).
- WDIF $X,$Y,$Z (短字差): w($X) ← w($Y) ∸ w($Z).
- TDIF $X,$Y,$Z (半字差): t($X) ← t($Y) ∸ t($Z).
- ODIF $X,$Y,$Z (全字差): u($X) ← u($Y) ∸ u($Z).

这里 ∸ 表示饱和减运算，也称作 "非亏减" 或 "点减":

$$
y \dotminus z = \max(0, y - z).
\tag{9}
$$

在文本处理和计算机图形（用字节或短字表示像素值）中这些运算都有着重要应用. 习题 27–30 讨论它们的一些基本性质.

我们也可以把全字想像为 8×8 布尔矩阵，也就是 0 和 1 组成的 8×8 数组. 令矩阵 m(x) 从上到下的行是 x 从左到右的字节. 令 m^T(x) 是 m(x) 的转置矩阵，它的各列是 x 的各个字

节. 例如, 如果 $x = {}^\#\texttt{9e3779b97f4a7c16}$ 是全字 (2), 则我们有

$$\mathrm{m}(x) = \begin{pmatrix} 1&0&0&1&1&1&1&0 \\ 0&0&1&1&0&1&1&1 \\ 0&1&1&1&1&0&0&1 \\ 1&0&1&1&1&0&0&1 \\ 0&1&1&1&1&1&1&1 \\ 0&1&0&0&1&0&1&0 \\ 0&1&1&1&1&1&0&0 \\ 0&0&0&1&0&1&1&0 \end{pmatrix}, \qquad \mathrm{m}^{\mathrm{T}}(x) = \begin{pmatrix} 1&0&0&1&0&0&0&0 \\ 0&0&1&0&1&1&1&0 \\ 0&1&1&1&1&0&1&0 \\ 1&1&1&1&1&0&1&1 \\ 1&0&1&1&1&1&1&0 \\ 1&1&0&0&1&0&1&1 \\ 1&1&0&0&1&1&0&1 \\ 0&1&1&1&1&0&0&0 \end{pmatrix}. \tag{10}$$

全字的这个解释让我们想起数学家非常熟悉的两种运算, 但我们暂停片刻, 从零开始定义它们.

如果 A 是 $m \times n$ 矩阵, B 是 $n \times s$ 矩阵, ∘ 和 • 是二元运算, 则广义矩阵积 $A \, {}_\bullet^\circ \, B$ 是由

$$C_{ij} = (A_{i1} \bullet B_{1j}) \circ (A_{i2} \bullet B_{2j}) \circ \cdots \circ (A_{in} \bullet B_{nj}) \tag{11}$$

定义的 $m \times s$ 矩阵 C, 其中 $1 \le i \le m$, $1 \le j \le s$. [见艾弗森, *A Programming Language* (Wiley, 1962), 23–24; 假定运算 ∘ 满足结合律.] 如果 ∘ 是 + 且 • 是 ×, 得到普通矩阵乘积运算. 如果令 ∘ 是 | 或 ⊕, 得到重要的布尔矩阵运算

$$(A \, {\textstyle \frac{|}{\times}} \, B)_{ij} = A_{i1}B_{1j} \mid A_{i2}B_{2j} \mid \cdots \mid A_{in}B_{nj}; \tag{12}$$

$$(A \, {\textstyle \frac{\oplus}{\times}} \, B)_{ij} = A_{i1}B_{1j} \oplus A_{i2}B_{2j} \oplus \cdots \oplus A_{in}B_{nj}. \tag{13}$$

注意, 如果 A 的每一行至多有一个 1, 则 (12) 或 (13) 的各项中至多有一项非零. 如果 B 的每一列至多有一个 1, 同样的事实也成立. 因此, 在这些情形, $A \, {\textstyle \frac{|}{\times}} \, B$ 和 $A \, {\textstyle \frac{\oplus}{\times}} \, B$ 都变成和普通矩阵乘积 $A \, {\textstyle \frac{+}{\times}} \, B = AB$ 一样.

- MOR \$X,\$Y,\$Z (多重或): $\mathrm{m}^{\mathrm{T}}(\$X) \leftarrow \mathrm{m}^{\mathrm{T}}(\$Y) \, {\textstyle \frac{|}{\times}} \, \mathrm{m}^{\mathrm{T}}(\$Z)$; 等价地, $\mathrm{m}(\$X) \leftarrow \mathrm{m}(\$Z) \, {\textstyle \frac{|}{\times}} \, \mathrm{m}(\$Y)$. (见习题 32.)

- MXOR \$X,\$Y,\$Z (多重异或): $\mathrm{m}^{\mathrm{T}}(\$X) \leftarrow \mathrm{m}^{\mathrm{T}}(\$Y) \, {\textstyle \frac{\oplus}{\times}} \, \mathrm{m}^{\mathrm{T}}(\$Z)$; 等价地, $\mathrm{m}(\$X) \leftarrow \mathrm{m}(\$Z) \, {\textstyle \frac{\oplus}{\times}} \, \mathrm{m}(\$Y)$.

对于 \$X 的每个字节, 这些操作观察 \$Z 的对应字节, 用它的二进制位选择 \$Y 的字节, 然后把这些被选择的字节 "或" 或 "异或" 在一起, 赋给 \$X 的对应字节. 例如, 如果我们有

$$\$Z = {}^\#\texttt{0102040810204080}, \tag{14}$$

则 MOR 和 MXOR 都会把寄存器 \$X 置为寄存器 \$Y 的字节颠倒: 对于 $1 \le k \le 8$, 把 \$X 的左数第 k 个字节置为 \$Y 的右数第 k 个字节. 另一方面, 如果 $\$Z = {}^\#\texttt{00000000000000ff}$, MOR 和 MXOR 将把 \$X 的所有字节置为零, 最右字节除外, 它将被置为 \$Y 的所有八个字节的 "或" 或 "异或". 习题 31–37 说明这些多功能指令的许多实际应用.

浮点运算. MMIX 包含对于浮点算术的著名 "IEEE/ANSI 标准 754" 的完全实现. 4.2 节以及《MMIXware 文档》给出了浮点运算的完整细节, 这里给出的粗略描述也足以达到我们的目的.

每个全字 x 表示如下确定的二进制浮点数 $\mathrm{f}(x)$: x 的最左二进制位是符号位 (0 = '+', 1 = '−'); 接着 11 个二进制位是指数部分 E; 余下 52 个二进制位是小数部分 F. [①] 于是, x

---

① "小数部分" (fraction) 有时也称为 "尾数" (mantissa), 但这会带来一些混淆, 因为 "尾数" 在对数中有很不一样的意义. ——译者注

表示的值是：

$$\pm 0.0,\ \text{如果 E = F = 0 (零)};$$
$$\pm 2^{-1074}\text{F},\ \text{如果 E = 0 且 F} \neq 0\ \text{(弱规范化浮点数)};$$
$$\pm 2^{\text{E}-1023}(1 + \text{F}/2^{52}),\ \text{如果 } 0 < \text{E} < 2047\ \text{(规范化浮点数)};$$
$$\pm \infty,\ \text{如果 E = 2047 且 F = 0 (无穷)};$$
$$\pm \text{NaN}(\text{F}/2^{52}),\ \text{如果 E = 2047 且 F} \neq 0\ \text{(非数)}.$$

半字 t 表示的"短"浮点数 $f(t)$ 是类似的，但它的指数部分只有 8 个二进制位，小数部分只有 23 个二进制位．规范化短浮点数（$0 < \text{E} < 255$）表示的值是 $\pm 2^{\text{E}-127}(1 + \text{F}/2^{23})$．

- FADD \$X,\$Y,\$Z (浮点加)：$f(\$\text{X}) \leftarrow f(\$\text{Y}) + f(\$\text{Z})$．
- FSUB \$X,\$Y,\$Z (浮点减)：$f(\$\text{X}) \leftarrow f(\$\text{Y}) - f(\$\text{Z})$．
- FMUL \$X,\$Y,\$Z (浮点乘)：$f(\$\text{X}) \leftarrow f(\$\text{Y}) \times f(\$\text{Z})$．
- FDIV \$X,\$Y,\$Z (浮点除)：$f(\$\text{X}) \leftarrow f(\$\text{Y}) / f(\$\text{Z})$．
- FREM \$X,\$Y,\$Z (浮点取余数)：$f(\$\text{X}) \leftarrow f(\$\text{Y})\ \text{rem}\ f(\$\text{Z})$．
- FSQRT \$X,\$Z 或 FSQRT \$X,Y,\$Z (浮点开平方)：$f(\$\text{X}) \leftarrow f(\$\text{Z})^{1/2}$．
- FINT \$X,\$Z 或 FINT \$X,Y,\$Z (浮点取整)：$f(\$\text{X}) \leftarrow \text{int}\ f(\$\text{Z})$．
- FCMP \$X,\$Y,\$Z (浮点比较)：$s(\$\text{X}) \leftarrow [f(\$\text{Y}) > f(\$\text{Z})] - [f(\$\text{Y}) < f(\$\text{Z})]$．
- FEQL \$X,\$Y,\$Z (浮点相等)：$s(\$\text{X}) \leftarrow [f(\$\text{Y}) = f(\$\text{Z})]$．
- FUN \$X,\$Y,\$Z (浮点无序)：$s(\$\text{X}) \leftarrow [f(\$\text{Y}) \parallel f(\$\text{Z})]$．
- FCMPE \$X,\$Y,\$Z (相对于 ϵ 的浮点比较)：
  $s(\$\text{X}) \leftarrow \big[f(\$\text{Y}) \succ f(\$\text{Z})\ (f(\text{rE}))\big] - \big[f(\$\text{Y}) \prec f(\$\text{Z})\ (f(\text{rE}))\big]$，见 4.2.2–(21).
- FEQLE \$X,\$Y,\$Z (相对于 ϵ 的浮点相等)：$s(\$\text{X}) \leftarrow \big[f(\$\text{Y}) \approx f(\$\text{Z})\ (f(\text{rE}))\big]$，见 4.2.2–(24).
- FUNE \$X,\$Y,\$Z (相对于 ϵ 的浮点无序)：$s(\$\text{X}) \leftarrow \big[f(\$\text{Y}) \parallel f(\$\text{Z})\ (f(\text{rE}))\big]$．
- FIX \$X,\$Z 或 FIX \$X,Y,\$Z (转换浮点数为定点数)：$s(\$\text{X}) \leftarrow \text{int}\ f(\$\text{Z})$．
- FIXU \$X,\$Z 或 FIXU \$X,Y,\$Z (转换浮点数为无符号定点数)：$u(\$\text{X}) \leftarrow \big(\text{int}\ f(\$\text{Z})\big)\ \text{mod}\ 2^{64}$．
- FLOT \$X,\$Z 或 FLOT \$X,Y,\$Z (转换定点数为浮点数)：$f(\$\text{X}) \leftarrow s(\$\text{Z})$．
- FLOTU \$X,\$Z 或 FLOTU \$X,Y,\$Z (转换无符号定点数为浮点数)：$f(\$\text{X}) \leftarrow u(\$\text{Z})$．
- SFLOT \$X,\$Z 或 SFLOT \$X,Y,\$Z (转换定点数为短浮点数)：$f(\$\text{X}) \leftarrow f(\text{T}) \leftarrow s(\$\text{Z})$．
- SFLOTU \$X,\$Z 或 SFLOTU \$X,Y,\$Z (转换无符号定点数为短浮点数)：$f(\$\text{X}) \leftarrow f(\text{T}) \leftarrow u(\$\text{Z})$．
- LDSF \$X,\$Y,\$Z 或 LDSF \$X,A (装入短浮点数)：$f(\$\text{X}) \leftarrow f(\text{M}_4[\text{A}])$．
- STSF \$X,\$Y,\$Z 或 STSF \$X,A (存储短浮点数)：$f(\text{M}_4[\text{A}]) \leftarrow f(\$\text{X})$．

当不能精确赋值时，对浮点量的赋值会使用当前舍入模式确定适当的值．MMIX 支持四种舍入模式：1 (ROUND_OFF)，2 (ROUND_UP)，3 (ROUND_DOWN)，4 (ROUND_NEAR)．如果需要，FSQRT, FINT, FIX, FIXU, FLOT, FLOTU, SFLOT, SFLOTU 的 Y 字段可以用来指定不同于当前的舍入模式．例如，FIX \$X,ROUND_UP,\$Z 置 $s(\$\text{X}) \leftarrow \lceil f(\$\text{Z}) \rceil$．SFLOT 和 SFLOTU 操作先舍入，就像把结果存入无名半字 T，然后转换为全字形式．

操作"int"把浮点数舍入为整数．操作 $y\ \text{rem}\ z$ 定义为 $y - nz$，其中 n 是最接近 y/z 的整数，如果两个整数同等接近 y/z，则选取最接近的偶整数．如果操作数是无穷大或 NaN（非数），有特别规则适用．另外，还有专门约定控制零结果的符号．值 $+0.0$ 和 -0.0 有不同的浮点表示，但 FEQL 认为它们相等．《MMIXware 文档》阐述所有这些技术，4.2 节说明为什么它们很重要．

立即常数. 程序经常需要处理小常数．例如，我们可能需要对寄存器加 1 或减 1，或者移位 32 个二进制位，等等．在这些情形，将小常量从内存装入寄存器很烦人．因此，MMIX 提供一个通用机制, 可以从指令本身 "立即" 得到这样的常数. 迄今所讨论的每一条指令都有一个变体, 其中 $Z 可以用非负数 Z 替换, 除非指令中 $Z 是浮点数.

例如, "ADD $X,$Y,$Z" 有对应的 "ADD $X,$Y,Z", 含义为 s($X) ← s($Y) + Z; "NEG $X,$Z" 有对应的 "NEG $X,Z", 含义为 s($X) ← −Z; "SRU $X,$Y,$Z" 有对应的 "SRU $X,$Y,Z", 含义为 u($X) ← $\lfloor$u($Y)/$2^Z$$\rfloor$; "FLOT $X,$Z" 有对应的 "FLOT $X,Z", 含义为 f($X) ← Z. 但没有对应于 "FADD $X,$Y,$Z" 的立即常数变体.

"ADD $X,$Y,$Z" 的操作码是 #20, "ADD $X,$Y,Z" 的操作码是 #21, 为简便起见, 这两种情形都使用相同的符号 ADD. 一条指令的立即常数变体的操作码通常比寄存器变体的操作码大 1.

有一些指令可以使用短字立即常数, 范围是 #0000 = 0 到 #ffff = 65535. 出现在 YZ 字节中的这些常数可以移到全字的 "高" "中高" "中低" "低" 短字位置.

- SETH $X,YZ (置高短字): u($X) ← YZ × 2^{48}.
- SETMH $X,YZ (置中高短字): u($X) ← YZ × 2^{32}.
- SETML $X,YZ (置中低短字): u($X) ← YZ × 2^{16}.
- SETL $X,YZ (置低短字): u($X) ← YZ.
- INCH $X,YZ (加高短字): u($X) ← $\big($u($X) + YZ × $2^{48}$$\big)$ mod 2^{64}.
- INCMH $X,YZ (加中高短字): u($X) ← $\big($u($X) + YZ × $2^{32}$$\big)$ mod 2^{64}.
- INCML $X,YZ (加中低短字): u($X) ← $\big($u($X) + YZ × $2^{16}$$\big)$ mod 2^{64}.
- INCL $X,YZ (加低短字): u($X) ← $\big($u($X) + YZ$\big)$ mod 2^{64}.
- ORH $X,YZ (按位或高短字): v($X) ← v($X) | v(YZ ≪ 48).
- ORMH $X,YZ (按位或中高短字): v($X) ← v($X) | v(YZ ≪ 32).
- ORML $X,YZ (按位或中低短字): v($X) ← v($X) | v(YZ ≪ 16).
- ORL $X,YZ (按位或低短字): v($X) ← v($X) | v(YZ).
- ANDNH $X,YZ (按位与非高短字): v($X) ← v($X) & $\bar{v}$(YZ ≪ 48).
- ANDNMH $X,YZ (按位与非中高短字): v($X) ← v($X) & $\bar{v}$(YZ ≪ 32).
- ANDNML $X,YZ (按位与非中低短字): v($X) ← v($X) & $\bar{v}$(YZ ≪ 16).
- ANDNL $X,YZ (按位与非低短字): v($X) ← v($X) & $\bar{v}$(YZ).

最多使用四条指令, 无须从内存装入任何东西即可在寄存器中得到任何所需全字. 例如, 指令

      SETH $0,#0123; INCMH $0,#4567; INCML $0,#89ab; INCL $0,#cdef

把 #0123456789abcdef 装入寄存器 $0.

MMIX 汇编语言允许我们把 SETL 简写为 SET, 把普通操作 OR $X,$Y,0 简写为 SET $X,$Y.

跳转和转移. 一般来说, 指令按其自然顺序执行. 换言之, MMIX 执行完内存单元 @ 的半字中的指令后, 通常是在内存单元 @ + 4 的半字中寻找下一条要执行的指令. (符号 @ 表示我们现在所处位置.) 但是, 跳转和转移指令允许中断这个顺序.

- JMP RA (跳转): @ ← RA.

这里 RA 表示一个三字节的相对地址, 可以更明确地写作 @ + 4 * XYZ, 即当前位置 @ 之后的 XYZ 半字位置. 例如, "JMP @+4*2" 是半字 #f0000002 的符号形式, 如果这条指令出现在单元 #1000, 那么下一条要执行的指令将在单元 #1008. 事实上我们可以写 "JMP #1008", 但是, 这样一来 XYZ 的值就会依赖于跳转前的位置.

相对偏移也可以是负的, 此时, 操作码增 1, XYZ 是偏移加上 2^{24}. 例如, "JMP @-4*2"
是半字 #f1fffffe. 操作码 #f0 告诉计算机 "向前跳转", 操作码 #f1 告诉计算机 "向后跳
转", 但我们把两者都写作 JMP. 事实上, 如果我们要跳转到地址 Addr, 通常只需简单地写
"JMP Addr", MMIX 汇编程序会算出适当的操作码和适当的 XYZ 值. 除非我们试图从当前位置
偏离超过大约 6700 万字节, 否则都能进行这种跳转.

- GO $X,$Y,$Z (转到): u($X) ← @ + 4, 然后 @ ← A.

GO 指令允许我们跳转到内存任意位置的绝对地址, 由式 (5) 计算这个地址 A, 如同在装入和
存储指令中那样. 在跳转到指定地址之前, 通常顺序中下一个出现的指令的位置被装入寄存器 $X.
因此, 比如说, 稍后我们可以通过 "GO $X,$X,0" 返回该地址, 其中以 Z = 0 作为立即常数.

- BN $X,RA (为负时转移): 如果 s($X) < 0, 置 @ ← RA.
- BZ $X,RA (为零时转移): 如果 $X = 0, 置 @ ← RA.
- BP $X,RA (为正时转移): 如果 s($X) > 0, 置 @ ← RA.
- BOD $X,RA (为奇数时转移): 如果 $X mod 2 = 1, 置 @ ← RA.
- BNN $X,RA (非负时转移): 如果 s($X) ≥ 0, 置 @ ← RA.
- BNZ $X,RA (非零时转移): 如果 $X ≠ 0, 置 @ ← RA.
- BNP $X,RA (非正时转移): 如果 s($X) ≤ 0, 置 @ ← RA.
- BEV $X,RA (为偶数时转移): 如果 $X mod 2 = 0, 置 @ ← RA.

转移指令是依赖于寄存器 $X 内容的条件跳转指令. 比起 JMP 指令来说, 目标地址 RA 的
范围更受限制, 因为仅有两个字节能用于表达相对偏移. 但是, 我们仍然能转移到 @ − 2^{18} 和
@ + 2^{18} − 4 之间的任何半字位置.

- PBN $X,RA (为负时转移, 可能性较大): 如果 s($X) < 0, 置 @ ← RA.
- PBZ $X,RA (为零时转移, 可能性较大): 如果 $X = 0, 置 @ ← RA.
- PBP $X,RA (为正时转移, 可能性较大): 如果 s($X) > 0, 置 @ ← RA.
- PBOD $X,RA (为奇数时转移, 可能性较大): 如果 $X mod 2 = 1, 置 @ ← RA.
- PBNN $X,RA (非负时转移, 可能性较大): 如果 s($X) ≥ 0, 置 @ ← RA.
- PBNZ $X,RA (非零时转移, 可能性较大): 如果 $X ≠ 0, 置 @ ← RA.
- PBNP $X,RA (非正时转移, 可能性较大): 如果 s($X) ≤ 0, 置 @ ← RA.
- PBEV $X,RA (为偶数时转移, 可能性较大): 如果 $X mod 2 = 0, 置 @ ← RA.

如果高速计算机能预见何时要转移, 通常工作得最快, 因为预知能帮助它向前看, 为处理
将来的指令做好准备. 因此, MMIX 鼓励程序员给出转移是否可能的一些提示. 每当预期有过半
的可能会发生转移, 聪明的程序员会说 PB 而不是 B.

*子程序调用. MMIX 也有一些指令, 通过寄存器栈方便子程序间高效通信. 其细节稍有技术
性, 我们推迟到 1.4′ 节讨论, 这里给出非正式描述也就足够了. 短程序不需要使用这些特征.

- PUSHJ $X,RA (压入寄存器并跳转): push(X), 置 rJ ← @ + 4, 然后置 @ ← RA.
- PUSHGO $X,$Y,$Z (压入寄存器并转到): push(X), 置 rJ ← @ + 4, 然后置 @ ← A.

把紧接着 PUSH 指令的下一个半字地址装入专用的返回-跳转寄存器 rJ. 粗略地说, 动作
"push(X)" 指的是, 把局部寄存器 $0 至 $X 保存起来, 并使之暂时不可访问. 原先的 $(X+1)
现在成为 $0, 原先的 $(X+2) 现在成为 $1, 以此类推. 但是, 对于 k ≥ rG, 所有寄存器 $k 保
留不变. rG 是专用的全局阈值寄存器, 它的值总是位于 32 至 255 之间, 含两端.

如果 k ≥ rG, 寄存器 $k 称为全局寄存器. 如果 k < rL, 寄存器 $k 称为局部寄存器, 这里
rL 是专用的局部阈值寄存器, 它告诉我们当前有多少局部寄存器是活动的. 如果 rL ≤ k < rG,

寄存器 $k 称为边缘寄存器，而且，每当被用作指令中的源操作数时，$k 总是等于零. 如果一条指令把边缘寄存器 $k 用作目标操作数，那么，在执行该指令之前 rL 自动增加到 $k + 1$，从而使 $k 成为局部寄存器.

- POP X,YZ (弹出寄存器并返回): pop(X), 然后置 @ ← rJ + 4 ∗ YZ.

粗略地说，动作 "pop(X)" 指的是，把除 X 之外的当前所有局部寄存器变为边缘寄存器，然后，由最近的 "压入" 动作所隐藏且尚未被 "弹出" 的局部寄存器恢复为它们原先的值. 1.4′ 节给出完整细节，还有大量示例.

- SAVE $X,0 (保存进程状态): u($X) ← 上下文.
- UNSAVE $Z (恢复进程状态): 上下文 ← u($Z).

SAVE 指令把当前所有寄存器保存在内存中寄存器栈的顶部，并把最顶部的全字的地址装入 u($X). $X 必须是全局寄存器，也就是说，X 必须 ≥ rG. 所有当前的局部寄存器和全局寄存器都被保存起来，连同专用寄存器，如 rA, rD, rE, rG, rH, rJ, rM, rR，以及若干迄今还未讨论过的其他寄存器. UNSAVE 指令获取最顶层的全字的地址，并恢复相关上下文，基本上就是撤销前一条 SAVE 指令. SAVE 指令清零 rL，而 UNSAVE 指令恢复 rL. MMIX 有称为寄存器栈偏移（rO）和寄存器栈指针（rS）的专用寄存器，用于控制 PUSH, POP, SAVE, UNSAVE 操作.（同样，1.4′ 节给出完整细节.）

∗系统考量. 还有若干操作码，主要用于 MMIX 架构的超高速和（或）并行版本，因而只是高级用户有兴趣，但至少应该在这里提及它们. 有些关联操作给机器提供了关于如何提前计划以获得最大效率的提示，在这种意义上类似于 "可能转移" 指令. 除了也许会用到 SYNCID 之外，大多数程序员都不需要使用这些指令.

- LDUNC $X,$Y,$Z (不缓存装入全字): s($X) ← s(M₈[A]).
- STUNC $X,$Y,$Z (不缓存存储全字): s(M₈[A]) ← s($X).

这些指令执行与 LDO 和 STO 相同的操作，但它们还通知机器，近期有较大可能不会读写此次装入或存储的全字及其附近的内存区域.

- PRELD X,$Y,$Z (预装入数据).

近期有较大可能会装入或存储 M[A] 至 M[A + X] 之间的许多字节.

- PREST X,$Y,$Z (预存储数据).

肯定会在下一次读取（装入）之前写入（存储）M[A] 至 M[A + X] 之间的所有字节.

- PREGO X,$Y,$Z (预取转到).

近期有较大可能会把 M[A] 至 M[A + X] 之间的许多字节用作指令.

- SYNCID X,$Y,$Z (同步指令和数据).

在被解释为指令之前，必须重新获取 M[A] 至 M[A + X] 之间的所有字节. 允许 MMIX 假定，在程序开始后其指令不会改变，除非已经用 SYNCID 标出这些指令.（见习题 57.）

- SYNCD X,$Y,$Z (同步数据).

必须在物理内存中更新 M[A] 至 M[A + X] 之间的所有字节，以便其他计算机和输入输出设备可以读取它们.

- SYNC XYZ (同步).

限制并行活动，使得不同处理器能可靠合作. 详见《MMIXware 文档》. XYZ 必须是 0, 1, 2, 3 之一.

- CSWAP $X,$Y,$Z (比较并交换全字).

如果 u(M_8[A]) = u(rP), 其中 rP 是专用的预测寄存器, 置 u(M_8[A]) ← u($X), u($X) ← 1. 否则置 u(rP) ← u(M_8[A]), u($X) ← 0. 这是一个原子 (不可分的) 操作, 在多台独立计算机共享一个公用内存时很有用.

- LDVTS $X,$Y,$Z (装入虚拟转换状态).

该指令仅供操作系统使用, 详见《MMIXware 文档》.

*中断. 从一个半字到下一个半字的正常指令流不仅可以通过跳转和转移来改变, 而且也可以通过诸如溢出或外部信号等不太可能预测的事件来改变. 现实世界的机器还必须处理诸如安全违例和硬件故障之类的事情. MMIX 区分两类程序中断: "故障"（trip）和 "陷阱"（trap）. "故障" 将控制发送到作为用户程序一部分的故障处理程序; "陷阱" 将控制发送到作为操作系统一部分的陷阱处理程序.

当 MMIX 进行算术运算时, 可能出现八种异常条件, 即整数除法校验（D）、整数溢出（V）、浮点转定点溢出（W）、无效浮点操作（I）、浮点上溢（O）、浮点下溢（U）、浮点除以零（Z）和浮点不精确（X）. 专用的算术状态寄存器 rA 保持所有这些异常的当前信息. 它最右边字节的八个二进制位称为事件二进制位, 按照 DVWIOUZX 的顺序分别命名为 D_BIT (#80), V_BIT (#40), ..., X_BIT (#01).

寄存器 rA 中紧邻事件二进制位左边的八个二进制位称为许可二进制位, 同样以 DVWIOUZX 的顺序出现. 如果在执行某个算术运算时出现异常条件, 在执行下一条指令之前 MMIX 会查看对应的许可二进制位. 如果这个许可二进制位为 0, 则把对应的事件二进制位置为 1; 否则, MMIX 将调用故障处理程序, 具体做法是 "跳转" 到单元 #10 以处理异常 D, 到单元 #20 以处理异常 V, ……, 到单元 #80 以处理异常 X.[①] 这样, 寄存器 rA 的事件二进制位记录了未引起 "跳转" 的异常.（如果有多个许可异常同时发生, 则优先处理左边的异常. 例如, 如果 O 和 X 同时出现, 则先处理 O.）

寄存器 rA 中紧邻许可二进制位左边的两个二进制位保持当前舍入模式（模 4）. 寄存器 rA 中其他 46 个二进制位应当保持为零. 使用下面讨论的 PUT 指令, MMIX 程序员可以在任何时候改变寄存器 rA 的设置.

- TRIP X,Y,Z 或 TRIP X,YZ 或 TRIP XYZ (故障处理).

这一指令迫使 "故障" 转到位于 #00 的处理程序.

每当故障发生时, MMIX 使用五个专用寄存器来记录当前状态: 自举寄存器 rB、何处中断寄存器 rW、执行寄存器 rX、Y 操作数寄存器 rY 和 Z 操作数寄存器 rZ. 首先把 rB 置为 $255, 然后把 $255 置为 rJ, 再把 rW 置为 @ + 4. rX 的左半被置为 #80000000, 右半被置为引发故障的指令. 如果被中断的指令不是存储指令, 则 rY 被置为 $Y 且 rZ 被置为 $Z（如果该操作数是立即常数则置为 Z）; 否则, rY 被置为 A（存储指令的内存地址）且 rZ 被置为 $X（被存储的量）. 最后, 把 @ 置为处理程序地址（#00 或 #10 或……或 #80）, 控制转移到处理程序.

- TRAP X,Y,Z 或 TRAP X,YZ 或 TRAP XYZ (陷阱处理).

这一指令类似于 TRIP, 但它迫使 "陷阱" 转到操作系统. 专用寄存器 rBB, rWW, rXX, rYY, rZZ 代替了 rB, rW, rX, rY, rZ. 专用的陷阱地址寄存器 rT 提供存储在 @ 中的陷阱处理

---

① 对于事件二进制位和许可二进制位, 按照 DVWIOUZX 的顺序, 各个二进制位从左到右分别是 #80, #40, #20, #10, #08, #04, #02, #01; 故障处理程序 "跳转" 的单元地址按照 DVWIOUZX 的顺序分别是 #10, #20, #30, #40, #50, #60, #70, #80. 出现异常条件时, MMIX 只是查看而不会更改许可二进制位, 要更改许可二进制位可以使用下页讨论的 PUT 指令. ——译者注

程序地址. 1.3.2′ 节描述提供简单输入输出操作的若干 TRAP 指令. 终止一个程序的通常方法是说 "TRAP 0", 该指令是半字 #00000000, 因此, 你可能会误陷其中.

《MMIXware 文档》给出了外部中断的更多细节, 外部中断受专用的中断屏蔽寄存器 rK 和中断请求寄存器 rQ 控制. 当 rK & rQ ≠ 0 时出现动态陷阱, 处理地址是 rTT 而不是 rT.

● RESUME 0 (中断后复原).

如果 s(rX) 为负, MMIX 简单地置 @ ← rW, 并从那里取出下一条指令. 否则, 如果 rX 的前导字节为零, 则 MMIX 置 @ ← rW − 4, 并执行位于 rX 低半字的指令, 就如同它出现在那个位置. (即使没有出现中断也可以使用这一特性. 插入的指令本身不得是 RESUME.) 否则, MMIX 执行在《MMIXware 文档》中描述的特殊动作, 该动作主要供操作系统使用. 见习题 1.4.3′–14.

完整指令集. 表 1 给出所有 256 个操作码的符号名, 按照这些操作码的十六进制表示的数值排列. 例如, ADD 出现在标号为 #2x 的行的上半, 它所在列的顶部标号为 #0, 因此 ADD 的操作码是 #20; ORL 出现在标号为 #Ex 的行的下半, 它所在列的底部标号为 #B, 因此 ORL 的操作码是 #EB.

事实上, 表 1 给出的是 "ADD[I]" 而不是 "ADD", 因为符号 "ADD" 实际上代表两个操作码. 操作码 #20 来自使用寄存器 $Z 的 ADD $X,$Y,$Z, 操作码 #21 来自使用立即常数 Z 的 ADD $X,$Y,Z. 当需要区分时, 我们说操作码 #20 是 ADD, 而操作码 #21 是 ADDI ("加立即常数"). 同样, #F0 是 JMP 而 #F1 是 JMPB ("向后跳转"). 这就给了每个操作码唯一名称. 然而, 为简便起见, 写 MMIX 程序时一般都会省略额外的 I 和 B.

我们已经讨论了几乎所有的 MMIX 操作码. 还有四条指令留到了最后, 其中两条是

● GET $X,Z (读取专用寄存器): u($X) ← u(g[Z]), 其中 0 ≤ Z < 32.

● PUT X,$Z (写入专用寄存器): u(g[X]) ← u($Z), 其中 0 ≤ X < 32.

专用寄存器从 0 到 31 编号. 我们说寄存器 rA,rB,...,是为了便于人类理解. 从机器的角度看, 寄存器 rA 实际上是 g[21], 寄存器 rB 实际上是 g[0], 等等. 表 2 给出了专用寄存器的编码.

GET 指令不受限制, 但 PUT 指令却是受限的: 寄存器 rG 中不能写入大于 255 或小于 32 的值, 也不能写入小于 rL 当前值的值. 寄存器 rA 中不能写入大于 #3ffff 的值. 如果试图用 PUT 指令增加寄存器 rL 的值, 则 rL 将保持不变. 此外, PUT 指令无法将任何值写入寄存器 rC, rN, rO, rS, rI, rT, rTT, rK, rQ, rU, rV, 这些 "特殊专用" 寄存器的编码是 8–18.

在前面介绍的各种特定指令中, 我们已经提及大多数专用寄存器. 此外, MMIX 还有以下专用寄存器: 延续寄存器 rC, 被操作系统用于栈溢出; 故障地址寄存器 rF, 帮助诊断硬件错误; 间隔计数器 rI, 它持续减少, 当达到零时就请求中断; 序列号寄存器 rN, 它给每台 MMIX 机器唯一编码; 使用计数器 rU, 每当执行指定的操作码时, 它就增 1; 虚拟转换寄存器 rV, 它定义从用于程序的 "虚拟" 64 位二进制地址到已安装内存的 "实际" 物理单元的映射. 这些专用寄存器帮助 MMIX 成为可以实际构造并成功运行的完备可行的机器, 但是, 对我们来说, 在本书中它们并不重要. 《MMIXware 文档》详细解释它们.

● GETA $X,RA (获取地址): u($X) ← RA.

把一个相对地址装入寄存器 $X, 相对地址的约定同转移指令. 例如, GETA $0,@ 把 $0 置为指令本身的地址.

● SWYM X,Y,Z 或 SWYM X,YZ 或 SWYM XYZ (SWYM 表示 "同情你的机器").

这是 MMIX 的 256 个操作码中的最后一个, 所幸它是最简单的. 事实上, 它通常被称为空操作, 因为它什么也不做. 然而, 它确实保持了机器的平稳运行, 就像现实世界中游泳有助于保持程序员健康一样. 字节 X, Y, Z 被忽略.

表 1　MMIX 的操作码

	#0	#1	#2	#3	#4	#5	#6	#7	
#0x	TRAP $5v$	FCMP v	FUN v	FEQL v	FADD $4v$	FIX $4v$	FSUB $4v$	FIXU $4v$	#0x
	FLOT[I] $4v$		FLOTU[I] $4v$		SFLOT[I] $4v$		SFLOTU[I] $4v$		
#1x	FMUL $4v$	FCMPE $4v$	FUNE v	FEQLE v	FDIV $40v$	FSQRT $40v$	FREM $4v$	FINT $4v$	#1x
	MUL[I] $10v$		MULU[I] $10v$		DIV[I] $60v$		DIVU[I] $60v$		
#2x	ADD[I] v		ADDU[I] v		SUB[I] v		SUBU[I] v		#2x
	2ADDU[I] v		4ADDU[I] v		8ADDU[I] v		16ADDU[I] v		
#3x	CMP[I] v		CMPU[I] v		NEG[I] v		NEGU[I] v		#3x
	SL[I] v		SLU[I] v		SR[I] v		SRU[I] v		
#4x	BN[B] $v+\pi$		BZ[B] $v+\pi$		BP[B] $v+\pi$		BOD[B] $v+\pi$		#4x
	BNN[B] $v+\pi$		BNZ[B] $v+\pi$		BNP[B] $v+\pi$		BEV[B] $v+\pi$		
#5x	PBN[B] $3v-\pi$		PBZ[B] $3v-\pi$		PBP[B] $3v-\pi$		PBOD[B] $3v-\pi$		#5x
	PBNN[B] $3v-\pi$		PBNZ[B] $3v-\pi$		PBNP[B] $3v-\pi$		PBEV[B] $3v-\pi$		
#6x	CSN[I] v		CSZ[I] v		CSP[I] v		CSOD[I] v		#6x
	CSNN[I] v		CSNZ[I] v		CSNP[I] v		CSEV[I] v		
#7x	ZSN[I] v		ZSZ[I] v		ZSP[I] v		ZSOD[I] v		#7x
	ZSNN[I] v		ZSNZ[I] v		ZSNP[I] v		ZSEV[I] v		
#8x	LDB[I] $\mu+v$		LDBU[I] $\mu+v$		LDW[I] $\mu+v$		LDWU[I] $\mu+v$		#8x
	LDT[I] $\mu+v$		LDTU[I] $\mu+v$		LDO[I] $\mu+v$		LDOU[I] $\mu+v$		
#9x	LDSF[I] $\mu+v$		LDHT[I] $\mu+v$		CSWAP[I] $2\mu+2v$		LDUNC[I] $\mu+v$		#9x
	LDVTS[I] v		PRELD[I] v		PREGO[I] v		GO[I] $3v$		
#Ax	STB[I] $\mu+v$		STBU[I] $\mu+v$		STW[I] $\mu+v$		STWU[I] $\mu+v$		#Ax
	STT[I] $\mu+v$		STTU[I] $\mu+v$		STO[I] $\mu+v$		STOU[I] $\mu+v$		
#Bx	STSF[I] $\mu+v$		STHT[I] $\mu+v$		STCO[I] $\mu+v$		STUNC[I] $\mu+v$		#Bx
	SYNCD[I] v		PREST[I] v		SYNCID[I] v		PUSHGO[I] $3v$		
#Cx	OR[I] v		ORN[I] v		NOR[I] v		XOR[I] v		#Cx
	AND[I] v		ANDN[I] v		NAND[I] v		NXOR[I] v		
#Dx	BDIF[I] v		WDIF[I] v		TDIF[I] v		ODIF[I] v		#Dx
	MUX[I] v		SADD[I] v		MOR[I] v		MXOR[I] v		
#Ex	SETH v	SETMH v	SETML v	SETL v	INCH v	INCMH v	INCML v	INCL v	#Ex
	ORH v	ORMH v	ORML v	ORL v	ANDNH v	ANDNMH v	ANDNML v	ANDNL v	
#Fx	JMP[B] v		PUSHJ[B] v		GETA[B] v		PUT[I] v		#Fx
	POP $3v$	RESUME $5v$	[UN]SAVE $20\mu+v$		SYNC v	SWYM v	GET v	TRIP $5v$	
	#8	#9	#A	#B	#C	#D	#E	#F	

如果发生转移则 $\pi = 2v$；如果没有发生转移则 $\pi = 0$.

计时. 在本书后面部分，我们经常需要比较不同的 MMIX 程序，看看哪个更快. 一般来说这样的比较并不容易，因为我们可以以许多不同的方式实现 MMIX 体系结构. 虽然 MMIX 是一台虚拟机器，但是，它的虚拟硬件既有廉价慢速的版本，也有昂贵高性能的型号. 程序的运行时间不仅取决于时钟速率，而且还取决于可以同时活动的功能部件数量，以及它们的流水线程度；它取决于执行指令之前预取指令的技术；它取决于用来给出 2^{64} 个虚拟字节幻觉的随机内存的大小；它取决于高速缓存和其他缓冲区的大小和分配策略，等等，等等.

出于实用目的，基于在具有大量主内存的高性能机器上获得的近似运行时间，为每个操作分配固定的成本，通常可以可靠地估计 MMIX 程序的运行时间. 后面我们将这样做. 假定每个操作的成本都是整数个 v，其中 v（读作 \ju:p'silən\，发音接近英文单词 oops）[①]是流水线实现中表示时钟周期时间的单位. 尽管 v 的值随着技术的改进而降低，但我们总是跟得上最新进展，因为我们以 v 而不是纳秒为单位来测量时间. 在我们的估计中，假定运行时间也取决于程序使用的内存访问数量（简称 $mems$），这是装入和存储指令的数量. 例如，我们将假定每条 LDO（装入全字）指令花费 $\mu+v$，其中 μ 是内存访问的平均成本. 比如说，一个程序的总运行时间

---

① 希腊字母 v 比斜体英文字母 v 宽，作者承认这种区别相当细微. 喜欢把这个字母读成 \vi:\ 而不是 \ju:p'silən\ 的读者可以随自己的意. 不过这个符号是希腊字母 v.

表 2 MMIX 的专用寄存器

		编码	保存?	可写入?
rA	算术状态寄存器	21	✓	✓
rB	自举寄存器（故障）	0	✓	✓
rC	延续寄存器	8		
rD	被除数寄存器	1	✓	✓
rE	ϵ 寄存器	2	✓	✓
rF	故障地址寄存器	22	✓	✓
rG	全局阈值寄存器	19	✓	✓
rH	高乘寄存器	3	✓	✓
rI	间隔计数器	12	✓	✓
rJ	返回-跳转寄存器	4	✓	✓
rK	中断屏蔽寄存器	15		
rL	局部阈值寄存器	20	✓	✓
rM	多路复用掩码寄存器	5	✓	✓
rN	序列号寄存器	9		
rO	寄存器栈偏移	10		
rP	预测寄存器	23	✓	✓
rQ	中断请求寄存器	16		
rR	余数寄存器	6	✓	✓
rS	寄存器栈指针	11		
rT	陷阱地址寄存器	13		
rU	使用计数器	17		
rV	虚拟转换寄存器	18		
rW	何处中断寄存器（故障）	24	✓	✓
rX	执行寄存器（故障）	25	✓	✓
rY	Y 操作数寄存器（故障）	26	✓	✓
rZ	Z 操作数寄存器（故障）	27	✓	✓
rBB	自举寄存器（陷阱）	7		✓
rTT	动态陷阱地址寄存器	14		✓
rWW	何处中断寄存器（陷阱）	28		✓
rXX	执行寄存器（陷阱）	29		✓
rYY	Y 操作数寄存器（陷阱）	30		✓
rZZ	Z 操作数寄存器（陷阱）	31		✓

可能被报告为 $35\mu + 1000\upsilon$，意思是 "35 mems 加上 1000 oops". 多年来，比率 μ/υ 一直在稳步上升，没有人确切知道这种趋势是否会继续，但经验表明 μ 和 υ 值得单独考虑.

第 20 页的表 1（以及本书末页的 "MMIX 操作码表"）给出了每个操作码的假定运行时间. 请注意，大多数指令只需要 1υ，而装入和存储指令花费 $\mu + \upsilon$. 如果预测正确，转移指令和可能转移指令花费 1υ，如果预测错误则需要 3υ.[①] 每个浮点操作通常花费 4υ，但 FDIV 和 FSQRT 花费 40υ. 整数乘法花费 10υ，整数除法花费 60υ.

尽管我们经常使用表 1 的假设凭经验估计运行时间，但必须记住，实际运行时间可能与指令的顺序密切相关. 例如，如果在发出命令的时间和需要结果的时间之间，可以找到 60 件其他要做的事情，那么整数除法可能只需要一个周期. 若干个 LDB（装入字节）指令可能只需要访问一次内存，如果它们访问的是同一个全字. 然而，装入指令的结果通常并没有为紧随其后的指令的使用做好准备. 经验表明，有些算法与高速缓存工作得很好，但其他算法却不然，因此 μ 不是真正的常数. 甚至指令在内存中的位置也会对性能产生重大影响，因为有些指令可以同

---

① 从表 1 可以看出，在没有发生转移时转移指令花费较少，属于预测正确情形；而可能转移指令的预测正确情形是发生转移时. 所以，如果预计到发生转移的可能性较小，MMIX 程序员应该使用转移指令；反之，则使用可能转移指令.

——译者注

其他指令一起获取．因此，MMIXware 软件包不仅包括一个简单模拟程序，它根据表 1 的规则计算运行时间，还包括一个综合元模拟程序，它在多种多样的技术假设下运行 MMIX 程序．元模拟程序的用户可以指定内存总线的特征，以及诸如指令和数据缓存、虚拟地址转换、流水线和多指令发射、转移预测等等这样一些东西的参数．给定配置文件和程序文件，元模拟程序能精确确定指定硬件需要多长时间来运行这个程序．事实上，只有元模拟程序可以被信任，能提供关于程序实际行为的可靠信息；但这样的结果很难解释，因为无限多的可能配置．这就是我们通常求助于表 1 的简单得多的估计的原因．

基准测试结果不应取表面值.
——布赖恩 · 柯林汉和克里斯托弗 · 范维克（1998）

MMIX 与现实. 理解 MMIX 程序设计基本原理的人对现代通用计算机可以轻松完成哪些工作有相当清楚的认识，MMIX 非常像所有这些通用计算机．但是，MMIX 在许多方面都被理想化了，部分原因是作者试图设计一台稍微有点"超前"的机器，使得它不会很快就过时．因此，把 MMIX 与在千年更迭之际实际建造的计算机进行简要比较是合适的．MMIX 与这些机器的主要区别在于：

- 商业机器不会忽略内存地址的低阶二进制位，而 MMIX 在访问 $M_8[A]$ 时会忽略．商业机器通常坚持 A 必须是 8 的倍数．（我们将为那些珍贵的低阶二进制位找到许多用途．）

- 商业机器对整数运算的支持通常是有缺陷的．例如，当 x 是负数或 y 是负数时，它们几乎从不产生真正的商 $\lfloor x/y \rfloor$ 和真正的余数 $x \bmod y$．它们经常丢弃乘积的上半部分．他们不把左移和右移同乘以和除以 2 的幂严格等价．有时，它们根本不在硬件中实现除法，而当它们真正处理除法时，通常假定 128 个二进制位的被除数的上半部分是零．这些限制使得高精度计算更为困难．

- 商业机器没有有效实现 FINT 和 FREM．

- 商业机器很少有强有力的 MOR 和 MXOR 操作（尽管情况正在慢慢好转）．作为替代，它们有时有少数几个特设指令，只能处理 MOR 的最常见情形．

- 商业机器很少有 64 个以上的通用寄存器．MMIX 的 256 个寄存器显著减少了程序长度，因为程序的许多变量和常数可以完全存放在这些寄存器而不是内存中．此外，MMIX 的寄存器栈比现有计算机中的可比机制更灵活．

MMIX 的所有这些优点也有其不足，因为计算机设计总是涉及各种权衡．MMIX 的主要设计目标是保持机器尽可能简单、干净、一致和前瞻，而不过分牺牲速度和现实性．

如今我以沉静的目光
察觉机器的真正脉动.
——威廉 · 华兹华斯[①]，《她是欢乐的幻影》（1804）

小结. MMIX 是对程序员友好的计算机，运行在称为全字的 64 位二进制量上．它具有精简指令集计算机（reduced instruction set computer，RISC）的一般特征，也就是说，它的指令只有少数几种不同的格式（OP X,Y,Z 或者 OP X,YZ 或者 OP XYZ），每条指令要么在内存与寄存器之间传输数据，要么仅涉及寄存器．表 1 概述了 256 个操作码以及它们的默认运行时间，表 2 概述了有时很重要的专用寄存器．

---

① 英国诗人（1770–1850）．——译者注

通过以下习题可以快速回顾本节内容. 大多数习题都很简单, 读者应力求做完绝大部分习题.

习题

1. [*00*] 2009 的二进制形式是 $(111\,1101\,1001)_2$, 它的十六进制形式是什么?

2. [*05*] (a) 作为十六进制数字, 字母 $\{A, B, C, D, E, F, a, b, c, d, e, f\}$ 中哪些是奇数? (b) 作为 ASCII 字符呢?

3. [*10*] 四个比特 (*bit*)[①]的量——半个字节, 或称为十六进制数字——通常称为 "半字节" (*nybble*). 试对两个比特的量提议一个好名字, 这样我们就有了从 "比特" 到 "全字" 的完整二进制量术语表.

4. [*15*] 1 千字节 (kilobyte, kB 或 KB) 等于 1000 字节, 1 兆字节 (megabyte, MB) 等于 1000 千字节. 对于更大的字节数, 有什么正式名称和单位符号?

5. [*M13*] 假定 α 是 0 和 1 构成的任意串, 把它当作带符号和无符号二进制整数时分别记为 $s(\alpha)$ 和 $u(\alpha)$. 试证明: 如果 x 是任意整数, 则我们有

$$x = s(\alpha) \qquad \text{当且仅当} \qquad x \equiv u(\alpha) \pmod{2^n} \text{ 且 } -2^{n-1} \le x < 2^{n-1},$$

其中 n 是 α 的长度.

▶ **6.** [*M20*] 证明或证伪: 可以使用以下方法对采用二进制补码的 n 位二进制整数取相反数, "对所有二进制位取反, 然后加 1." (例如, $^\#0\ldots01$ 取反变成 $^\#f\ldots fe$, 加 1 变成 $^\#f\ldots ff$; 还有, $^\#f\ldots ff$ 取反变成 $^\#0\ldots00$, 加 1 变成 $^\#0\ldots01$.)

7. [*M15*] LDHT 和 STHT 的形式定义能否表述为

$$s(\$X) \leftarrow s(M_4[A]) \times 2^{32} \qquad \text{和} \qquad s(M_4[A]) \leftarrow \lfloor s(\$X)/2^{32} \rfloor,$$

把整数看作带符号的而不是无符号的?

8. [*10*] 如果寄存器 $\$Y$ 和 $\$Z$ 表示 0 到 1 之间的小数, 假定二进制小数点出现在每个寄存器的左边, 式 (7) 说明这样一个事实: MULU 产生 $\$Y$ 和 $\$Z$ 的乘积, 其中二进制小数点出现在寄存器的 rH 的左边. 另一方面, 假设 $\$Z$ 是整数, 小数点在寄存器的右边, 而 $\$Y$ 如同以前一样是 0 到 1 之间的小数. 在这种情形, 执行 MULU 之后小数点位于何处?

9. [*M10*] 执行 DIV $\$X,\$Y,\$Z$ 之后, 等式 $s(\$Y) = s(\$X) \cdot s(\$Z) + s(rR)$ 是否总成立?

10. [*M16*] 举一个 DIV 发生溢出的例子.

11. [*M16*] 判别真假: (a) MUL $\$X,\$Y,\$Z$ 和 MULU $\$X,\$Y,\$Z$ 在 $\$X$ 中产生相同结果. (b) 如果寄存器 rD 为零, 则 DIV $\$X,\$Y,\$Z$ 和 DIVU $\$X,\$Y,\$Z$ 在 $\$X$ 中产生相同结果.

▶ **12.** [*M20*] 虽然 ADDU $\$X,\$Y,\$Z$ 绝不会引发溢出, 但我们可能想知道, 当 $\$Y$ 和 $\$Z$ 相加时左边是否会出现进位. 试说明, 可以用另外两条指令计算进位.

13. [*M21*] 假定 MMIX 没有 ADD 指令, 只有对应的无符号指令 ADDU. 程序员如何判断计算 $s(\$Y) + s(\$Z)$ 时是否发生溢出?

14. [*M21*] 假定 MMIX 没有 SUB 指令, 只有对应的无符号指令 SUBU. 程序员如何判断计算 $s(\$Y) - s(\$Z)$ 时是否发生溢出?

15. [*M25*] 两个带符号全字的乘积总是位于 -2^{126} 和 2^{126} 之间, 所以它总可以表示为带符号 16 字节整数. 试说明如何计算这种带符号乘积的上半部分.

16. [*M23*] 假定 MMIX 没有 MUL 指令, 只有对应的无符号指令 MULU. 程序员如何判断计算 $s(\$Y) \times s(\$Z)$ 时是否发生溢出?

---

① 比特, 也称为 "二进制数字" 或 "二进制位", 简称 "位". ——译者注

▶ **17.** [*M22*] 证明无符号整数除以 3 总是可以用乘法来实现: 如果寄存器 \$Y 含任意无符号整数 y, 寄存器 \$1 含常数 $^\#$aaaaaaaaaaaaaaab, 那么, 指令序列

$$\text{MULU \$0,\$Y,\$1; \quad GET \$0,rH; \quad SRU \$X,\$0,1}$$

把 $\lfloor y/3 \rfloor$ 装入寄存器 \$X.

18. [*M23*] 续上题, 证明或证伪: 如果寄存器 \$1 含适当常数, 指令序列

$$\text{MULU \$0,\$Y,\$1; \quad GET \$0,rH; \quad SRU \$X,\$0,2}$$

把 $\lfloor y/5 \rfloor$ 装入寄存器 \$X.

▶ **19.** [*M26*] 续习题 17 和 18, 证明或证伪: 无符号整数除以常数总是可以用 "高乘" 然后右移位来实现. 更准确地说, 假定 $2^e < z < 2^{e+1}$, 选择 $a = \lceil 2^{64+e}/z \rceil$, 对于 $0 \le y < 2^{64}$, 我们就能通过计算 $\lfloor ay/2^{64+e} \rfloor$ 来计算 $\lfloor y/z \rfloor$.

20. [*16*] 试说明: 假定不会发生溢出, 两条巧妙选定的 MMIX 指令将比单条指令 MUL \$X,\$Y,25 更快地乘以 25.

21. [*15*] 当寄存器 \$Z 中的无符号整数大于等于 64 时, 试描述 SL, SLU, SR, SRU 的效果.

▶ **22.** [*15*] 阿呆先生写了一个程序, 如果寄存器 \$1 中的带符号数小于寄存器 \$2 中的带符号数, 他希望转移到位置 Case1. 他的解决方案是 "SUB \$0,\$1,\$2; BN \$0,Case1".

他犯了什么严重错误? 正确的方案是什么?

▶ **23.** [*10*] 续上题, 如果问题是当 s(\$1) 小于等于 s(\$2) 时转移, 阿呆先生该如何写程序?

24. [*M10*] 如果我们用位向量

$$([0 \in S], [1 \in S], \dots, [63 \in S])$$

表示 $\{0, 1, \dots, 63\}$ 的子集 S, 按位运算 & 和 | 分别对应于集合的交 $(S \cap T)$ 和集合的并 $(S \cup T)$. 哪个按位运算对应于集合的差 $(S \setminus T)$?

25. [*10*] 两个位向量间的汉明距离是它们之间相异的二进制位的数量. 试说明: 两条 MMIX 指令足以置寄存器 \$X 为 v(\$Y) 和 v(\$Z) 间的汉明距离.

26. [*10*] 如何计算 64 位 "位差" v(\$X) ← v(\$Y) $\dot-$ v(\$Z)?

▶ **27.** [*20*] 说明如何使用 BDIF 指令同时计算八字节最大值和最小值: b(\$X) ← max(b(\$Y), b(\$Z)), b(\$W) ← min(b(\$Y), b(\$Z)).

28. [*16*] 如何同时计算八个绝对像素差 |b(\$Y) − b(\$Z)|?

29. [*21*] n 位像素的饱和加运算定义为

$$y \dot+ z = \min(2^n - 1, y + z).$$

试说明如何用三条 MMIX 指令置 b(\$X) ← b(\$Y) $\dot+$ b(\$Z).

▶ **30.** [*25*] 假设寄存器 \$0 包含八个 ASCII 字符. 如何用三条 MMIX 指令计算这些字符中的空格数量? (可以假定辅助常数已经预装入其他寄存器. 空格的 ASCII 代码是 $^\#$20.)

31. [*22*] 续上题, 说明如何计算寄存器 \$0 中具有奇检验 (奇数个二进制位 1) 的字符数量.

32. [*M20*] 判别真假: 如果 $C = A \overset{\circ}{\circ} B$ 则 $C^{\mathrm{T}} = B^{\mathrm{T}} \overset{\circ}{\circ} A^{\mathrm{T}}$. (见 (11).)

33. [*20*] 把一个寄存器向右循环移动 8 个二进制位的最短 MMIX 指令序列是什么? 例如, 把 $^\#$9e3779b97f4a7c16 变成 $^\#$169e3779b97f4a7c.

▶ **34.** [*21*] 在寄存器 \$Z 中给定 ASCII 字符的 8 个字节, 说明如何只用两条 MMIX 指令把它们转换为对应的 Unicode 字符的 8 个短字并将结果存放在寄存器 \$X 和 \$Y 中? 又该如何把它们转换回 ASCII 字符?

▶ **35.** [*22*] 试说明两条巧妙选定的 MOR 指令将颠倒给定寄存器 \$Y 的所有 64 个二进制位的左右顺序.

▶ **36.** [20] 只用两条指令创建一个掩码, 使得在 \$Y 和 \$Z 的整个字节不相等之处的是 #ff, 在 \$Y 和 \$Z 的整个字节相等之处的是 #00.

▶ **37.** [HM30] (有限域) 试说明在具有 256 个元素的域中如何对算术运算使用 MXOR 指令, 域中每个元素都应该用适当的全字表示.

38. [20] 下面的小程序是做什么的?

$$\text{SETL } \$1,0; \text{ SR } \$2,\$0,56; \text{ ADD } \$1,\$1,\$2; \text{ SLU } \$0,\$0,8; \text{ PBNZ } \$0,@-4*3.$$

▶ **39.** [20] 基于表 1 给出的计时信息, 下面等效的代码序列哪一个运行得更快?

(a) BN \$0,@+4*2; ADDU \$1,\$2,\$3 对 ADDU \$4,\$2,\$3; CSNN \$1,\$0,\$4.

(b) BN \$0,@+4*3; SET \$1,\$2; JMP @+4*2; SET \$1,\$3 对
CSNN \$1,\$0,\$2; CSN \$1,\$0,\$3.

(c) BN \$0,@+4*3; ADDU \$1,\$2,\$3; JMP @+4*2; ADDU \$1,\$4,\$5 对
ADDU \$1,\$2,\$3; ADDU \$6,\$4,\$5; CSN \$1,\$0,\$6.

(d, e, f) 同 (a), (b), (c), 但以 PBN 代替 BN.

40. [10] 如果 GO 指令转到不是 4 的倍数的地址, 会发生什么?

41. [20] 判别真假:

(a) 指令 CSOD \$X,\$Y,0 和 ZSEV \$X,\$Y,\$X 有完全相同的效果.

(b) 指令 CMPU \$X,\$Y,0 和 ZSNZ \$X,\$Y,1 有完全相同的效果.

(c) 指令 MOR \$X,\$Y,1 和 AND \$X,\$Y,#ff 有完全相同的效果.

(d) 指令 MXOR \$X,\$Y,#80 和 SR \$X,\$Y,56 有完全相同的效果.

42. [20] 如果寄存器 \$0 中存放的是 (a) 带符号整数, (b) 浮点数, 把寄存器 \$1 置为寄存器 \$0 中存放的数的绝对值的最好方法是什么?

▶ **43.** [28] 给定寄存器 \$Z 中的非零全字, 计算它有多少个前导零和尾部零的最快方法是什么? (例如, #13fd8124f32434a2 有三个前导零和一个尾部零.)

▶ **44.** [M25] 假设我们想用 MMIX 来模拟 32 位二进制算术运算. 容易做到对带符号半字进行加、减、乘、除等四则运算, 每当运算结果超出范围 $[-2^{31} .. 2^{31}]$ 应当引发溢出. 试加以说明.

45. [10] 找出一个记住序列 DVWIOUZX 的方法.

46. [05] 作为一条 MMIX 指令, 全零半字 #00000000 使得程序停机. 那全 1 半字 #ffffffff 呢?

47. [05] 操作码 #DF 和 #55 的符号名是什么?

48. [11] 正文中指出, 不管操作数字节 X, Y, Z 如何, 操作码 LDO 和 LDOU 以相同效率执行完全相同的操作. 在这个意义上, 等价的操作码对还有哪些?

▶ **49.** [22] 在执行以下 "数字一号" 程序之后, 寄存器和内存有哪些变化? (例如, 寄存器 \$1, rA, rB 的最终内容是什么?)

```
NEG     $1,1
STCO    1,$1,1
CMPU    $1,$1,1
STB     $1,$1,$1
LDOU    $1,$1,$1
INCH    $1,1
16ADDU  $1,$1,$1
MULU    $1,$1,$1
PUT     rA,1
STW     $1,$1,1
SADD    $1,$1,1
```

```
        FLOT    $1,$1
        PUT     rB,$1
        XOR     $1,$1,1
        PBOD    $1,@-4*1
        NOR     $1,$1,$1
        SR      $1,$1,1
        SRU     $1,$1,1    ▮
```

▶ **50.** [*14*] 上题中的"数字一号"程序的执行时间是多少?

51. [*14*] 把习题 49 中的"数字一号"程序转换成用十六进制表示的半字序列.

52. [*22*] 对于每个 MMIX 操作码,考虑是否有办法设置 X, Y, Z 字节使得该指令的结果精确地等价于 SWYM (除了执行时间可能更长). SWYM 假设我们对任何寄存器和内存单元的内容一无所知. 每当有可能产生空操作,就请说明如何实现. 例如: 如果 X = 255 且 Y = Z = 0,则 INCL 是空操作. 如果 Y = 0 且 Z = 1,则 BZ 是空操作. 但 MULU 绝不可能成为空操作,因为它影响 rH.

53. [*15*] 列出可能会改变寄存器 rH 的值的所有 MMIX 操作码.

54. [*20*] 列出可能会改变寄存器 rA 的值的所有 MMIX 操作码.

55. [*21*] 列出可能会改变寄存器 rL 的值的所有 MMIX 操作码.

▶ **56.** [*28*] 内存单元 #2000 0000 0000 0000 包含一个带符号整数 x. 编写两个计算 x^{13} 的程序,要求把结果装入寄存器 $0. 第一个程序应当使用最少的 MMIX 内存单元,第二个程序应当尽可能快地运行. 假定 x^{13} 能装入一个全字,所有必要的常数都已预装入全局寄存器.

▶ **57.** [*20*] 当一个程序在内存中改变一个或多个它自己的指令时,就称它为自修改代码. MMIX 坚持在执行这样的自修改指令之前要发出 SYNCID 指令. 试解释为什么现代计算机通常不欢迎自我修改代码.

58. [*50*] 编写一本关于操作系统的书,其中包含 MMIX 体系结构的 NNIX 内核的完整设计.

伙计们对每件事情都各执一词.
——万斯·伦道夫和乔治·威尔逊, *Down in the Holler* (1953)

1.3.2´ MMIX 汇编语言

用一种符号语言编写 MMIX 程序,使程序读起来、写起来都相当轻松,程序员不必忧虑烦人的书写细节,从而避免这类细节经常导致的无谓错误. 这种 MMIX 汇编语言(MMIXAL, MMIX Assembly Language)是前一节使用的指令记号的扩充. 它的主要特征是选用字母符号名代表数值,并且用标号字段把内存单元和寄存器号与符号名关联起来.

我们首先讲解一个简单的例子,让读者毫不费力地理解 MMIXAL. 下面的代码是一个较长程序的片段,其目的是依据算法 1.2.10M 求 n 个元素 $X[1], \dots, X[n]$ 的最大值.

程序 M(找出最大值). 开始时 n 在寄存器 $0 中,$X[0]$ 的地址在寄存器 x0(一个在别处定义的全局寄存器)中.

汇编后的指令	行号	标号	操作码	表达式	次数	注释
	01	j	IS	$0		*j*
	02	m	IS	$1		*m*
	03	kk	IS	$2		*8k*
	04	xk	IS	$3		*X[k]*
	05	t	IS	$255		临时存储
	06		LOC	#100		
#100: #3902 0003	*07*	Maximum	SL	kk,$0,3	1	<u>*M1. 初始化.* $k \leftarrow n, j \leftarrow n.$</u>

#104:	#8c 01 fe 02 *08*		LDO	m,x0,kk	1	$m \leftarrow X[n]$.
#108:	#f0 00 00 06 *09*		JMP	DecrK	1	以 $k \leftarrow n-1$ 转到 M2.
#10c:	#8c 03 fe 02 *10*	Loop	LDO	xk,x0,kk	$n-1$	<u>M3. 比较</u>.
#110:	#30 ff 03 01 *11*		CMP	t,xk,m	$n-1$	$t \leftarrow [X[k] > m] - [X[k] < m]$.
#114:	#5c ff 00 03 *12*		PBNP	t,DecrK	$n-1$	如果 $X[k] \leq m$ 则转到 M5.
#118:	#c1 01 03 00 *13*	ChangeM	SET	m,xk	A	<u>M4. 改变 m</u>. $m \leftarrow X[k]$.
#11c:	#3d 00 02 03 *14*		SR	j,kk,3	A	$j \leftarrow k$.
#120:	#25 02 02 08 *15*	DecrK	SUB	kk,kk,8	n	<u>M5. 减小 k</u>. $k \leftarrow k-1$.
#124:	#55 02 ff fa *16*		PBP	kk,Loop	n	<u>M2. 检验完毕?</u> 如果 $k>0$ 则转到 M3.
#128:	#f8 02 00 00 *17*		POP	2,0	1	返回主程序. ∎

这个程序示例同时说明了下面若干事项.

(a) 我们主要关心的是 "标号" "操作码" "表达式" 几列. 这几列包含用 MMIXAL 这种符号机器语言编写的一个程序, 我们将在下面详细解释这个程序.

(b) "汇编后的指令" 列显示对应于这个 MMIXAL 程序的实际数字编码的机器语言. MMIXAL 的设计旨在保证任何 MMIXAL 程序都能轻而易举地翻译成数字形式的机器语言. 这种翻译工作通常由另外一个称为汇编程序或者汇编器的计算机程序完成. 这样一来, 程序员可以用 MMIXAL 这种符号机器语言完成全部程序设计, 而不必费心费力地人工确定等价的数字代码. 本书中几乎所有 MMIX 程序都是用 MMIXAL 编写的.

(c) "行号" 列不是 MMIXAL 程序的实际组成部分. 本书的 MMIXAL 程序示例之所以包含行号, 只是为了方便指明程序的各个部分.

(d) "注释" 列给出关于程序的附加说明, 与算法 1.2.10M 的步骤互相参照. 读者应当比较该程序与原算法 (第 1 卷第 76 页). 请注意, 在把算法转换成 MMIX 代码的过程中, 利用了少许 "程序员的特许权限", 例如, 把算法步骤 M2 放在程序的最后.

(e) 在本书将要考察的许多 MMIX 程序中, "次数" 列具有启示性. 它表示在程序执行过程中那一行指令将要执行多少次, 用于性能剖析. 由此看出, 第 10 行将要执行 $n-1$ 次, 等等. 依照这个数据, 我们可以确定, 执行该子程序所需的时间为 $n\mu + (5n + 4A + 5)v$, 其中 A 已经在 1.2.10 节仔细分析过. (PBNP 指令花费 $(n-1+2A)v$.)

现在让我们来讨论程序 M 的 MMIXAL 代码. 第 01 行 "j IS \$0" 说明符号 j 表示寄存器 \$0, 第 02–05 行类似. 第 01 行和第 03 行的作用可以从第 14 行看出, 那里的指令 "SR j,kk,3" 在汇编后的等价数字形式为 #3d 00 02 03, 也就是 "SR \$0,\$2,3".

第 06 行说明, 应当从位置 #100 开始依次选取随后各行的单元. 所以, 第 07 行的 "标号" 字段出现的符号 Maximum 等价于 #100, 第 10 行的符号 Loop 出现在 3 个半字之后, 因此它等价于 #10c.

[为什么是 "LOC #100"? 因为更低的位置用于 "故障" (trip) 处理和其他专用目的, 所以通常最好从位置 #100 开始.]

在第 07–17 行, "操作码" 字段包含 MMIX 指令的符号名 SL 和 LDO 等. 但第 01–06 行 "操作码" 字段的符号名 IS 和 LOC 有所不同, IS 和 LOC 称为伪操作, 因为它们只是 MMIXAL 的操作符, 却不是 MMIX 的操作码. 伪操作符不是程序本身的指令, 它们提供关于符号程序的特殊信息. 于是 "j IS \$0" 这一行只说明程序 M 的有关事项, 并不表示程序运行时要设置任何变量为寄存器 \$0 的内容. 请注意, 在汇编的时候, 第 01–06 行不产生指令.

第 07 行是 "左移" 指令, 它通过置 kk ← 8n 达成 k ← n. 这个程序使用数值 8k 而不是 k, 因为第 08 行和第 10 行的全字地址需要数值 8k.

第 09 行把控制转移到第 15 行. 汇编程序知道这条 JMP 指令位于单元 #108, 且 DecrK 等价于 #120, 从而计算出相对偏移 (#120 − #108)/4 = 6. 类似地, 汇编程序也为第 12 行和第 16 行的转移指令计算了相对地址.

其余的符号代码毋需解释. 早先提到过, 程序 M 是一个较长程序的一部分. 在大程序的其他地方会有指令序列, 例如

```
SET    $2,100
PUSHJ  $1,Maximum
STO    $1,Max
```

负责把 n 置为 100 并转移到程序 M. 然后, 使用在 1.4.1′ 节讲解的原理, 程序 M 找到元素 $X[1], \ldots, X[100]$ 中的最大值, 把这个最大值保存在 $1 中, 把它所在的位置 j 保存在 $2 中, 再返回到指令 "STO $1,Max" 处. (见习题 3.)

现在我们来看一个完整的程序, 而不仅仅是一个子程序. 如果把下面的程序命名为 Hello, 它将打印著名信息 "Hello, world", 然后终止程序.

程序 H (你好, 世界).

汇编后的指令	行号	标号	操作码	表达式	注释
	01	argv	IS	$1	命令行参数向量
	02		LOC	#100	
#100: #8f ff 01 00	*03*	Main	LDOU	$255,argv,0	$255 ← 程序名的地址.
#104: #00 00 07 01	*04*		TRAP	0,Fputs,StdOut	打印程序名.
#108: #f4 ff 00 03	*05*		GETA	$255,String	$255 ← ", world" 的地址.
#10c: #00 00 07 01	*06*		TRAP	0,Fputs,StdOut	打印 ", world".
#110: #00 00 00 00	*07*		TRAP	0,Halt,0	终止程序.
#114: #2c 20 77 6f	*08*	String	BYTE	", world",#a,0	带有换行符和结束符的字符串
#118: #72 6c 64 0a	*09*				
#11c: #00	*10*				∎

在进一步阅读之前, 能够使用 MMIX 汇编程序和模拟程序的读者应该花点时间准备包含程序 H 的 "标号" "操作码" "表达式" 部分的简短计算机文件. 把这个文件命名为 Hello.mms, 通过 (比如说) mmixal Hello.mms 来汇编它. (汇编程序产生的文件是 Hello.mmo, 后缀 .mms 意味着 "MMIX 符号的", 后缀 .mmo 意味着 "MMIX 目标".) 现在, 通过 mmix Hello 调用模拟程序来执行这个程序.

MMIX 模拟程序实现了一个假想操作系统的某些最简单特征, 这个操作系统是 NNIX. 比如说, 如果有一个叫作 foo.mmo 的目标文件, 那么 NNIX 能够执行像

$$\text{foo bar xyzzy} \tag{1}$$

这样的命令行. 我们可以使用命令行 "mmix ⟨选项⟩ foo bar xyzzy" 调用模拟程序获得相应的行为, 其中 ⟨选项⟩ 是零个或多个特殊请求的序列. 例如, 选项 -P 将在程序停止后打印该程序的性能分析数据.

MMIX 程序总是从符号单元 Main 开始. 这时寄存器 $0 包含命令行参数的数量, 即命令行上的单词数. 寄存器 $1 包含第一个参数的内存地址, 这个参数总是程序名. 操作系统把所有的参数放在连续的全字中, 从寄存器 $1 中的地址开始, 以一个全零的全字结束. 每个参数都表示为一个字符串, 也就是说, 它是零个或多个非零字节 (后面跟着一个全零字节) 序列的内存地址, 非零字节是字符串中的字符.

例如, 命令行 (1) 将导致寄存器 \$0 被初始化为 3, 而且我们可能有

$$\$1 = \text{\#}4000000000000008 \qquad \text{指向第一个字符串的指针}$$

$$M_8[\text{\#}4000000000000008] = \text{\#}4000000000000028 \qquad \text{第一个参数, 字符串 "foo"}$$

$$M_8[\text{\#}4000000000000010] = \text{\#}4000000000000030 \qquad \text{第二个参数, 字符串 "bar"}$$

$$M_8[\text{\#}4000000000000018] = \text{\#}4000000000000038 \qquad \text{第三个参数, 字符串 "xyzzy"}$$

$$M_8[\text{\#}4000000000000020] = \text{\#}0000000000000000 \qquad \text{在最后一个参数后的空指针}$$

$$M_8[\text{\#}4000000000000028] = \text{\#}666f6f0000000000 \qquad \text{'f','o','o',0,0,0,0,0}$$

$$M_8[\text{\#}4000000000000030] = \text{\#}6261720000000000 \qquad \text{'b','a','r',0,0,0,0,0}$$

$$M_8[\text{\#}4000000000000038] = \text{\#}78797a7a79000000 \qquad \text{'x','y','z','z','y',0,0,0}$$

NNIX 在全字边界建立每个参数的字符串. 然而, 一般来说, 字符串可以从全字内的任意位置开始.

第 03 行是程序 H 的第一条指令, 它把字符串指针 $M_8[\$1]$ 装入寄存器 \$255, 这个字符串是程序名 "Hello". 第 04 行是一条专用 TRAP 指令, 它请求操作系统把字符串 \$255 写入标准输出文件. 类似地, 第 05–06 行请求 NNIX 向标准输出添加 ", world" 和换行符. 符号 Fputs 预定义为等于 7, 符号 StdOut 预定义为等于 1. 第 07 行 TRAP 0,Halt,0 是终止程序的通常方式. 我们将在本节末尾讨论所有这样的专用 TRAP 指令.

第 08 行的 BYTE 指令生成第 05–06 行输出的字符串中的字符. BYTE 是 MMIXAL 的伪操作符, 不是 MMIX 的操作码. 但是, BYTE 不同于 IS 和 LOC 这样的伪操作, 因为它确实把数据汇编到内存中. 一般来说, BYTE 把一系列表达式汇编成一系列单字节常量. 第 08 行的 ", world" 是 MMIXAL 对七个单字符常量

$$',',' ','w','o','r','l','d'$$

的简写. 第 08 行的常量 #a 是 ASCII 换行符, 当它出现在被打印的文件中, 将开始新的一行. 第 08 行最后的 ",0" 结束这个字符串. 这样一来, 第 08 行是九个表达式的列表, 它导致显示在第 08–10 行左边的九个字节.

我们借助第三个例子介绍汇编语言的其他几个特征. 程序的目标是计算前 500 个素数, 并把它们打印成一张 10 列的表, 每列 50 个素数. 当我们程序的标准输出列表为文本文件时, 这张表应该如下所示:

```
First Five Hundred Primes
        0002 0233 0547 0877 1229 1597 1993 2371 2749 3187
        0003 0239 0557 0881 1231 1601 1997 2377 2753 3191
        0005 0241 0563 0883 1237 1607 1999 2381 2767 3203
        0007 0251 0569 0887 1249 1609 2003 2383 2777 3209
        0011 0257 0571 0907 1259 1613 2011 2389 2789 3217
          ⋮                                              ⋮
        0229 0541 0863 1223 1583 1987 2357 2741 3181 3571
```

我们将采用下述方法.

算法 P (打印前 500 个素数的表). 算法包含两个不同的部分: 步骤 P1–P8 在机器内部准备 500 个素数的表, 步骤 P9–P11 按照上面显示的格式打印结果.

P1. [开始建表.] 置 PRIME[1] ← 2, $n \leftarrow 3$, $j \leftarrow 1$. (在下面的步骤中, n 将遍历可能是素数的奇数, j 记录当前已经找到多少个素数.)

P2. [n 是素数.] 置 $j \leftarrow j + 1$, PRIME[j] ← n.

P3. [已找到 500 个?] 如果 $j = 500$，转到 P9.

P4. [推进 n.] 置 $n \leftarrow n + 2$.

P5. [$k \leftarrow 2$.] 置 $k \leftarrow 2$.（PRIME[k] 将遍历可能是 n 的素因数的数.）

P6. [PRIME[k]\n?] 用 PRIME[k] 除 n，令 q 为商，r 为余数. 如果 $r = 0$（因此 n 不是素数），转到 P4.

P7. [PRIME[k] 足够大?] 如果 $q \leq$ PRIME[k]，转到 P2.（此时 n 必定是素数. 证明这个论断是很有趣的，而且有一点异乎寻常——见习题 11.）

P8. [推进 k.] k 增加 1，然后转到 P6.

P9. [打印标题.] 至此我们做好了打印素数表的准备. 打印标题行，置 $m \leftarrow 1$.

P10. [打印行.] 以适当格式输出含 PRIME[m], PRIME[$50 + m$], ..., PRIME[$450 + m$] 的行.

P11. [已打印 50 行?] m 增加 1. 如果 $m \leq 50$，返回 P10；否则算法终结.   ∎

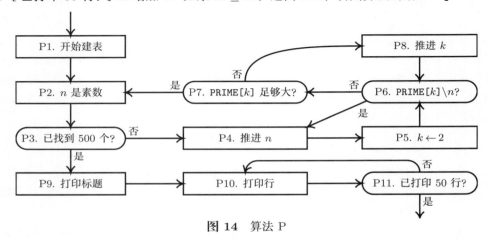

图 14   算法 P

程序 P（打印前 500 个素数的表）.   为了只用一个程序演示 MMIXAL 的大部分特征，这个程序特意编写得略显笨拙.

```
01    % 演示程序 ... 素数表
02    L        IS      500                      欲求素数的数量
03    t        IS      $255                     临时存储
04    n        GREG    0                        候选素数
05    q        GREG    0                        商
06    r        GREG    0                        余数
07    jj       GREG    0                        PRIME[j] 的下标
08    kk       GREG    0                        PRIME[k] 的下标
09    pk       GREG    0                        PRIME[k] 的值
10    mm       IS      kk                       输出行的下标
11             LOC     Data_Segment
12    PRIME1   WYDE    2                        PRIME[1] = 2
13             LOC     PRIME1+2*L
14    ptop     GREG    @                        PRIME[501] 的地址
15    j0       GREG    PRIME1+2-@               jj 的初值
16    BUF      OCTA    0                        十进制数字串的生成位置
```

17				
18		LOC	#100	
19	Main	SET	n,3	*P1. 开始建表.* $n \leftarrow 3$.
20		SET	jj,j0	$j \leftarrow 1$.
21	2H	STWU	n,ptop,jj	*P2. n 是素数.* PRIME[$j+1$] $\leftarrow n$.
22		INCL	jj,2	$j \leftarrow j+1$.
23	3H	BZ	jj,2F	*P3. 已找到 500 个?*
24	4H	INCL	n,2	*P4. 推进 n.*
25	5H	SET	kk,j0	*P5.* $k \leftarrow 2$.
26	6H	LDWU	pk,ptop,kk	*P6. PRIME[k]\n?*
27		DIV	q,n,pk	$q \leftarrow \lfloor n/\text{PRIME}[k] \rfloor$.
28		GET	r,rR	$r \leftarrow n \bmod \text{PRIME}[k]$.
29		BZ	r,4B	如果 $r = 0$, 转到 P4.
30	7H	CMP	t,q,pk	*P7. PRIME[k] 足够大?*
31		BNP	t,2B	如果 $q \leq \text{PRIME}[k]$, 转到 P2.
32	8H	INCL	kk,2	*P8. 推进 k.* $k \leftarrow k+1$.
33		JMP	6B	转到 P6.
34		GREG	@	基址
35	Title	BYTE	"First Five Hundred Primes"	
36	NewLn	BYTE	#a,0	换行符和字符串结束符
37	Blanks	BYTE	" ",0	三个空格组成的字符串
38	2H	LDA	t,Title	*P9. 打印标题.*
39		TRAP	0,Fputs,StdOut	
40		NEG	mm,2	通过置 mm $\leftarrow -2$ 初始化 m.
41	3H	ADD	mm,mm,j0	*P10. 打印行.*
42		LDA	t,Blanks	打印 " ".
43		TRAP	0,Fputs,StdOut	
44	2H	LDWU	pk,ptop,mm	pk $\leftarrow$ 待打印的素数.
45	0H	GREG	#2030303030000000	" 0000",0,0,0
46		STOU	0B,BUF	为十进制转换准备缓冲区.
47		LDA	t,BUF+4	$t \leftarrow$ 个位数字的位置.
48	1H	DIV	pk,pk,10	pk $\leftarrow \lfloor$pk$/10 \rfloor$.
49		GET	r,rR	$r \leftarrow$ 下一位数字.
50		INCL	r,'0'	$r \leftarrow$ 数字 r 的 ASCII 码.
51		STBU	r,t,0	存储 r 到缓冲区.
52		SUB	t,t,1	左移一个字节.
53		PBNZ	pk,1B	重复处理剩余数字.
54		LDA	t,BUF	打印空格和四个数字.
55		TRAP	0,Fputs,StdOut	
56		INCL	mm,2*L/10	推进 50 个短字.
57		PBN	mm,2B	
58		LDA	t,NewLn	打印换行符.
59		TRAP	0,Fputs,StdOut	
60		CMP	t,mm,2*(L/10-1)	*P11. 已打印 50 行?*
61		PBNZ	t,3B	如果没有完成, 转到 P10.
62		TRAP	0,Halt,0	▮

关于这个程序，以下几点值得注意.

1. 第 01 行由百分号开始，第 17 行是空行. 这样的行是仅限于提供说明的"注释"行，对汇编后的程序没有实际影响.

每个非注释行有三个字段，分别称为"标号""操作码""表达式"，由空格分隔. 表达式字段包含一个或多个符号表达式，由逗号分隔. 如果有注释字段，则跟随在表达式字段后面.

2. 和程序 M 一样，伪操作 IS 设置一个符号的等价值. 例如，在第 02 行中把 L 的等价值设置为 500，这是待计算的素数的数量. 注意，在第 03 行中把 t 的等价值设置为 $255，这是一个寄存器号，而 L 的等价值是 500，一个纯数. 一些符号具有寄存器号等价值，范围从 $0 到 $255，其他符号具有纯数等价值，它们是全字. 我们通常使用以小写字母开头的符号名称表示寄存器，使用以大写字母开头的名称表示纯数，尽管 MMIXAL 不强制执行此约定.

3. 第 04 行的伪操作 GREG 分配一个全局寄存器. 寄存器 $255 总是全局的，第一个 GREG 使寄存器 $254 成为全局的，下一个 GREG 对寄存器 $253 做同样的事，以此类推. 这样一来，第 04–09 行分配六个全局寄存器，它们把符号 n, q, r, jj, kk, pk 的等价值分别设置为 $254, $253, $252, $251, $250, $249. 第 10 行把 mm 的等价值设置为 $250.

如果 GREG 定义中的表达式字段为零，像在第 04–09 行中那样，就假定在程序运行时全局寄存器具有动态值. 但是，如果给定一个非零表达式，像在第 14, 15, 34, 45 行中那样，则假定在整个程序执行过程中全局寄存器是常数. 在后续指令访问内存时，MMIXAL 使用这样的全局寄存器作为基址. 例如，考虑第 47 行中的指令"LDA t,BUF+4". MMIXAL 有能力发现全局寄存器 ptop 保存 BUF 的地址，因此可以把"LDA t,BUF+4"汇编为"LDA t,ptop,4". 类似地，第 38, 42, 58 行的 LDA 指令利用了第 34 行的"GREG @"指令引入的无名基址. （回忆一下 1.3.1′ 节，@ 表示当前位置. ）

4. 一种好的汇编语言应当模仿程序员对于计算机程序的思考方式. 全局寄存器和基址的自动分配就是这一原则的实例. 另外一个例子是引进局部符号的思想，例如第 21, 38, 44 行的标号字段中出现的符号 2H.

局部符号是特殊的符号，它们的等价值可以反复重新定义，定义次数视需要而定. 像 PRIME1 这样的全局符号在整个程序中只具备一种含义，因此如果它出现在不止一行的标号字段中，汇编程序将会报错. 然而，局部符号的特质不同. 例如，我们可以在一行的标号字段写上 2H（"此处的 2"），而在一行 MMIXAL 代码的表达式字段写上 2F（"此后的 2"）或者 2B（"此前的 2"）：

2B 系指此前最近的标号 2H;

2F 系指此后最近的标号 2H.

因此，第 23 行的 2F 是指此后的第 38 行；第 31 行的 2B 是指此前的第 21 行；第 57 行的 2B 是指此前的第 44 行. 符号 2F 或者 2B 绝不可能指它自身所在的行. 例如，MMIXAL 指令

```
2H    IS    $10
2H    BZ    2B,2F
2H    IS    2B-4
```

实际上等价于单个指令

```
BZ    $10,@-4.
```

绝对不能把符号 2F 和 2B 用在标号字段中，也不能把符号 2H 用在表达式字段中. 如果 2B 出现在 2H 的任何出现之前，它表示零. 总共有 10 种局部符号，把上面例子中的"2"换成从 0 到 9 的任何一个数字就得到它们.

局部符号的思想是梅尔文·康威于 1958 年提出的，它的发明与 UNIVAC I 计算机的汇编程序有关. 当程序员想要在程序中访问仅在几行之外的一条指令时，局部符号可以减轻他们的负担，使他们不必为每个地址选取符号名. 对于附近的位置，程序员经常找不到适当的名称，所以往往会使用像 X1, X2, X3 这样没有具体含义的符号名，导致重复命名的潜在危险.

5. 第 11 行对 Data_Segment 的访问引进了另一个新思想. 在 MMIX 的大多数实现中，2^{64} 字节的虚拟地址空间分成两部分，分别称为用户空间（地址 #0000000000000000 .. #7fffffffffffffff）和内核空间（地址 #8000000000000000 .. #ffffffffffffffff）. 内核空间的"负"地址保留给操作系统使用.

用户空间进一步细分为四段，每段 2^{61} 字节. 首先是文本段，用户程序通常驻留于此. 然后是数据段，从虚拟地址 #2000000000000000 开始，用于那些内存单元由汇编程序一次性全部分配的变量，以及无须系统库帮助由用户分配的其他变量. 接下来是池段，从虚拟地址 #4000000000000000 开始，命令行参数和其他动态分配的数据放在这里. 最后是栈段，从虚拟地址 #6000000000000000 开始，由 MMIX 硬件用来维护 PUSH, POP, SAVE, UNSAVE 所管理的寄存器栈. 为方便起见，MMIXAL 预定义了三个符号

$$Data\_Segment = \text{\#2000000000000000},$$
$$Pool\_Segment = \text{\#4000000000000000},$$
$$Stack\_Segment = \text{\#6000000000000000}.$$

程序可以引用位于池段和栈段的数据，但不应把任何东西放入其中. 引用段首附近的地址可能比引用接近末尾的地址更有效. 例如，MMIX 访问文本段最后一个字节 M[#1fffffffffffffff] 的速度可能不如读取数据段第一个字节那么快.

MMIX 程序总是认为文本段是只读的：程序一旦被汇编和加载，地址小于 #2000000000000000 的内存单元中的所有内容都将保持不变. 因此，程序 P 把素数表和输出缓冲区放在数据段.

6. 在程序开始时，除了按照 MMIXAL 规范加载的指令和数据外，文本段和数据段全都为零. 如果两个或更多字节的数据被指定装入相同的内存单元，加载器将用它们的"按位异或"填充该单元.

7. 第 13 行的符号表达式"PRIME1+2*L"表明 MMIXAL 有能力进行全字算术运算，更复杂的例子是第 60 行的"2*(L/10-1)".

8. 这是对程序 P 的最后一条注记. 我们指出，该程序的指令经过合理组织，使得只要可能，寄存器就向零计数，然后检验它们是否为零. 例如，寄存器 jj 保存一个与算法 P 的正变量 j 相关的量，但 jj 通常为负，这个变动使得机器容易判定 j 何时达到 500（第 23 行）. 第 40–61 行特别值得注意，尽管或许有点不好理解. 第 45–55 行中基于除以 10 的二进制到十进制转换例程比较简单，但不是最快的. 4.4 节将讨论一些更有效的方法.

观察程序 P 在实际运行中的统计数据也许很有意思. 第 27 行的除法指令执行了 9538 次. 步骤 P1–P8（第 19–33 行）的执行时间是 $10\,036\,\mu + 641\,543\,\upsilon$；步骤 P9–P11 额外花费 $2804\,\mu + 124\,559\,\upsilon$，不计操作系统处理 TRAP 请求用掉的时间.

语言概要. 至此，我们已经看到使用 MMIXAL 所做的三个例子. 现在，我们更仔细地描述一下 MMIXAL 的规则，特别说明在 MMIXAL 中什么是不允许的. 下述为数不多的规则定义了 MMIXAL 语言.

1. 符号是以字母开始的字母和（或）数字的字符串. 在本定义中，下划线字符 "_" 视为字母，代码值超过 126 的所有 Unicode 字符也是如此. 例子：PRIME1, Data_Segment, Main, __, pâté.

根据前述 "局部符号" 约定，特殊结构 dH, dF, dB（其中 d 是单个数字）实际上被替换为唯一的符号.

2. 常量是以下情形之一：

(a) 十进制常量，由一个或多个十进制数字 $\{0, 1, 2, 3, 4, 5, 6, 7, 8, 9\}$ 组成，表示十进制记号下的无符号全字；

(b) 十六进制常量，以 # 号开始，后面跟随一个或多个十六进制数字 $\{0, 1, 2, 3, 4, 5, 6, 7, 8, 9,$ a, b, c, d, e, f, A, B, C, D, E, F$\}$，表示十六进制记号下的无符号全字；

(c) 字符常量，以单引号字符 ' 开始，后面跟随一个除换行符之外的任何字符，再跟随另一个单引号字符 '，表示被单引号括起来的字符的 ASCII 值或 Unicode 值.

例子：65, #41, 'A', 39, #27, ''', 31639, #7B97, '算'.

字符串常量以双引号字符 " 开始，后面跟随不同于换行符和双引号的一个或多个字符，再跟随另一个双引号字符 ". 这一构造等价于由逗号分隔的单个字符组成的字符常量序列.

3. MMIXAL 程序中出现的每个符号要么是 "已定义符号" 要么是 "待定义引用". 已定义符号是在该 MMIXAL 程序前面某一行的标号字段中已经出现过的符号. 待定义引用则是尚未用这种方式定义过的符号.

像 rR, ROUND_NEAR, V_BIT, W_Handler, Fputs 这样一些符号是预先定义了的，因为它们是与 MMIX 硬件或基本操作系统相关联的常量. 这些符号可以被重新定义，因为 MMIXAL 并不假定每个程序员都知道它们的名字. 但是，任何符号都不应该在标号字段出现超过一次.

每个已定义符号都有一个等价值，它要么是纯数（无符号全字），要么是寄存器号（$0 或 $1 或……或 $255）.

4. 原子表达式是以下情形之一：

(a) 符号；

(b) 常量；

(c) 字符 @，表示当前位置；

(d) 括在小括号中的表达式；

(e) 一元运算符后面跟着原子表达式.

一元运算符是 +（肯定，什么也不做）、-（取相反数，从零减去）、~（取补，改变所有 64 个二进制位）和 $（寄存器化，把纯数转换为寄存器号）.

5. 项是由强二元运算符分隔的一个或多个原子表达式的序列，表达式是由弱二元运算符分隔的一个或多个项的序列. 强二元运算符是 *（乘）、/（除）、//（小数除）、%（取余数）、<<（左移）、>>（右移）和 &（按位与）. 弱二元运算符是 +（加）、-（减）、|（按位或）和 ^（按位异或）. 这些运算在无符号全字上进行，如果 $x < y$ 则 $x//y$ 表示 $\lfloor 2^{64} x/y \rfloor$，否则 $x//y$ 无定义. 具有相同强度的二元运算符从左到右执行，因此，a/b/c 是 (a/b)/c，而 a-b+c 是 (a-b)+c.

例如: #ab<<32+k&~(k-1) 是表达式, 它是项 #ab<<32 与 k&~(k-1) 之和. 后一项是原子表达式 k 和 ~(k-1) 的按位与. 后一原子表达式是 (k-1) 的补, (k-1) 是括在小括号中的两项 k 与 1 之差构成的表达式. 项 1 也是原子表达式, 还是常量, 实际上它是十进制常量. 比如说, 假定符号 k 的等价值是 #cdef00, 则整个表达式 #ab<<32+k&~(k-1) 的等价值是 #ab00000100.

除了诸如 $1 + 2 = $3 和 $3 - $1 = 2 这类例外情形, 二元运算只允许在纯数上进行. 待定义引用不能与其他任何内容组合; 像 2F+1 这样的表达式总是非法的, 因为 2F 绝不对应于已定义符号.

6. 指令由以下三部分构成:

(a) 标号字段, 它要么是空白, 要么是符号;

(b) 操作码字段, 它要么是 MMIX 操作码, 要么是 MMIXAL 伪操作符;

(c) 表达式字段, 它是由逗号分隔的一个或多个表达式的列表. 表达式字段也可以为空, 在这种情形它等价于单个表达式 0.

7. 指令的汇编过程有以下三个步骤:

(a) 对齐当前位置 @, 通过将它增加到

8,　　如果操作码字段的内容是 OCTA;

4,　　如果操作码字段的内容是 TETRA 或者任何 MMIX 操作码;

2,　　如果操作码字段的内容是 WYDE

的下一个倍数 (如果需要的话).

(b) 在标号字段如果存在符号, 就把它定义为 @, 除非操作码字段的内容是 IS 或 GREG.

(c) 如果操作码字段的内容是 MMIXAL 伪操作, 见规则 8. 否则, 它是 MMIX 指令; 如 1.3.1′ 节所述, 操作码字段和表达式字段定义了一个半字, 而 @ 增加 4. 有些 MMIX 操作码在表达式字段有三个操作数, 有些有两个, 有些只有一个.

比如说, 如果操作码是 ADD, MMIXAL 将预期有三个操作数, 并检查第一个和第二个操作数是否是寄存器号. 如果第三个操作数是纯数, MMIXAL 将把操作码从 #20 ("加") 改为 #21 ("加立即常数"), 并检查立即常数是否小于 256.

比如说, 如果操作码是 SETH, MMIXAL 将预期有两个操作数. 第一个操作数应当是寄存器号, 第二个操作数应当是小于 65 536 的纯数.

像 BNZ 这样的操作码有两个操作数: 一个寄存器号和一个纯数. 纯数应当表示为相对地址, 换句话说, 它的值应当表示为 @ + 4k, 其中 $-65\,536 \le k < 65\,536$.

诸如 LDB 或 GO 这样的访问内存的任何操作码, 都有双操作数形式 $X,A 和三操作数形式 $X,$Y,$Z 或 $X,$Y,Z. 当内存地址 A 可表示为基址和单字节值之和 $Y + Z 时, 可以使用双操作数选项, 见规则 8(b).

8. MMIXAL 有以下伪操作:

(a) 操作码字段的内容是 IS: 表达式字段的内容应当是单个表达式, 标号字段中的符号 (如果存在的话) 的等价值是该表达式的值.

(b) 操作码字段的内容是 GREG: 表达式字段的内容应当是具有纯数等价值的单个表达式 x. 标号字段中的符号 (如果存在的话) 的等价值是程序开始时内容是 x 的全局寄存器号. 如果 $x \ne 0$, 则把 x 的值当作基址, 而且程序不会改变这个全局寄存器的内容. 如果 $x = 0$ 或者 x 是尚未出现的基址, 则分配一个 (尽可能大的) 新全局寄存器号.

(c) 操作码字段的内容是 LOC：表达式字段的内容应当是具有纯数等价值的单个表达式 x.
@ 的值被置为 x. 例如，指令 T LOC @+1000 把符号 T 定义为一个 1000 字节序列的首地址，并
把 @ 推进到该序列之后的字节.

(d) 操作码字段的内容是 BYTE, WYDE, TETRA, OCTA 之一：表达式字段的内容应当是纯数表达
式的列表，每一个纯数应当能够容纳在 1, 2, 4, 8 字节内（分别对应于操作码字段的四种情形）.

9. MMIXAL 限制待定义引用，使得汇编程序可以在对程序的一次扫描中快速完成汇编过程.
只允许在以下情形使用待定义引用：

(a) 在相对地址中：作为 JMP 指令的操作数，或者作为转移指令、可能转移指令、PUSHJ
指令或 GETA 指令的第二操作数；

(b) 在伪操作符是 OCTA 的程序行的表达式字段中.

MMIXAL 还有一些同系统程序设计相关的附加特性，这里不多介绍.《MMIXware 文档》描
述了完整的语言细节和工作汇编程序的完整逻辑.

向汇编程序提交 MMIXAL 程序时可以使用自由格式（见图 15）. 标号字段从行首开始，延
续到第一个空格位置为止. 操作码字段从下一个非空格字符开始，延续到下一个空格位置为止，
等等. 如果第一个非空格字符不是字母或数字，则整行都是注释；否则，表达式字段之后是注
释. 注意，图 15 中定义 n, q, r 的 GREG 行的表达式字段为空（相当于单个表达式 0），因此需
要通过某种特定的分隔符引入这些行上的注释. 但是，定义 jj 的 GREG 行不需要这样的分隔
符，因为那里有一个显式的表达式 0.

```
% 演示程序 ... 素数表
L  IS 500              欲求素数的数量
t  IS $255      临时存储
n  GREG        ;; 候选素数
q  GREG  /* 商 */
r  GREG  // 余数
jj GREG 0       PRIME[j] 的下标
   ⋮
  PBN  mm,2B
LDA t,NewLn; TRAP 0,Fputs,StdOut
CMP t,mm,2*(L/10-1) ; PBNZ t,3B;      TRAP 0,Halt,0;
```

图 15　作为计算机文件的程序 P：汇编程序容许多种格式

图 15 的最后两行说明这样一个事实：如果用分号分隔，那么，两条或更多条指令可以放在
一行上提交给汇编程序. 如果分号后面的指令有非空白标号，则标号必须紧随分号.

一致的格式显然比图 15 所示的各种风格的大杂烩要好，因为整洁的计算机文件更容易阅
读. 但汇编程序很宽容，不介意偶尔的邋遢.

基本输入输出.　在本小节的最后，我们讨论 MMIX 仿真器支持的专用 TRAP 操作. 这些操
作提供基本输入输出功能，在这些功能上可以构建更高层次的设施. 形如

$$\text{SET } \$255, \langle arg \rangle; \quad \text{TRAP } 0, \langle function \rangle, \langle handle \rangle \tag{2}$$

的双指令序列通常用于调用这样的函数，其中 ⟨arg⟩ 指向一个参数，⟨handle⟩ 标识相关文件.
例如，程序 H 用

GETA $255,String; TRAP 0,Fputs,StdOut

把字符串写入标准输出文件，程序 P 也类似.

在操作系统执行 TRAP 服务程序之后，寄存器 $255 中包含返回值. 在每种情形下，该值为负当且仅当有错误发生. 程序 H 和程序 P 不检查文件错误，因为它们假定标准输出正确与否不言而喻. 但是，一般来说，在编写良好的程序中错误检测以及从错误中恢复都很重要.

• Fopen(*handle*, *name*, *mode*). 十个基本输入输出服务中的每一个都有句柄 (*handle*) 参数，它是单字节整数. Fopen 把 *handle* 同文件名为 *name* 的外部文件关联，并准备对该文件进行输入和（或）输出. 第三个参数 (*mode*) 必须是 TextRead, TextWrite, BinaryRead, BinaryWrite, BinaryReadWrite 之一，所有这些都是在 MMIXAL 中预定义的. 在三个 ...Write 模式中，文件先前的任何内容都被丢弃. 如果句柄成功打开，则返回值为 0，否则为 −1.

Fopen 的调用序列是

$$\text{LDA \$255,Arg; TRAP 0,Fopen,}\langle\text{handle}\rangle, \tag{3}$$

其中 Arg 是已经放在内存其他地方的双全字序列

$$\text{Arg OCTA }\langle\text{name}\rangle,\langle\text{mode}\rangle. \tag{4}$$

例如，为了在 MMIXAL 程序中调用函数 Fopen(5,"foo",BinaryWrite)，我们可以把

```
Arg   OCTA   1F,BinaryWrite
1H    BYTE   "foo",0
```

放入数据段，然后给出指令

LDA $255,Arg; TRAP 0,Fopen,5.

这将打开句柄 5，以便写入将被命名为 "foo" 的新二进制文件[①].

在每个程序开始时已经打开了三个句柄：标准输入文件 StdIn（句柄 0）具有模式 TextRead，标准输出文件 StdOut（句柄 1）具有模式 TextWrite，标准错误文件 StdErr（句柄 2）具有模式 TextWrite.

• Fclose(*handle*). 如果 *handle* 已被打开，Fclose 就会关闭它，使它不再同任何文件关联. 如果句柄成功关闭，则结果为 0；如果文件已经关闭或不可关闭，则结果为 −1. 调用序列很简单：

$$\text{TRAP 0,Fclose,}\langle\text{handle}\rangle, \tag{5}$$

因为 $255 中不需要放入任何东西.

• Fread(*handle*, *buffer*, *size*). 文件句柄必须已经用模式 TextRead 或 BinaryRead 或 BinaryReadWrite 打开. 文件中接下来的 *size* 字节被读入从 *buffer* 地址开始的 MMIX 的内存. 返回值是 $n - size$（其中 n 是成功读取和存储的字节数）或者 $-1 - size$（如果发生严重错误）. 就像 (3) 和 (4) 那样，调用序列是

$$\text{LDA \$255,Arg; TRAP 0,Fread,}\langle\text{handle}\rangle, \tag{6}$$

---

① 不同的计算机系统对于什么组成文本文件和什么组成二进制文件有不同的想法. 每一个 MMIX 仿真器都采用其驻留操作系统的约定.

其中 Arg 是已经放在内存其他地方的双全字序列

$$\text{Arg OCTA } \langle\text{buffer}\rangle, \langle\text{size}\rangle. \tag{7}$$

- Fgets($handle, buffer, size$). 文件句柄必须已经用模式 TextRead 或 BinaryRead 或 BinaryReadWrite 打开. 把单字节字符逐个读入从 $buffer$ 地址开始的 MMIX 的内存, 直到或者读取并存储了 $size - 1$ 个字符或者读取并存储了换行符, 然后把内存中的下一个字节置为零. 如果在读取完成之前出现错误或文件结束, 那么, 内存内容未定义并返回 -1; 否则, 返回成功读取和存储的字符数量. 除了用 Fgets 替换 (6) 中的 Fread, 调用序列同 (6) 和 (7).

- Fgetws($handle, buffer, size$). 这个函数与 Fgets 相同, 只是它适用于短字字符而不是单字节字符. 最多 $size - 1$ 个短字字符被读取; 短字换行符是 #000a.

- Fwrite($handle, buffer, size$). 文件句柄必须已经用模式 TextWrite 或 BinaryWrite 或 BinaryReadWrite 打开. 从 $buffer$ 地址开始的 MMIX 的内存中的 $size$ 字节被写入文件的当前位置. 返回值是 $n - size$, 其中 n 为成功写入的字节数. 调用序列类似于 (6) 和 (7).

- Fputs($handle, string$). 文件句柄必须已经用模式 TextWrite 或 BinaryWrite 或 BinaryReadWrite 打开. 把单字节字符从 $string$ 地址开始的 MMIX 的内存中逐个写入文件, 直到遇见等于零的第一个字节, 但不把这个字节写入文件. 返回写入的字节数量, 发生错误时返回 -1. 调用序列是

$$\text{SET \$255}, \langle\text{string}\rangle; \quad \text{TRAP 0,Fputs}, \langle\text{handle}\rangle. \tag{8}$$

- Fputws($handle, string$). 这个函数与 Fputs 相同, 只是它适用于短字字符而不是单字节字符.

- Fseek($handle, offset$). 文件句柄必须已经用模式 BinaryRead 或 BinaryWrite 或 BinaryReadWrite 打开. 如果 $offset \geq 0$, 这个函数导致下一个输入或输出操作从距文件开头的 $offset$ 字节开始; 如果 $offset < 0$, 则从距文件结尾的 $-offset - 1$ 字节开始. (例如, $offset = 0$ "回卷" 文件到最开头, $offset = -1$ 定位到文件结尾.) 如果成功则返回零, 如果无法完成所需定位则返回 -1. 调用序列是

$$\text{SET \$255}, \langle\text{offset}\rangle; \quad \text{TRAP 0,Fseek}, \langle\text{handle}\rangle. \tag{9}$$

在 BinaryReadWrite 模式下从输入切换到输出或者从输出切换到输入, 必须给出 Fseek 指令.

- Ftell($handle$). 必须已经用模式 BinaryRead 或 BinaryWrite 或 BinaryReadWrite 打开文件句柄. 这个函数返回当前文件位置 (从文件开头起算, 以字节为单位), 如果发生错误, 则返回 -1. 调用序列很简单:

$$\text{TRAP 0,Ftell}, \langle\text{handle}\rangle. \tag{10}$$

《MMIXware 文档》结合参考实现给出了这十个输入输出函数的完整细节. MMIXAL 中预定义了以下符号:

$$
\begin{array}{lll}
\text{Fopen} = 1, & \text{Fwrite} = 6, & \text{TextRead} = 0, \\
\text{Fclose} = 2, & \text{Fputs} = 7, & \text{TextWrite} = 1, \\
\text{Fread} = 3, & \text{Fputws} = 8, & \text{BinaryRead} = 2, \\
\text{Fgets} = 4, & \text{Fseek} = 9, & \text{BinaryWrite} = 3, \\
\text{Fgetws} = 5, & \text{Ftell} = 10, & \text{BinaryReadWrite} = 4,
\end{array}
\tag{11}
$$

还有 Halt $= 0$.

习题（第一组）

1. [05] (a) 在程序 P 的第 29 行中 "4B" 的含义是什么？(b) 如果把第 24 行的标号字段改为 "2H"，而且把第 29 行的表达式字段改为 "r,2B"，程序 P 还能正常工作吗？

2. [10] 如果 MMIXAL 程序包含

$$\text{9H} \quad \text{IS} \quad \text{9B+1}$$

的多个实例，并且不出现其他 9H，会发生什么？

▶ **3.** [23] 下述程序有什么功能？

```
        LOC    Data_Segment
X0      IS     @
N       IS     100
x0      GREG   X0

⟨这里插入程序 M⟩

Main    GETA   t,9F; TRAP 0,Fread,StdIn
        SET    $0,N<<3
1H      SR     $2,$0,3; PUSHJ $1,Maximum
        LDO    $3,x0,$0
        SL     $2,$2,3
        STO    $1,x0,$0; STO $3,x0,$2
        SUB    $0,$0,1<<3; PBNZ $0,1B
        GETA   t,9F; TRAP 0,Fwrite,StdOut
        TRAP   0,Halt,0
9H      OCTA   X0+1<<3,N<<3
```

4. [10] 常量 #112233445566778899 的值是什么？

5. [11] 从 "BYTE 3+"pills"+6" 可以得到什么？

▶ **6.** [15] 判别真假：单条指令 TETRA ⟨expr1⟩,⟨expr2⟩ 和指令对 TETRA ⟨expr1⟩; TETRA ⟨expr2⟩ 总有相同效果。

7. [05] 乔纳森·奎克（一位学生）惊讶地发现指令 GETA $0,@+1 与 GETA $0,@ 给出相同的结果。试说明他为什么不应该感到惊讶。

▶ **8.** [15] 对齐当前位置 @ 使其为 16 的倍数（必要时增加 0..15）的好方法是什么？

9. [10] 应该对程序 P 作哪些改变，使它能打印前 600 个素数的表？

▶ **10.** [25] 手工汇编程序 P.（花费的时间不会像你想象的那样长。）内存各单元中，同符号形式的程序对应的真实数值内容是什么？

11. [HM20] (a) 证明：每个大于 1 的非素数 n 都有满足 $1 < d \le \sqrt{n}$ 的因数 d。(b) 利用这个事实证明：如果 n 通过算法 P 的步骤 P7 中的测试，则它是素数。

12. [15] 程序 P 的第 34 行的 GREG 指令定义了一个基址，用于第 38, 42, 58 行的字符串常量 Title, NewLn, Blanks。试提出一种避免使用这个额外的全局寄存器而又不会使程序运行得更慢的方法。

13. [20] Unicode 字符使我们有可能用"正宗"的阿拉伯数字打印前 500 个素数：

أول خمسمائة عدر أولي

٣١٨٧ ٢٧٤٩ ٢٣٧١ ١٩٩٣ ١٥٩٧ ١٢٢٩ ٠٨٧٧ ٠٥٤٧ ٠٢٣٣ ٠٠٠٢

٣١٩١ ٢٧٥٣ ٢٣٧٧ ١٩٩٧ ١٦٠١ ١٢٣١ ٠٨٨١ ٠٥٥٧ ٠٢٣٩ ٠٠٠٣

٣٢٠٣ ٢٧٦٧ ٢٣٨١ ١٩٩٩ ١٦٠٧ ١٢٣٧ ٠٨٨٣ ٠٥٦٣ ٠٢٤١ ٠٠٠٥

⋮   ⋮

٣٥٧١ ٣١٨١ ٢٧٤١ ٢٣٥٧ ١٩٨٧ ١٥٨٣ ١٢٢٣ ٠٨٦٣ ٠٥٤١ ٠٢٢٩

我们只需用短字字符替换字节，翻译英文标题，然后用阿拉伯-印度数字 $^\#0660$ – $^\#0669$ 替换 ASCII 数字 $^\#30$ – $^\#39$. （阿拉伯字母是从右向左书写的，但数值仍然是最低有效数字出现在右边. Unicode 的双向表示规则在格式化输出时自动处理必要的反转.）如何更改程序 P 以实现这一目标？

▶ **14.** [21] 修改程序 P，在步骤 P6 中使用浮点算术进行整除性测试.（FREM 指令总是给出精确结果.）在步骤 P7 中使用 $\sqrt{n}$ 而不是 q. 这些改动是增加还是减少了运行时间？

▶ **15.** [22] 下述程序是做什么的？（不要在计算机上运行，用手算！）

```
* Mystery Program
a      GREG    '*'
b      GREG    ' '
c      GREG    Data_Segment
       LOC     #100
Main   NEG     $1,1,75
       SET     $2,0
2H     ADD     $3,$1,75
3H     STB     b,c,$2
       ADD     $2,$2,1
       SUB     $3,$3,1
       PBP     $3,3B
       STB     a,c,$2
       INCL    $2,1
       INCL    $1,1
       PBN     $1,2B
       SET     $255,c
       TRAP    0,Fputs,StdOut
       TRAP    0,Halt,0
```

16. [46] MMIXAL 设计时考虑到了简单性和有效性，因此当程序相对较短时，我们很容易为 MMIX 程序准备机器语言程序. 较长的程序通常用像 C 或 Java 这样的高级语言编写，忽略机器层次的细节. 但是，有时需要为特定机器编写大型程序，对每条指令进行精确控制. 在这种情况下，我们应该有一种面向机器的语言，它具有比传统汇编程序的逐行对应的方法更丰富的结构.

试设计并实现一种名为 PL/MMIX 的语言，它类似于尼克劳斯·沃思的 PL/360 语言 [*JACM* **15** (1968), 37–74]. 你的语言还应该包含文化程序设计 [高德纳，*Literate Programming* (1992)] 的思想.

习题（第二组）

这组习题是一些短小的程序设计问题，代表若干典型的计算机应用，涉及广泛的编程技术. 我们鼓励每位读者选做其中几道，以便熟练使用 MMIX，并充分复习基本程序设计技巧. 如果愿意的话，可以一边阅读第 1 章其余部分，一边并行完成这些习题. 下述列表指出习题中涉及的几类程序设计技术：

使用多路判定开关表：习题 17.

计算二维数组：习题 18, 28, 35.

文本和字符串操作：习题 24, 25, 35.

整数和十进制小数算术：习题 21, 27, 30, 32.

初等浮点算术：习题 27, 32.

使用子程序：习题 23, 24, 32, 33, 34, 35.

表处理：习题 29.

实时控制：习题 34.

排版显示：习题 35.

循环和流水线优化：习题 23, 26.

在本书中，如果习题要求"编写一个 MMIX 程序"或者"编写一个 MMIX 子程序"，你仅需针对题目要求编写符号形式的 MMIXAL 代码. 代码本身不是完整的程序，它不过是一个（假想的）完整程序的片段. 在代码片段中，如果数据是外部提供的，不需要进行输入或输出，仅仅需要编写 MMIXAL 语句行的"标号""操作码""表达式"字段以及适当的注释. 除非特别指明，否则不要求写出"汇编后的指令""行号""次数"这三列（见程序 M），此外也不要求有 Main 标号.

另一方面，如果一道习题要求"编写一个完整的 MMIX 程序"，那就意味着应当用 MMIXAL 写出一个可执行的程序，特别是需要包含 Main 标号. 这样的程序最好在 MMIX 汇编程序和模拟程序的帮助下进行测试.

▶ **17.** [*25*] 寄存器 \$0 包含一个半字地址，据称它是一条有效且非特权的 MMIX 指令的地址.（这意味着 $\$0 \geq 0$，而且 $M_4[\$0]$ 的 X, Y, Z 字节按照 1.3.1′ 节的规则遵守操作码字节施加的所有限制. 例如，具有操作码 FIX 的有效指令将有 $Y \leq$ ROUND_NEAR；具有操作码 PUT 的有效指令将有 $Y = 0$ 和"$X < 8$ 或 $18 < X < 32$". 操作码 LDVTS 是特权指令，仅供操作系统使用. 但是，大多数操作码定义对于所有 X, Y, Z 都有效且非特权的指令.）编写一个 MMIX 子程序，检查给定的半字在这种意义下是否有效；尝试使程序尽可能高效.

注记：缺乏经验的程序员在处理这样的问题时，往往愿意写出一长串对于操作码字节的检验，例如 "SR op,tetra,24; CMP t,op,#18; BN t,1F; CMP t,op,#98; BN t,2F; ...". 这不是一种好做法！实现多路判定的最好方式是准备一张辅助表，所求的逻辑过程封装在表中. 例如，用一张有 256 个全字条目的表（每个操作码一个条目），我们可以写 "SR t,tetra,21; LDO t,Table,t"，如果需要执行许多不同种类的操作，后面还可能跟着 GO 指令. 使用表格通常能大大提高程序的速度和灵活性.

▶ **18.** [*31*] 假定我们把由带符号单字节整数元素构成的 9×8 矩阵

$$\begin{pmatrix} a_{11} & a_{12} & a_{13} & \ldots & a_{18} \\ a_{21} & a_{22} & a_{23} & \ldots & a_{28} \\ \vdots & & & & \vdots \\ a_{91} & a_{92} & a_{93} & \ldots & a_{98} \end{pmatrix}$$

存入内存，把 a_{ij} 存储到单元 $A + 8i + j$，其中 A 为某个常数. 所以，该矩阵在 MMIX 的内存中呈现为

$$\begin{pmatrix} M[A + 9] & M[A + 10] & M[A + 11] & \ldots & M[A + 16] \\ M[A + 17] & M[A + 18] & M[A + 19] & \ldots & M[A + 24] \\ \vdots & & & & \vdots \\ M[A + 73] & M[A + 74] & M[A + 75] & \ldots & M[A + 80] \end{pmatrix}.$$

如果 $m \times n$ 矩阵中某个位置的值是所在行的最小值和所在列的最大值，就说该矩阵有一个"鞍点". 用符号表示，如果

$$a_{ij} = \min_{1 \leq k \leq n} a_{ik} = \max_{1 \leq k \leq m} a_{kj},$$

则 a_{ij} 是一个鞍点. 编写一个 MMIX 程序，计算一个鞍点所在的单元（如果至少有一个鞍点），或者得到零（如果不存在鞍点），把得到的值存入寄存器 \$0.

19. [*M29*] 假定上题矩阵中的 72 个元素是两两不同的，并且假定所有 72! 种排列是等可能的，那么存在一个鞍点的概率是多大？如果我们假定矩阵的元素都为 0 或 1，并且所有 2^{72} 个这样的矩阵是等可能的，那么相应的概率是多大？

20. [*HM42*] 习题 18 的答案给出两种解法，并且提示还有第三种解法. 不清楚它们当中哪个解法更好. 利用习题 19 的两种假定，分析习题 18 答案给出的两种算法，判断哪个方法更好.

21. [*25*] 0 与 1 之间的分母小于等于 n 的所有既约分数（最简分数）的递增序列称为"n 阶法里序列". 例如，7 阶法里序列是

$$\frac{0}{1}, \frac{1}{7}, \frac{1}{6}, \frac{1}{5}, \frac{1}{4}, \frac{2}{7}, \frac{1}{3}, \frac{2}{5}, \frac{3}{7}, \frac{1}{2}, \frac{4}{7}, \frac{3}{5}, \frac{2}{3}, \frac{5}{7}, \frac{3}{4}, \frac{4}{5}, \frac{5}{6}, \frac{6}{7}, \frac{1}{1}.$$

如果我们用 x_0/y_0, x_1/y_1, x_2/y_2, ... 表示这个序列, 习题 22 将证明

$$x_0 = 0, \quad y_0 = 1; \qquad x_1 = 1, \quad y_1 = n;$$

$$x_{k+2} = \lfloor (y_k + n)/y_{k+1} \rfloor x_{k+1} - x_k;$$

$$y_{k+2} = \lfloor (y_k + n)/y_{k+1} \rfloor y_{k+1} - y_k.$$

编写一个 MMIX 子程序, 通过把 x_k 和 y_k 分别存入半字 X + 4k 和 Y + 4k, 计算 n 阶法里序列. (这个序列的总项数大约为 $3n^2/\pi^2$, 所以可以假定 $n < 2^{32}$.)

22. [*M30*] (a) 证明上题中通过递推方式定义的数 x_k 和 y_k 满足关系 $x_{k+1}y_k - x_k y_{k+1} = 1$. (b) 利用 (a) 的结论, 证明分数 x_k/y_k 的序列确实是 n 阶法里序列.

23. [*25*] 编写一个 MMIX 子程序把内存中连续 n 个字节置为零, 起始地址在寄存器 \$0 中, 整数 $n \geq 0$ 在寄存器 \$1 中. 当 n 很大时, 尝试使子程序非常快地运行. 使用 MMIX 流水线模拟程序来获得实际运行时间的统计信息.

▶ **24.** [*30*] 编写一个 MMIX 子程序, 把从寄存器 \$0 中的地址开始的字符串复制到从 \$1 中的地址开始的内存字节. 字符串终结符是空字符 (即等于零的字节). 假设字符串和它的副本之间不会有内存重叠. 为了有效复制长字符串, 子程序应该尽量减少内存访问, 只要有可能就每次装入和存储 8 个字节. 比较你的程序与普通逐字节复制代码

```
        SUBU $1,$1,$0;1H LDBU $2,$0,0; STBU $2,$0,$1; INCL $0,1; PBNZ $2,1B,
```

它花费 $(2n+2)\mu + (4n+7)\upsilon$ 复制长度为 n 的字符串.

25. [*26*] 一位密码分析师需要计算在一长串密文中每个字符的出现频率. 编写一个 MMIX 程序计算每个非空字符的频率计数 (总共有 255 个). 假设给定的字符串以空字符结束. 根据 1.3.1′ 节表 1 给出的 "μ 和 υ" 标准, 提出一种有效解决方案.

▶ **26.** [*32*] 通过针对 MMIX 流水线模拟程序的实际配置优化其性能, 改进上题的解决方案.

27. [*26*] (斐波那契近似) 式 1.2.8–(15) 指出, 公式 $F_n = \text{round}(\phi^n/\sqrt{5})$ 对于所有 $n \geq 0$ 成立, 其中 "round" 表示舍入到最接近的整数. (a) 编写一个完整的 MMIX 程序来测试这个公式在浮点运算方面的性能: 对于 $n = 0, 1, 2, \ldots$, 直接计算 $\phi^n/\sqrt{5}$ 的近似值, 并找出这个近似值舍入后不是 F_n 的最小 n. (b) 习题 1.2.8–28 表明, $F_n = \text{round}(\phi F_{n-1})$ 对于所有 $n \geq 3$ 成立. 当我们通过无符号全字定点乘法近似计算 ϕF_{n-1} 时, 找出使这个公式失效的最小 $n \geq 3$. (见 1.3.1′–(7).)

28. [*26*] n 阶幻方是由 1 至 n^2 的数排列成的方阵, 其中每一行、每一列以及两条主对角线上的和都是 $n(n^2+1)/2$. 图 16 显示一个 7 阶幻方. 生成幻方的规则很容易看出: 从方阵正中央下方一格开始, 沿对角线方向向右下依次填入从 1 到 n^2 的数 (越过边界时, 把整个平面想象成是由这种方阵铺成的), 直至达到一个已填有数的方格. 然后从最新填入数的方格下方两格开始, 继续如此填数. 只要 n 是奇数, 这个方法就行之有效.

采用像习题 18 那样的内存分配方式, 编写一个完整的 MMIX 程序, 通过上面提供的方法生成 19×19 的幻方, 把结果写入标准输出文件. [这个方法是由伊本·海萨姆提出的, 他于公元 965 年前后生于伊拉克的巴士拉, 1040 年前后死于埃及开罗. 许多其他幻方构造方式也是很好的程序设计习题, 见沃尔特·劳斯·鲍尔撰写, 哈罗德·考克斯特改编的 *Mathematical Recreations and Essays* (New York: Macmillan, 1939) 第 7 章.]

29. [*30*] (约瑟夫问题) n 位男士围坐成一个圆圈. 假定我们从某个指定的位置开始, 环绕圆圈数数, 残忍地处死每次数到的第 m 位男士并合拢圆圈. 例如, 如图 17 所示, 当 $n = 8$ 且 $m = 4$ 时, 行刑顺序是 54613872 (1 号男士是第 5 个处死的, 2 号男士是第 4 个处死的, 依此类推). 编写一个完整的 MMIX 程序, 打印出当 $n = 24$ 且 $m = 11$ 时的行刑顺序. 力求设计一个聪明的算法, 当 n 和 m 是很大的数时能快速执行 (这个算法或许能拯救你的生命). 参考文献: 威廉·阿伦斯, *Mathematische Unterhaltungen und Spiele* **2** (Leipzig: Teubner, 1918), 第 15 章.

22	47	16	41	10	35	04
05	23	48	17	42	11	29
30	06	24	49	18	36	12
13	31	07	25	43	19	37
38	14	32	01	26	44	20
21	39	08	33	02	27	45
46	15	40	09	34	03	28

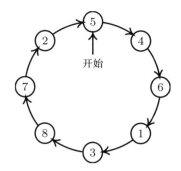

图 16 一个幻方　　　　　　　　　　**图 17** $n = 8$，$m = 4$ 时的约瑟夫问题

30. [*31*] 我们在 1.2.7 节曾经证明，和 $1 + \frac{1}{2} + \frac{1}{3} + \cdots$ 会变成无穷大。但是如果用一台精度有限的计算机进行计算，这个和在某种意义下其实是存在的，因为只要一项一项地加，后面的项最终就会小到完全不会改变和。例如，假定在计算上面的和时舍入到 1 位小数，那么我们有 $1 + 0.5 + 0.3 + 0.2 + 0.2 + 0.2 + 0.1 + 0.1 + 0.1 + 0.1 + 0.1 + 0.1 + 0.1 + 0.1 + 0.1 + 0.1 + 0.1 + 0.0 + \cdots = 3.7$。

更确切地说，令 $r_n(x)$ 是 x 舍入到 n 位小数的结果，如果处于中间值，则舍入到偶数。为了解决这个问题，我们使用公式 $r_n(x) = \lceil 10^n x - \frac{1}{2} \rceil / 10^n$。于是，我们希望求

$$S_n = r_n(1) + r_n(\tfrac{1}{2}) + r_n(\tfrac{1}{3}) + \cdots;$$

我们知道 $S_1 = 3.7$，问题是编写一个完整的 MMIX 程序，对于 $1 \le n \le 10$ 计算 S_n 并且打印结果。

注记：对于这个求和，比起一次加一个数 $r_n(1/m)$ 直到 $r_n(1/m)$ 变成 0 的简单过程来，有一种快得多的方法。例如，对于从 66 667 到 199 999 的所有 m 值，都有 $r_5(1/m) = 0.00001$，因此避免计算全部 133 333 次 $1/m$ 是明智的！下面的算法就很好。

H1. 从 $m_1 = 1$，$S \leftarrow 1$，$k \leftarrow 1$ 开始。

H2. 计算 $r \leftarrow r_n(1/(m_k + 1))$，如果 $r = 0$ 则终止。

H3. 求 m_{k+1}，它是使 $r_n(1/m) = r$ 的最大 m。

H4. 置 $S \leftarrow S + (m_{k+1} - m_k)r$，$k \leftarrow k + 1$，然后返回 H2. ▮

31. [*HM30*] 利用上题的记号，证明或证伪 $\lim_{n \to \infty}(S_{n+1} - S_n) = \ln 10$。

▶ **32.** [*31*] 下述算法是由意大利那不勒斯天文学家阿洛伊修斯·里利乌斯和德国耶稣会数学家克里斯托佛·克拉维约在 16 世纪末提出的，西方大多数教会用它来确定 1582 年①之后任何一年的复活节日期。

算法 E（计算复活节日期）。令 Y 为欲求复活节日期的年份。

　E1. [黄金数。] 置 $G \leftarrow (Y \bmod 19) + 1$。（$G$ 是 19 年默冬章②中这一年的所谓"黄金数"。）

　E2. [世纪数。] 置 $C \leftarrow \lfloor Y/100 \rfloor + 1$。（当 Y 不是 100 的倍数时 C 为世纪数，例如 1984 年是在 20 世纪。）

　E3. [修正量。] 置 $X \leftarrow \lfloor 3C/4 \rfloor - 12$，$Z \leftarrow \lfloor (8C + 5)/25 \rfloor - 5$。（此处 X 是 1582 年以后像 1900 这样年份是 4 的倍数的平年数量，这种年份不置闰是为了与地球公转保持同步。Z 是用来使复活节与月球轨道同步的特别修正量。）

　E4. [求星期日。] 置 $D \leftarrow \lfloor 5Y/4 \rfloor - X - 10$。（3 月 $((-D) \bmod 7)$ 日将是星期日。）

---

① 1582 年 10 月 4 日（星期四）的下一天是 15 日（星期五），因此本算法只适用于 1582 年之后的年份。——译者注

② 古希腊天文学家默冬于公元前 432 年提出的置闰周期。在 19 个阴历年中安插 7 个闰月，即可与 19 个回归年相协调。——译者注

E5. ［求闰余.］置 $E \leftarrow (11G + 20 + Z - X) \bmod 30$. 如果 $E = 25$ 且黄金数 $G > 11$, 或者 $E = 24$, 那么 E 增加 1.（这个数 E 就是闰余[①], 它说明何时出现满月.）

E6. ［求满月.］置 $N \leftarrow 44 - E$. 如果 $N < 21$, 那么置 $N \leftarrow N + 30$.（复活节应该是在 3 月 21 日当日或之后首次出现满月以后的第一个星期日. 实际上, 月球轨道的摄动使得这个日期不是准确无误的, 但是我们在这里关心的是"历法月亮"而不是实际月亮. 3 月的第 N 天是历法的满月日. ）

E7. ［推进到星期日.］置 $N \leftarrow N + 7 - ((D + N) \bmod 7)$.

E8. ［求月份.］如果 $N > 31$, 复活节日期是 4 月 $(N - 31)$ 日（表示为 $(N - 31)$ APRIL）; 否则, 日期是 3 月 N 日（表示为 N MARCH）.   ▮

编写一个计算并打印给定年份的复活节日期的子程序, 假定年份小于 100 000. 输出需采用"*dd* MONTH, *yyyyy*"的形式, 其中 *dd* 是日子, MONTH 是月份, *yyyyy* 是年份. 编写一个完整的 MMIX 程序, 利用上面这个子程序打印一张从 2000 年到 2050 年[②]的复活节日期表.

33. [*M30*] 用负数除以正数时, 某些计算机（但不是 MMIX!）给出负余数. 因此, 当上题步骤 E5 中的量 $(11G + 20 + Z - X)$ 为负时, 用前述算法计算复活节日期的程序可能会失败. 例如, 在 14 250 年, 我们将求出 $G = 1$, $X = 95$, $Z = 40$; 所以, 如果我们得到 $E = -24$ 而不是 $E = +6$, 将会得到荒谬的答案 "42 APRIL"（4 月 42 日）.［见 *CACM* **5** (1962), 556.］编写一个完整的 MMIX 程序, 求这个错误最早会导致在哪一年算出错误的复活节日期.

▶ **34.** [*33*] 假定 MMIX 计算机已经通过名为 /dev/lights 和 /dev/sensor 的特殊"文件"连接到德尔马大道和伯克利大街[③]交叉路口的交通信号灯上. 计算机通过输出一个字节到 /dev/lights 来激活交通信号灯, 这个字节是如下四个独立代码之和:

德尔马大道交通信号灯: #00 关闭, #40 绿灯, #c0 黄灯, #80 红灯;
伯克利大街交通信号灯: #00 关闭, #10 绿灯, #30 黄灯, #20 红灯;
德尔马大道行人信号灯: #00 关闭, #04 WALK, #0c DON'T WALK;
伯克利大街行人信号灯: #00 关闭, #01 WALK, #03 DON'T WALK.

沿伯克利大街前行的汽车或行人要想通过路口, 必须触发传感器. 如果不出现这个条件, 德尔马大道的信号灯将保持绿色. 当 MMIX 从 /dev/sensor 读取一个字节时, 得到的输入是非零的当且仅当自得到前一个输入以来传感器已被触发.

信号灯周期如下:

德尔马大道交通信号灯呈绿色 ≥ 30 秒, 呈黄色 8 秒;
伯克利大街交通信号灯呈绿色 20 秒, 呈黄色 5 秒.

当一个方向的交通信号灯为绿色或者黄色时, 另一个方向的交通信号灯为红色. 当交通信号灯为绿色时, 对应的行人信号灯显示 WALK（通行）; 不过在绿灯转变为黄灯之前, 行人信号灯闪亮 DON'T WALK（禁止通行）, 闪灯时长 12 秒, 显示如下:

DON'T WALK $\frac{1}{2}$ 秒 ⎫
关闭 $\frac{1}{2}$ 秒 ⎬ 重复 8 次;
DON'T WALK   4 秒（并在相应交通信号灯呈黄色和红色期间保持显示）.

如果传感器是在伯克利大街的交通信号灯呈绿色时触发的, 汽车或者行人将在那个周期通过. 但是, 如果是在呈黄色或者红色时触发的, 那么必须等待德尔马大道的汽车或行人通过之后的下一个周期.

遵循上述协议, 编写一个完整的 MMIX 程序来控制这些灯. 假设间隔计数器 rI 正好每秒 ρ 次减少 1, 其中整数 ρ 是给定的常数.

---

① 阳历年超过阴历年的天数, 参考 https://en.wikipedia.org/wiki/Epact. ——译者注
② 原作第 1 卷出版于 20 世纪下半叶, 原书此处是从 1950 年到 2000 年; 但第 1 卷第 1 分册出版于 2005 年, 为实用起见, 建议改为现在的日期范围. 另, 把题中的复活节改为春节或中秋节更切合我国国情, 且更具挑战性. ——译者注
③ 这两条街道位于美国加州理工学院附近, 作者高德纳毕业于该校并曾在此执教. ——译者注

35. [*37*] 本题旨在为许多以图形显示而不是表格作为输出的计算机应用提供一定经验. 这里的目标是"画"一幅纵横填字的字谜图.

给定一个以 0 和 1 为元素的矩阵作为输入. 项 0 表示白方格, 项 1 表示黑方格. 输出一张字谜图, 在恰当的方格上对横向和纵向词语标明编号.

例如, 给定矩阵

$$\begin{pmatrix} 1 & 0 & 0 & 0 & 0 & 1 \\ 0 & 0 & 1 & 0 & 0 & 0 \\ 0 & 0 & 0 & 0 & 1 & 0 \\ 0 & 1 & 0 & 0 & 0 & 0 \\ 0 & 0 & 0 & 1 & 0 & 0 \\ 1 & 0 & 0 & 0 & 0 & 1 \end{pmatrix},$$

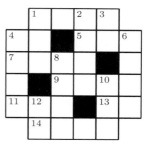

图 18 同习题 35 的矩阵对应的字谜图

对应的字谜图如图 18 所示. 如果一个方格是白方格, 并且 (a) 它的下面是白方格, 且上面不是白方格; 或者 (b) 它的右侧是白方格, 且左侧不是白方格, 那么对这个方格编号. 如果黑方格出现在边上, 那么把它从图中删除. 这在图 18 中有所体现, 图中去掉了四个角上的黑方格. 完成这项任务的一种简单方法, 是在给定的输入矩阵的上下左右人为地插入包含 −1 的行和列, 然后把每个同 −1 相邻的 +1 改变成 −1, 直到不再有 +1 同任何 −1 邻接.

图 19 所示的 METAPOST 程序生成了图 18. 对 line 和 black 语句以及 for 循环中的坐标做简单更改, 可以生成任何需要的图.

编写一个完整的 MMIX 程序, 读取标准输入文件中 25×25 的 0–1 矩阵, 生成合适的 METAPOST 程序写入标准输出文件. 输入应该由 25 行组成, 每行 25 个数字, 后面跟着"换行符". 例如, 与上述矩阵对应的第一行是 "1000011111111111111111111", 使用额外的 1 来扩展原始的 6×6 方阵. 字谜图不一定对称, 可能出现一长串连续的黑格路径, 以奇特的方式通向图的外部.

```
beginfig(18)
transform t; t=identity rotated -90 scaled 17pt;
def line(expr i,j,ii,jj) =
 draw ((i,j)--(ii,jj)) transformed t;
enddef;
def black(expr i,j) =
 fill ((i,j)--(i+1,j)--(i+1,j+1)--(i,j+1)--cycle) transformed t;
enddef;
line (1,2,1,6); line (2,1,2,7); line (3,1,3,7); line (4,1,4,7);
line (5,1,5,7); line (6,1,6,7); line (7,2,7,6);
line (2,1,6,1); line (1,2,7,2); line (1,3,7,3); line (1,4,7,4);
line (1,5,7,5); line (1,6,7,6); line (2,7,6,7);
numeric n; n=0;
for p = (1,2),(1,4),(1,5), (2,1),(2,4),(2,6),
  (3,1),(3,3), (4,3),(4,5), (5,1),(5,2),(5,5), (6,2):
 n:=n+1; label.lrt(decimal n infont "cmr8", p transformed t);
endfor
black(2,3); black(3,5); black(4,2); black(5,4);
endfig;
```

图 19 生成图 18 的 METAPOST 程序

1.3.3′ 排列的应用

在以前的 1.3.3 节中的 MIX 程序将全部转换为 MMIX 程序, 1.4.4 节和第 2, 3, 4, 5, 6 章中的 MIX 程序也将加以转换. 任何愿意帮助完成这个有益转换过程的读者都将被邀请加入 "MMIX 大师" 项目 (见第 4 页).

1.4′ 若干基本程序设计技术

1.4.1′ 子程序

当某个任务要在一个程序的多处执行时，通常不应在每处重复编码．为此，可以把这段代码（称为子程序）仅存放在一个地方，并且附加几条额外的指令，以在子程序结束后重新正常地启动主程序．子程序与主程序之间转移控制的过程称为子程序连接．

为了高效完成子程序连接，每一种计算机有其自身固有的特殊方式，通常使用一些特别的指令．我们将基于 MMIX 机器语言展开讨论，但类似的说明也适用于大多数其他通用计算机的子程序连接．

利用子程序是为了节省程序空间．它不会节省任何时间，不过可以通过占用较少空间而间接地节省时间．例如，装入程序花费时间更少，或者在具有多级内存的计算机上更充分利用高速内存．除了在关键的最内层循环中，进入及退出子程序的额外时间通常是微不足道的，可以忽略不计．

子程序还具有其他诸多优点．它使一个庞大而复杂的程序具有更清晰的结构．它构成问题整体的逻辑分割，而这种框架通常使程序的调试更加容易．许多子程序还具有额外的价值，因为可以供子程序原始设计者以外的其他程序员使用．

大多数计算机装置建立了包含许许多多有用子程序的大型程序库，极大地方便了常规计算机应用的程序设计．然而，程序员不应把这一点视为子程序的唯一目的．子程序不仅包括公众均可使用的通用程序，专用子程序同样是重要的，即使它仅会在一个程序中出现．1.4.3′ 节举例介绍了几个典型的子程序．

最简单的子程序要数那些仅有一个入口和一个出口的程序，如我们已经讲述过的 Maximum 子程序（见 1.3.2′ 节的程序 M 和习题 1.3.2′-3）．我们再次看看这个程序，稍作修改，这次搜索 100 个固定单元中的最大值．

```
* 找出 X[1..100] 的最大值
j IS $0 ;m IS $1 ;kk IS $2 ;xk IS $3
Max100 SETL    kk,100*8    M1. 初始化.
       LDO     m,x0,kk
       JMP     1F
3H     LDO     xk,x0,kk    M3. 比较.
       CMP     t,xk,m
       PBNP    t,5F
4H     SET     m,xk        M4. 改变 m.
1H     SR      j,kk,3
5H     SUB     kk,kk,8     M5. 减小 k.
       PBP     kk,3B       M2. 检验完毕?
6H     POP     2,0         返回主程序.
```
(1)

在包含这段子程序的更大程序中，符号 t 表示寄存器 $255，符号 x0 表示使得 $X[k]$ 出现在位置 $x0 + 8k$ 的全局寄存器．在那个更大程序中，单条指令"PUSHJ \$1,Max100"将寄存器 \$1 置为 $\{X[1], \ldots, X[100]\}$ 的最大值，这个最大值的位置将出现在寄存器 \$2 中．在这种情况下，我们通过调用子程序的 PUSHJ 指令以及子程序末尾的"POP 2,0"来实现子程序连接．我们将很快看到，在子程序激活时这些 MMIX 指令导致局部寄存器重新编号．此外，PUSHJ 指令将返回地址装入专用寄存器 rJ，而 POP 指令跳转到此位置．

我们还可以使用 MMIX 的 GO 指令（而不使用压入和弹出寄存器指令），以更简单且非常不同的方式来完成子程序连接. 例如，可以使用以下代码代替 (1)：

```
* 找出 X[1..100] 的最大值
j GREG ;m GREG ;kk GREG ;xk GREG
        GREG    @           基址
GoMax100 SETL   kk,100*8    M1. 初始化.
        LDO     m,x0,kk
        JMP     1F
3H      ...                 （其余同 (1)）
        PBP     kk,3B       M2. 检验完毕?
6H      GO      kk,$0,0     返回主程序. ▮
```
(2)

现在，指令 "GO \$0,GoMax100" 把下一条指令的地址装入寄存器 \$0，然后把控制转移到子程序. 子程序末尾的指令 "GO kk,\$0,0" 将返回到这个地址. 在这种情况下，最大值将出现在全局寄存器 m 中，最大值的位置保存在全局寄存器 j 中. 另外两个全局寄存器 kk 和 xk 也被保留，供这个子程序使用. 此外，"GREG @" 提供一个基址，这样我们可以用单条 GO 指令跳转到 GoMax100. 否则，将需要一个像 "GETA \$0,GoMax100; GO \$0,\$0,0" 这样的两步序列. 像 (2) 这样的子程序连接通常用于没有内置寄存器栈机制的计算机.

利用子程序节省的代码空间和损失的时间都不难定量确定. 假定一段代码需要使用 k 个半字，它会出现在程序的 m 处. 把这段代码改写成子程序，在 m 处调用子程序时每次都需要一条 PUSHJ 指令或 GO 指令，再加上一条用于返回主程序的 POP 指令或 GO 指令. 这样给出总数为 $m+k+1$ 的半字，而不是之前的 mk，所以节省的空间总量为

$$(m-1)(k-1)-2.$$
(3)

如果 k 为 1 或者 m 为 1，利用子程序不可能节省任何空间，这自然是显而易见的. 如果 k 为 2，m 必须大于 3 才能节省空间，等等.

损失的时间总量是花费在用于子程序连接的 PUSHJ、POP 指令或 GO 指令上的时间. 按照表 1.3.1′–1 给出的运行时间近似值，如果程序在一轮运行期间调用 t 次子程序，那么，在情形 (1) 额外成本为 $4tv$，在情形 (2) 额外成本为 $6tv$.

这些估计都得再打点折扣，因为这只是理想情况. 许多子程序不能只用单条 PUSHJ 指令或 GO 指令调用. 此外，如果不用子程序，而是在程序内多处重复编码，那么可以利用程序特定部分的具体特征对每一处进行定制编码. 另一方面，如果用子程序，那么编写代码必须考虑最一般情况，这通常会增加几条附加指令.

处理一般情况的子程序通常是通过参数（parameter）表示的. 参数是支配子程序操作的值，每次调用子程序，参数取值都可能不同.

在外部程序中，把控制转移到子程序并且使其正常启动的代码称为调用序列. 在调用子程序时提供的参数特定值称为变元（argument）. 单就我们的 GoMax100 子程序而言，调用序列只是 "GO \$0,GoMax100". 但是，如果必须提供变元，一般就需要更长的调用序列.

例如，我们可能希望将 (2) 扩展为一个通用子程序，对于给定的任意常数 n，通过将 n 放入具有两步调用序列

$$\text{GO } \$0,\text{GoMax}; \quad \text{TETRA } n$$
(4)

的指令流中，找出数组的前 n 个元素的最大值. 这样一来，GoMax 子程序可以采用以下形式：

```
       * 找出 X[1..n] 的最大值
       j GREG ;m GREG ;kk GREG ;xk GREG
               GREG    @           基址
       GoMax   LDT     kk,$0,0     取变元.
               SL      kk,kk,3
               LDO     m,x0,kk
               JMP     1F
       3H      ...                 （其余同 (1)）
               PBP     kk,3B
       6H      GO      kk,$0,4     返回到调用者.  ∎
```
(5)

更好的方法是通过将参数 n 放入寄存器进行通信. 例如, 我们可以使用两步调用序列

$$\text{SET } \$1,n; \quad \text{GO } \$0,\text{GoMax}, \tag{6}$$

子程序采用以下形式:

```
       GoMax   SL      kk,$1,3     取变元.
               LDO     m,x0,kk
               ...
       6H      GO      kk,$0,0     返回.  ∎
```
(7)

这种方式比 (5) 快, 而且允许在不修改指令流的情况下动态改变 n.

注意, 数组元素 $X[0]$ 的地址本质上也是子程序 (1)(2)(5)(7) 的参数. 在每次数组都不同的情况下, 把这个地址装入寄存器 x0 的操作可以看作是调用序列的一部分.

如果调用序列占用 c 个半字, 那么节省空间总量的式 (3) 变成

$$(m-1)(k-c) - 常数, \tag{8}$$

子程序连接过程损失的时间也略有增加.

对于上面的节省空间和损失时间的公式, 可能需要进一步修正, 因为某些寄存器的值可能需要保存和恢复. 例如, 在 GoMax 子程序中, 我们必须记住, 指令序列 "SET $\$1,n$; GO $\$0$,GoMax" 不仅获得在寄存器 m 中的最大值以及它在寄存器 j 中的位置, 还改变了全局寄存器 kk 和 xk 的值. 我们已经实现的 (2)(5)(7) 隐式假设寄存器 kk 和 xk 排他性地用于最大值查找例程, 但许多计算机并不具备大量寄存器. 如果大量子程序同时出现, 甚至 MMIX 也将用完寄存器. 因此, 我们可能需要修改 (7), 以便它能够使用（比如说）kk $\equiv \$2$ 和 xk $\equiv \$3$, 但不破坏这些寄存器的内容. 为了完成这项任务, 我们可以写

```
       j GREG ;m GREG ;kk IS $2 ;xk IS $3
               GREG    @           基址
       GoMax   STO     kk,Tempkk   保存寄存器以前的内容.
               STO     xk,Tempxk
               SL      kk,$1,3     取变元.
               LDO     m,x0,kk
               ...
               LDO     kk,Tempkk   恢复寄存器以前的内容.
               LDO     xk,Tempxk
       6H      GO      $0,$0,0     返回.  ∎
```
(9)

并在数据段中设置两个全字 Tempkk 和 Tempxk. 当然, 这种改变会显著增加每次使用子程序的潜在间接成本.

可以把子程序视为计算机的机器语言的一种扩充. 例如, 一旦在存储器中保存了 GoMax 子程序, 我们就有一条机器指令（即 "GO $0,GoMax"）用来查找最大值. 要精心地定义每个子程序的功能, 就像定义机器语言的操作符本身那样严谨. 所以, 即使没有旁人使用子程序或其说明, 程序员也务必写出相关特征. 以 (7) 或 (9) 给出的 GoMax 为例, 其特征如下:

$$
\begin{array}{ll}
\text{调用序列:} & \text{GO } \$0,\text{GoMax}. \\
\text{入口条件:} & \$1 = n \geq 1;\ \text{x0} = X[0]\ \text{的地址}. \\
\text{出口条件:} & \text{m} = \max_{1 \leq k \leq n} X[k] = X[\text{j}].
\end{array}
\tag{10}
$$

子程序的特征说明应当提及对子程序外部的量的所有更改. 如果寄存器 kk 和 xk 不被认为是 (7) 中 GoMax 子程序 "私有" 的, 那么, 这个子程序的退出条件中就应当包括这些寄存器受影响的事实. 子程序还更改了寄存器 t（即寄存器 $255）, 但该寄存器通常用于只有短暂意义的临时量, 所以不必费心显式列出它.

现在让我们来考虑子程序的多重入口问题. 假定有一个程序, 它需要调用通用子程序 GoMax, 但时常是要用到 GoMax100 这个 $n = 100$ 的特例. 那么, 这两个子程序可以结合如下:

```
GoMax100 SET  $1,100    第一个入口
GoMax        ...        第二个入口; 其余同 (7) 或 (9). ▌
```
(11)

在某个方便的位置放置代码

```
                GoMax50 SET $1,50;  JMP GoMax,
```

我们还可以有第三个入口 GoMax50.

子程序还可能有多重出口, 意思是依据检测到的条件, 子程序应当返回到若干不同的位置之一. 例如, 通过假设在全局寄存器 b 中给出一个上限参数, 我们可以再次扩展子程序 (11). 现在, 子程序应当返回到调用它的 GO 指令之后的两个半字之一:

对于一般的 n 的调用序列	对于 $n = 100$ 的调用序列
SET $1,$n$; GO $0,GoMax	GO $0,GoMax100
如果 m ≤ 0 或 m ≥ b, 返回到这里.	如果 m ≤ 0 或 m ≥ b, 返回到这里.
如果 0 < m < b, 返回到这里.	如果 0 < m < b, 返回到这里.

（换句话说, 当最大值是正数且小于上限时, 我们跳过 GO 之后的半字. 对于在计算出最大值之后经常需要进行这种区分的程序, 这样的子程序很有用. ）实现很简单:

```
* 找出 X[1..n] 的最大值, 带有上限检测
j GREG ;m GREG ;kk GREG ;xk GREG
             GREG    @              基址
GoMax100 SET  $1,100        对于 n = 100 的入口
GoMax    SL   kk,$1,3        对于一般的 n 的入口
         LDO  m,x0,kk
         JMP  1F
3H       ...                （其余同 (1)）
         PBP  kk,3B
         BNP  m,1F           如果 m ≤ 0 则转移.
         CMP  kk,m,b
         BN   kk,2F          如果 m < b 则转移.
1H       GO   kk,$0,0        如果 m ≤ 0 或 m ≥ b, 返回到第一个出口.
2H       GO   kk,$0,4        否则返回到第二个出口. ▌
```
(12)

注意，这个程序结合了 (5) 的指令流连接技术和 (7) 的寄存器设置技术. 严格来说，子程序退出后返回的位置是一个参数，因此多重出口的位置必须作为变元提供. 如果子程序总是需要访问它的某个参数，对应的变元最好在寄存器中传递. 但是，如果一个变元是常数而且不需要经常访问，最好就保存在指令流中.

子程序可以调用其他子程序. 其实，复杂的程序中经常有五层以上的子程序嵌套调用. 在使用前述 GO 型子程序连接时，必须遵守的唯一限制是所有的临时存储位置和寄存器必须不同. 因此，子程序不能对调用它的其他子程序反过来（直接或间接地）调用. 例如，考虑下面的情况：

$$
\begin{array}{llll}
\text{[主程序]} & \text{[子程序 A]} & \text{[子程序 B]} & \text{[子程序 C]} \\
& \text{A} & \text{B} & \text{C} \\
\quad\vdots & \quad\vdots & \quad\vdots & \quad\vdots \\
\text{GO \$0,A} & \text{GO \$1,B} & \text{GO \$2,C} & \text{GO \$0,A} \\
\quad\vdots & \quad\vdots & \quad\vdots & \quad\vdots \\
& \text{GO \$0,\$0,0} & \text{GO \$1,\$1,0} & \text{GO \$2,\$2,0}
\end{array}
\tag{13}
$$

如果主程序调用子程序 A，A 调用子程序 B，B 调用子程序 C，而 C 又调用子程序 A，就会破坏原来保存在寄存器 \$0 中的访问主程序的地址，于是无法再返回到主程序.

使用内存栈. 在简单的程序中不常出现像 (13) 那样的递归情况，但许许多多重要的应用程序确实具有自然的递归结构. 幸运的是，有一种简单的方法可以避免子程序调用之间的干扰，就是让每个子程序将它的局部变量保持在栈上. 例如，我们可以设置一个名为 sp（stack pointer，栈指针）的全局寄存器，并使用 GO \$0,Sub 来调用每个子程序. 如果子程序代码具有形式

```
Sub  STO  $0,sp,0
     ADD  sp,sp,8
     ...
     SUB  sp,sp,8
     LDO  $0,sp,0
     GO   $0,$0,0
```
(14)

寄存器 \$0 将始终包含适当的返回地址，(13) 的问题不复存在.（开始时我们置 sp 为数据段中的地址，跟在需要的所有其他内存单元之后.）此外，如果 Sub 是所谓的叶子程序（leaf subroutine，不调用任何其他子程序的子程序），则可以省略 (14) 中的 STO/ADD 和 SUB/LDO 指令.

除了在 (14) 中存储返回地址，栈还可用于保存参数和其他局部变量. 比如说，除了返回地址之外，子程序 Sub 还需要 20 个全字的局部数据，则我们可以使用如下方案：

```
Sub  STO  fp,sp,0    保存旧的帧指针.
     SET  fp,sp      建立新的帧指针.
     INCL sp,8*22    推进栈指针.
     STO  $0,fp,8    保存返回地址.
     ...
     LDO  $0,fp,8    恢复返回地址.
     SET  sp,fp      恢复栈指针.
     LDO  fp,sp,0    恢复帧指针.
     GO   $0,$0,0    返回到调用者. ∎
```
(15)

这里 fp 是一个名为帧指针的全局寄存器. 在子程序的 "..." 部分，对于 $1 \le k \le 20$，编号为 k 的局部量等价于内存单元 $fp+8k+8$ 的全字. 我们说，开始处的指令 "压入" 局部量到栈 "顶"，结尾处的指令 "弹出" 这些量，把栈恢复为进入子程序时的状态.

使用寄存器栈. 我们已经详细讨论了 GO 型子程序连接, 因为许多计算机没有更好的选择. 但 MMIX 具有内置指令 PUSHJ 和 POP, 它们以更有效的方式处理子程序连接, 避免了 (9) 和 (15) 等方案中的大多数开销. 这些指令允许我们把大多数参数和局部变量完全保存在寄存器中, 而不是把它们存储到内存栈, 过后再把它们装入寄存器. 通过 PUSHJ 和 POP 指令, 栈维护的大多数细节由机器自动完成.

一旦理解了栈的总体概念, 其基本思想就非常简单. MMIX 有一个由全字 $S[0]$, $S[1]$, ..., $S[\tau-1]$ 组成的寄存器栈, 其中 $\tau \geq 0$. 栈顶的 L 个全字 (即 $S[\tau-L]$, $S[\tau-L+1]$, ..., $S[\tau-1]$) 是当前的局部寄存器 \$0, \$1, ..., \$(L-1), 该栈的其他 $\tau-L$ 个全字是程序当前不可访问的, 我们说它们已经被 "压入". 局部寄存器的当前数量 L 保存在 MMIX 的专用寄存器 rL 中, 尽管程序员很少需要知道这一点. 开始时 $L=2$ 且 $\tau=2$, 局部寄存器 \$0 和 \$1 表示命令行, 正如在程序 1.3.2′H 中那样.

MMIX 还有全局寄存器, 即 \$G, \$(G+1), ..., \$255. G 的值保存在专用寄存器 rG 中, 而且总有 $0 \leq L \leq G \leq 255$. (事实上, 我们也总有 $G \geq 32$.) 全局寄存器不是寄存器栈的一部分.

既不是局部的也不是全局的寄存器称为边缘寄存器, 它们是 \$L, \$(L+1), ..., \$(G-1). 每当被用作 MMIX 指令中的源操作数时, 这些寄存器的值总是等于零.

当一个边缘寄存器被赋值时, 寄存器栈就增长. 这个边缘寄存器变成局部寄存器, 所有具有较小编号的边缘寄存器也是如此. 例如, 如果当前在用 8 个局部寄存器, 那么, 指令 ADD \$10,\$20,5 导致寄存器 \$8, \$9, \$10 成为局部寄存器. 更准确地说, 如果 rL = 8, 则指令 ADD \$10,\$20,5 置 \$8 ← 0, \$9 ← 0, \$10 ← 5, rL ← 11. (寄存器 \$20 仍为边缘寄存器.)

如果 \$X 是局部寄存器, 指令 PUSHJ \$X,Sub 将减少局部寄存器的数量并更改其有效寄存器编号: 原先称为 \$(X+1), \$(X+2), ..., \$(L-1) 的局部寄存器在子程序内称为 \$0, \$1, ..., \$(L-X-2), 同时 L 的值减少 X+1. 这样一来, 寄存器栈保持不变, 但它有 X+1 项变成不可访问. 子程序无法破坏这些项, 而且有 X+1 个新的边缘寄存器可以使用.

如果 $X \geq G$, 那么 \$X 是全局寄存器, PUSHJ \$X,Sub 的动作是类似的, 但是, 寄存器栈中压入一个新项, 然后压入 L+1 个 (而不是 X+1 个) 寄存器. 在这种情况下, 当子程序开始时 L 为零, 所有原先的局部寄存器都被压入栈, 子程序以一张干净的工作表开始.

仅当给出 POP 指令, 或者当程序使用诸如 PUT rL,5 之类的指令显式减少局部寄存器数量时, 寄存器栈收缩. POP X,YZ 的作用是使由最近的 PUSHJ 指令压入的项可以像以前一样再次访问, 而且在不再需要时从寄存器栈中删除项. 一般来说, 如果 $X \leq L$, 则 POP 指令的 X 字段是子程序 "返回" 值的数量. 如果 $X > 0$, 则返回的主值是 \$(X-1), 这个值连同它上面的所有项一起从寄存器栈中移除, 返回值放在调用这个子程序的 PUSHJ 指令指定的位置. 当 $X > L$ 时, POP 指令的行为是类似的, 但寄存器栈保持不动, 而且把零放入 PUSHJ 指令指定的位置.

我们刚才叙述的规则有点复杂, 因为实际上可能出现许多不同情形. 然而, 几个例子将说明一切. 假设我们正在编写程序 A, 而且想调用子程序 B, 假设程序 A 有 5 个不能被 B 访问的局部寄存器, 分别是 \$0, \$1, \$2, \$3, \$4. 我们预留下一个寄存器 \$5 作为子程序 B 的主返回值. 如果子程序 B 有 (比如说) 三个参数, 我们置 \$6 ← arg0, \$7 ← arg1, \$8 ← arg2, 然后发出指令 PUSHJ \$5,B; 这就调用了 B, 现在可以在 \$0, \$1, \$2 中找到变元.

如果子程序 B 不返回任何值, 它将以指令 POP 0,YZ 结束. 这将恢复寄存器 \$0, \$1, \$2, \$3, \$4 为它们原先的值, 还将置 $L \leftarrow 5$.

如果子程序 B 返回单个值 x, 它将在寄存器 \$0 中放置 x, 并以指令 POP 1,YZ 结束. 这将像以前一样恢复寄存器 \$0, \$1, \$2, \$3, \$4, 还将置 $\$5 \leftarrow x$ 和 $L \leftarrow 6$.

如果子程序 B 返回两个结果 x 和 a，那么，它把主结果 x 放入寄存器 $1，把辅助结果 a 放入寄存器 $0. 然后 POP 2,YZ 恢复寄存器 $0, $1, $2, $3, $4，还将置 $5 ← x, $6 ← a, L ← 7. 类似地，如果子程序 B 返回 10 个结果 $(x, a_0, \ldots, a_8)$，那么，它把主结果 x 放入 $9，其他结果放入前 9 个寄存器：$0 ← a_0$, $1 ← a_1$, ..., $8 ← a_8$. 然后 POP 10,YZ 恢复寄存器 $0, $1, $2, $3, $4，还将置 $5 ← x, $6 ← a_0$, ..., $14 ← a_8$.（当返回两个或多个结果时，出现的寄存器的奇怪排列乍看起来让人感到不可思议. 但这是有意义的，因为除了主结果之外，它使寄存器栈保持不变. 例如，如果子程序 B 希望在完成工作之后 arg0, arg1, arg2 在寄存器 $6, $7, $8 中重新出现，那么，可以把它们作为辅助结果保留在寄存器 $0, $1, $2 中，然后说 POP 4,YZ.）

POP 指令的 YZ 字段通常为零. 然而，一般来说，指令 POP X,YZ 返回到调用当前子程序的 PUSHJ 指令之后的 YZ + 1 个半字位置的指令. 这种通用性对于具有多重出口的子程序很有用. 更准确地说，单元 @ 中的 PUSHJ 指令在跳转到子程序之前把专用寄存器 rJ 置为 @ + 4. 然后，POP 指令返回单元 rJ + 4YZ.

现在，我们可以用 PUSH/POP 型连接重构以前用 GO 型连接编写的程序. 例如，当使用 MMIX 寄存器栈机制时，(12) 中的两个入口和两个出口的求最大值的子程序有以下形式：

```
* 找出 X[1..n] 的最大值，带有上限检测
j IS $0 ;m IS $1 ;kk IS $2 ;xk IS $3
Max100  SET   $0,100     对于 n = 100 的入口
Max     SL    kk,$0,3    对于一般的 n 的入口
        LDO   m,x0,kk
        JMP   1F
        ...              （其余同 (12)）
        BN    kk,2F
1H      POP   2,0        如果 max ≤ 0 或 max ≥ b，返回到第一个出口.
2H      POP   2,1        否则返回到第二个出口. ▌
```

(16)

对于一般的 n 的调用序列	对于 $n = 100$ 的调用序列
SET $A,$n$; PUSHJ R,Max $(A = R{+}1)$	PUSHJ $R,Max100
如果 $R ≤ 0 或 $R ≥ b，返回到这里.	如果 $R ≤ 0 或 $R ≥ b，返回到这里.
如果 0 < $R < b，返回到这里.	如果 0 < $R < b，返回到这里.

这个调用序列的 PUSHJ 指令中的局部结果寄存器 $R 可以是任何值，取决于调用者希望保留的局部变量的数量. 局部变元寄存器 $A 是 $(R + 1). 在调用之后，$R 将包含主结果（最大值），而 $A 将包含辅助结果（该最大值在数组中的下标）. 如果有几个变元和（或）辅助变量，它们通常称为 A0, A1, ...，而且，当写下调用序列 PUSH/POP 时，我们通常假定 A0 = R + 1，A1 = R + 2, ...

(12) 和 (16) 的比较仅显示 (16) 适度的优点：这个新形式不需要为 j, m, kk, xk 分配全局寄存器，也不需要为 GO 指令的地址分配全局基寄存器.（回忆一下 1.3.1′ 节，GO 指令采用绝对地址，而 PUSHJ 指令采用相对地址.）根据表 1.3.1′–1，GO 指令比 PUSHJ 指令稍慢，但不比 POP 指令慢，尽管 MMIX 的高速实现可以更有效地实现 POP 指令. 程序 (12) 和 (16) 具有相同的长度.

在我们拥有非叶子程序（即调用其他子程序的子程序，可能是调用自身）时，PUSH/POP 型连接相对于 GO 型连接的优点就开始显现出来了. 于是，基于 GO 指令的 (14) 的代码可以替换为

$$
\begin{array}{ll}
\text{Sub} & \text{GET} \quad \text{retadd,rJ} \\
& \cdots \\
& \text{PUT} \quad \text{rJ,retadd} \\
& \text{POP} \quad \text{X,0}
\end{array}
\tag{17}
$$

其中 retadd 是局部寄存器.（例如，retadd 可能是 \$5，它的寄存器号通常大于等于返回结果的数量 X，所以 POP 指令将自动从寄存器栈中移除它.）现在我们避免了 (14) 的昂贵内存访问.

对于具有许多局部变量和（或）参数的非叶子程序来说，使用寄存器栈比使用 (15) 的内存栈方案明显更好，因为我们通常可以完全在寄存器中执行计算. 然而，我们应当注意，MMIX 的寄存器栈仅适用于标量（scalar）局部变量，而不适用于必须通过地址计算访问的局部数组变量. 需要非标量局部变量的子程序应该对所有此类变量使用 (15) 这样的方案，同时将标量保留在寄存器栈上. 可以同时使用这两种方法，其中 fp 和 sp 仅由需要内存栈的子程序更新.

如果寄存器栈变得非常大，MMIX 将使用我们将在 1.4.3′ 节讨论的幕后过程自动地将其底部项存储在内存栈段中.（回忆一下 1.3.2′ 节，栈段从地址 #6000000000000000 开始.）当 SAVE 指令保存程序的整个当前上下文时，MMIX 也在内存中保存寄存器栈的各项. 当 POP 指令需要被保存的栈项，或 UNSAVE 指令恢复被保存的上下文时，MMIX 就自动从内存中恢复它们. 但是，在大多数情况下，MMIX 无须实际访问内存，而且无须实际更改非常多的机器内部寄存器的内容，就能压入和弹出局部寄存器.

在计算机程序中栈还有许多其他用途，我们将在 2.2.1 节研究栈的基本性质. 此外，我们将在 2.3 节讨论树的操作，进一步体验嵌套子程序和递归过程. 第 8 章将详细研究递归问题.

*汇编语言的特性. 在编写子程序时，MMIX 汇编语言还提供在 1.3.2′ 节未曾提及的三种特性. 其中最重要的是 PREFIX 操作，它使得定义"私有"符号变得容易，而不会干扰大型程序中其他地方定义的符号. 基本思想是，符号可以有像 Sub:X 这样的结构（意思是子程序 Sub 的符号 X），也可能是像 Lib:Sub:X 这样有好几级的结构（意思是程序库 Lib 中子程序 Sub 的符号 X）.

稍微扩展 1.3.2′ 节的 MMIXAL 规则 1，允许冒号":"作为可用于构造符号的"字母"，从而兼容结构化符号. 对于每一个不以冒号开头的符号，MMIXAL 把当前前缀放在它的前面来隐式扩展它. 当前前缀的初始值是":"，但用户可以通过 PREFIX 指令更改它. 例如，

ADD	x,y,z	意为 ADD :x,:y,:z
PREFIX	Foo:	当前前缀更改为":Foo:"
ADD	x,y,z	意为 ADD :Foo:x,:Foo:y,:Foo:z
PREFIX	Bar:	当前前缀更改为":Foo:Bar:"
ADD	:x,y,:z	意为 ADD :x,:Foo:Bar:y,:z
PREFIX	:	当前前缀恢复为":"
ADD	x,Foo:Bar:y,Foo:z	意为 ADD :x,:Foo:Bar:y,:Foo:z

使用这种思想的一种方法是将 (16) 的开头几行替换为

```
        PREFIX Max:
j IS $0 ;m IS $1 ;kk IS $2 ;xk IS $3
x0 IS :x0 ;b IS :b ;t IS :t        外部符号
:Max100 SET    $0,100    对于 n = 100 的入口
:Max    SL     kk,$0,3   对于一般的 n 的入口
        LDO    m,x0,kk
        JMP    1F
        ...              （其余同 (16)）
```
(18)

并在末尾添加 "PREFIX :". 然后, 符号 j, m, kk, xk 可以在程序的其余部分或其他子程序的定义中自由使用. 1.4.3′ 节还将讨论使用前缀的更多例题.

MMIXAL 还有一个名为 LOCAL 的伪操作. 例如, 汇编命令 "LOCAL $40" 意味着, 如果 GREG 命令分配了太多的寄存器, 导致 $40 将是全局寄存器, 那么, 在汇编结束时应该给出错误信息. （只有在子程序使用超过 32 个局部寄存器时才需要该特性, 因为 "LOCAL $31" 总是隐式为真. ）

在编写子程序时, MMIXAL 还提供第三种特性 BSPEC ... ESPEC. 它允许向目标文件传递信息, 使得调试程序和其他系统程序知道每个子程序使用的连接类型是什么. 《MMIXware 文档》讨论了这种特性, 它主要关注编译器的输出.

战略考虑. 当为专门用途编写特殊子程序时, 我们可以自由地使用 GREG 指令, 使得大量全局寄存器充满基本常数, 使程序运行得很快. 除非递归地使用子程序, 否则需要的局部寄存器相对较少.

但是, 当为大型程序库编写几十上百个通用子程序时, 考虑到允许任何用户程序引入它需要的任何子程序, 显然不能允许每个子程序分配大量全局变量. 每个子程序使用一个全局变量甚至可能都太多了.

因此, 当仅有少量子程序时, 我们希望慷慨地使用 GREG 指令. 但是, 当可能有很多子程序时, 就要有节制地使用 GREG 指令. 在后一种情形, 我们大概能够很好地利用局部变量而不会太多地损失效率.

在本节最后, 我们简要讨论一下怎样编写非常长的复杂程序. 怎样判断需要什么类型的子程序? 应当使用何种调用序列? 一个行之有效的解决方法是利用迭代过程.

第 0 步（初步想法）. 首先大致确定编写这个程序采用的总体解决方案.

第 1 步（程序的粗略方案）. 现在我们开始用任何一种方便的语言编写程序的若干"外层"结构. 这一步有一定的系统化方法可循, 艾兹赫尔·戴克斯特拉 [*Structured Programming* (Academic Press, 1972), 第 1 章] 和尼克劳斯·沃思 [*CACM* **14** (1971), 221–227] 都有非常精彩的描述. 我们可以先把整个程序分割成为数不多的代码段, 不妨暂时把它们理解为子程序, 尽管它们仅被调用一次. 随后逐步把这些代码段细分为越来越小的部分, 相应执行越来越简单的任务. 每当某个计算任务看上去很可能或确实已经在别的地方出现时, 我们就真正定义一个执行该任务的子程序. 我们暂时不编写这个子程序, 而是假定它能执行任务, 继续编写主程序. 最后, 写出主程序的初稿之后, 我们再依次处理每个子程序, 并且力求首先编写最复杂的子程序, 然后处理子程序的子程序, 等等. 通过这种方式, 我们将获得一系列子程序. 每个子程序的实际功能或许已经经过多次改动, 所以程序初稿的开始部分可能会不太正确, 但是没关系,

因为那仅仅是粗略方案. 到这一步, 对于每个子程序应该怎么调用, 应当有多么通用, 我们都有了比较成熟的想法. 我们应当考虑扩展每个子程序的通用性, 至少稍稍放宽一些.

第 2 步（第一个可用程序). 这一步跟第 1 步的方向相反. 现在我们用计算机语言编写程序, 例如用 MMIXAL 或 PL/MMIX, 或者（最有可能是）一种高级语言. 这次从最底层的子程序开始, 到最后才编写主程序. 在一个子程序完成编码之前, 尽量不写调用它的任何指令.（第 1 步的做法恰恰相反, 是直到一个子程序的所有调用都写出以后才考虑它的编码.）

在这个过程中, 我们编写出越来越多的子程序, 信心也逐步增强, 因为我们正在编程的计算机的能力在不断拓展扩充. 当写出一个独立的子程序的代码后, 我们应该立即为它提供完备的描述, 像 (10) 那样列出它的功能和调用序列. 要确保全局变量不会同时用于两个相互冲突的目的, 这也很重要. 在第 1 步准备粗略方案时, 我们不必担心这样的问题.

第 3 步（重新检验). 第 2 步的结果应当是一个基本可用的程序, 但我们也许还能改进它. 一个好的办法是再度反过来研究每个子程序被调用的所有地方. 或许应当扩充子程序的功能, 使其能够执行外层程序常常在调用它前后完成的一般任务. 或许应当把几个子程序合并成一个. 或许有的子程序仅被调用一次, 完全不应作为子程序. 或许有的子程序完全不被调用, 可以整个删除.

在这一阶段, 舍弃一切并回到第 1 步（甚至回到第 0 步）从头开始常常是明智的! 这并非戏言. 之前的工夫不会白费, 因为我们已经借此加深了对于待解决问题的理解. 写完程序之后, 我们或许发现可以对程序的总体结构做出若干改进. 没有理由害怕回到第 1 步——再次通过第 2 步和第 3 步变得容易多了, 因为我们已经编写了一个类似的程序. 而且, 我们在重写程序时花费了时间, 很可能在以后节省同样数量的调试时间. 历史上某些最出色的计算机程序之所以成功, 在很大程度上应归功于意外: 大约在这一阶段, 全部作品无意间付诸东流, 作者被迫重新开始.

另一方面, 也许无论怎么改进复杂的计算机程序, 总是还有改进的余地, 所以第 1 步和第 2 步不要无休止地重复下去. 在明显可以做出重大改进的时候, 是值得再花时间重新开始的. 但是终究要到达收益转为递减的时刻, 那时就不必费力从头再来了.

第 4 步（调试). 在程序的最后加工（可能包括存储分配之类的细节收尾处理）之后, 我们应该换个角度, 从不同于前三步的新方向进行检查: 研究程序在计算机中的实际执行顺序. 当然, 这可以人工进行, 也可以通过机器进行. 我发现, 这时使用系统例程追踪每条指令的头两次执行情况是非常有帮助的. 重要的是重新思考程序的基本思想, 确认一切事项都符合预期效果.

调试程序是一门技艺, 它需要进行很深入的研究, 而且采用的方法高度依赖于具体的计算机装置可以使用的工具. 进行有效调试的良好开端通常是准备适宜的检验数据. 最有效的调试方法是在程序内部精心设计构建的方法, 当今许多顶尖程序员几乎会把程序的一半代码用于辅助另外一半代码的调试进程. 前面这一半代码通常是以可读格式显示相关信息的简单例程, 它们最终将被删掉, 但是最终结果是在生产效率上获得意想不到的增益.

另外一种良好的调试习惯是把每次产生的错误都记录下来. 虽然记录自己的错误可能是非常难堪的事情, 但是对于任何研究调试问题的人而言, 这样的信息是很有价值的, 而且它还会帮助你学习如何减少将来的错误.

注记: 我于 1964 年写好了上面的大部分评述, 其时我虽已圆满完成多个中型软件项目, 但尚未建立成熟的程序设计风格. 随后, 我在 20 世纪 80 年代认识到, 另外一种称为结构化文档编制或者文化程序设计（literate programming）[①]的技术可能更为重要. 在初版于 1992 年的

---

① 又译为文艺编程或文学化编程, 指的是将程序设计过程视为文艺创作, 像作家一样为读者编写清晰优美易读的文档. ——译者注

《文化程序设计》[*Literate Programming* (Cambridge University Press)] 一书中，我概述了自己最推崇的这一程序设计方法的最新观点. 顺便说一下，该书的第 11 章详细记录了 1978 年至 1991 年期间从 TEX 程序中排除的所有错误.

> 在一定程度上，最好让错误留在程序里，
> 而不是耗费大量时间设计完全无误的程序.
> （完成这样的设计要用多少个十年时间？）
> ——阿兰·图灵，《关于自动计算机的建议》（1945）

习题

1. [20] 推广算法 1.2.10M，编写一个子程序 GoMaxR，找出 $\{X[a], X[a+r], X[a+2r], \dots, X[n]\}$ 的最大值，其中 r 和 n 是正参数，而 a 是满足 $a \equiv n \bmod r$ 的最小正数，即 $a = 1 + (n-1) \bmod r$. 对于 $r = 1$ 的情形，给出一个特别入口 GoMax. 使用 GO 型调用序列，使得你的子程序是 (7) 的推广.

2. [20] 把习题 1 的子程序从 GO 型连接转换为 PUSHJ/POP 型连接.

3. [15] 如果 Sub 是叶子程序，如何简化方案 (15)？

4. [15] 本节经常提到 PUSHJ 指令，但 1.3.1′ 节也提到名为 PUSHGO 的指令. 两者有什么区别？

5. [0] 判别真假：边缘寄存器的数量是 $G - L$.

6. [10] 如果 \$5 是边缘寄存器，指令 DIVU \$5,\$5,\$5 的效果是什么？

7. [10] 如果 \$5 是边缘寄存器，指令 INCML \$5,#abcd 的效果是什么？

8. [15] 假设在有 10 个局部寄存器时执行指令 SET \$15,0. 这使得局部寄存器的数量增加到 16，但新局部寄存器（包括寄存器 \$15）都为零，因此，它们的特性本质上仍然像它们是边缘寄存器一样. 在这种情况下，指令 SET \$15,0 是完全多余的吗？

9. [28] 当对某些异常条件（如算术溢出）启用了故障中断时，可能会在非预期的时间调用故障处理程序. 我们不想破坏任何中断程序的寄存器，但是，如果没有"充足的活动空间"，故障处理程序做不了多少事. 试说明如何使用 PUSHJ 和 POP 指令，使得故障处理程序可以安全地使用大量局部寄存器.

▶ **10.** [20] 判别真假：如果 MMIX 程序绝不使用指令 PUSHJ, PUSHGO, POP, SAVE, UNSAVE，则所有 256 个寄存器 \$0, \$1, …, \$255 在本质上是等价的，因为局部寄存器、全局寄存器和边缘寄存器之间的差别无关紧要.

11. [20] 猜猜如果程序发出的 POP 指令多于 PUSH 指令会发生什么.

▶ **12.** [10] 判别真假：

(a) 在 MMIXAL 程序中，当前前缀总是以冒号开始.

(b) 在 MMIXAL 程序中，当前前缀总是以冒号结尾.

(c) 在 MMIXAL 程序中，符号":"和"::"等价.

▶ **13.** [21] 给定 n 值，编写两个 MMIX 子程序计算斐波那契数 $F_n \bmod 2^{64}$. 第一个子程序使用以下定义递归地调用自己：

$$\text{如果 } n \le 1 \text{ 则 } F_n = n; \qquad \text{如果 } n > 1 \text{ 则 } F_n = F_{n-1} + F_{n-2}.$$

第二个子程序不使用递归. 两个子程序都使用 PUSH/POP 型连接，而且完全不使用全局变量.

▶ **14.** [M21] 习题 13 中的子程序的运行时间是多少？

▶ **15.** [21] 使用 (15) 中的内存栈代替 MMIX 的寄存器栈，把习题 13 的递归子程序转换为 GO 型连接风格. 试比较这两个版本的效率.

▶ **16.** [25] （非局部 goto 语句）有时我们需要从一个子程序跳转到调用它的程序之外的位置. 例如，假设子程序 A 调用子程序 B，子程序 B 调用子程序 C，子程序 C 递归调用自己若干次，然后决定直接退出到子程序 A. 试说明如何使用 MMIX 的寄存器栈处理这种情况. （我们不能简单地从子程序 C 跳转到子程序 A：栈必须正确弹出. ）

1.4.2′ 协同程序

子程序属于一类更一般的程序组件——协同程序. 主程序与子程序之间的关系是非对称的; 与此相反, 协同程序彼此之间的关系是完全对称的, 因为它们相互调用.

为了理解协同程序的概念, 让我们考虑另外一种理解子程序的方式. 在前一小节, 我们把它当作计算机硬件的一种扩充, 仅仅用来节省代码行. 事实或许如此, 但是我们也可以采纳另外一种观点, 把主程序和子程序视为一个程序组, 这组程序中的每个成员要完成一项特定的作业. 主程序在完成作业的过程中需要激活子程序; 子程序将执行它自己的任务, 然后激活主程序. 我们可以充分想象, 从子程序的角度来看, 不妨认为当它退出时, 它也在调用主程序; 主程序继续履行自己的责任, 然后"退出"到子程序. 子程序接着执行任务, 然后再调用主程序.

这种平等主义哲学听起来可能牵强附会, 但实际上对于协同程序来说却是正确的. 因为在两个协同程序之间, 不可能区分哪个是哪个的子程序. 假设一个程序包含协同程序 A 和 B, 当设计 A 时, 我们可以把 B 看成子程序; 而在设计 B 时, 可以把 A 看成子程序. 每当一个协同程序被激活时, 它就在上次操作中断的位置恢复程序执行.

例如, 协同程序 A 和 B 可以是两个下国际象棋的程序. 我们可以把两个程序结合起来, 使它们相互对弈.

如果我们留出两个全局寄存器 a 和 b, 那么使用 MMIX 很容易实现这种协同程序连接. 在协同程序 A 中, GO a,b,0 指令用于激活协同程序 B; 在协同程序 B 中, GO b,a,0 指令用于激活协同程序 A; 此方案只需要 $3v$ 的时间来传递控制.

通过比较前一节的 GO 型连接与本方案, 可以看出常规子程序连接与协同子程序连接之间的本质区别: 子程序始终从头启动, 通常有固定的起始位置; 主程序和协同程序则始终在它上次终止处的下一个位置启动.

在实际应用中, 协同程序最自然地出现在它们同输入和输出算法相联系的时候. 例如, 假定协同程序 A 的功能是读取一个文件, 并且对输入数据执行某种变换, 把它转化为一连串数据项. 另外一个我们称之为 B 的协同程序对这些数据项做进一步处理, 并且输出答案. B 将周而复始地请求由 A 获得的相继输入项. 于是, 协同程序 B 每当需要下一个输入项时就转移到 A, 而协同程序 A 每当获得一个输入项时就转移到 B. 读者也许会说: "啊, B 就是主程序, 而 A 只不过是执行输入任务的一个子程序而已."但是, 假如处理过程 A 非常复杂, 这种看法就不太合适了. 实际上, 我们也可以把 A 想象成主程序, 而 B 则是执行输出任务的一个子程序, 这时上面的描述仍然是有效的. 如果介于两种极端情况之间, 也就是说 A 和 B 都是很复杂的程序, 而且每个程序都在多处调用另外一个程序, 那么协同程序的概念就显得很有用了. 要想用简短例子说明协同程序概念的重要性是颇为困难的, 因为最有用的协同程序的应用通常都非常冗长.

为了研究协同程序的实际执行过程, 我们考察一个假想的例子. 假定我们需要编写一个程序, 把一种代码转换成另一种代码. 待转换的输入代码是一串 8 比特的字符, 最后是一个半角英文句点, 如

$$a2b5e3426fg0zyw3210pq89r. \tag{1}$$

这个代码出现在标准输入文件中, 以任意方式穿插有空白字符. 就我们的目的而言, "空白字符"是值小于或等于 #20 的任何字节, 而 #20 是 MMIXAL 程序中的字符常量 ' '. 应该忽略输入中的所有空白字符. 当按顺序读取其他字符时, 应按以下方式对其进行解释: (1) 如果下一个字符是 0, 1, $\cdots$, 9 之中的一个数字, 比如说是 n, 那么它表示其后的字符重复 $n+1$ 次, 不管后面那个字符是数字还是字母. (2) 一个非数字字符就表示它自己. 程序的输出是按这种方式产生的字符序列, 要求每 3 个字符分隔成一组, 直到出现句点. 最后一组可能不足 3 个字符. 例

如, (1) 将转换成

$$\text{abb bee eee e44 446 66f gzy w22 220 0pq 999 999 999 r.} \tag{2}$$

注意 3426f 并不意味着字母 f 重复 3427 次. 它的含义是 4 个 4 后面接 3 个 6, 后面再接 1 个 f. 如果输入序列是 "1.", 那么输出就是简单的 "." 而不是 "..", 因为第一个句点终结输出. 我们的程序的目标是在标准输出文件上产生一系列行, 每行包含 16 组三个一组的字符（当然, 除了最后一行可能更短之外）. 三个一组的字符应该用空格分隔, 每行应该像往常一样以 ASCII 换行符 #a 结束.

为了完成这种转换, 我们要编写两个协同程序和一个子程序. 这个程序首先给三个全局寄存器指定符号名, 一个用于临时存储, 另外两个用于协同程序连接.

```
01  *  协同程序示例
02  t        IS      $255      短期的临时数据
03  in       GREG    0         用于恢复第一个协同程序的地址
04  out      GREG    0         用于恢复第二个协同程序的地址  ▮
```

下一步是留出用于工作存储的内存单元.

```
05  *  输入和输出缓冲区
06           LOC     Data_Segment
07           GREG    @                    基址
08  OutBuf   TETRA   "              ",#a,0    （见习题 3）
09  Period   BYTE    '.'
10  InArgs   OCTA    InBuf,1000
11  InBuf    LOC     #100                      ▮
```

现在我们来看看程序本身. 我们需要的子程序, 称为 NextChar, 用于寻找输入的非空白字符, 并返回下一个这样的字符.

```
12  *  字符输入子程序
13  inptr    GREG    0              （当前输入位置）
14  1H       LDA     t,InArgs       填充输入缓冲区.
15           TRAP    0,Fgets,StdIn
16           LDA     inptr,InBuf    在缓冲区开始处启动.
17  0H       GREG    Period
18           CSN     inptr,t,0B     如果出现错误则读入一个 '.'.
19  NextChar LDBU    $0,inptr,0     获取下一个字符.
20           INCL    inptr,1
21           BZ      $0,1B          如果到达缓冲区末尾则转移.
22           CMPU    t,$0,' '
23           BNP     t,NextChar     如果字符是空白符则转移.
24           POP     1,0            返回到调用者.    ▮
```

这个子程序具有下述特征:

调用序列: PUSHJ $R,NextChar.

入口条件: inptr 指向第一个未读的字符.

出口条件: $R = 输入的下一个非空白字符.

         inptr 已经准备好成为 NextChar 的下一个入口.

这个子程序还更改了寄存器 t（即寄存器 $255），但是我们通常在这些规范中省略这个寄存器，就像在 1.4.1´–(10) 中所做的那样.

我们的第一个协同程序称为 In，它寻找输入代码中具有特定重复数的字符. 它最初从单元 In1 开始:

```
25   *  第一个协同程序
26   count   GREG   0                      （重复计数器）
27   1H      GO     in,out,0               发送一个字符到 Out 协同程序.
28   In1     PUSHJ  $0,NextChar            获取一个新字符.
29           CMPU   t,$0,'9'
30           PBP    t,1B                   如果它超过 '9' 则转移.
31           SUB    count,$0,'0'
32           BN     count,1B               如果它小于 '0' 则转移.
33           PUSHJ  $0,NextChar            获取另一个字符.
34   1H      GO     in,out,0               把它发送到 Out.
35           SUB    count,count,1          减少重复计数器.
36           PBNN   count,1B               如有必要则重复.
37           JMP    In1                    否则开始新的循环.
```

这个协同程序具有下述特征:

调用序列（来自 Out）:   GO out,in,0.
出口条件（到 Out）: $0 = 具有适当重复数的下一个输入字符.
入口条件（当返回时）: $0 不改变它在出口时的值.

寄存器 count 是 In 私有的，不必提及.

另一个协同程序称为 Out，它把代码分成三个一组的字符组，并且发送到标准输出文件中. 这个程序最初从 Out1 开始:

```
38   *  第二个协同程序
39   outptr  GREG   0                      （当前输出位置）
40   1H      LDA    t,OutBuf               清空输出缓冲区.
41           TRAP   0,Fputs,StdOut
42   Out1    LDA    outptr,OutBuf          在缓冲区开始处启动.
43   2H      GO     out,in,0               从 In 获取一个新字符.
44           STBU   $0,outptr,0            把它作为三个字符中的第一个存储.
45           CMP    t,$0,'.'
46           BZ     t,1F                   如果它是 '.' 则转移.
47           GO     out,in,0               否则获取另一个字符.
48           STBU   $0,outptr,1            把它作为三个字符中的第二个存储.
49           CMP    t,$0,'.'
50           BZ     t,2F                   如果它是 '.' 则转移.
51           GO     out,in,0               否则获取另一个字符.
52           STBU   $0,outptr,2            把它作为三个字符中的第三个存储.
53           CMP    t,$0,'.'
54           BZ     t,3F                   如果它是 '.' 则转移.
55           INCL   outptr,4               否则推进到下一组.
56   OH      GREG   OutBuf+4*16
```

57		CMP	t,outptr,0B	
58		PBNZ	t,2B	如果少于 16 组则转移.
59		JMP	1B	否则完成这一行.
60	3H	INCL	outptr,1	移出一个已经存储的字符.
61	2H	INCL	outptr,1	移出一个已经存储的字符.
62	0H	GREG	#a	（换行符）
63	1H	STBU	0B,outptr,1	在句点之后存储换行符.
64	0H	GREG	0	（null 字符）
65		STBU	0B,outptr,2	在换行之后存储 null 字符.
66		LDA	t,OutBuf	
67		TRAP	0,Fputs,StdOut	输出最后一行.
68		TRAP	0,Halt,0	终止这个程序.　▮

Out 的特征设计为补充 Int 的特征:

调用序列（来自 In）:　GO in,out,0.

出口条件（到 In）:　$0 不改变它在入口时的值.

入口条件（当返回时）:　$0 = 具有适当重复数的下一个输入字符.

为了完成这个程序, 我们需要把一切都做好, 以便有一个良好的开端. 协同程序的初始化并不困难, 但是多半需要一些技巧.

69	*	初始化		
70	Main	LDA	inptr,InBuf	初始化 NextChar.
71		GETA	in,In1	初始化 In.
72		JMP	Out1	由 Out 启动（见习题 2）.　▮

这样程序就编写完了. 读者对这个程序应当仔细研究, 特别是注意每个协同程序都能够独立地阅读和编写, 仿佛另一个协同程序是它的子程序.

我们在 1.4.1′ 节中了解到, MMIX 的 PUSHJ 和 POP 指令在子程序连接方面优于 GO 指令. 但是对于协同程序来说情况正好相反: 压入和弹出是非常不对称的, 如果两个或更多的协同程序试图同时使用它, 那么 MMIX 的寄存器栈会无可救药地陷入泥潭.（见习题 6.）

在协同程序与多遍算法之间存在一种重要的关联. 例如, 我们刚描述的转换过程可以分成两遍处理完成: 第一遍仅执行 In 协同程序, 把它用于整个输入, 并且把每个字符按照相应的重复数写到中间文件上. 完成此操作之后, 我们可以读取该文件, 仅执行 Out 协同程序, 把字符分成三个一组. 这种做法称为"两遍"过程.（从直观上看, 所谓一"遍"表示对输入的一次完整的扫描. 这个定义并不是精确的, 在很多算法中需用的遍数也不是完全明确的. 但是"遍"的直观概念虽然含糊, 却很有用.）

图 22(a) 说明一个 4 遍过程. 我们经常会发现, 如果用 4 个协同程序 A, B, C, D 分别取代 A, B, C, D 这 4 遍程序, 那么仅用一遍就可以完成同样的过程, 如图 22(b) 所示. 当 A 遍把输出的一项写到文件 1 时, 协同程序 A 将在对应的时刻转移到 B; 当 B 遍要从文件 1 读入输入的一项时, 协同程序 B 将在此时转移到 A; 当 B 遍要把输出的一项写到文件 2 时, 协同程序 B 将转移到 C; 等等. 使用 UNIX® 操作系统的用户会认出, 这就像是一个"管道", 可以用 "PassA | PassB | PassC | PassD" 表示. B, C, D 这三遍的对应程序有时称为"过滤器".

反过来, 由 n 个协同程序完成的过程通常能够转换成一个 n 遍过程. 由于这种对应关系, 很值得对多遍算法与一遍算法进行比较.

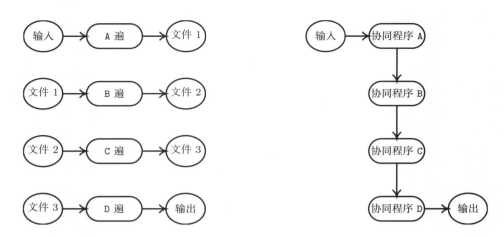

图 22　遍数：(a) 4 遍算法；(b) 1 遍算法

(a) 心理差别. 就同一问题而言，多遍算法通常比一遍算法更容易建立，也更好理解. 把一个过程分解成一系列更小的一个接一个的处理步骤，比很多转换同时发生的复杂过程更容易领会.

此外，如果要处理的是一个非常大的问题，或者是由许多人合作编写一个计算机程序，那么多遍算法对于作业的划分提供了一种自然的方式.

多遍算法的这些优点在协同程序中也是存在的，因为每个协同程序实际上可以单独编写，而协同程序连接使表面上的多遍算法变成了一遍过程.

(b) 时间差别. 多遍算法处理流动的中间数据（例如图 22 中文件中的信息）需要组装、写、读和分拆的时间，而一遍算法不需要这些时间，因此速度更快.

(c) 空间差别. 一遍算法需要把所有程序同时保留在内存中，而多遍算法仅需一次保留一个程序. 这种需求对于速度的影响甚至比 (b) 中所述的影响更大. 例如，许多计算机有一个较小的"快速内存"和一个很大的"慢速内存". 如果每遍程序刚好能够完全容纳在快速内存中，那么多遍算法比我们在一遍算法中使用协同程序的结果会快得多（因为使用协同程序可能迫使程序的大部分出现在慢速内存中，或者不断地在快速和慢速内存之间交换）.

有时需要同时为多种计算机配置设计算法，而不同的配置拥有不同大小的内存容量. 在这样的情况下，可以采用协同程序的方式编写程序，以内存大小决定遍数：装入的协同程序应该尽量多，并且对于剩下的部分提供输入或输出子程序.

尽管协同程序同遍数之间的这种关系是很重要的，但是我们仍然应该牢记：协同程序的应用有时无法分割成多遍算法. 如果协同程序 B 从协同程序 A 获得输入，再把关键信息传递回 A，如前面提到的国际象棋对弈，那么不可能把这个操作序列转换成 A 遍后面跟着 B 遍的算法.

反过来，某些多遍算法显然不能转换成协同程序. 有的算法是固有的多遍算法，例如第二遍可能需要从第一遍累积信息（如某个字在输入中出现的总次数）. 关于这一点，值得提到一则古老的笑话.

搭公交车的老太太："小朋友，能告诉我去帕萨迪纳大街该在哪站下车吗？"

小男孩："看着我就行，在我下车前两站你就下车."

（好笑之处在于小男孩给出一个两遍算法.）

关于多遍算法就谈到这里. 协同程序在离散系统模拟中也起到重要作用，见 2.2.5 节. 当若干个或多或少独立的协同程序由一个主进程控制时，它们通常称为一个计算的线程. 我们会在这套书的许多地方见到协同程序的其他例子. 复制协同程序的重要思想在第 8 章讨论, 而这种思想的某些有趣的应用可以从第 10 章找到.

习题

1. [*10*] 说明为什么教科书作者很难找到简短的协同程序的例子.

▶ **2.** [*20*] 正文中的程序首先启动协同程序 Out. 假如首先执行协同程序 In, 也就是把第 71 行和第 72 行改成 "GETA out,Out1; JMP In1", 那么会发生什么情况?

3. [*15*] 解释正文中程序第 08 行的 TETRA 指令. (在双引号之间恰好有 15 个空格.)

4. [*20*] 假设两个协同程序 A 和 B 希望把 MMIX 的余数寄存器 rR 视为它们的私有属性, 尽管两个协同程序都做除法运算. (换言之, 当一个协同程序跳转到另一个协同程序时, 它希望能够假定当另一个协同程序返回时 rR 的内容不会被改变.) 设计一个协同程序连接, 允许它们获得这种自由.

5. [*20*] 通过使用 PUSH 和 POP 指令而不使用任何 GO 指令, MMIX 是否能够实现相当高效的协同程序连接?

6. [*20*] 正文中的程序仅以非常有限的方式, 即当 In 调用 NextChar 时, 才使用 MMIX 的寄存器栈. 讨论在多大程度上两个协作的协同程序都可以使用寄存器栈.

▶ **7.** [*30*] 编写一个 MMIX 程序, 完成正文中程序所做字符串转换的逆转换, 也就是把包含像 (2) 那样的三个一组的字符组的文件转换成包含像 (1) 那样的代码的文件. 除去换行符之后, 输出应当是一个尽可能短的字符串, 因此, 比如说, 在 (1) 中 z 之前的 0 实际上不会由 (2) 产生.

1.4.3′ 解释程序

在本节中, 我们要考察一类常见的计算机程序, 称为解释程序, 通常简称为解释器. 解释程序是一种计算机程序, 它执行用类机器语言写成的另一程序的指令. 所谓类机器语言, 是表示指令的一种方式, 其中指令一般具有操作码和地址等. (这个定义同当代大部分计算机术语的定义一样是不精确的, 也不必是精确的. 我们无法严格区分哪些程序是解释程序, 哪些不是.)

历史上构建的第一批解释程序针对的是专门为单纯编程而设计的类机器语言. 这样的语言比真正的机器语言更容易使用. 虽然符号化程序设计语言出现后, 这类解释程序很快失去需求价值, 但是解释程序并非从此消声匿迹, 其使用反而与日俱增. 如今可以把解释程序的有效使用看成现代程序设计的重要特征. 解释程序的种种新兴应用主要是由下列原因引起的.

(a) 类机器语言能够用紧凑高效的方式表示复杂的判定序列和操作序列;

(b) 利用这样的表示, 可以在一个多遍过程的各遍之间出色地传输信息.

为此, 人们发明了专门在特定程序中使用的专用类机器语言, 用这些语言编写的程序通常完全是由计算机生成的. (今天的编程高手也是优秀的机器设计师: 他们不仅创建解释程序, 同时还定义一种虚拟机, 要解释的语言就是这种虚拟机的语言.)

由于不太依赖机器, 解释技术还有一个优点: 当更换计算机时, 只需重写解释器. 此外, 很容易把有助于调试的工具构建在解释系统内部.

类型 (a) 的解释器的例子在这套书后面多处出现, 例如第 8 章中的递归解释器, 以及第 10 章中的 "语法分析机". 一般情况下, 我们需要处理的问题中会出现大量特例, 它们虽然都彼此相似, 但没有真正的简单模式.

例如, 考虑编写一个代数编译器, 要求生成把两个量加在一起的高效机器语言指令. 可能有 10 种类型的量 (常量、简单变量、下标变量、定点数或浮点数、带符号数或无符号数, 等等), 两两组合产生 100 种不同的情形. 为了执行每种情况下的正确操作, 需要编写一个很长的程序. 而这个问题的解释执行解决方案是专门设计一种语言, 它的 "指令" 容纳在一个字节中.

然后我们只需准备一张表，列出这种语言的 100 个"程序"，每个程序完全存放在一个字中. 于是求解的思想就是挑选合适的表项，执行相应的程序. 这种方法简单而高效.

类型 (b) 的解释器的一个例子出现在"计算机绘制流程图"一文中 [高德纳，"Computer-Drawn Flowcharts", *CACM* **6** (1963), 555–563]. 在一个多遍程序中，前面的遍必须把信息传送给后面的遍. 最有效率的传递方式通常是用类机器语言把信息写成对后面的遍传送的一组指令，此时后面的遍无非是一个专用的解释程序，而前面的遍是一个专用的"编译器". 可以把多遍操作原理的这种理念表述为：尽量告诉后面的遍该做什么，而不是仅仅提供大量事实要求后面的遍自己判断该做什么.

类型 (b) 的解释器的另一个例子与特殊语言的编译器有关. 如果这种语言包含很多特殊功能，而这些功能不用子程序就很难在机器上实现，那么得到的目标程序将包含非常冗长的子程序调用序列. 例如，如果语言主要涉及多精度算术运算，就会产生这种结果. 在这种情况下，如果用解释性语言表示，就会大大缩短目标程序的长度. 例如，可参阅《ALGOL 60 的实现》[布赖恩·兰德尔和劳福德·拉塞尔，*ALGOL 60 Implementation*, (New York: Academic Press, 1964)]，书中既描述了把 ALGOL 60 程序翻译成解释性语言的一种编译器，也描述了那种语言的解释器. 此外，对于在编译器内部使用解释程序的例子，可参阅"ALGOL 60 编译器"一文 [小阿瑟·埃文斯，*Ann. Rev. Auto. Programming* **4** (1964), 87–124]. 随着微程序设计计算机和专用集成电路芯片的出现，这种解释性方法变得更有价值.

TEX 程序生成了你现在正在阅读的书的页面，它把包含本节正文的文件转换成一种解释性语言，这种称为 DVI 格式的语言是由戴维·富克斯在 1979 年设计的. [见高德纳，*TEX: The Program* (Reading, Mass.: Addison-Wesley, 1986), Part 31.] TEX 产生的 DVI 文件接着由一个称为 dvips 的解释器（由托马斯·罗基奇编写）处理，并且转换成一个指令文件，指令属于另外一种解释性语言，称为 PostScript® [Adobe Systems Inc., *PostScript Language Reference*, 3rd edition (Reading, Mass.: Addison-Wesley, 1999)]. 最后，我使用 PostScript 文件交稿，出版商把它发送到一台商用打印机，打印机借助 PostScript 解释器产生印刷版. 这种三遍操作演示了类型 (b) 的解释器的处理过程. TEX 本身也包含类型 (a) 的一个小型解释器，用来处理正在打印的字符的所谓连字和字距微调信息 [*TEX: The Program*, §545].

用解释性语言编写的程序还有另外一种理解方法：可以把它看成一系列一个接一个的子程序调用. 实际上，可以把这样一个程序展开成一长串的子程序调用，反过来也往往可以把这样的调用序列组装成一种容易解释的编码形式. 解释技术的优点在于表示形式紧凑，不依赖于机器，诊断能力强. 通常可以适当编写解释程序，让花费在代码自身解释的时间以及转移到相应例程的时间忽略不计.

*MMIX 模拟程序. 当呈现给解释程序的语言是另一种计算机的机器语言时，那么通常把这个解释程序称为模拟程序（有时也称为仿真器）.

在我看来，程序员花费在编写这种模拟程序上的时间实在是太多了，耗费在使用模拟程序上的计算机时间也实在是太多了. 编写模拟程序的初衷是很简单的：计算站购买了一台新的计算机，但打算继续运行为旧机器编写的程序（不愿再重写程序）. 然而，同临时雇用一批专业程序员重新编程相比，这样做往往代价更高而成效更小. 例如，我曾经参与过这样一个重新编程的项目，竟然发现使用多年的老程序中有一个严重错误，新程序不但给出正确答案，而且运行速度是旧程序的五倍！（不是说所有的模拟程序都不好，例如，计算机制造商在生产新的计算机之前，为了尽快开发新机器的软件而采用模拟程序是有优势的. 但是这是一种非常特殊的应用. ）低效使用计算机模拟程序有一个真实的极端案例: 竟然有人在计算机 A 上模拟计算机 B 运行一个模拟计算机 C 的程序. 这种方式使得一台昂贵的大型计算机获得的结果比廉价计算机的结果更差.

既然如此, 本书为什么还要出现模拟程序的可恶身影呢? 这样做出于三个原因.

(a) 我们在下面要描述的模拟程序是典型的解释程序的良好示例, 并演示解释器中使用的基本技术. 它也说明如何在一个较长的程序中使用子程序.

(b) 我们要描述 MMIX 计算机的一个模拟程序, 它 (偏巧) 是用 MMIX 语言写成的. 这将增强我们对这台机器的了解. 它也将有助于为其他计算机编写 MMIX 模拟程序, 尽管我们不会深入研究 64 位二进制整数或浮点算术的细节.

(c) 我们对 MMIX 的模拟说明了如何在硬件中高效实现寄存器栈, 从而只需很少的工作即可完成入栈和出栈. 类似地, 这里给出的模拟程序阐明了 SAVE 和 UNSAVE 操作符, 并提供了关于故障中断行为的细节. 通过查看参考实现, 可以更好地理解这些内容, 以便我们能够了解机器的实际工作原理.

本节描述的计算机模拟程序有别于离散系统模拟程序. 离散系统模拟程序是 2.2.5 节将要讨论的重要程序.

现在让我们回到编写 MMIX 模拟程序的任务上来, 从一个极大的简化开始: 我们不会试图模拟流水线计算机中同时发生的所有事情, 而是一次只解释一条指令. 流水线处理富有教益也非常重要, 但它超出了本书的范围. 感兴趣的读者可以在《MMIXware 文档》中找到完整的流水线 "元模拟程序". 在这里我们满足于使用一个简单的模拟程序, 它对诸如高速缓存、虚拟地址转换、动态指令调度、重排序缓冲器等事情一无所知. 此外, 我们只模拟普通 MMIX 用户程序可以执行的指令, 为操作系统保留的 LDVTS 之类的特权指令, 如果它们出现, 将被认为是错误的. 除了执行 1.3.2′ 节中描述的基本输入输出, 我们的程序不模拟陷阱中断.

程序的输入是一个二进制文件, 它指定了内存的初始内容, 就像操作系统在运行用户程序 (包括命令行数据) 时的内存设置一样. 我们希望模拟 MMIX 硬件的行为, 假装 MMIX 本身正在解释从符号单元 Main 开始的指令. 因此, 我们希望在 1.3.2′ 节讨论的运行时环境中实现 1.3.1′ 节阐述的规范. 例如, 我们的程序将为模拟的全局寄存器维护一个 256 全字的数组 g[0], g[1], ..., g[255]. 这个数组的前 32 个元素是表 1.3.1′-2 中列出的专用寄存器.

我们假定每条指令花费固定的时间, 如表 1.3.1′-1 所示. 每花费一个 μ 模拟时钟增 2^{32}, 每花费一个 υ 模拟时钟增 1. 因此, 在模拟了程序 1.3.2′P 之后, 模拟时钟将包含 #00003228000bb091, 它表示 $12\,840\mu + 766\,097\upsilon$.

这个程序相当长, 但有许多有趣的地方, 我们将分为短小简单的片段来研究它. 像往常一样, 从定义符号和指定数据段的内容开始. 我们把模拟 256 个全局寄存器的数组放在数据段的开头, 例如, 模拟寄存器 \$255 是内存单元 Global+8*255 中的全字 g[255]. 这个全局数组后面跟着一个类似的数组, 称为局部寄存器环, 它将保持模拟寄存器栈的顶部项. 这个环的大小置为 256, 尽管 512 或者更高的 2 的幂也可以. (一个大的局部寄存器环花费更多, 但是, 当程序大量使用寄存器栈时可能会显著加快速度. 模拟程序的目的之一是找出额外的硬件开销是否值得.) 数据段的主要部分 (从 Chunk0 开始) 将用于模拟内存.

```
001   * MMIX 模拟程序 (简化版)
002   t         IS    $255              存放临时信息的易失性寄存器
003   lring_size IS   256               局部寄存器环的大小
004             LOC   Data_Segment      起始单元 #2000000000000000
005   Global    LOC   @+8*256           用于全局寄存器的 256 个全字
```

```
006  g         GREG  Global              全局基址
007  Local     LOC   @+8*lring_size      用于局部寄存器的 lring_size 个全字
008  l         GREG  Local               局部基址
009            GREG  @                   IOArgs 和 Chunk0 的基址
010  IOArgs    OCTA  0,BinaryRead        （见习题 20）
011  Chunk0    IS    @                   模拟内存区域的起始点
012            LOC   #100                其他的东西放入文本段. ▮
```

我们需要的关键子程序之一叫作 MemFind. 给定一个 64 位二进制地址 A, 这个子程序返回得到的地址 R, 其中可以找到 $M_8[A]$ 的模拟内容. 当然, 2^{64} 字节的模拟内存不能被压缩到 2^{61} 字节的数据段中, 但是模拟程序记住以前出现过的所有地址, 并且它假设所有尚未遇到的单元都等于零.

内存分为 "块", 每块的大小为 2^{12} 字节. MemFind 查看 A 的前 $64-12=52$ 个二进制位, 决定它属于哪个块, 如果需要的话, 扩展已知块的列表. 然后, 通过把 A 的后续 12 个二进制位添加到相关模拟块的起始地址来计算 R. （只要每个块包含至少一个全字, 块的大小可以是 2 的任何幂. 小块导致 MemFind 需要搜索较长的块列表, 大块导致 MemFind 为永远不会被访问的字节浪费空间. ）

每个模拟块被封装在占用 $2^{12}+24$ 字节内存的 "结点" 中. 这种结点的第一个全字（称为 KEY）标识块中第一个字的模拟地址. 第二个全字（称为 LINK）指向 MemFind 列表中的下一个结点, 在列表的最后一个结点上为零. LINK 后面是 2^{12} 字节的模拟内存, 称为 DATA. 最后, 每个结点以 8 个全为零的字节结束, 这些字节在输入输出的实现中用作填充（见习题 15–17）.

MemFind 按照使用顺序维护块结点列表: 由 head 指向的第一个结点是 MemFind 在前一次调用中找到的结点, 并且链接到下一个最近使用的块, 等等. 如果未来像过去一样, MemFind 因此不需要再向下搜索它的列表. （6.1 节详细讨论了这样的 "自组织" 列表搜索. ）最初 head 指向 Chunk0, KEY、LINK 和 DATA 均为零. 如果需要的话, 存储分配指针 alloc 初始化为下一个块结点出现的位置, 即 Chunk0+nodesize.

我们使用 1.4.1′ 节中讨论的 MMIXAL 的 PREFIX 操作来实现 MemFind, 使得私有符号 head, key, addr 等不会与程序的其余部分的任何符号冲突. 调用序列是

$$\text{SET arg,}A;\quad \text{PUSHJ res,MemFind,} \tag{1}$$

调用之后, 得到的地址 R 出现在寄存器 res 中.

```
013            PREFIX  :Mem:          （开始 MemFind 的私有符号）
014  head      GREG    0              第一块的地址
015  curkey    GREG    0              KEY(head)
016  alloc     GREG    0              待分配的下一块的地址
017  Chunk     IS      #1000          每块的字节数, 必须是 2 的幂
018  addr      IS      $0             给定的地址 A
019  key       IS      $1             它的块地址
020  test      IS      $2             用于键搜索的临时寄存器
021  newlink   IS      $3             第二个最近使用的结点
022  p         IS      $4             临时指针寄存器
023  t         IS      :t             外部临时寄存器
024  KEY       IS      0
025  LINK      IS      8
```

026	DATA	IS	16	
027	nodesize	GREG	Chunk+3*8	
028	mask	GREG	Chunk-1	
029	:MemFind	ANDN	key,addr,mask	
030		CMPU	t,key,curkey	
031		PBZ	t,4F	如果 head 是正确的块则转移.
032		BN	addr,:Error	不允许负的地址 A.
033		SET	newlink,head	准备循环搜索.
034	1H	SET	p,head	p ← head
035		LDOU	head,p,LINK	head ← LINK(p).
036		PBNZ	head,2F	如果 head ≠ 0 则转移.
037		SET	head,alloc	否则分配一个新结点.
038		STOU	key,head,KEY	
039		ADDU	alloc,alloc,nodesize	
040		JMP	3F	
041	2H	LDOU	test,head,KEY	
042		CMPU	t,test,key	
043		BNZ	t,1B	如果 KEY(head) ≠ key 则循环.
044	3H	LDOU	t,head,LINK	调整指针: t ← LINK(head),
045		STOU	newlink,head,LINK	LINK(head) ← newlink,
046		SET	curkey,key	curkey ← key,
047		STOU	t,p,LINK	LINK(p) ← t.
048	4H	SUBU	t,addr,key	t ← 块偏移.
049		LDA	$0,head,DATA	$0 ← DATA(head) 的地址.
050		ADDU	$0,t,$0	
051		POP	1,0	返回 R.
052		PREFIX	:	（结束 ":Mem:" 前缀）
053	res	IS	$2	PUSHJ 的结果寄存器
054	arg	IS	res+1	PUSHJ 的变元寄存器 ▮

接下来是模拟程序最有趣的方面，MMIX 寄存器栈的实现．回顾 1.4.1′ 节，寄存器栈在概念上是 τ 项 $S[0], S[1], \ldots, S[\tau-1]$ 的列表．最后一项 $S[\tau-1]$ 位于栈"顶"，MMIX 的局部寄存器 $0, $1, \ldots, $(L-1)$ 是最顶部的 L 项 $S[\tau-L], S[\tau-L+1], \ldots, S[\tau-1]$，这里 L 是专用寄存器 rL 的值．我们可以通过简单地将其完全保存在模拟内存中来模拟栈，但是一台高效的机器希望其寄存器可以立即访问，而不是在相对慢的内存单元中．因此，我们将模拟一个高效的设计，在称为局部寄存器环的内部寄存器数组中保存最顶部的栈项．

基本思想十分简单．假定局部寄存器环中有 ρ 个元素 $l[0], l[1], \ldots, l[\rho-1]$．那么我们在 $l[(\alpha+k) \bmod \rho]$ 中保存局部寄存器 k，其中 α 是适当的偏移．（把 ρ 的值选定为 2 的幂，使得模 ρ 的余数不需要昂贵的计算．此外，我们希望 ρ 至少为 256，足以容纳所有局部寄存器．）PUSH 操作重新编号局部寄存器，使得以前的（比如说）寄存器 $3，现在称为寄存器 $0，它只不过是把 α 的值增加 3．POP 操作通过减少 α 的值来恢复原先的状态．尽管寄存器的编号改变了，但实际上不需要压入或弹出任何数据．

当然，当寄存器栈变成很大时，我们需要使用内存作为后援. 在任何时候，环的状态最好用三个变量 α, β, γ 来表示：

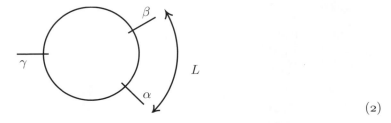

$$(2)$$

环的元素 $l[\alpha]$, $l[\alpha+1]$, ..., $l[\beta-1]$ 是当前局部寄存器 0, 1, ..., $(L-1)$，元素 $l[\beta]$, $l[\beta+1]$, ..., $l[\gamma-1]$ 当前未使用，元素 $l[\gamma]$, $l[\gamma+1]$, ..., $l[\alpha-1]$ 包含已经压入寄存器栈的那些项. 如果 $\gamma \neq \alpha$，那么，如果首先存储 $l[\gamma]$ 到内存中，就可以对 γ 增 1. 如果 $\gamma \neq \beta$，那么，如果然后要装入 $l[\gamma]$，就可以对 γ 减 1. MMIX 有两个专用寄存器，栈指针 rS 和栈偏移 rO，如果需要的话，它们将保存 $l[\gamma]$ 和 $l[\alpha]$ 的内存地址. α, β, γ 的值通过公式

$$\alpha = (\text{rO}/8) \bmod \rho, \quad \beta = (\alpha + \text{rL}) \bmod \rho, \quad \gamma = (\text{rS}/8) \bmod \rho \qquad (3)$$

同寄存器 rL, rS, rO 相关联.

模拟程序在全局寄存器数组的前 32 个位置保存 MMIX 的大部分专用寄存器. 例如，模拟的余数寄存器 rR 是位于 Global+8*rR 的全字. 但是，有 7 个专用寄存器，包括 rS, rO, rL, rG，潜在地同每条模拟指令相关，模拟程序在它自己的全局寄存器中维持它们. 因此，比如说，寄存器 ss 保持 rS 的模拟值，寄存器 ll 保持 rL 的模拟值的 8 倍：

```
055  ss         GREG   0    模拟的栈指针, rS
056  oo         GREG   0    模拟的栈偏移, rO
057  ll         GREG   0    模拟的局部阈值寄存器, rL 乘以 8
058  gg         GREG   0    模拟的全局阈值寄存器, rG 乘以 8
059  aa         GREG   0    模拟的算术状态寄存器, rA
060  ii         GREG   0    模拟的间隔计数器, rI
061  uu         GREG   0    模拟的使用计数器, rU
062  cc         GREG   0    模拟时钟  ▪
```

这里有一个子程序，当给定 k 时，它得到模拟寄存器 k 的当前值. 调用序列是

$$\text{SLU arg},k,3; \quad \text{PUSHJ res,GetReg}, \qquad (4)$$

调用之后，所期望的值保存在寄存器 res 中.

```
063  lring_mask GREG   8*lring_size-1
064  :GetReg    CMPU   t,$0,gg              获取寄存器 $k 当前值的子程序
065             BN     t,1F                 如果 k < G 则转移.
066             LDOU   $0,g,$0              否则 $k 是全局寄存器, 装入 g[k].
067             POP    1,0                  返回结果.
068  1H         CMPU   t,$0,ll              如果 $k 是局部寄存器则对 t 取相反数.
069             ADDU   $0,$0,oo
070             AND    $0,$0,lring_mask
071             LDOU   $0,l,$0              装入 l[(α + k) mod ρ].
072             CSNN   $0,t,0               如果 $k 是边缘寄存器则置零.
```

073		POP	1,0	返回结果. ∎

注意第 064 行的标号字段中的冒号. 这个冒号是多余的, 因为当前前缀是 ":" (见第 052 行).
然而, 第 029 行的冒号对外部符号 MemFind 来说是必需的, 因为在那儿当前前缀是 ":Mem:".
标号字段中的冒号 (不管是否多余) 为我们提供了一种便利来宣扬子程序正在被定义的事实.

接下来的子程序 StackStore 和 StackLoad 模拟图 (2) 中 γ 增 1 以及 γ 减 1 的操作. 它
们不返回结果. 仅当 $\gamma \neq \alpha$ 时才调用 StackStore, 仅当 $\gamma \neq \beta$ 时才调用 StackLoad. 这两个
子程序都必须保存和恢复寄存器 rJ, 因为它们都不是叶子程序.

074	:StackStore	GET	$0,rJ	保存返回地址.
075		AND	t,ss,lring_mask	
076		LDOU	$1,l,t	$1 \leftarrow l[\gamma]$.
077		SET	arg,ss	
078		PUSHJ	res,MemFind	
079		STOU	$1,res,0	$M_8[rS] \leftarrow 1.
080		ADDU	ss,ss,8	rS 增 8.
081		PUT	rJ,$0	恢复返回地址.
082		POP	0	返回到调用者.
083	:StackLoad	GET	$0,rJ	保存返回地址.
084		SUBU	ss,ss,8	rS 减 8.
085		SET	arg,ss	
086		PUSHJ	res,MemFind	
087		LDOU	$1,res,0	$1 \leftarrow M_8[rS]$.
088		AND	t,ss,lring_mask	
089		STOU	$1,l,t	$l[\gamma] \leftarrow 1.
090		PUT	rJ,$0	恢复返回地址.
091		POP	0	返回到调用者. ∎

(第 074, 081, 083, 090 行的寄存器 rJ 当然是实际寄存器 rJ, 而不是模拟寄存器 rJ. 当我们模
拟机器本身时, 必须记得把这些事情弄清楚!)

当我们刚刚增加 β 时, 调用 StackRoom 子程序. 它检查是否 $\beta = \gamma$, 如果是, 就增加 γ.

092	:StackRoom	SUBU	t,ss,oo	
093		SUBU	t,t,ll	
094		AND	t,t,lring_mask	
095		PBNZ	t,1F	如果 $(rS-rO)/8 \neq rL \pmod{\rho}$ 则转移.
096		GET	$0,rJ	哎呀, 我们不是叶子程序.
097		PUSHJ	res,StackStore	推进 rS.
098		PUT	rJ,$0	恢复返回地址.
099	1H	POP	0	返回到调用者. ∎

现在我们来到模拟程序的心脏, 即它的主模拟循环. 解释程序通常有一个中央控制部分,
在解释指令之间调用它来执行操作. 在我们的示例中, 当程序准备好模拟新指令时, 它转移到
单元 Fetch. 我们在全局寄存器 inst_ptr 中保存下一个被模拟指令的地址 @. Fetch 通常
置 loc ← inst_ptr 并对 inst_ptr 增 4. 但是, 如果我们正在模拟 RESUME 指令, 它把模拟寄
存器 rX 插入指令流, 则 Fetch 置 loc ← inst_ptr − 4 并保持 inst_ptr 不变. 除非指令的

loc 单元位于文本段（即 loc < #2000000000000000），否则模拟程序认为该指令没有资格执行.

```
100  * 主循环
101  loc        GREG  0    模拟程序在这里
102  inst_ptr   GREG  0    模拟程序将在这里
103  inst       GREG  0    当前被模拟的指令
104  resuming   GREG  0    我们在寄存器 rX 中恢复指令吗?
105  Fetch  PBZ   resuming,1F         如果不恢复则转移.
106         SUBU  loc,inst_ptr,4      loc ← inst_ptr − 4.
107         LDTU  inst,g,8*rX+4       inst ← rX 的右半.
108         JMP   2F
109  1H     SET   loc,inst_ptr        loc ← inst_ptr.
110         SET   arg,loc
111         PUSHJ res,MemFind
112         LDTU  inst,res,0          inst ← M₄[loc].
113         ADDU  inst_ptr,loc,4      inst_ptr ← loc + 4.
114  2H     CMPU  t,loc,g
115         BNN   t,Error             如果 loc ≥ Data_Segment 则转移.   ∎
```

主控程序对所有指令执行共通的操作. 它把当前指令解包到各个部分，并把这些部分放入方便的寄存器中，以便以后使用. 最重要的是，它把全局寄存器 f 设置为与当前操作码对应的"信息"的 64 个二进制位. 对于 MMIX 的 256 个操作码中的每一个，从单元 Info 开始的主控表都包含这样的信息.（见第 76 页的表 1.）例如，当且仅当当前操作码的 Z 字段是"立即"操作数或者操作码是 JMP 时，寄存器 f 被置为奇数值. 类似地，当且仅当指令具有相对地址时，f & #40 非零. 因为大部分相关信息出现在寄存器 f 中，模拟程序的后续步骤能够快速地决定对于当前指令需要做什么.

```
116  op       GREG  0    当前指令的操作码
117  xx       GREG  0    当前指令的 X 字段
118  yy       GREG  0    当前指令的 Y 字段
119  zz       GREG  0    当前指令的 Z 字段
120  yz       GREG  0    当前指令的 YZ 字段
121  f        GREG  0    关于当前操作码的包装的信息
122  xxx      GREG  0    X 字段乘以 8
123  x        GREG  0    X 操作数和（或）结果
124  y        GREG  0    Y 操作数
125  z        GREG  0    Z 操作数
126  xptr     GREG  0    应该存储 x 的单元
127  exc      GREG  0    算术异常
128  Z_is_immed_bit   IS  #1     寄存器 f 中可能设置的标志位
129  Z_is_source_bit  IS  #2
130  Y_is_immed_bit   IS  #4
131  Y_is_source_bit  IS  #8
132  X_is_source_bit  IS  #10
133  X_is_dest_bit    IS  #20
134  Rel_addr_bit     IS  #40
```

```
135  Mem_bit          IS #80
136  Info  IS     #1000
137  Done  IS     Info+8*256
138  info  GREG   Info          （主控信息表的基址）
139  c255  GREG   8*255         （一个方便的常数）
140  c256  GREG   8*256         （另一个方便的常数）
141        MOR    op,inst,#8    op ← inst ≫ 24.
142        MOR    xx,inst,#4    xx ← (inst ≫ 16) & #ff.
143        MOR    yy,inst,#2    yy ← (inst ≫ 8) & #ff.
144        MOR    zz,inst,#1    zz ← inst & #ff.
145  OH GREG -#10000
146        ANDN   yz,inst,0B
147        SLU    xxx,xx,3
148        SLU    t,op,3
149        LDOU   f,info,t      f ← Info[op].
150        SET    x,0           x ← 0（默认值）.
151        SET    y,0           y ← 0（默认值）.
152        SET    z,0           z ← 0（默认值）.
153        SET    exc,0         exc ← 0（默认值）.   ∎
```

在把指令解包到各个字段之后，我们要做的第一件事情是在必要时把相对地址转换为绝对地址.

```
154        AND    t,f,Rel_addr_bit
155        PBZ    t,1F               如果不是相对地址则转移.
156        PBEV   f,2F               如果操作码不是 JMP 或 JMPB 则转移.
157  9H GREG -#1000000
158        ANDN   yz,inst,9B         yz ← inst & #ffffff   （即 XYZ）.
159        ADDU   t,yz,9B            t ← XYZ − 2²⁴.
160        JMP    3F
161  2H    ADDU   t,yz,0B            t ← YZ − 2¹⁶.
162  3H    CSOD   yz,op,t            如果操作码是奇数（"向后的"）则 yz ← t.
163        SL     t,yz,2
164        ADDU   yz,loc,t           yz ← loc + yz ≪ 2.   ∎
```

对于大多数指令来说下一个任务很关键：把由 Y 和 Z 字段指定的操作数安装到全局寄存器 y 和 z 中. 有时，我们也把第三个操作数安装到全局寄存器 x 中，它由 X 字段指定，或者来自诸如模拟的 rD 或 rM 之类的专用寄存器.

```
165  1H         PBNN   resuming,Install_X   除非 resuming < 0，否则转移.
     ...                                    （见习题 14.）
174  Install_X  AND    t,f,X_is_source_bit
175             PBZ    t,1F                 除非 $X 是源，否则转移.
176             SET    arg,xxx
177             PUSHJ  res,GetReg
178             SET    x,res                x ← $X.
179  1H         SRU    t,f,5
180             AND    t,t,#f8              t ← 专用寄存器编号乘以 8.
```

181		PBZ	t,Install_Z
182		LDOU	x,g,t	如果 t ≠ 0, 置 x ← g[t].
183	Install_Z	AND	t,f,Z_is_source_bit
184		PBZ	t,1F	除非 $Z 是源, 否则转移.
185		SLU	arg,zz,3
186		PUSHJ	res,GetReg
187		SET	z,res	z ← $Z.
188		JMP	Install_Y
189	1H	CSOD	z,f,zz	如果 Z 是立即数, z ← Z.
190		AND	t,op,#f0
191		CMPU	t,t,#e0
192		PBNZ	t,Install_Y	除非 #e0 ≤ op < #f0, 否则转移.
193		AND	t,op,#3
194		NEG	t,3,t
195		SLU	t,t,4
196		SLU	z,yz,t	z ← yz ≪ (48, 32, 16, or 0).
197		SET	y,x	y ← x.
198	Install_Y	AND	t,f,Y_is_immed_bit
199		PBZ	t,1F	除非 Y 是立即数, 否则转移.
200		SET	y,yy	y ← Y.
201		SLU	t,yy,40
202		ADDU	f,f,t	把 Y 插入到 f 的左半部分.
203	1H	AND	t,f,Y_is_source_bit
204		BZ	t,1F	除非 $Y 是源, 否则转移.
205		SLU	arg,yy,3
206		PUSHJ	res,GetReg
207		SET	y,res	y ← $Y. ∎

当 X 字段指定一个目标寄存器时, 我们把 xptr 置为最终将存储模拟结果的内存地址, 该地址将位于 Global 数组或 Local 环中. 如果目标寄存器必须从边缘寄存器更改为局部寄存器, 则模拟寄存器栈在此时增长.

208	1H	AND	t,f,X_is_dest_bit
209		BZ	t,1F	如果 $X 不是目标操作数则转移.
210	XDest	CMPU	t,xxx,gg
211		BN	t,3F	如果 $X 不是全局寄存器则转移.
212		LDA	xptr,g,xxx	xptr ← g[X] 的地址.
213		JMP	1F
214	2H	ADDU	t,oo,ll
215		AND	t,t,lring_mask
216		STCO	0,l,t	l[(α + L) mod ρ] ← 0.
217		INCL	ll,8	L ← L + 1. ($L 变成局部寄存器.)
218		PUSHJ	res,StackRoom	确保 β ≠ γ.
219	3H	CMPU	t,xxx,ll
220		BNN	t,2B	如果 $X 不是局部寄存器则转移.
221		ADD	t,xxx,oo
222		AND	t,t,lring_mask
223		LDA	xptr,l,t	xptr ← l[(α + X) mod ρ] 的地址. ∎

最后，我们达到主控制循环的高潮：根据当前操作码，通过实质上执行 256 路转移来模拟当前指令. 实际上，寄存器 f 的左半部分是一条 MMIX 指令. 此时，我们通过 RESUME 指令将其插入指令流来执行它. 例如，如果我们正在模拟 ADD 指令，就把"ADD x,y,z"插入到 rX 的右半部分，并且清除 rA 的异常二进制位. 然后，RESUME 指令把寄存器 y 和 z 之和放在寄存器 x 中，寄存器 rA 将记录是否出现溢出. 在 RESUME 之后，控制将传递到单元 Done，除非插入的指令是转移或跳转.

224	1H	AND	t,f,Mem_bit	
225		PBZ	t,1F	除非 inst 访问内存，否则转移.
226		ADDU	arg,y,z	
227		CMPU	t,op,#A0	
228		BN	t,2F	如果操作码是装入指令则转移.
229		CMPU	t,arg,g	
230		BN	t,Error	如果存储到文本段则出错.
231	2H	PUSHJ	res,MemFind	res ← M[y + z] 的地址.
232	1H	SRU	t,f,32	
233		PUT	rX,t	rX ← f 的左半部分.
234		PUT	rM,x	rM ← x （为 MUX 做准备）.
235		PUT	rE,x	rE ← x （为 FCMPE, FUNE, FEQLE 做准备）.
236	OH GREG #30000			
237		AND	t,aa,0B	t ← 当前的舍入模式.
238		ORL	t,U_BIT<<8	许可浮点下溢故障（见下面）.
239		PUT	rA,t	为算术运算准备 rA.
240	OH GREG Done			
241		PUT	rW,0B	rW ← Done.
242		RESUME	0	执行 rX 中的指令. ∎

有些指令不能通过像 ADD 指令一样简单地"执行本身"并跳转到 Done 来模拟. 例如，MULU 指令必须把它所计算的乘积的高半部分插入到模拟的 rH 中. 如果发生了转移，转移指令必须更改 inst_ptr. PUSH 指令必须压入模拟的寄存器栈，POP 指令必须弹出它. SAVE, UNSAVE, RESUME, TRAP, 等等，都需要特别的照顾. 因此模拟程序的下一部分处理不符合漂亮的"x 等于 y op z"模式的情况.

让我们从乘法和除法开始，因为它们很容易：

243	MulU	MULU	x,y,z	y 乘以 z，无符号.
244		GET	t,rH	置 t ← 乘积的高半部分
245		STOU	t,g,8*rH	g[rH] ← 乘积的高半部分
246		JMP	XDone	通过存储 x 而结束.
247	Div	DIV	x,y,z	
		...		（关于除法，见习题 6.）∎

如果被模拟的指令是转移指令，比如说"BZ \$X,RA"，则主控例程把相对地址 RA 转换为寄存器 yz 中的绝对地址（第 164 行），并且还把模拟的 \$X 的内容放入寄存器 x（第 178 行）. 然后，RESUME 指令将执行指令"BZ x,BTaken"（第 242 行），而且如果发生了模拟的转移，则控制将传递到 BTaken 而不是 Done. BTaken 把 2υ 添加到模拟的运行时间，更改 inst_ptr，并且跳转到 Update.

254	BTaken	ADDU	cc,cc,4	时钟增加 4υ.

255	PBTaken	SUBU	cc,cc,2	时钟减少 2υ.
256		SET	inst_ptr,yz	inst_ptr ← 转移地址.
257		JMP	Update	结束本指令.
258	Go	SET	x,inst_ptr	GO 指令：置 x ← loc + 4.
259		ADDU	inst_ptr,y,z	inst_ptr ← $(y + z) \bmod 2^{64}$.
260		JMP	XDone	通过存储 x 而结束. ∎

（第 257 行可以跳转到 Done，但是速度会慢一些. 到 Update 的捷径是合理的，因为转移指令不存储 x，并且不会引起算术异常. 见下面的第 500–541 行. ）

通过增加 (2) 的 α 指针，PUSHJ 或 PUSHGO 指令压入模拟的寄存器栈. 这意味着增加模拟的 rO，即寄存器 oo. 如果指令是 "PUSHJ \$X,RA"，并且 \$X 是局部寄存器，则通过首先置 \$X ← X，然后使 oo 增加 $8(X + 1)$，从而把 $X + 1$ 个全字压入栈. （我们在 \$X 中放入的值稍后将被 POP 用来确定如何把 oo 恢复到以前的值. 然后如 1.4.1′ 节所述，把模拟寄存器 \$X 设置为子程序的结果. ）如果 \$X 是全局寄存器，则我们以类似的方式把 rL + 1 个全字压入栈.

261	PushGo	ADDU	yz,y,z	yz ← $(y + z) \bmod 2^{64}$.
262	PushJ	SET	inst_ptr,yz	inst_ptr ← yz.
263		CMPU	t,xxx,gg	
264		PBN	t,1F	如果 \$X 是局部寄存器则转移.
265		SET	xxx,ll	假装 X = rL.
266		SRU	xx,xxx,3	
267		INCL	ll,8	rL 加 1.
268		PUSHJ	0,StackRoom	确保在 (2) 中 $\beta \neq \gamma$.
269	1H	ADDU	t,xxx,oo	
270		AND	t,t,lring_mask	
271		STOU	xx,l,t	$l[(\alpha + X) \bmod \rho]$ ← X.
272		ADDU	t,loc,4	
273		STOU	t,g,8*rJ	$g[rJ]$ ← loc + 4.
274		INCL	xxx,8	
275		SUBU	ll,ll,xxx	rL 减去 X + 1.
276		ADDU	oo,oo,xxx	rO 增加 $8(X + 1)$. ①
277		JMP	Update	结束本指令. ∎

POP, SAVE, UNSAVE 以及包括 RESUME 在内的几个其他操作码也需要特殊的例程来模拟. 这些例程处理有关 MMIX 的有趣细节，我们将在习题中考虑它们. 但现在跳过它们，因为它们不涉及任何我们尚未见过的与解释程序相关的技术.

然而，我们可以给出 SYNC 和 TRIP 的代码，因为这些例程非常简单. （实际上，对于 "SYNC XYZ"，除了检查是否 XYZ ≤ 3 之外，没有什么事要做，因为我们没有模拟高速缓存. ）此外，我们将考察 TRAP 的代码，这很有趣，因为它说明了用于多路开关的跳转表的重要技术.

278	Sync	BNZ	xx,Error	如果 X ≠ 0 则转移.
279		CMPU	t,yz,4	
280		BNN	t,Error	如果 YZ ≥ 4 则转移.
281		JMP	Update	结束本指令.
282	Trip	SET	xx,0	初始化故障处理例程到单元 0.

① rL 是专用局部阈值寄存器，寄存器 ll 保持 rL 的模拟值的 8 倍. rO 是寄存器栈偏移量，寄存器 oo 保持 rO 的模拟值. 见本程序的第 056–057 行. ——译者注

283		JMP	TakeTrip	（见习题 13.）
284	Trap	STOU	inst_ptr,g,8*rWW	g[rWW] ← inst_ptr.
285	OH GREG #8000000000000000			
286		ADDU	t,inst,0B	
287		STOU	t,g,8*rXX	g[rXX] ← inst + 2^{63}.
288		STOU	y,g,8*rYY	g[rYY] ← y.
289		STOU	z,g,8*rZZ	g[rZZ] ← z.
290		SRU	y,inst,6	
291		CMPU	t,y,4*11	
292		BNN	t,Error	如果 X ≠ 0 或 Y > Ftell 则转移.
293		LDOU	t,g,c255	t ← g[255].
294	OH GREG @+4			
295		GO	y,0B,y	跳转到 @ + 4 + 4Y.
296		JMP	SimHalt	Y = Halt: 跳转到 SimHalt.
297		JMP	SimFopen	Y = Fopen: 跳转到 SimFopen.
298		JMP	SimFclose	Y = Fclose: 跳转到 SimFclose.
299		JMP	SimFread	Y = Fread: 跳转到 SimFread.
300		JMP	SimFgets	Y = Fgets: 跳转到 SimFgets.
301		JMP	SimFgetws	Y = Fgetws: 跳转到 SimFgetws.
302		JMP	SimFwrite	Y = Fwrite: 跳转到 SimFwrite.
303		JMP	SimFputs	Y = Fputs: 跳转到 SimFputs.
304		JMP	SimFputws	Y = Fputws: 跳转到 SimFputws.
305		JMP	SimFseek	Y = Fseek: 跳转到 SimFseek.
306		JMP	SimFtell	Y = Ftell: 跳转到 SimFtell.
307	TrapDone	STO	t,g,8*rBB	置 g[rBB] ← t.
308		STO	t,g,c255	陷阱以 g[255] ← g[rBB] 结束.
309		JMP	Update	结束本指令. ▌

（关于 SimFopen, SimFclose, SimFread 等，见习题 15–17.）

现在让我们看看主控信息表（表 1），它允许模拟程序相当轻松地处理 256 个不同的操作码. 每个表条目是由以下各项组成的一个全字：(i) 四个字节的 MMIX 指令，它将在第 242 行由 RESUME 指令调用；(ii) 定义模拟运行时间的两个字节，一个字节表示 μ，另一个字节表示 v；(iii) 命名专用寄存器的一个字节，如果有这样一个寄存器应当在第 182 行装入到 x 中；(iv) 作为 8 个 1 位二进制标志之和的一个字节，表示这个操作码的特殊属性. 例如，操作码 FIX 的信息是

$$\text{FIX x,0,z; \quad BYTE 0,4,0,\#26;}$$

这意味着：(i) 应当执行指令 FIX x,0,z，把浮点数舍入为定点整数；(ii) 模拟运行时间应该增加 $0\mu + 4v$；(iii) 不需要专用寄存器作为输入操作数；(iv) 标志字节

$$\#26 = \text{X\_is\_dest\_bit} + \text{Y\_is\_immed\_bit} + \text{Z\_is\_source\_bit}$$

确定对寄存器 x, y, z 的处理.（Y_is_immed_bit 实际上使被模拟的指令的 Y 字段插入到 "FIX x,0,z" 的 Y 字段中，见第 202 行.）

主控信息表的一个有趣的方面是第 242 行的 RESUME 指令，它就像在单元 Done-4 那样执行该指令，这是因为 rW = Done. 因此，如果指令是 JMP，则地址必须是相对于 Done-4 的. 但是 MMIXAL 总是用相对于汇编单元 @ 的地址来汇编 JMP 指令. 我们要欺骗汇编程序使它做正确

表 1   用于模拟程序控制的主控信息表

`O IS Done-4`		`LDB x,res,0; BYTE 1,1,0,#aa`	`(LDB)`
`LOC Info`		`LDB x,res,0; BYTE 1,1,0,#a9`	`(LDBI)`
`JMP Trap+@-O; BYTE 0,5,0,#0a`	`(TRAP)`	`...`	
`FCMP x,y,z; BYTE 0,1,0,#2a`	`(FCMP)`	`JMP Cswap+@-O; BYTE 2,2,0,#ba`	`(CSWAP)`
`FUN x,y,z; BYTE 0,1,0,#2a`	`(FUN)`	`JMP Cswap+@-O; BYTE 2,2,0,#b9`	`(CSWAPI)`
`FEQL x,y,z; BYTE 0,1,0,#2a`	`(FEQL)`	`LDUNC x,res,0; BYTE 1,1,0,#aa`	`(LDUNC)`
`FADD x,y,z; BYTE 0,4,0,#2a`	`(FADD)`	`LDUNC x,res,0; BYTE 1,1,0,#a9`	`(LDUNCI)`
`FIX x,0,z; BYTE 0,4,0,#26`	`(FIX)`	`JMP Error+@-O; BYTE 0,1,0,#2a`	`(LDVTS)`
`FSUB x,y,z; BYTE 0,4,0,#2a`	`(FSUB)`	`JMP Error+@-O; BYTE 0,1,0,#29`	`(LDVTSI)`
`FIXU x,0,z; BYTE 0,4,0,#26`	`(FIXU)`	`SWYM 0; BYTE 0,1,0,#0a`	`(PRELD)`
`FLOT x,0,z; BYTE 0,4,0,#26`	`(FLOT)`	`SWYM 0; BYTE 0,1,0,#09`	`(PRELDI)`
`FLOT x,0,z; BYTE 0,4,0,#25`	`(FLOTI)`	`SWYM 0; BYTE 0,1,0,#0a`	`(PREGO)`
`FLOTU x,0,z; BYTE 0,4,0,#26`	`(FLOTU)`	`SWYM 0; BYTE 0,1,0,#09`	`(PREGOI)`
`...`		`JMP Go+@-O; BYTE 0,3,0,#2a`	`(GO)`
`FMUL x,y,z; BYTE 0,4,0,#2a`	`(FMUL)`	`JMP Go+@-O; BYTE 0,3,0,#29`	`(GOI)`
`FCMPE x,y,z; BYTE 0,4,rE,#2a`	`(FCMPE)`	`STB x,res,0; BYTE 1,1,0,#9a`	`(STB)`
`FUNE x,y,z; BYTE 0,1,rE,#2a`	`(FUNE)`	`STB x,res,0; BYTE 1,1,0,#99`	`(STBI)`
`FEQLE x,y,z; BYTE 0,4,rE,#2a`	`(FEQLE)`	`...`	
`FDIV x,y,z; BYTE 0,40,0,#2a`	`(FDIV)`	`STO xx,res,0; BYTE 1,1,0,#8a`	`(STCO)`
`FSQRT x,0,z; BYTE 0,40,0,#26`	`(FSQRT)`	`STO xx,res,0; BYTE 1,1,0,#89`	`(STCOI)`
`FREM x,y,z; BYTE 0,4,0,#2a`	`(FREM)`	`STUNC x,res,0; BYTE 1,1,0,#9a`	`(STUNC)`
`FINT x,0,z; BYTE 0,4,0,#26`	`(FINT)`	`STUNC x,res,0; BYTE 1,1,0,#99`	`(STUNCI)`
`MUL x,y,z; BYTE 0,10,0,#2a`	`(MUL)`	`SWYM 0; BYTE 0,1,0,#0a`	`(SYNCD)`
`MUL x,y,z; BYTE 0,10,0,#29`	`(MULI)`	`SWYM 0; BYTE 0,1,0,#09`	`(SYNCDI)`
`JMP MulU+@-O; BYTE 0,10,0,#2a`	`(MULU)`	`SWYM 0; BYTE 0,1,0,#0a`	`(PREST)`
`JMP MulU+@-O; BYTE 0,10,0,#29`	`(MULUI)`	`SWYM 0; BYTE 0,1,0,#09`	`(PRESTI)`
`JMP Div+@-O; BYTE 0,60,0,#2a`	`(DIV)`	`SWYM 0; BYTE 0,1,0,#0a`	`(SYNCID)`
`JMP Div+@-O; BYTE 0,60,0,#29`	`(DIVI)`	`SWYM 0; BYTE 0,1,0,#09`	`(SYNCIDI)`
`JMP DivU+@-O; BYTE 0,60,rD,#2a`	`(DIVU)`	`JMP PushGo+@-O; BYTE 0,3,0,#2a`	`(PUSHGO)`
`JMP DivU+@-O; BYTE 0,60,rD,#29`	`(DIVUI)`	`JMP PushGo+@-O; BYTE 0,3,0,#29`	`(PUSHGOI)`
`ADD x,y,z; BYTE 0,1,0,#2a`	`(ADD)`	`OR x,y,z; BYTE 0,1,0,#2a`	`(OR)`
`ADD x,y,z; BYTE 0,1,0,#29`	`(ADDI)`	`OR x,y,z; BYTE 0,1,0,#29`	`(ORI)`
`ADDU x,y,z; BYTE 0,1,0,#2a`	`(ADDU)`	`...`	
`...`		`SET x,z; BYTE 0,1,0,#20`	`(SETH)`
`CMPU x,y,z; BYTE 0,1,0,#29`	`(CMPUI)`	`SET x,z; BYTE 0,1,0,#20`	`(SETMH)`
`NEG x,0,z; BYTE 0,1,0,#26`	`(NEG)`	`...`	
`NEG x,0,z; BYTE 0,1,0,#25`	`(NEGI)`	`ANDN x,x,z; BYTE 0,1,0,#30`	`(ANDNL)`
`NEGU x,0,z; BYTE 0,1,0,#26`	`(NEGU)`	`SET inst_ptr,yz; BYTE 0,1,0,#41`	`(JMP)`
`NEGU x,0,z; BYTE 0,1,0,#25`	`(NEGUI)`	`SET inst_ptr,yz; BYTE 0,1,0,#41`	`(JMPB)`
`SL x,y,z; BYTE 0,1,0,#2a`	`(SL)`	`JMP PushJ+@-O; BYTE 0,1,0,#60`	`(PUSHJ)`
`...`		`JMP PushJ+@-O; BYTE 0,1,0,#60`	`(PUSHJB)`
`BN x,BTaken+@-O; BYTE 0,1,0,#50`	`(BN)`	`SET x,yz; BYTE 0,1,0,#60`	`(GETA)`
`BN x,BTaken+@-O; BYTE 0,1,0,#50`	`(BNB)`	`SET x,yz; BYTE 0,1,0,#60`	`(GETAB)`
`BZ x,BTaken+@-O; BYTE 0,1,0,#50`	`(BZ)`	`JMP Put+@-O; BYTE 0,1,0,#02`	`(PUT)`
`...`		`JMP Put+@-O; BYTE 0,1,0,#01`	`(PUTI)`
`PBNP x,PBTaken+@-O; BYTE 0,3,0,#50`	`(PBNPB)`	`JMP Pop+@-O; BYTE 0,3,rJ,#00`	`(POP)`
`PBEV x,PBTaken+@-O; BYTE 0,3,0,#50`	`(PBEV)`	`JMP Resume+@-O; BYTE 0,5,0,#00`	`(RESUME)`
`PBEV x,PBTaken+@-O; BYTE 0,3,0,#50`	`(PBEVB)`	`JMP Save+@-O; BYTE 20,1,0,#20`	`(SAVE)`
`CSN x,y,z; BYTE 0,1,0,#3a`	`(CSN)`	`JMP Unsave+@-O; BYTE 20,1,0,#02`	`(UNSAVE)`
`CSN x,y,z; BYTE 0,1,0,#39`	`(CSNI)`	`JMP Sync+@-O; BYTE 0,1,0,#01`	`(SYNC)`
`...`		`SWYM x,y,z; BYTE 0,1,0,#00`	`(SWYM)`
`ZSEV x,y,z; BYTE 0,1,0,#2a`	`(ZSEV)`	`JMP Get+@-O; BYTE 0,1,0,#20`	`(GET)`
`ZSEV x,y,z; BYTE 0,1,0,#29`	`(ZSEVI)`	`JMP Trip+@-O; BYTE 0,5,0,#0a`	`(TRIP)`

此处未明确给出的条目，其模式可以很容易地从已给出的示例中推断出来.（例如，见习题 1.）

的事情, 比如说, 编写 "JMP Trap+@-O", 其中 O 定义为等于 Done-4. 然后, RESUME 指令将如所希望的那样跳转到单元 Trap.

在执行完由 RESUME 插入的特殊指令之后, 我们通常会到达单元 Done. 从这里开始, 每件事情都是平淡无奇的了. 我们可以满意地看到, 一条指令已经被成功模拟了, 并且当前的循环已接近完成. 只需要注意一些细节: 如果存在 X_is_dest_bit 标志, 则必须把结果 x 存储到适当的位置, 并且必须检查算术异常是否触发了故障中断.

```
500  Done     AND    t,f,X_is_dest_bit
501           BZ     t,1F                    除非 $X 是目标, 否则转移.
502  XDone    STOU   x,xptr,0                把 x 存储到模拟的 $X.
503  1H       GET    t,rA
504           AND    t,t,#ff                 t ← 新的算术异常.
505           OR     exc,exc,t               exc ← exc | t.
506           AND    t,exc,U_BIT+X_BIT
507           CMPU   t,t,U_BIT
508           PBNZ   t,1F                    除非下溢是精确的, 否则转移.
509  OH GREG U_BIT<<8
510           AND    t,aa,OB
511           BNZ    t,1F                    如果许可下溢则转移.
512           ANDNL  exc,U_BIT               如果下溢是精确的且不许可下溢则忽略 U.
513  1H       PBZ    exc,Update
514           SRU    t,aa,8
515           AND    t,t,exc
516           PBZ    t,4F                    除非需要故障中断, 否则转移.
     ...                                     (见习题 13.)
539  4H       OR     aa,aa,exc               在 rA 中记录新的异常.    ∎
```

尽管有几百条指令和整个主控信息表实际介于第 309 行和程序的这一部分之间, 但为了方便起见, 这里使用了行号 500. 顺便说一下, 第 500 行的标号 Done 和第 137 行的标号 Done 并不冲突, 因为两者都定义了此符号的相同的等效值.

在第 505 行之后, 寄存器 exc 包含由刚刚模拟的指令所触发的所有算术异常的二进制位码. 此时, 我们必须处理 IEEE 标准浮点算术规则中的一个奇怪的不对称性: 除非在 rA 中许可了浮点下溢故障, 或者已经出现了浮点不精确异常 (X), 否则将抑制浮点下溢异常 (U). (由于这个原因, 我们不得不在第 238 行许可浮点下溢故障. 这个模拟程序结束于指令

$$\text{LOC U\_Handler; ORL exc,U\_BIT; JMP Done} \tag{5}$$

这样, 在浮点计算精确但得到弱规范化浮点数的情况下, exc 将正确地记录浮点下溢异常.)

终于, 现在能够关闭很久以前在单元 Fetch 开始的操作循环了. 我们更新运行时钟和计数器, 深呼吸, 然后再次回到 Fetch:

```
540  OH GREG #0000000800000004
541  Update   MOR    t,f,OB                  2^32 次内存访问 + v
542           ADDU   cc,cc,t                 增加模拟时钟.
543           ADDU   uu,uu,1                 增加使用计数器, rU.
544           SUBU   ii,ii,1                 减少间隔计数器, rI.
545  AllDone  PBZ    resuming,Fetch          如果 resuming = 0 则转到 Fetch.
```

546		CMPU	t,op,#F9	否则置 t ← [op = RESUME].
547		CSNZ	resuming,t,0	如果不恢复则清除 resuming.
548		JMP	Fetch	并且转到 Fetch. ▮

我们现在完成了模拟程序，只是仍然必须适当地初始化每件事情．我们假设模拟程序将通过一个命名二进制文件的命令行来运行．习题 20 说明了这个文件的简单格式，它描述了在模拟开始之前应该加载到模拟内存中的内容．一旦这个程序已经加载，我们就如下来启动它：在下面的第 576 行，寄存器 loc 将包含一个单元，模拟的 UNSAVE 指令将从该单元启动程序．（事实上，我们模拟一个 UNSAVE 指令，而它是通过模拟的 RESUME 指令来模拟的．这个代码也许很微妙，但很有效．）

549	Infile	IS	3	（处理二进制输入文件）
550	Main	LDA	Mem:head,Chunk0	初始化 MemFind.
551		ADDU	Mem:alloc,Mem:head,Mem:nodesize	
552		GET	t,rN	
553		INCL	t,1	
554		STOU	t,g,8*rN	g[rN] ← （我们的 rN）+ 1.
555		LDOU	t,$1,8	t ← 二进制文件名（ argv[1] ）.
556		STOU	t,IOArgs	
557		LDA	t,IOArgs	（见第 010 行）
558		TRAP	0,Fopen,Infile	打开二进制文件.
559		BN	t,Error	
...				现在装入文件（见习题 20）.
576		STOU	loc,g,c255	g[255] ← 用来 UNSAVE 的位置.
577		SUBU	arg,loc,8*13	arg ← $255 出现的位置.
578		PUSHJ	res,MemFind	
579		LDOU	inst_ptr,res,0	inst_ptr ← Main.
580		SET	arg,#f0	
581		PUSHJ	res,MemFind	
582		LDTU	x,res,0	x ← M₄[#f0].
583		SET	resuming,1	resuming ← 1.
584		CSNZ	inst_ptr,x,#f0	如果 x ≠ 0 置 inst_ptr ← #f0.
585	OH	GREG	#FB<<24+255	
586		STOU	0B,g,8*rX	g[rX] ← "UNSAVE $255".
587		SET	gg,c255	G ← 255.
588		JMP	Fetch	开始启动程序.
589	Error	NEG	t,22	t ← −22 作为出错出口.
590	Exit	TRAP	0,Halt,0	模拟程序结束.
591		LOC Global+8*rK;	OCTA −1	
592		LOC Global+8*rT;	OCTA #8000000500000000	
593		LOC Global+8*rTT;	OCTA #8000000600000000	
594		LOC Global+8*rV;	OCTA #369c200400000000 ▮	

在模拟 UNSAVE 之后，模拟程序的 Main 的起始地址在模拟寄存器 $255 中．这段代码的第 580–584 行实现了在 1.3.2′ 节中没有提到的一个特性：如果指令被装入到单元 #f0，程序就在那里（而不是在 Main 处）开始．（这个特性允许子程序库在启动 Main 处的用户程序之前初始化自身．）

第 591–594 行把模拟的 rK, rT, rTT, rV 初始化为适当的常数值. 然后, 程序结束于 (5) 的故障处理程序指令.

哎唷! 我们的模拟程序已经变得相当长了——事实上, 比我们在这本书中遇到的任何其他程序都要长. 尽管它很长, 但是上面的程序在某些方面还是不完整的, 因为我不想让它变得更长:

(a) 代码的若干部分已留作习题.

(b) 当检测到一个问题时, 程序简单地转移到 Error 并退出. 一个好的模拟程序应当能够区分不同类型的错误, 并且总有办法继续运行下去.

(c) 除了总运行时间 (cc) 和被模拟指令总数 (uu) 之外, 这个程序不收集任何统计数据. 一个更完备的程序将记住 (比如说) 用户对于转移指令与可能转移指令作出正确猜测的频率, 它也会记录 StackLoad 和 StackStore 子程序需要访问模拟内存的次数. 它还可以分析它自己的算法, 例如研究由 MemFind 使用的自组织搜索技术的效率.

(d) 这个程序没有提供诊断工具. 一个有用的模拟程序将允许 (比如说) 交互式调试, 并输出所选的模拟程序执行的快照. 这样的特性并不难添加. 事实上, 易于监控一个程序的能力是解释程序之所以重要的主要原因之一.

习题

1. [20] 表 1 仅对选定的操作码显示了信息条目. 哪些条目适合于以下操作码? (a) opcode #3F (SRUI); (b) opcode #55 (PBPB); (c) opcode #D9 (MUXI); (d) opcode #E6 (INCML).

▶ **2.** [26] 模拟程序模拟以下指令需要多长时间? (a) ADDU $255,$Y,$Z; (b) STHT $X,$Y,0; (c) PBNZ $X,@-4.

3. [23] 当 StackRoom 在第 097 行调用 StackStore 时, 为什么 $\gamma \neq \alpha$?

▶ **4.** [20] 对 MemFind 从不检查 alloc 是否会变得太大这一事实进行评论. 这是一个严重的失误吗?

▶ **5.** [20] 如果 MemFind 子程序转移到 Error, 它不会弹出寄存器栈. 此时, 寄存器栈中可能有多少项?

6. [20] 通过填充第 248–253 行空缺的代码来完成对 DIV 和 DIVU 指令的模拟.

7. [21] 通过编写适当的代码来完成对 CSWAP 指令的模拟.

8. [22] 通过编写适当的代码来完成对 GET 指令的模拟.

9. [23] 通过编写适当的代码来完成对 PUT 指令的模拟.

10. [24] 通过编写适当的代码来完成对 POP 指令的模拟. 注记: 如果 1.4.1′ 节中描述的 POP 的正常动作使得 rL > rG, 那么 MMIX 将弹出寄存器栈顶部的项使得 rL = rG. 例如, 如果用户使用 PUSHJ 把 250 个寄存器压入栈, 而后执行 "PUT rG,32; POP", 则被压入栈的寄存器中仅有 32 个会幸存下来.

11. [25] 通过编写适当的代码来完成对 SAVE 指令的模拟. 注记: SAVE 把所有局部寄存器压入栈并且把整个寄存器栈保存到内存中, 接着是 $G, $(G+1), \ldots, $255, 接着是 rB, rD, rE, rH, rJ, rM, rR, rP, rW, rX, rY, rZ (按照此顺序), 接着是全字 2^{56}rG + rA.

12. [26] 通过编写适当的代码来完成对 UNSAVE 指令的模拟. 注记: 最初被模拟的 UNSAVE 是初始加载过程的一部分 (见第 583–588 行), 因此它不应该更新模拟时钟和计数器.

13. [27] 通过填充第 517–538 行空缺的代码来完成对故障中断的模拟.

14. [28] 通过编写适当的代码来完成对 RESUME 指令的模拟. 注记: 当 rX 是非负值时, 它的最高有效字节称为 "记录码". 对于用户程序来说, 可用的记录码是 0, 1, 2. 模拟程序的第 242 行使用记录码 0, 它简单地把 rX 的低半字插入指令流. 记录码 1 是类似的, 但是用 y ← rY 和 z ← rZ 代替正常操作数来执行 rX 中的指令, 仅当被插入操作码的第一个十六进制数字是 #0, #1, #2, #3, #6, #7, #C, #D, #E 时才允许这种变体. 记录码 2 置 $X ← rZ 和 exc ← Q, 其中 X 是 rX 的右数第三个字节, Q 是左数第三个字节. 这使得我们有可能设置一个寄存器的值, 同时引发算术异常 DVWIOUZX 的任何子集. 仅当

$X 不是边缘寄存器时才可以使用记录码 1 和 2. 如果模拟的 rX 为负值，则此习题的解答应使得 RESUME 置 resuming ← 0，否则对于记录码 $(0, 1, 2)$ 置 resuming ← $(1, -1, -2)$. 你还应该提供第 166–173 行空缺的代码.

▶ **15.** [*25*] 编写例程 SimFputs，它模拟把字符串输出到与给定句柄相对应的文件的操作.

▶ **16.** [*25*] 编写例程 SimFopen，它打开与给定句柄相对应的文件.（模拟程序可以使用与用户程序相同的句柄号.）

▶ **17.** [*25*] 继续上题，编写例程 SimFread，它从与给定句柄相对应的文件中读取给定数量的字节.

▶ **18.** [*21*] 如果 lring_size 小于 256，比如说 lring_size = 32，这个模拟程序会有用吗？

19. [*14*] 研究 StackRoom 子程序的所有用法（即第 218 行和第 268 行，以及习题 11 的答案）. 你能提出一个更好的方法来组织代码吗？（见 1.4.1′ 节末尾讨论的第 3 步.）

20. [*20*] 由模拟程序输入的二进制文件由一个或多个全字组组成，每组具有以下简单形式

$$\lambda, \ x_0, \ x_1, \ \ldots, \ x_{l-1}, \ 0$$

其中 l 是非负整数，$x_0, x_1, \ldots, x_{l-1}$ 非零. 这意味着，对于 $0 \le k < l$ 有

$$M_8[\lambda + 8k] \ \leftarrow \ x_k.$$

在最后一组之后文件结束. 编写 MMIX 代码来装入这样的输入（程序的第 560–575 行），以完成这个模拟程序. 寄存器 loc 的最终值应当是最后装入的全字的地址，即 $\lambda + 8(l-1)$.

▶ **21.** [*20*] 本节的模拟程序能模拟本身吗？如果是这样，它能模拟本身模拟本身吗？如果是这样，它能……吗？

▶ **22.** [*40*] 实现一个高效的 MMIX 跳转追踪例程. 这是一个这样的程序，它通过记录一系列对偶 (x_1, y_1), $(x_2, y_2), \ldots$ 来记录另一个给定程序的执行中控制的所有转移，表示给定程序由单元 x_1 跳转到 y_1，然后（在执行单元 $y_1, y_1 + 1, \ldots, x_2$ 的指令后）从 x_2 跳转到 y_2，等等.［利用这些信息，我们能够用一个后继例程重建原程序的流程，并导出每条指令执行的频率.］

追踪例程不同于模拟程序，因为它允许被追踪的程序占用它的正常内存单元. 跳转追踪例程修改内存中的指令流，但只在保持控制所需的范围内这样做. 否则，它就允许机器全速执行算术和内存指令. 某些限制是必要的. 例如，被追踪的程序不应该修改本身. 但你应尽量使这种限制保持在最低限度.

习题答案

1.3.1′ 节

1. $^{\#}$7d9 或 $^{\#}$7D9.

2. (a) $\{B, D, F, b, d, f\}$. (b) $\{A, C, E, a, c, e\}$. 这是奇怪的生活现实. [1]

3. （格雷戈尔·珀迪给出的解答）2 比特 = 1 双比特（nyp）；2 双比特 = 1 半字节（nybble）；2 半字节 = 1 字节（byte）. 顺便说一下，IBM Stretch 计算机项目组成员在 1956 年创造了 "byte" 这个词，见沃纳·巴克霍尔兹，*BYTE* **2**, 2 (February 1977), 144.

4. 根据 1990 年第 19 届国际计量大会决议：1000 MB = 1 吉字节（gigabyte, GB），1000 GB = 1 太字节（terabyte, TB），1000 TB = 1 拍字节（petabyte, PB），1000 PB = 1 艾字节（exabyte, EB），1000 EB = 1 泽字节（zettabyte, ZB），1000 ZB = 1 尧字节（yottabyte, YB）. [2]

（然而，有些人主张在这些公式中用 2^{10} 代替 1000，例如，1 千字节等于 1024 字节，以此类推. 为消除歧义，这样的单位最好称作大千字节、大兆字节等，记为 KKB、MMB 等，以表明它们的二进制本质. [3]）[一个被普遍忽视的 "国际标准" 也采用这种基于二进制的单位. 但我认为这太荒谬了，甚至选择不提它. 更多评论见 https://www-cs-faculty.stanford.edu/~knuth/news99.html.]

> 我们可以把 1024 想像为 "计算机的千"，
> 就像 13 是（或者曾是）"面包师的一打".
> ——托马斯·奥皮亚奈（1962）

5. 如果 $-2^{n-1} \le x < 2^{n-1}$，则 $-2^n < x - \mathrm{s}(\alpha) < 2^n$. 因此 $x \ne \mathrm{s}(\alpha)$ 蕴涵 $x \not\equiv \mathrm{s}(\alpha) \pmod{2^n}$. 然而 $\mathrm{s}(\alpha) = \mathrm{u}(\alpha) - 2^n[\alpha$ 最左边是 $1] \equiv \mathrm{u}(\alpha) \pmod{2^n}$.

6. 使用上题的记号，我们有 $\mathrm{u}(\bar{\alpha}) = 2^n - 1 - \mathrm{u}(\alpha)$，因此 $\mathrm{u}(\bar{\alpha}) + 1 \equiv -\mathrm{u}(\alpha) \pmod{2^n}$，由此得出 $\mathrm{s}(\bar{\alpha}) + 1 = -\mathrm{s}(\alpha)$. 然而加 1 时可能发生溢出，这种情形是 $\alpha = 10\ldots0$, $\mathrm{s}(\alpha) = -2^{n-1}$，而 $-\mathrm{s}(\alpha)$ 是不可表示的.

7. 可以. （见对移位操作的讨论. ）

8. 现在小数点落在 rH 和 \$X 之间. （一般来说，如果二进制小数点位于寄存器 \$Y 末端第 m 个位置和寄存器 \$Z 末端第 n 个位置，则运算结果的二进制小数点位于乘积末端第 $m+n$ 个位置. 上述末端可以从右端起算，也可以从左端起算，随你喜欢！）

9. 是，除了当 X = Y 或 X = Z 或发生溢出时. （在本答案和下面几个答案中，X = Y 意味着寄存器有相同的名称，而 \$X = \$Y 意味着寄存器有相同的内容. ）

10. $\$Y = {}^{\#}8000\,0000\,0000\,0000$, $\$Z = {}^{\#}\mathtt{ffff\,ffff\,ffff\,ffff}$ 是仅有的例子！

11. (a) 真，因为根据习题 5，我们有 $\mathrm{s}(\$Y) \equiv \mathrm{u}(\$Y)$ 且 $\mathrm{s}(\$Z) \equiv \mathrm{u}(\$Z) \pmod{2^{64}}$. (b) 当 $\mathrm{s}(\$Y) \ge 0$ 且 $\mathrm{s}(\$Z) \ge 0$ 时显然为真，因为此时我们有 $\mathrm{s}(\$Y) = \mathrm{u}(\$Y)$ 且 $\mathrm{s}(\$Z) = \mathrm{u}(\$Z)$. 当 $\$Z = 0$ 或 $\$Z = 1$ 或 $\$Z = \$Y$ 或 $\$Y = 0$ 时也为真. 其他情形为假.

12. 如果 X ≠ Y，使用 "ADDU \$X,\$Y,\$Z; CMPU carry,\$X,\$Y; ZSN carry,carry,1". 如果 X = Y = Z，使用 "ZSN carry,\$X,1; ADDU \$X,\$X,\$X".

---

[1] 原文是 "An odd fact of life"，句中 odd 双关，兼有 "奇怪" 和 "奇数" 的含义. ——译者注

[2] 为记忆计量单位前缀，请熟读 "十百千兆吉太拍艾泽尧，分厘毫微纳皮飞阿仄夭". 前半句十个字分别对应 10 的 1, 2, 3, 6, 9, 12, 15, 18, 21, 24 次幂，后半句对应负指数情形. ——译者注

[3] 高德纳教授提议的这种命名法并未得到广泛采纳. 在计算机科学界，千字节、兆字节、吉字节等通常是指基于二进制的单位，但（按照后文所说的 "被普遍忽视的国际标准"）记为 KiB, MiB, GiB，以区别于基于十进制的 KB, MB, GB. 然而，电子设备制造商在硬盘、U 盘、闪存卡等存储产品上标注容量时，采用的是基于十进制的单位.

——译者注

13. 带符号加法会发生溢出当且仅当 \$Y 和 \$Z 具有相同符号且它们的无符号和具有相反符号. 因此, 当 X ≠ Y 时

$$\text{XOR \$0,\$Y,\$Z; ADDU \$X,\$Y,\$Z; XOR \$1,\$X,\$Y; ANDN \$1,\$1,\$0; ZSN ovfl,\$1,1}$$

决定是否存在溢出.

14. 在上题答案中交换 X 和 Y.（计算 $x = y - z$ 时发生溢出当且仅当计算 $y = x + z$ 时发生溢出.）

15. 令 $\dot{y}$ 和 $\dot{z}$ 是 y 和 z 的符号位, 使得 $s(y) = u(y) - 2^{64}\dot{y}$ 且 $s(z) = u(z) - 2^{64}\dot{z}$. 我们要计算 $s(y)s(z) \bmod 2^{128} = (u(y)u(z) - 2^{64}(\dot{y}u(z) + u(y)\dot{z})) \bmod 2^{128}$. 程序 MULU \$X,\$Y,\$Z; GET \$0,rH; ZSN \$1,\$Y,\$Z; SUBU \$0,\$0,\$1; ZSN \$1,\$Z,\$Y; SUBU \$0,\$0,\$1 把期望的全字装入 \$0.

16. 在上题答案的指令后面, 使用 "SR \$1,\$X,63; CMP \$1,\$0,\$1; ZSNZ ovfl,\$1,1" 来校验上半部分是下半部分的符号位扩展.

17. 令 a 为所述常数, 它是 $(2^{65} + 1)/3$. 那么 $ay/2^{65} = y/3 + y/(3 \cdot 2^{65})$, 所以, 对于 $0 \le y < 2^{65}$ 有 $\lfloor ay/2^{65} \rfloor = \lfloor y/3 \rfloor$.

18. 同理可证, 当 $a = (2^{66} + 1)/5 = {}^\#\text{cccc cccc cccc cccd}$ 时对于 $0 \le y < 2^{66}$ 有 $\lfloor ay/2^{66} \rfloor = \lfloor y/5 \rfloor$.

19. 人们普遍相信这一说法, 不去做数学检验的编译器编写者已经实现了这一算法. 但是, 当 $z = 7, 21,$ 23, 25, 29, 31, 39, 47, 49, 53, 55, 61, 63, 71, 81, 89, ... 时它是错的. 事实上, 在小于 1000 的整数中, 有 189 个这样的奇除数 z!

令 $\epsilon = ay/2^{64+e} - y/z = (z - r)y/(2^{64+e}z)$, 其中 $r = 2^{64+e} \bmod z$. 那么我们有 $0 \le \epsilon < 2/z$, 因此, 仅当 $y \equiv -1 \pmod z$ 且 $\epsilon \ge 1/z$ 时才会有麻烦. 由此得出, 如果 $0 \le y < 2^{64}$, 公式 $\lfloor ay/2^{64+e} \rfloor = \lfloor y/z \rfloor$ 对于所有无符号全字 y 成立, 当且仅当它对于单一值 $y = 2^{64} - 1 - (2^{64} \bmod z)$ 成立.

（然而, 在限制范围 $0 \le y < 2^{63}$ 内这个公式总是正确的. 迈克尔·约德发现, 高乘 $\lceil 2^{64+e+1}/z \rceil - 2^{64}$, 加上 y, 然后右移 $e + 1$ 个二进制位, 一般来说确实正确.）

20. 4ADDU \$X,\$Y,\$Y; 4ADDU \$X,\$X,\$X.

21. SL 置 \$X 为零, 如果 \$Y 非零则引发溢出. SLU 和 SRU 置 \$X 为零. SR 置 \$X 为 \$Y 的符号位的 64 个副本, 也就是置为 $-[\$Y < 0]$.（注意, 左移 -1 个二进制位并不是右移.）

22. 当 SUB 指令引发溢出时阿呆先生的程序做了错误的转移. 例如, 它将每个非负数视为小于 -2^{63}, 它将 $2^{63} - 1$ 视为小于每个负数. 虽然当 \$1 和 \$2 具有相同符号或者 \$1 和 \$2 中的数的绝对值都小于 2^{62} 时不会出现错误, 但正确方案 "CMP \$0,\$1,\$2; BN \$0,Case1" 要好得多.（自 20 世纪 50 年代以来, 程序员和编译器编写者都犯过类似错误, 经常导致莫名其妙的重大故障.）

23. CMP \$0,\$1,\$2; BNP \$0,Case1.

24. ANDN.

25. XOR \$X,\$Y,\$Z; SADD \$X,\$X,0.

26. ANDN \$X,\$Y,\$Z.

27. BDIF \$W,\$Y,\$Z; ADDU \$X,\$Z,\$W; SUBU \$W,\$Y,\$W.

28. BDIF \$0,\$Y,\$Z; BDIF \$X,\$Z,\$Y; OR \$X,\$0,\$X.

29. NOR \$0,\$Y,0; BDIF \$0,\$0,\$Z; NOR \$X,\$0,0.（这一指令序列在每个字节位置计算 $2^n - 1 - \max(0,$ $(2^n - 1 - y) - z)$.）

30. 令 \$2 = ${}^\#\text{2020202020202020}$, \$3 = ${}^\#\text{0101010101010101}$, 然后使用以下指令序列: XOR \$1,\$0,\$2; BDIF \$1,\$3,\$1; SADD \$1,\$1,0.

31. 令 \$4 = ${}^\#\text{0101010101010101}$, 然后使用以下指令序列: MXOR \$1,\$4,\$0; SADD \$1,\$1,0.

32. 如果 • 是可交换的, 则我们有 $C_{ji}^{\text{T}} = C_{ij} = (A_{1i}^{\text{T}} \bullet B_{j1}^{\text{T}}) \circ \cdots \circ (A_{ni}^{\text{T}} \bullet B_{jn}^{\text{T}}) = (B^{\text{T}} \overset{\circ}{\bullet} A^{\text{T}})_{ji}$.

33. 使用常数 ${}^\#\text{0180402010080402}$ 的 MOR（或 MXOR）指令.

34. MOR $X,$Z,[#0080004000200010]；MOR $Y,$Z,[#0008000400020001]. （这里我们用方括号表示包含辅助常数的寄存器.）

以下 MMIX 指令序列把它们转换回 ASCII 字符, 还检查了对于每个字符 8 个二进制位是否足够:

     PUT   rM,[#00ff00ff00ff00ff]

     MOR $0,$X,[#4020100804020180]

     MUX $1,$0,$Y

     BNZ $1,BadCase

     MUX $1,$Y,$0

     MOR $Z,$1,[#8020080240100401] ∎

35. MOR $X,$Y,$Z；MOR $X,$Z,$X；其中 $Z 是常数 (14).

36. XOR $0,$Y,$Z；MOR $0,[-1],$0. 注记: 把 XOR 改成 BDIF 将对 $Y 超过 $Z 的那些字节给出掩码. 给定这样一个掩码, 把它同 #8040201008040201 进行 AND 运算, 同 #ff 进行 MOR 运算, 得到相关字节位置的单字节编码.

37. 令域的元素是布尔矩阵

$$\begin{pmatrix} 0 & 1 & 0 & 0 & 0 & 0 & 0 & 0 \\ 0 & 0 & 1 & 0 & 0 & 0 & 0 & 0 \\ 0 & 0 & 0 & 1 & 0 & 0 & 0 & 0 \\ 0 & 0 & 0 & 0 & 1 & 0 & 0 & 0 \\ 0 & 0 & 0 & 0 & 0 & 1 & 0 & 0 \\ 0 & 0 & 0 & 0 & 0 & 0 & 1 & 0 \\ 0 & 0 & 0 & 0 & 0 & 0 & 0 & 1 \\ 1 & 0 & 0 & 0 & 1 & 1 & 1 & 0 \end{pmatrix}$$

的多项式. 例如, 这个矩阵是 m(#4020100804020 18e), 如果我们用 MXOR 来平方它, 就得到矩阵 m(#2010080402018e47). 这样的域元素的和与积可通过 XOR 和 MXOR 分别得到. 该方法可行是因为 $x^8 + x^6 + x^5 + x^4 + 1$ 是模 2 本原多项式（见 3.2.2 节）.

（对于 $2 \le k \le 7$, 具有 2^k 个元素的域可以用类似方法从矩阵 #0103, #020105, #04020109, #0804020112, #100804020121, #20100804020141 的多项式得到. 大小达到 16×16 的矩阵可表示为 4 个全字, 那么, 乘法运算需要 8 条 MXOR 指令和 4 条 XOR 指令. 然而, 如果我们把具有 2^{16} 个元素的域表示为具有 2^8 个元素的域的二次扩张, 那么, 在前者中做乘法只需 5 条 MXOR 指令和 3 条 XOR 指令.）

38. 它把 $1 置为最初在 $0 中的 8 个带符号字节的和; 它还把 $2 置为这样的最右非零字节, 或者零; 然后把 $0 置为零. （把 SR 改为 SRU 将把字节当作无符号的. 把 SLU 改为 SL 通常将引发溢出.）

39. 运行时间分别是 (a) ($3v$ 或 $2v$) 对 $2v$；(b) ($4v$ 或 $3v$) 对 $2v$；(c) ($4v$ 或 $3v$) 对 $3v$；(d) (v 或 $4v$) 对 $2v$；(e) ($2v$ 或 $5v$) 对 $2v$；(f) ($2v$ 或 $5v$) 对 $3v$. 所以, 在情形 (a,d) 和 (c,f) 应当使用条件指令, 除非 $0 为负的可能性 $> 2/3$; 如果是这样, 应当使用 PBN 变体 (d) 和 (f). 在情形 (b,e), 总是条件指令胜出.

如果把 ADDU 改为 ADD, 因为可能的溢出, 这些指令将不完全等价.

40. 假设我们转到地址 #101, 这将置 @ ← #101. 半字 M₄[#101] 和半字 M₄[#100] 相同. 比如说, 如果该指令的操作码是 PUSHJ, 寄存器 rJ 将被置为 #105. 类似地, 如果该指令是 GETA $0,@, 寄存器 $0 将被置为 #101. 在这种情形, MMIX 汇编语言中 @ 的值与程序执行期间的实际值稍有不同.

基于 @ 尾部的两个二进制位, 程序员可以使用这些原理将某种类型的信号发送到子程序. （狡猾, 但是, 嘿嘿, 为什么不使用我们拥有的二进制位呢？）

41. (a) 真. (b) 真. (c) 真. (d) 假, 但以 SRU 代替 SR 则为真.

42. (a) NEG $1,$0; CSNN $1,$0,$0. (b) ANDN $1,$0,[#8000000000000000].

43. 尾部零（约瑟夫·达洛斯给出的解）：SUBU $0,$Z,1; SADD $0,$0,$Z.

前导零：FLOTU $0,1,$Z; SRU $0,$0,52; SUB $0,[1086],$0.（如果 $Z 可以为零，则增加指令 CSZ $0,$Z,64.）这是最短的程序，但不是最快的. 如果颠倒所有二进制位（习题 35），然后计算尾部零的数量，则可以节省 $2v$.

44. 使用"高半字算术"，其中每个 32 位二进制数出现在寄存器的左半. LDHT 和 STHT 指令装入和存储这样的量（见习题 7），SETMH 装入立即常数. 要对寄存器 $Y 和 $Z 的高半字做加、减、乘、除运算，把运算结果装入寄存器 $X 的高半字，同时正确注意整数溢出和除法校验，以下指令序列完美有效：(a) ADD $X,$Y,$Z. (b) SUB $X,$Y,$Z. (c) SR $X,$Z,32; MUL $X,$Y,$X（假定 X $\neq$ Y）. (d) DIV $X,$Y,$Z; SL $X,$X,32，余数装入寄存器 rR 的高半字.

46. 它迫使"故障"转到位于 #00 的处理程序.

47. #DF 是 MXORI（"立即常数多重异或"），#55 是 PBPB（"为正时向后转移，可能性较大"）. 但是，在程序中我们使用符号名 MXOR 和 PBP，汇编程序会在需要时默默地加上 I 和 B.

48. STO 和 STOU；还有它们的立即常数变体 LDOI 和 LDOUI, STOI 和 STOUI；还有 NEGI 和 NEGUI，尽管 NEG 和 NEGU 不等价；还有，FLOTI, FLOTUI, SFLOTI, SFLOTUI 这四个操作码中的任意两个.

（每个带符号数的 MMIX 操作都有对应的无符号数操作，通过对操作码加 2 得到. 这种一致性使我们更容易学习机器设计，更容易构造机器，更容易编写编译器. 当然，它也使机器变得不那么多才多艺，因为没有为可能需要的其他操作码提供空间. ）

49. 全字 $M_8[0]$ 被置为 #0000010000000001；rH 被置为 #0000012343210000；$M_2[$#0244420000000122$]$ 被置为 #0121；rA 被置为 #00041（因为 STW 指令引发溢出）；rB 被置为 $f(7)=$ #401c000000000000；此外，$1 $\leftarrow$ #6ff8ffffffffffff.（如果 rL 原先是 0 或 1，则 rL $\leftarrow$ 2.）假定程序没有存储在可能被 STCO, STB, STW 指令改写的位置.

50. $4\mu+34v = v+(\mu+v)+v+(\mu+v)+(\mu+v)+v+10v+v+(\mu+v)+v+4v+v+v+v+v+3v+v+v+v.$

51.

35010001	a0010101	2e010101	a5010101	f6000001	c4010101
b5010101	8e010101	1a010101	db010101	c7010101	3d010101
33010101	e4010001	f7150001	08010001	5701ffff	3f010101

52. 操作码 ADDI, ADDUI, SUBI, SUBUI, SLI, SLUI, SRI, SRUI, ORI, XORI, ANDNI, BDIFI, WDIFI, TDIFI, ODIFI：X = Y = 255, Z = 0. 操作码 MULI：X = Y = 255, Z = 1. 操作码 INCH, INCMH, INCML, INCL, ORH, ORMH, ORML, ORL, ANDNH, ANDNMH, ANDNML, ANDNL：X = 255, Y = Z = 0. 操作码 OR, AND, MUX：X = Y = Z = 255. 操作码 CSN, CSZ, . . ., CSEV：X = Z = 255, Y 任意. 操作码 BN, BZ, . . ., PBEV：X 任意, Y = 0, Z = 1. 操作码 JMP：X = Y = 0, Z = 1. 操作码 PRELD, PRELDI, PREGO, PREGOI, SWYM：X, Y, Z 任意.（微妙之处：如果 $X 是边缘寄存器，任何写入 $X 的指令都不可能成为空操作，因为它会导致 rL 增加. 当 rL = 0 且 rG = 255 时，除 $255 之外的所有寄存器都是边缘寄存器. ）

53. MULU, MULUI, PUT, PUTI, UNSAVE.

54. FCMP, FADD, FIX, FSUB, . . ., FCMPE, FEQLE, . . ., FINT, MUL, MULI, DIV, DIVI, ADD, ADDI, SUB, SUBI, NEG, SL, SLI, STB, STBI, STW, STWI, STT, STTI, STSF, STSFI, PUT, PUTI, UNSAVE.（因为本书没有给出浮点运算的完整规则，所以这不是一个十分公平的问题. 要点是：如果 $Y 或 $Z 是 NaN，则 FCMP 可能会改变寄存器 rA 的 I_BIT，而 FEQL 和 FUN 绝不会引起异常. ）

55. FCMP, FUN, . . ., SRUI, CSN, CSNI, . . ., LDUNCI, GO, GOI, PUSHGO, PUSHGOI, OR, ORI, . . ., ANDNL, PUSHJ, PUSHJB, GETA, GETAB, PUT, PUTI, POP, SAVE, UNSAVE, GET.

56. 最少空间：

```
        LDO    $1,x        MUL    $0,$0,$1
        SET    $0,$1       SUB    $2,$2,1
        SETL   $2,12       PBP    $2,@-4*2
```

空间 = $6 \times 4 = 24$ 字节，时间 = $\mu + 149v$. 存在更快的解答.

最短时间：$|x^{13}| \leq 2^{63}$ 这一假定蕴涵 $|x| < 2^5$ 且 $x^8 < 2^{39}$. 利用该事实，耶鲁·帕特给出以下解答.

```
LDO     $0,x              $0 = x
MUL     $1,$0,$0          $1 = x^2
MUL     $1,$1,$1          $1 = x^4
SL      $2,$1,25          $2 = 2^25 x^4
SL      $3,$0,39          $3 = 2^39 x
ADD     $3,$3,$1          $3 = 2^39 x + x^4
MULU    $1,$3,$2          u($1) = 2^25 x^8, rH = x^5 + 2^25 x^4 [x<0]
GET     $2,rH             $2 ≡ x^5 (mod 2^25)
PUT     rM,[#1ffffff]
MUX     $2,$2,$0          $2 = x^5
SRU     $1,$1,25          $1 = x^8
MUL     $0,$1,$2          $0 = x^13
```

空间 $= 12 \times 4 = 48$ 字节，时间 $= \mu + 48\upsilon$. 按照 4.6.3 节建立的理论，"必需"至少 5 步乘法，然而这个程序仅使用 4 步乘法！事实上，甚至还有一个完全不使用乘法的解答.

真正的最短时间：正如罗伯特·弗洛伊德指出的那样，我们有 $|x| \leq 28$，所以可以通过查表达到最短运行时间（除非 $\mu > 45\upsilon$）：

```
        LDO     $0,x              $0 = x
        8ADDU   $0,$0,[Table]
        LDO     $0,$0,8*28        $0 = x^13
        ...
Table   OCTA    -28*28*28*28*28*28*28*28*28*28*28*28*28
        OCTA    -27*27*27*27*27*27*27*27*27*27*27*27*27
        ...
        OCTA    28*28*28*28*28*28*28*28*28*28*28*28*28
```

空间 $= 3 \times 4 + 57 \times 8 = 468$ 字节，时间 $= 2\mu + 3\upsilon$.

57. (1) 如果事先知道程序块是"只读"的，那么操作系统可以更有效率地分配高速内存. (2) 如果指令不能改变，那么可以用指令高速缓存硬件，让速度更快，开销更小. (3) 同 (2)，可用"流水线"而不是"高速缓存". 如果一条指令在进入流水线后被修改，那么就需要刷新流水线；检测这个条件所需的电路很复杂，又很费时间. (4) 自修改代码不能同时用在多于一个进程中. (5) 自修改代码会阻碍"性能剖析"（profiling，即计算每条指令执行次数）技术.

1.3.2′ 节

1. (a) 它指向第 24 行的标号. (b) 不能. 第 23 行将指向第 24 行而不是第 38 行，第 31 行将指向第 24 行而不是第 21 行.

2. 9B 的当前值将是先前出现的此类行的数量的运行计数.

3. 从标准输入中读取 100 个全字；把它们的最大值与末项交换；把剩下的 99 项的最大值与这 99 项的末项交换；等等. 最终这 100 个全字将按非递减顺序完成排序. 然后把结果写到标准输出.（与算法 5.2.3S 比较.）

4. $^{\#}$2233445566778899.（过大的值将按模 2^{64} 缩减.）

5. BYTE "silly"，但不推荐这个技巧.

6. 假，TETRA @,@ 和 TETRA @; TETRA @ 效果不同.

7. 他忘了相对地址指向半字位置，末尾两个二进制位被忽略.

8. LOC -@/16*-16 或 LOC (@+15)&-16 或 LOC -(-@>>4<<4)，等等.

9. 把 02 行的 500 改为 600，把 35 行的 Five 改为 Six.（除非要打印超过 1229 个素数，否则不需要五位数字. 单个短字足以容纳前 6542 个素数中的每一个.）

10. $M_2[^\#2000000000000000] = {}^\#0002$，以下非零数据放入文本段：

$^\#100$:	$^\#e3\,fe\,00\,03$	$^\#15c$: $^\#23\,ff\,f6\,00$
$^\#104$:	$^\#c1\,fb\,f7\,00$	$^\#160$: $^\#00\,00\,07\,01$
$^\#108$:	$^\#a6\,fe\,f8\,fb$	$^\#164$: $^\#35\,fa\,00\,02$
$^\#10c$:	$^\#e7\,fb\,00\,02$	$^\#168$: $^\#20\,fa\,fa\,f7$
$^\#110$:	$^\#42\,fb\,00\,13$	$^\#16c$: $^\#23\,ff\,f6\,1b$
$^\#114$:	$^\#e7\,fe\,00\,02$	$^\#170$: $^\#00\,00\,07\,01$
$^\#118$:	$^\#c1\,fa\,f7\,00$	$^\#174$: $^\#86\,f9\,f8\,fa$
$^\#11c$:	$^\#86\,f9\,f8\,fa$	$^\#178$: $^\#af\,f5\,f8\,00$
$^\#120$:	$^\#1c\,fd\,fe\,f9$	$^\#17c$: $^\#23\,ff\,f8\,04$
$^\#124$:	$^\#fe\,fc\,00\,06$	$^\#180$: $^\#1d\,f9\,f9\,0a$
$^\#128$:	$^\#43\,fc\,ff\,fb$	$^\#184$: $^\#fe\,fc\,00\,06$
$^\#12c$:	$^\#30\,ff\,fd\,f9$	$^\#188$: $^\#e7\,fc\,00\,30$
$^\#130$:	$^\#4d\,ff\,ff\,f6$	$^\#18c$: $^\#a3\,fc\,ff\,00$
$^\#134$:	$^\#e7\,fa\,00\,02$	$^\#190$: $^\#25\,ff\,ff\,01$
$^\#138$:	$^\#f1\,ff\,ff\,f9$	$^\#194$: $^\#5b\,f9\,ff\,fb$
$^\#13c$:	$^\#46\,69\,72\,73$	$^\#198$: $^\#23\,ff\,f8\,00$
$^\#140$:	$^\#74\,20\,46\,69$	$^\#19c$: $^\#00\,00\,07\,01$
$^\#144$:	$^\#76\,65\,20\,48$	$^\#1a0$: $^\#e7\,fa\,00\,64$
$^\#148$:	$^\#75\,6e\,64\,72$	$^\#1a4$: $^\#51\,fa\,ff\,f4$
$^\#14c$:	$^\#65\,64\,20\,50$	$^\#1a8$: $^\#23\,ff\,f6\,19$
$^\#150$:	$^\#72\,69\,6d\,65$	$^\#1ac$: $^\#00\,00\,07\,01$
$^\#154$:	$^\#73\,0a\,00\,20$	$^\#1b0$: $^\#31\,ff\,fa\,62$
$^\#158$:	$^\#20\,20\,00\,00$	$^\#1b4$: $^\#5b\,ff\,ff\,ed$

（注意，$^\#100$ 单元的 SET 变成 SETL，但 $^\#104$ 单元的 SET 变成 ORI. 根据规则 7(a)，在 38 行当前位置 @ 对齐为 $^\#15c$. ）程序开始时 rG 是 $^\#f5$，而且有 $\$248 = {}^\#20000000000003e8$, $\$247 = {}^\#fffffffffffffc1a$, $\$246 = {}^\#13c$, $\$245 = {}^\#2030303030000000$.

11. (a) 如果 n 不是素数，根据定义，n 有满足 $1 < d < n$ 的因数 d. 如果 $d > \sqrt{n}$，则 n/d 是满足 $1 < n/d < \sqrt{n}$ 的因数. (b) 如果 n 不是素数，n 有满足 $1 < d \le \sqrt{n}$ 的素因数 d. 算法验证了 n 没有小于等于 $p = \text{PRIME}[k]$ 的素因数；此外 $n = pq + r < pq + p \le p^2 + p < (p+1)^2$. 因此 n 的任何素数因数大于 $p + 1 > \sqrt{n}$.

我们还必须证明，当 n 是素数时，会有足够大的小于 n 的素数，即第 $(k+1)$ 个素数 p_{k+1} 小于 $p_k^2 + p_k$；否则 k 将超过 j，在我们需要 $\text{PRIME}[k]$ 取很大的值的时候，它实际却是零. 所需证明来自"贝特朗假设"[①]：如果 p 是素数，则存在小于 $2p$ 的更大素数.

12. 我们可以把 Title, NewLn, Blanks 移到 BUF 之后的数据段中，在那里可以使用 ptop 作为它们的基址. 或者，因为这个程序很短，我们知道字符串地址正好可以装入两个字节，可以把第 38, 42, 58 行的 LDA 指令改为 SETL. 或者，可以把 LDA 指令改为 GETA；但是，在这种情形，我们必须按照模 4 对齐每个字符串，例如

```
Title   BYTE    "First Five Hundred Primes",#a,0
        LOC     (@+3)&-4
NewLn   BYTE    #a,0
        LOC     (@+3)&-4
Blanks  BYTE    "   ",0
```

---

① 1845 年法国数学家约瑟夫·贝特朗提出的这个假设，在 1852 年为俄罗斯数学家帕夫努季·切比雪夫所证明，因此也称作"贝特朗-切比雪夫定理"或"切比雪夫定理". ——译者注

（见习题 7 和习题 8.）

13. 第 35 行改为新标题；第 35–37 行的 BYTE 改为 WYDE. 第 39, 43, 55, 59 行的 Fputs 改为 Fputws. 第 45 行的常量改为 #0020066006600660. 第 47 行的 BUF+4 改为 BUF+2*4. 第 50–52 行改为

$$\text{INCL r,'·'; STWU r,t,0; SUB t,t,2.}$$

顺便说一下，按照"双向表示规则"打印时，新标题行看起来像下面这样：

$$\text{Title} \quad \text{WYDE} \quad \text{"أول خمسمائة عدر أولي".}$$

但是，在计算机文件中，单个字符实际上以"逻辑"顺序出现，不再连写. 这样一来，根据字符串常量的规则（规则 2），像

$$\text{Title} \quad \text{WYDE} \quad \text{'أ','و','ل',' ','خ','م','س','م',...,'و','ل','ي'}$$

这样的拼写序列会给出等价结果.

14. 例如，我们可以用以下程序替换程序 P 的第 26–30 行：

```
fn    GREG   0
sqrtn GREG   0
      FLOT   fn,n
      FSQRT  sqrtn,fn
6H    LDWU   pk,ptop,kk
      FLOT   t,pk
      FREM   r,fn,t
      BZ     r,4B
7H    FCMP   t,sqrtn,t
```

因为步骤 P7 中的新测试不如以前有效，新的 FREM 指令执行 9597 次而不是 9538 次. 尽管如此，浮点计算还是将运行时间减少了 $426\,192v - 59\mu$，这是一个显著的改进（当然，除非 $\mu/v > 7000$）. 如果把素数存储为短浮点数而不是无符号短字，则可以额外节省 $38\,169v$.

如果在步骤 P7 中把 q 替换为 $\sqrt{n} - 1.9999$（见习题 11 的答案），那么，整除性测试的次数实际上可以减少到 9357 次. 但是，除非 $\mu/v > 15$，否则额外减法的成本超过它们所节省的成本.

15. 它打印一个字符串，该字符串是一个空格，后面跟着一个星号，后面跟着两个空格，后面跟着一个星号，……，后面跟着 k 个空格，后面跟着一个星号，……，后面跟着 74 个空格，后面跟着一个星号. 总共有 $2 + 3 + \cdots + 75 = \binom{76}{2} - 1 = 2849$ 个字符. 总效果是操作符的艺术之一.

17. 当且仅当所述指令符合题目要求时以下子程序返回零：

```
a     IS     #ffffffff    当任何事情都有效时的条目
b     IS     #ffff04ff    当 Y ≤ ROUND_NEAR 时的条目
c     IS     #001f00ff    对应于 PUT 和 PUTI 的条目
d     IS     #ff000000    对应于 RESUME 的条目
e     IS     #ffff0000    对应于 SAVE 的条目
f     IS     #ff0000ff    对应于 UNSAVE 的条目
g     IS     #ff000003    对应于 SYNC 的条目
h     IS     #ffff001f    对应于 GET 的条目
table GREG   @
      TETRA  a,a,a,a,a,b,a,b,b,b,b,b,b,b,b,b   0x
      TETRA  a,a,a,a,a,b,a,b,a,a,a,a,a,a,a,a   1x
      TETRA  a,a,a,a,a,a,a,a,a,a,a,a,a,a,a,a   2x
      TETRA  a,a,a,a,a,a,a,a,a,a,a,a,a,a,a,a   3x
```

```
            TETRA   a,a,a,a,a,a,a,a,a,a,a,a,a,a,a,a   4x
            TETRA   a,a,a,a,a,a,a,a,a,a,a,a,a,a,a,a   5x
            TETRA   a,a,a,a,a,a,a,a,a,a,a,a,a,a,a,a   6x
            TETRA   a,a,a,a,a,a,a,a,a,a,a,a,a,a,a,a   7x
            TETRA   a,a,a,a,a,a,a,a,a,a,a,a,a,a,a,a   8x
            TETRA   a,a,a,a,a,a,a,a,0,0,a,a,a,a,a,a   9x
            TETRA   a,a,a,a,a,a,a,a,a,a,a,a,a,a,a,a   Ax
            TETRA   a,a,a,a,a,a,a,a,a,a,a,a,a,a,a,a   Bx
            TETRA   a,a,a,a,a,a,a,a,a,a,a,a,a,a,a,a   Cx
            TETRA   a,a,a,a,a,a,a,a,a,a,a,a,a,a,a,a   Dx
            TETRA   a,a,a,a,a,a,a,a,a,a,a,a,a,a,a,a   Ex
            TETRA   a,a,a,a,a,a,c,c,a,d,e,f,g,a,h,a   Fx
tetra       IS      $1
maxXYZ      IS      $2
InstTest    BN      $0,9F           如果地址为负则不正确.
            LDTU    tetra,$0,0      取半字.
            SR      $0,tetra,22     提取操作码（乘以 4）.
            LDT     maxXYZ,table,$0 得到 Xmax, Ymax, Zmax.
            BDIF    $0,tetra,maxXYZ 检查是否超过任何最大值.
            PBNP    maxXYZ,9F       如果不是 PUT 指令，任务完成.
            ANDNML  $0,#ff00        操作码字节清零.
            BNZ     $0,9F           如果有超过任何最大值则转移.
            MOR     tetra,tetra,#4  提取 X 字节.
            CMP     $0,tetra,18
            CSP     tetra,$0,0      如果 18 < X < 32，置 X ← 0.
            ODIF    $0,tetra,7      置 $0 ← X ÷ 7.
9H          POP     1,0             返回 $0 作为答案.    ∎
```

该解答不认为跳转到负地址的指令是无效的，也不认为 "SAVE $0,0" 无效（尽管 $0 绝不是全局寄存器）.

18. 这个问题的难点在于，在一行或一列中可能有多个最小值或最大值，每一处都可能是鞍点.

解法 1：我们在这个解法中依次遍历每一行，建立各行最小值所在列的一张表，然后检查表上每一列，确定行的最小值是否同时是列的最大值. 注意，在所有情况下，循环终止的条件是寄存器 ≤ 0.

```
    * 解法 1
t        IS      $255
a00      GREG    Data_Segment     "a00" 的地址
a10      GREG    Data_Segment+8   "a10" 的地址
ij       IS      $0               元素下标和返回寄存器
j        GREG    0                列下标
k        GREG    0                最小元素下标表的大小
x        GREG    0                当前最小值
y        GREG    0                当前元素
Saddle   SET     ij,9*8
RowMin   SET     j,8
         LDB     x,a10,ij         行内最小值的候选者
2H       SET     k,0              清空表.
4H       INCL    k,1
```

```
          STB    j,a00,k          列下标置表中.
  1H      SUB    ij,ij,1          左移一列.
          SUB    j,j,1
          BZ     j,ColMax         处理完行?
  3H      LDB    y,a10,ij
          SUB    t,x,y
          PBN    t,1B             x 仍是最小值?
          SET    x,y
          PBP    t,2B             新的最小值?
          JMP    4B               记录另一个最小值.
ColMax    LDB    $1,a00,k         从表中取列.
          ADD    j,$1,9*8-8
  1H      LDB    y,a10,j
          CMP    t,x,y
          PBN    t,No             行最小值 < 列元素?
          SUB    j,j,8
          PBP    j,1B             处理完列?
  Yes     ADD    ij,ij,$1         是; ij ← 鞍点地址.
          LDA    ij,a10,ij
          POP    1,0
  No      SUB    k,k,1            表已空?
          BP     k,ColMax         如果表非空, 再试.
          PBP    ij,RowMin        试过所有行?
          POP    1,0              是; $0 = 0, 无鞍点. ∎
```

解法 2: 引进一种数学方法, 给出一个不同的算法.

定理. 令 $R(i) = \min_j a_{ij}$, $C(j) = \max_i a_{ij}$. 元素 $a_{i_0 j_0}$ 是一个鞍点, 当且仅当 $R(i_0) = \max_i R(i) = C(j_0) = \min_j C(j)$.

证明. 如果 $a_{i_0 j_0}$ 是一个鞍点, 那么对于任意固定的 i, 都有 $R(i_0) = C(j_0) \geq a_{i j_0} \geq R(i)$, 于是 $R(i_0) = \max_i R(i)$. 同理, $C(j_0) = \min_j C(j)$. 反过来, $R(i) \leq a_{ij} \leq C(j)$ 对于所有 i 和 j 成立, 因此 $R(i_0) = C(j_0)$ 蕴涵 $a_{i_0 j_0}$ 是一个鞍点. ∎

（这个证明显示, 始终有 $\max_i R(i) \leq \min_j C(j)$. 所以不存在鞍点当且仅当所有的 R 小于所有的 C.）

按照这个定理, 首先求最小的列最大值, 然后寻找一个取值相等的某行最小值, 这样就足够了.

```
* 解法 2
t     IS     $255
a00   GREG   Data_Segment         "a₀₀" 的地址
a10   GREG   Data_Segment+8       "a₁₀" 的地址
a20   GREG   Data_Segment+8*2     "a₂₀" 的地址
ij    GREG   0                    元素下标
ii    GREG   0                    行下标乘以 8
j     GREG   0                    列下标
x     GREG   0                    当前最大值
y     GREG   0                    当前元素
z     GREG   0                    当前最小的最大值
ans   IS     $0                   返回寄存器
```

```
Phase1   SET   j,8              从 8 列开始.
         SET   z,1000           z ← ∞（大约）.
3H       ADD   ij,j,9*8-2*8
         LDB   x,a20,ij
1H       LDB   y,a10,ij
         CMP   t,x,y            x < y?
         CSN   x,t,y            若是，更新最大值.
2H       SUB   ij,ij,8          上移一行.
         PBP   ij,1B
         STB   x,a10,ij         记录列最大值.
         CMP   t,x,z            x < z?
         CSN   z,t,x            若是，更新最小的最大值.
         SUB   j,j,1            左移一列.
         PBP   j,3B
Phase2   SET   ii,9*8-8         （此时 z = min_j C(j).）
3H       ADD   ij,ii,8          准备查找一行.
         SET   j,8
1H       LDB   x,a10,ij
         SUB   t,z,x            z > a_{ij}?
         PBP   t,No             该行无鞍点.
         PBN   t,2F
         LDB   x,a00,j          a_{ij} = C(j)?
         CMP   t,x,z
         CSZ   ans,t,ij         若是，记录一个可能的鞍点.
2H       SUB   j,j,1            行内左移.
         SUB   ij,ij,1
         PBP   j,1B
         LDA   ans,a10,ans      此处是一个鞍点.
         POP   1,0
No       SUB   ii,ii,8
         PBNN  ii,3B            换一行再试.
         SET   ans,0
         POP   1,0              ans = 0，无鞍点.   ∎
```

我们把提出更好解法的任务留给读者，新解法的第一阶段记录所有供第二阶段搜索使用的候选行. 不需要搜索所有行，只要搜索行下标 i_0 使得 $C(j_0) = \min_j C(j)$ 蕴涵 $a_{i_0 j_0} = C(j_0)$ 的行. 通常至多有一个这样的行.

从 $\{-2, -1, 0, 1, 2\}$ 随机选取元素的试验运行中，解法 1 大约需要 $147\mu + 863\upsilon$ 的运行时间，而解法 2 大约需要 $95\mu + 510\upsilon$. 如果矩阵元素均为 0，解法 1 找到一个鞍点要用 $26\mu + 188\upsilon$，解法 2 要用 $96\mu + 517\upsilon$.

如果一个 $m \times n$ 矩阵具有两两不同的元素，而且 $m \geq n$，那么仅仅检查其中的 $O(m+n)$ 个元素，进行 $O(m \log n)$ 次辅助运算，就能找到鞍点. 见宾斯托克、钟金芳蓉、弗雷德曼、舍费尔、肖尔、苏里，*AMM* **98** (1991), 418–419.

19. 设矩阵为 $m \times n$ 矩阵. (a) 按照习题 18 答案中的定理，一个矩阵的所有鞍点具有相同的值，所以（由于我们假定元素互不相同）至多有一个鞍点. 由对称性，所求的概率为 mn 乘以 a_{11} 是一个鞍点的概率. 后面这个概率等于 $1/(mn)!$ 乘以满足 $a_{12} > a_{11}, \ldots, a_{1n} > a_{11}, a_{11} > a_{21}, \ldots, a_{11} > a_{m1}$ 的排列数；这等于 $1/(m+n-1)!$ 乘以第一个对象大于其后 $(m-1)$ 个对象并且小于剩下 $(n-1)$ 个对象的

$m+n-1$ 元排列数, 即 $(m-1)!(n-1)!$. 因此答案为

$$mn(m-1)!(n-1)!/(m+n-1)! = (m+n)\Big/\binom{m+n}{n}.$$

代入本题就是 $17/\binom{17}{8}$, 仅有 $1/1430$ 的概率. (b) 在第二种假设下, 因为可能有多个鞍点, 所以必须使用一种完全不同的方法. 事实上, 我们必定有要么整行要么整列完全由鞍点组成. 所求概率等于有一个鞍点的值为 0 的概率加上有一个鞍点的值为 1 的概率. 前者是至少有一列为全 0 的概率, 后者是至少有一行为全 1 的概率. 答案是 $(1-(1-2^{-m})^n) + (1-(1-2^{-n})^m)$. 代入本题等于 $924\,744\,796\,234\,036\,231\,/\,18\,446\,744\,073\,709\,551\,616$, 约为 $1/19.9$. 一个近似答案为 $n2^{-m} + m2^{-n}$.

20. 米哈·霍里夫和菲利普·雅凯 [*Algorithmica* **22** (1998), 516–528] 分析了 $m \times n$ 矩阵具有随机排列且互不相同的元素的情况. 这种条件下, 两个 MMIX 程序的运行时间分别为 $(mn + mH_n + 2m + 1 + (m+1)/(n-1))\mu + (6mn + 7mH_n + 5m + 11 + 7(m+1)/(n-1))\upsilon + O((m+n)^2/\binom{m+n}{m}))$ 和 $(m+1)n\mu + (5mn + 6m + 4n + 7H_n + 8)\upsilon + O(1/n) + O((\log n)^2/m)$, 当 $m \to \infty$ 且 $n \to \infty$ 时, 假定 $(\log n)/m \to 0$.

21. Farey SET y,1; ... POP.

本书第 1–3 卷中有许多这样的问题, 鼓励 "MMIX 大师" 贡献优美解答, 这是其中的第一个.[①] (详见第 4 页 "新闻快讯".) 本书第 1 卷第 4 版将展示提交上来的最佳程序的最佳部分. 注记: 如果您参加本次比赛, 请给出您的全名, 包括所有的中间名, 以便给予适当的荣誉!

22. (a) 用归纳法. (b) 令 $k \geq 0$, $X = ax_{k+1} - x_k$, $Y = ay_{k+1} - y_k$, 其中 $a = \lfloor (y_k + n)/y_{k+1} \rfloor$. 由 (a) 和 $0 < Y \leq n$ 的事实, 我们有 $X \perp Y$ 和 $X/Y > x_{k+1}/y_{k+1}$. 所以如果 $X/Y \neq x_{k+2}/y_{k+2}$, 那么由定义有 $X/Y > x_{k+2}/y_{k+2}$. 但是这蕴涵

$$\begin{aligned}
\frac{1}{Yy_{k+1}} &= \frac{Xy_{k+1} - Yx_{k+1}}{Yy_{k+1}} = \frac{X}{Y} - \frac{x_{k+1}}{y_{k+1}} \\
&= \left(\frac{X}{Y} - \frac{x_{k+2}}{y_{k+2}}\right) + \left(\frac{x_{k+2}}{y_{k+2}} - \frac{x_{k+1}}{y_{k+1}}\right) \\
&\geq \frac{1}{Yy_{k+2}} + \frac{1}{y_{k+1}y_{k+2}} = \frac{y_{k+1} + Y}{Yy_{k+1}y_{k+2}} \\
&> \frac{n}{Yy_{k+1}y_{k+2}} \geq \frac{1}{Yy_{k+1}}.
\end{aligned}$$

历史注记: 查尔斯·赫罗斯给出一个 (更复杂的) 构造此类序列的规则, 见 *J. de l'École Polytechnique* **4**, 11 (1802), 364–368; 他的方法是正确的, 但是证明是不充分的. 十多年之后, 地质学家约翰·法里独立地提出猜想, 认为 x_k/y_k 总是等于 $(x_{k-1} + x_{k+1})/(y_{k-1} + y_{k+1})$ [*Philos. Magazine and Journal* **47** (1816), 385–386]. 不久之后, 奥古斯丁·柯西提供了一个证明 [*Bull. Société Philomathique de Paris* (3) **3** (1816), 133–135], 并用法里的姓氏为此类序列定名. 关于该序列的其他有趣性质, 见戈弗雷·哈代和爱德华·赖特的 *An Introduction to the Theory of Numbers*[②] 第 3 章.

23. 对于大多数流水线和高速缓存配置, 以下例程都工作得相当好.

01	a	IS	$0	*08*		ADD	a,a,1	*15*		JMP	5F
02	n	IS	$1	*09*	Zero	BZ	n,9F	*16*	2H	STCO	0,a,0
03	z	IS	$2	*10*		SET	z,0	*17*		SUB	n,n,8
04	t	IS	$255	*11*		AND	t,a,7	*18*		ADD	a,a,8
05				*12*		BNZ	t,1B	*19*	3H	AND	t,a,63
06	1H	STB	z,a,0	*13*		CMP	t,n,64	*20*		PBNZ	t,2B
07		SUB	n,n,1	*14*		PBNN	t,3F	*21*		CMP	t,n,64

---

① 马丁·鲁克特提供了解答, 见第 236 页 (本题对应于本书第 1 卷第 3 版习题 1.3.2–18). ——译者注
② 中译本:《哈代数论 (第 6 版)》, [英] 戈弗雷·哈代、爱德华·赖特著, 张明尧、张凡译, 人民邮电出版社, 2010 年 10 月第 1 版. ——译者注

22		BN	t,5F	*31*		STCO	0,a,40	*40*		ADD	a,a,8
23	4H	PREST	63,a,0	*32*		STCO	0,a,48	*41*		CMP	t,n,8
24		SUB	n,n,64	*33*		STCO	0,a,56	*42*		PBNN	t,6B
25		CMP	t,n,64	*34*		ADD	a,a,64	*43*	7H	BZ	n,9F
26		STCO	0,a,0	*35*		PBNN	t,4B	*44*	8H	STB	z,a,0
27		STCO	0,a,8	*36*	5H	CMP	t,n,8	*45*		SUB	n,n,1
28		STCO	0,a,16	*37*		BN	t,7F	*46*		ADD	a,a,1
29		STCO	0,a,24	*38*	6H	STCO	0,a,0	*47*		PBNZ	n,8B
30		STCO	0,a,32	*39*		SUB	n,n,8	*48*	9H	POP	∎

24. 以下例程值得仔细研究, 请读者为程序编写注释. 如果把 $\$0 \equiv \$1 \pmod 8$ 作为特例处理, 可以写出更快的程序.

```
in      IS      $2
out     IS      $3
r       IS      $4
l       IS      $5
m       IS      $6
t       IS      $7
mm      IS      $8
tt      IS      $9
flip    GREG    #0102040810204080
ones    GREG    #0101010101010101
        LOC     #100
StrCpy  AND     in,$0,#7
        SLU     in,in,3
        AND     out,$1,#7
        SLU     out,out,3
        SUB     r,out,in
        LDOU    out,$1,0
        SUB     $1,$1,$0
        NEG     m,0,1
        SRU     m,m,in
        LDOU    in,$0,0
        PUT     rM,m
        NEG     mm,0,1
        BN      r,1F
        NEG     l,64,r
        SLU     tt,out,r
        MUX     in,in,tt
        BDIF    t,ones,in
        AND     t,t,m
        SRU     mm,mm,r
        PUT     rM,mm
        JMP     4F
1H      NEG     l,0,r
        INCL    r,64

        SUB     $1,$1,8
        SRU     out,out,l
        MUX     in,in,out
        BDIF    t,ones,in
        AND     t,t,m
        SRU     mm,mm,r
        PUT     rM,mm
        PBZ     t,2F
        JMP     5F
3H      MUX     out,tt,out
        STOU    out,$0,$1
2H      SLU     out,in,l
        LDOU    in,$0,8
        INCL    $0,8
        BDIF    t,ones,in
4H      SRU     tt,in,r
        PBZ     t,3B
        SRU     mm,t,r
        MUX     out,tt,out
        BNZ     mm,1F
        STOU    out,$0,$1
5H      INCL    $0,8
        SLU     out,in,l
        SLU     mm,t,l
1H      LDOU    in,$0,$1
        MOR     mm,mm,flip
        SUBU    t,mm,1
        ANDN    mm,mm,t
        MOR     mm,mm,flip
        SUBU    mm,mm,1
        PUT     rM,mm
        MUX     in,in,out
        STOU    in,$0,$1
        POP     0       ∎
```

运行时间约为 $(n/4 + 4)\mu + (n + 40)\upsilon$ 加上 POP 花费的时间, 当 $n \geq 8$ 且 $\mu \geq \upsilon$ 时小于普通逐字节复制代码所花费的时间.

25. 假定寄存器 p 最初包含首字节地址, 并假定这个地址是 8 的倍数. 其他局部或全局寄存器 a, b, ... 也已声明. 下述方案首先计算短字频率, 因为这只需要计算字节频率的一半操作. 然后对 256×256 矩阵的行和列求和得到字节频率.

```
      * 密码分析问题（分类）
              LOC     Data_Segment
count   GREG    @                    短字计数的基址
        LOC     @+8*(1<<16)          短字频率的空间
freq    GREG    @                    字节计数的基址
        LOC     @+8*(1<<8)           字节频率的空间
p       GREG    @
        BYTE    "abracadabraa",0,"abc"   平凡的测试数据
ones    GREG    #0101010101010101
        LOC     #100
2H      SRU     b,a,45               分离下一个短字.      ⎫
        LDO     c,count,b            装入旧计数.          ⎪
        INCL    c,1                                      ⎬  主循环,
        STO     c,count,b            存储新计数.          ⎪  运行应尽量快
        SLU     a,a,16               删除一个短字.        ⎪
        PBNZ    a,2B                 完成一个全字?        ⎭

Phase1  LDOU    a,p,0                从这里开始: 取下一组八字节.
        INCL    p,8
        BDIF    t,ones,a             测试是否有零字节.
        PBZ     t,2B                 执行主循环, 除非接近末尾.
2H      SRU     b,a,45               分离下一个短字.
        LDO     c,count,b            装入旧计数.
        INCL    c,1
        STO     c,count,b            存储新计数.
        SRU     b,t,48
        SLU     a,a,16
        BDIF    t,ones,a
        PBZ     b,2B                 如果未完成, 则继续.

Phase2  SET     p,8*255              现在准备对行和列求和.
1H      SL      a,p,8
        LDA     a,count,a            a ← 第 p 行的地址.
        SET     b,8*255
        LDO     c,a,0
        SET     t,p
2H      INCL    t,#800
        LDO     x,count,t            第 p 行的元素
        LDO     y,a,b                第 p 列的元素
        ADD     c,c,x
        ADD     c,c,y
        SUB     b,b,8
        PBP     b,2B
        STO     c,freq,p
```

```
        SUB     p,p,8
        PBP     p,1B
        POP         ∎
```

多长算是"长"呢? 当字符串长度 n 小于 2^{17} 时, 这个两阶段方法比简单的单阶段方法要差. 但是, 当 $n \approx 10^6$ 时, 两阶段方法只需花费单阶段方法 10/17 左右的时间. 如下题答案所述, "展开"内层循环可以得到一个稍快的程序.

另一种方法是使用跳转表并将计数保存在 128 个寄存器中, 当 μ/υ 较大时, 这种方法值得考虑.

[这个问题由来已久. 例如, 见查尔斯·伯恩和唐纳德·福特的 "英文单词字母统计研究", *Information and Control* **4** (1961), 48–67.]

26. 如果计算机的主高速缓存小于 2^{19} 字节, 除非短字计数中的非零值相对较少, 否则上题解决方案中的短字计数技巧将适得其反. 因此, 下述程序只计算单字节频率. 该代码绝不在紧随 LDO 的指令中使用 LDO 的结果, 从而避免传统流水线的停顿.

```
Start   LDOU    a,p,0                   INCL    c,1
        INCL    p,8                     SRU     bb,bb,53
        BDIF    t,ones,a                STO     c,freq,b
        BNZ     t,3F                    LDO     c,freq,bb
2H      SRU     b,a,53                  LDOU    a,p,0
        LDO     c,freq,b                INCL    p,8
        SLU     bb,a,8                  INCL    c,1
        INCL    c,1                     BDIF    t,ones,a
        SRU     bb,bb,53                STO     c,freq,bb
        STO     c,freq,b                PBZ     t,2B
        LDO     c,freq,bb       3H      SRU     b,a,53
        SLU     b,a,16                  LDO     c,freq,b
        INCL    c,1                     INCL    c,1
        SRU     b,b,53                  STO     c,freq,b
        STO     c,freq,bb               SRU     b,b,3
        LDO     c,freq,b                SLU     a,a,8
        ...                             PBNZ    b,3B
        SLU     bb,a,56                 POP         ∎
```

在同时发出两条指令的超标量计算机上, 另一种解决方案工作得更好:

```
Start   LDOU a,p,0          SRU  bbb,bbb,53       LDO  c,freq,bbb
        INCL p,8            SRU  bbbb,bbbb,53      LDO  cc,freqq,bbbb
        BDIF t,ones,a       STO  c,freq,b          LDOU a,p,0
        SLU  bb,a,8         STO  cc,freqq,bb       INCL p,8
        BNZ  t,3F           LDO  c,freq,bbb        INCL c,1
2H      SRU  b,a,53         LDO  cc,freqq,bbbb     INCL cc,1
        SRU  bb,bb,53       SLU  b,a,32            BDIF t,ones,a
        LDO  c,freq,b       SLU  bb,a,40           SLU  bb,a,8
        LDO  cc,freqq,bb    ...                    STO  c,freq,bbb
        SLU  bbb,a,16       SRU  bbb,bbb,53        STO  cc,freqq,bbbb
        SLU  bbbb,a,24      SRU  bbbb,bbbb,53      PBZ  t,2B
        INCL c,1            STO  c,freq,b      3H  SRU  b,a,53
        INCL cc,1           STO  cc,freqq,bb       ...        ∎
```

在这种情形下, 我们必须保留两个独立的频率表 (最后再合并它们). 否则, 在寄存器 b 和 bb 表示相同字符时 "混叠" 问题将导致错误结果.

27.   (a)   (b)

```
t      IS    $255                    t      IS    $255
n      IS    $0                      n      IS    $0
new    GREG                          new    GREG
old    GREG                          old    GREG
phi    GREG                          phii   GREG  #9e3779b97f4a7c16
rt5    GREG                          lo     GREG
acc    GREG                          hi     GREG
f      GREG                          hihi   GREG
       LOC   #100                           LOC   #100
Main   FLOT  t,5                     Main   SET   n,2
       FSQRT rt5,t                          SET   old,1
       FLOT  t,1                            SET   new,1
       FADD  phi,t,rt5              1H      ADDU  new,new,old
       INCH  phi,#fff0                      INCL  n,1
       FDIV  acc,phi,rt5                    CMPU  t,new,old
       SET   n,1                            BN    t,9F
       SET   new,1                          SUBU  old,new,old
1H     ADDU  new,new,old                    MULU  lo,old,phii
       INCL  n,1                            GET   hi,rH
       CMPU  t,new,old                      ADDU  hi,hi,old
       BN    t,9F                           ADDU  hihi,hi,1
       SUBU  old,new,old                    CSN   hi,lo,hihi
       FMUL  acc,acc,phi                    CMP   t,hi,new
       FIXU  f,acc                          PBZ   t,1B
       CMP   t,f,new                        SET   t,1
       PBZ   t,1B                    9H     TRAP  0,Halt,0    ▌
       SET   t,1
9H     TRAP  0,Halt,0    ▌
```

程序 (a) 以 $t = 1$ 和 $n = 71$ 停机；ϕ 的浮点表示稍大于其实际值，误差累积最终导致 $\phi^{71}/\sqrt{5}$ 近似等于 $F_{71} + 0.7$，它舍入成 $F_{71} + 1$. 程序 (b) 以 $t = -1$ 和 $n = 94$ 停机；无符号整数溢出发生在近似失败之前. (确实，$F_{93} < 2^{64} < F_{94}$.)

29. 最后一位男士处在位置 15. 输出答案前的总时间为……

MMIX 大师们，请帮忙！类似于本书第 1 卷第 3 版习题 1.3.2–22 的解决方案的最漂亮程序是什么？[①] 丹尼尔·英戈尔斯在新情况下会怎么做？(找出类似于他以前方案的技巧，但不要使用自修改代码.)一个在渐近意义下更快的方法出现在习题 5.1.1–5 中.

30. 把数成倍放大，计算 $R_n = 10^n r_n$. 那么 $R_n(1/m) = R$ 当且仅当 $10^n/(R + \frac{1}{2}) \leq m < 10^n/(R - \frac{1}{2})$；因此，我们求出 $m_{k+1} = \lfloor (2 \cdot 10^n - 1)/(2R - 1) \rfloor$.

```
     *  调和级数的和
MaxN IS   10
a    GREG 0                 累加器
c    GREG 0                 2 · 10^n
d    GREG 0                 除数或数字
```

---

① 马丁·鲁克特提供了解答，见第 237 页 (本题对应于本书第 1 卷第 3 版习题 1.3.2–22). ——译者注

```
r     GREG   0                        比例倒数
s     GREG   0                        比例和
m     GREG   0                        m_k
mm    GREG   0                        m_{k+1}
nn    GREG   0                        n − MaxN
      LOC    Data_Segment
dec   GREG   @+3                      小数点位置
      BYTE   "    ."
      LOC    #100
Main  NEG    nn,MaxN-1      n ← 1.
      SET    c,20
1H    SET    m,1
      SR     s,c,1          S ← 10^n.
      JMP    2F
3H    SUB    a,c,1
      SL     d,r,1
      SUB    d,d,1
      DIV    mm,a,d
4H    SUB    a,mm,m
      MUL    a,r,a
      ADD    s,s,a
      SET    m,mm           k ← k + 1.
2H    ADD    a,c,m
      2ADDU  d,m,2
      DIV    r,a,d
      PBNZ   r,3B
5H    ADD    a,nn,MaxN+1
      SET    d,#a           换行
      JMP    7F
6H    DIV    s,s,10         转换数字.
      GET    d,rR
      INCL   d,'0'
7H    STB    d,dec,a
      SUB    a,a,1
      BZ     a,@-4
      PBNZ   s,6B
8H    SUB    $255,dec,3
      TRAP   0,Fputs,StdOut
9H    INCL   nn,1           n ← n + 1.
      MUL    c,c,10
      PBNP   nn,1B
      TRAP   0,Halt,0       ▮
```

输出分别是 3.7, 6.13, 8.445, 10.7504, 13.05357, 15.356255, 17.6588268, 19.96140681, 22.263991769, 24.5665766342, 时间是 $82\mu + 40\,659\,359\,\upsilon$. 这个计算对于直到 17 的 n 都将有效而不会引发溢出, 但运行时间的阶是 $10^{n/2}$. (假如当 $m < 10^{n/2}$ 时直接计算 $R_n(1/m)$, 当 m 取值较大时利用事实 $R_n(m_{k+1}) = R_n(m_k - 1)$, 将节省大约一半的时间.)

31. 令 $N = \lfloor 2 \cdot 10^n/(2m+1) \rfloor$. 如果分部求和, 置 $m \approx 10^{n/2}$, 那么 $S_n = H_N + O(N/10^n) + \sum_{k=1}^{m}(\lceil 2 \cdot 10^n/(2k-1) \rceil - \lceil 2 \cdot 10^n/(2k+1) \rceil)k/10^n = H_N + O(m^{-1}) + O(m/10^n) - 1 + 2H_{2m} - H_m = n \ln 10 + 2\gamma - 1 + 2\ln 2 + O(10^{-n/2})$.

我们所得的 S_{10} 的近似值是 $24.566\,576\,620\,9$, 比预计的值更接近.

32. 部分由 _____[①] 提出的下述解法使用很多技巧, 以便减少执行时间, 因此问题更具有挑战性. 读者还能够挤出几纳秒时间吗?

MMIX 大师们: 请帮助填空! 注意, FREM 指令能快速地计算模 7, 19, 30 的余数; 除以 100 可以用乘以 1//100+1 代替而节约时间 (见习题 1.3.1′–19); 等等.

[要想计算 1582 年 (含) 之前的复活节, 参阅 *CACM* **5** (1962), 209–210. 计算复活节日期的第一个系统算法是阿基坦的维克托里斯 (公元 457 年) 提出的复活节法典 *canon paschalis*. 种种迹象表明, 计算复活节的日期是算术在中世纪欧洲唯一的不平凡应用, 因此每一种此类算法都具有历史意义. 更多评述请参阅托马斯·奥皮亚奈的 *Puzzles and Paradoxes* (London: Oxford University Press, 1965) 第 10 章. 关于日期的各种算法, 另请参阅爱德华·莱因戈尔德和纳楚姆·德肖维茨, *Calendrical Calculations* (Cambridge Univ. Press, 2001).]

33. 所求最早一年是公元 10317 年, 不过这个错误几乎导致在公元 $10\,108+19k$ 年出错, 其中 $0 \le k \le 10$.

顺便一提, 托马斯·奥皮亚奈指出, 复活节的日期恰好以 $5\,700\,000$ 年为周期重复. 由罗伯特·希尔所做的计算表明, 最常见的复活节日期是 4 月 19 日 (每个周期出现 $220\,400$ 次), 最早也是最少见的日期是 3 月 22 日 ($27\,550$ 次), 最晚也是次少见的日期是 4 月 25 日 ($42\,000$ 次). 希尔很好地解释了下述稀奇的事实: 任何一个特定日期在一个周期中的出现次数总是 25 的倍数.

34. 以下程序遵循协议, 误差在几百 υ 以内, 这一微小差别可以忽略不计, 因为 ρ 通常大于 10^8, 而 $\rho\upsilon = 1$ 秒. 除了在输入一个字节时, 所有计算都发生在寄存器中.

当寄存器 rI 达到零时发生中断. 我们假设操作系统会在不久之后返回, 将寄存器 rI 重置为一个不太小的值.

```
        * 交通信号灯问题
rho         GREG    250000000       假设时钟速度为 250 兆赫兹
t           IS      $255
Sensor_Buf  IS      Data_Segment
            GREG    Sensor_Buf
            LOC     #100
            GREG    @
delta       GREG                    要延迟的周期数
ref_time    GREG                    保存 Delay 的内部寄存器
delay_go    GREG                    Delay 的退出位置
2H          SUBU    delta,delta,t   rI 减少 δ.
1H          SET     ref_time,t      记住 rI 的前一个值.
            GET     t,rI
            CMPU    ref_time,ref_time,t
            PBP     ref_time,1B     重复, 直到 rI 增加.
Delay       GET     t,rI            忙碌等待 δ 周期:
            SUBU    ref_time,t,delta  计算 rI − δ.
            BN      t,1F            如果 rI ≥ 2^63 则转移.
            BN      ref_time,2B     如果 rI < δ 则转移.
1H          GET     t,rI
```

---

① 此处可填上 "马丁·鲁克特", 见第 219 页 (本题对应于本书第 1 卷第 3 版习题 1.3.2–14). ——译者注

	SUBU	t,t,ref_time	（注意，不是 CMPU，见程序后的说明）
	PBP	t,1B	重复，直到 rI 穿越 ref_time.
	GO	delay_go,delay_go,0	返回到调用者.
Lights	IS	3	文件 /dev/lights 的句柄
Sensor	IS	4	文件 /dev/sensor 的句柄
Lights_Name	BYTE	"/dev/lights",0	
Sensor_Name	BYTE	"/dev/sensor",0	
Lights_Args	OCTA	Lights_Name,BinaryWrite	
Sensor_Args	OCTA	Sensor_Name,BinaryRead	
Read_Sensor	OCTA	Sensor_Buf,1	

Dg IS #40 ;Da IS #c0 ;Dr IS #80 ;Dw IS #4 ;Dd IS #c

Bg IS #10 ;Ba IS #30 ;Br IS #20 ;Bw IS #1 ;Bd IS #3

Boulevard	BYTE	Dg|Dw|Br|Bd,0,Dg|Dd|Br|Bd,0,Dg|Br|Bd,0,Da|Dd|Br|Bd,0	
Avenue	BYTE	Bg|Bw|Dr|Dd,0,Bg|Bd|Dr|Dd,0,Bg|Dr|Dd,0,Ba|Bd|Dr|Dd,0	
flash_go	GREG		
n	GREG	0	迭代计数器
green	GREG	0	Boulevard 或 Avenue（大道或大街）
Flash	SET	n,8	闪灯子程序:
1H	ADDU	t,green,2*1	
	TRAP	0,Fputs,Lights	DON'T WALK（禁止通行）
	SR	delta,rho,1	
	GO	delay_go,Delay	
	ADDU	t,green,2*2	
	TRAP	0,Fputs,Lights	（关闭）
	SR	delta,rho,1	
	GO	delay_go,Delay	
	SUB	n,n,1	
	PBP	n,1B	重复 8 次.
	ADDU	t,green,2*1	
	TRAP	0,Fputs,Lights	DON'T WALK（禁止通行）
	MUL	delta,rho,4	
	GO	delay_go,Delay	维持 4 秒.
	ADDU	t,green,2*3	
	TRAP	0,Fputs,Lights	DON'T WALK（禁止通行），黄灯
	GO	flash_go,flash_go,0	返回到调用者.
Main	GETA	t,Lights_Args	打开文件: Fopen(Lights,
	TRAP	0,Fopen,Lights	"/dev/lights",BinaryWrite)
	GETA	t,Sensor_Args	打开文件: Fopen(Sensor,
	TRAP	0,Fopen,Sensor	"/dev/sensor",BinaryRead)
	JMP	2F	从德尔马大道上的绿灯开始.
Wait	GETA	t,Read_Sensor	绿灯延长 18 秒.
	TRAP	0,Fread,Sensor	
	LDB	t,Sensor_Buf	
	BZ	t,Wait	重复，直到传感器非零.
	GETA	green,Boulevard	
	GO	flash_go,Flash	完成德尔马大道周期.

```
        MUL   delta,rho,8
        GO    delay_go,Delay        黄灯亮 8 秒.
        GETA  t,Avenue
        TRAP  0,Fputs,Lights        伯克利大街的绿灯.
        MUL   delta,rho,8
        GO    delay_go,Delay
        GETA  green,Avenue
        GO    flash_go,Flash        完成伯克利大街周期.
        GETA  t,Read_Sensor
        TRAP  0,Fread,Sensor        绿灯期间忽略传感器.
        MUL   delta,rho,5
        GO    delay_go,Delay        黄灯亮 5 秒.
2H      GETA  t,Boulevard
        TRAP  0,Fputs,Lights        德尔马大道的绿灯.
        MUL   delta,rho,18
        GO    delay_go,Delay        WALK（通行）亮灯至少 18 秒.
        JMP   Wait                           ∎
```

尽管有习题 1.3.1′–22 的评论，Delay 子程序中的最后一条 SUBU 指令是说明"应该用 SUBU 而不是用 CMPU 进行比较"的有趣例子. 原因是要比较的两个量（rI 和 ref_time）模 2^{64} "绕回".

1.4.1′ 节

1. j GREG ;m GREG ;kk GREG ;xk GREG ;rr GREG

```
        GREG   @              基址
GoMax   SET    $2,1           对于 r = 1 的特别入口
GoMaxR  SL     rr,$2,3        变元乘以 8.
        SL     kk,$1,3
        LDO    m,x0,kk
        ...                   （其余同 (1)）
5H      SUB    kk,kk,rr       k ← k − r.
        PBP    kk,3B          如果 k > 0 则重复.
6H      GO     kk,$0,0        返回到调用者.     ∎
```

对于一般情况的调用序列是 SET $2,$r$; SET $1,$n$; GO $0,GoMaxR.

2. j IS $0 ;m IS $1 ;kk IS $2 ;xk IS $3 ;rr IS $4

```
Max100  SET    $0,100         对于 n = 100 且 r = 1 的特别入口
Max     SET    $1,1           对于 r = 1 的特别入口
MaxR    SL     rr,$1,3        变元乘以 8.
        SL     kk,$0,3
        LDO    m,x0,kk
        ...                   （其余同 (1)）
5H      SUB    kk,kk,rr       k ← k − r.
        PBP    kk,3B          如果 k > 0 则重复.
6H      POP    2,0            返回到调用者.     ∎
```

对于一般情况的调用序列是 SET $A1,$r$; SET $A0,$n$; PUSHJ $R,MaxR, 其中 A0 = R + 1 且 A1 = R + 2.

3. 只是 Sub ...; GO $0,$0,0. 局部变量可以完全保存在寄存器中.

4. PUSHJ $X,RA 具有相对地址，允许我们跳转到距当前位置 $\pm 2^{18}$ 字节内的任何子程序. PUSHGO $X,$Y,$Z 或 PUSHGO $X,A 具有绝对地址，允许我们跳转到任何需要的地方.

5. 真. MMIX 有 $256 - G$ 个全局寄存器和 L 个局部寄存器.

6. $\$5 \leftarrow \text{rD}$ 且 $\text{rR} \leftarrow 0$ 且 $\text{rL} \leftarrow 6$. 所有其他新局部寄存器也将被置为零. 例如, 如果 rL 是 3, 则这条 DIVU 指令将置 $\$3 \leftarrow 0$ 和 $\$4 \leftarrow 0$.

7. $\$L \leftarrow 0, \ldots, \$4 \leftarrow 0, \$5 \leftarrow {}^{\#}\text{abcd0000}, \text{rL} \leftarrow 6$.

8. 通常, 这样一条指令没有实质性影响, 除了在边缘寄存器较少时 SAVE 和 UNSAVE 的上下文切换通常需要更长时间. 然而, 在某些情况下可能会出现重要差异. 例如, 指令 PUSHJ $255,Sub 后面跟着 POP 1,0 将导致结果保存在寄存器 $16 而不是寄存器 $10 中.

9. PUSHJ $255,Handler 将使得至少 32 个边缘寄存器可用 (因为 $G \geq 32$); 然后, POP 0 将恢复原先的局部寄存器, 在 PUSHJ 之后, "PUT rJ,$255; GET $255,rB; RESUME" 将重新启动程序, 就像什么都没发生一样.

10. 基本上为真. MMIX 启动一个程序时, 将寄存器 rG 置为 255 减去已汇编的 GREG 操作的数量, rL 置为 2. 然后, 在不使用指令 PUSHJ, PUSHGO, POP, SAVE, UNSAVE, GET, PUT 的情况下, 寄存器 rG 的值不会改变. 如果程序将任何内容装入寄存器 $2, $3, ... 或 $(rG − 1), 则 rL 的值增加, 但效果与所有寄存器都等价是相同的. 唯一具有稍微不同特性的寄存器是 $255, 它受故障中断影响, 而且在输入输出陷阱中用于通信. 在不做任何 GET rL 或 PUT 任意内容到 rL 或 rG 且无 PUSH/POP/SAVE/UNSAVE/RESUME 指令的程序中, 我们可以任意置换寄存器号 $2, $3, ..., $254, 置换后的程序将产生相同的结果.

在不使用 PUSH 和 POP 指令的情况下, 对于 SAVE, UNSAVE, RESUME 指令, 局部、全局和边缘寄存器之间的区别是无关紧要的, 除了 SAVE 指令的目的地寄存器必须是全局寄存器, 以及由 RESUME 指令插入的某些指令的目的地寄存器不能是边缘寄存器 (见习题 1.4.3′–14).

11. 计算机尝试访问虚拟地址 ${}^{\#}\text{5ffffffffffffff8}$, 它正好低于栈段. 那里没有存储任何内容, 所以会出现"缺页"错误, 操作系统将中止程序.

(但是, 如果紧随 SAVE 指令之后给出 POP 指令, 则行为更加古怪, 因为 SAVE 指令实际上在保存的上下文之后立即开始新的寄存器栈. 任何尝试这样做的人都是自找麻烦.)

12. (a) 真. (类似地, UNIX shell 中当前"工作目录"的名称总是以斜杠开头.)(b) 假. 定义这样的前缀会引起混乱, 因此不鼓励使用它们. (c) 假. (在这方面, MMIXAL 的结构化符号和 UNIX 目录名称不相似.)

13.

Fib	CMP	$1,$0,2	Fib1	CMP	$1,$0,2	Fib2	CMP	$1,$0,1
	PBN	$1,1F		BN	$1,1F		BNP	$1,1F
	GET	$1,rJ		SUB	$2,$0,1		SUB	$2,$0,1
	SUB	$3,$0,1		SET	$0,1		SET	$0,0
	PUSHJ	$2,Fib		SET	$1,0	2H	ADDU	$0,$0,$1
	SUB	$4,$0,2	2H	ADDU	$0,$0,$1		ADDU	$1,$0,$1
	PUSHJ	$3,Fib		SUBU	$1,$0,$1		SUB	$2,$2,2
	ADDU	$0,$2,$3		SUB	$2,$2,1		PBP	$2,2B
	PUT	rJ,$1		PBNZ	$2,2B		CSZ	$0,$2,$1
1H	POP	1,0 ■	1H	POP	1,0 ■	1H	POP	1,0 ■

这里, 子程序 Fib2 比 Fib1 运行得更快. 在每一种情形, 调用序列都具有"SET $A,$n; PUSHJ $R,Fib..."的形式, 其中 A = R + 1.

14. 数学归纳法表明, 在子程序 Fib 中, POP 指令精确执行 $2F_{n+1} - 1$ 次, ADDU 指令执行 $F_{n+1} - 1$ 次. 在子程序 Fib1 中, 在 2H 处的指令执行 $n - [n \neq 0]$ 次. 在子程序 Fib2 中, 在 2H 处的指令执行 $\lfloor n/2 \rfloor$ 次. 因此, 包括调用序列中的两条指令在内的总成本, 对于子程序 Fib 是 $(19F_{n+1} - 12)v$, 对于子程序 Fib1 是 $(4n + 8)v$, 对于子程序 Fib2 是 $(4\lfloor n/2 \rfloor + 12)v$, 这里假定 $n > 1$.

(递归子程序 Fib 是计算斐波那契数的糟糕方法, 因为它忘记了已经算过的值. 它花费超过 $10^{22}v$ 的时间来计算 F_{100}.)

15.

```
  n    GREG                        GO    $0,Fib
  fn   IS    n                     STO   fn,fp,24
       GREG  @                     LDO   n,fp,16
  Fib  CMP   $1,n,2                SUB   n,n,2
       PBN   $1,1F                 GO    $0,Fib
       STO   fp,sp,0               LDO   $0,fp,24
       SET   fp,sp                 ADDU  fn,fn,$0
       INCL  sp,8*4                LDO   $0,fp,8
       STO   $0,fp,8               SET   sp,fp
       STO   n,fp,16               LDO   fp,sp,0
       SUB   n,n,1           1H    GO    $0,$0,0
```

调用序列是 SET n,n; GO \$0,Fib, 在全局寄存器 fn 中返回答案. 运行时间是 $(8F_{n+1}-8)\mu+(32F_{n+1}-23)\upsilon$, 所以, 这个版本与习题 13 中的寄存器栈子程序的效率比大约是 $(8\mu/\upsilon+32)/19$. (尽管习题 14 指出我们不应该真正递归地计算斐波那契数, 但这个分析确实证明了寄存器栈的优点. 在本例中, 即使我们慷慨地假设 $\mu=\upsilon$, 内存栈的成本也是寄存器栈的两倍还多. 其他子程序也有类似特性, 但对于子程序 Fib 的分析特别简单.)

在子程序 Fib 这一特殊情形, 我们可以不使用帧指针, 因为 fp 总是与 sp 保持固定距离. 基于上述观察的内存栈子程序比寄存器栈版本慢 $(6\mu/\upsilon+29)/19$. 它比具有通用帧指针的版本好, 但仍不理想.

16. 对于具有两个出口的子程序来说, 这是理想设置. 为方便起见, 我们假定子程序 B 和 C 不返回任何值, 而且它们都在寄存器 \$1 中保存 rJ (因为它们都不是叶子程序). 然后我们可以执行以下操作: 子程序 A 像往常一样通过指令 PUSHJ \$,B 调用子程序 B. 子程序 B 通过指令序列 PUSHJ \$R,C; PUT rJ,\$1; POP 0,0 调用子程序 C (子程序 B 使用的 R 值可能不同于子程序 A 使用的 R 值). 子程序 C 通过指令序列 PUSHJ \$R,C; PUT rJ,\$1; POP 0,0 调用它自身 (子程序 C 使用的 R 值可能不同于子程序 B 使用的 R 值). 子程序 C 通过指令序列 PUT rJ,\$1; POP 0,0 跳转到子程序 A. 子程序 C 通过指令序列 PUT rJ,\$1; POP 0,2 正常退出.

拓展 "返回值和任意跳转地址可以是返回信息的一部分" 这一思想, 显然是可能的. 类似的方案适用于习题 15 的面向 GO 的内存栈协议.

1.4.2′ 节

1. 如果一个协同程序只调用另一个协同程序一次, 那么前者只不过是一个子程序. 所以, 我们需要在一个应用中的每个协同程序都至少在两个不同的位置调用其他协同程序. 不过通常很容易设置某种开关, 或者利用数据的某种性质, 有办法根据一个协同程序进入的某处固定位置, 让它转移到两个要求的地方之一. 这再次表明, 所需的无非是一个子程序而已. 协同程序之间的调用次数越多, 用处就越大.

2. 通过 In 找到的第一个字符将会丢失.

3. 这是一个 MMIXAL 技巧, 使得 OutBuf 包含 15 个 TETRA ' ', 后边跟着 TETRA #a, 再跟着 0. 而 TETRA ' ' 等价于 BYTE 0,0,0,' '. 因此, 输出缓冲区被设置为接收由空格分隔的 16 组三个一组的字符的行.

4. 如果我们包含以下代码

```
        rR_A GREG ;rR_B GREG
          GREG @
        A GET rR_B,rR; PUT rR,rR_A; GO t,a,0
        B GET rR_A,rR; PUT rR,rR_B; GO t,b,0
```

那么 A 可以通过 "GO a,B" 来调用 B, 而 B 可以通过 "GO b,A" 来调用 A.

5. 如果我们包含以下代码

```
a GREG ;b GREG
  GREG @
A GET b,rJ; PUT rJ,a; POP 0
B GET a,rJ; PUT rJ,b; POP 0
```

那么 A 可以通过"PUSHJ \$255,B"来调用 B, 而 B 可以通过"PUSHJ \$255,A"来调用 A. 注意这个答案和上一题答案的相似之处. 协同程序不应该将寄存器栈用于其他目的, 除非由下一道习题所允许的那样.

6. 假设在调用 B 时, 协同程序 A 在寄存器栈中有某些内容. 那么 B 在返回到 A 之前必须把栈恢复成和原来相同的状态, 尽管在此期间 B 可以压入和弹出任意数量的项.

当然, 协同程序可能非常复杂, 以至于它们都需要自己的寄存器栈. 在这种情况下, 可以谨慎地使用 MMIX 的 SAVE 和 UNSAVE 操作来保存和恢复每个协同程序所需的上下文.

1.4.3′ 节

1. (a) SRU x,y,z; BYTE 0,1,0,#29.   (b) PBP x,PBTaken+@-0; BYTE 0,3,0,#50.   (c) MUX x,y,z; BYTE 0,1,rM,#29.   (d) ADDU x,x,z; BYTE 0,1,0,#30.

2. MemFind 的运行时间是 $9v + (2\mu + 8v)C + (3\mu + 6v)U + (2\mu + 11v)A$, 其中 C 是在第 042 行上键比较的次数, $U = [\text{key} \neq \text{curkey}]$, $A = [\text{需要新结点}]$. GetReg 的运行时间是 $\mu + 6v + 6vL$, 其中 $L = [\$k$ 是局部寄存器]. 如果假设在每次调用中 $C = U = A = L = 0$, 则模拟的时间可以分解如下:

	(a)	(b)	(c)
取指令（第 105–115 行）	$\mu + 17v$	$\mu + 17v$	$\mu + 17v$
解包（第 141–153 行）	$\mu + 12v$	$\mu + 12v$	$\mu + 12v$
关联（第 154–164 行）	$2v$	$2v$	$9v$
安装 X（第 174–182 行）	$7v$	$\mu + 17v$	$\mu + 17v$
安装 Z（第 183–197 行）	$\mu + 13v$	$6v$	$6v$
安装 Y（第 198–207 行）	$\mu + 13v$	$\mu + 13v$	$6v$
指定（第 208–231 行）	$8v$	$23v$	$6v$
恢复（第 232–242 行）	$14v$	$\mu + 14v$	$16v - \pi$
后处理（第 243–539 行）	$\mu + 10v$	$11v$	$11v - 4\pi$
更新（第 540–548 行）	$5v$	$5v$	$5v$
合计	$5\mu + 101v$	$5\mu + 120v$	$3\mu + 105v - 5\pi$

对于作为源的每个局部寄存器的每次出现, 这些时间必须添加 $6v$, 当 MemFind 没有立即得到正确块时, 还要加上惩罚时间. 在情形 (b), MemFind 必定在第 231 行未命中, 并且在取随后的指令时必定再次在第 111 行未命中. （我们最好使用两个 MemFind 例程, 一个用于数据, 一个用于指令.）因此, 情形 (b) 的最乐观净成本通过取 $C = A = 2$ 而得到, 总运行时间为 $13\mu + 158v$. （在长时间运行模拟程序模拟本身时, 每次调用 MemFind 的经验平均值是 $C \approx 0.29$, $U \approx 0.00001$, $A \approx 0.16$. ）

3. 在第 097 行, 我们有 $\beta = \gamma$ 且 $L > 0$. 因此可能出现 $\alpha = \gamma$, 但仅仅在 $L = 256$ 的极端情况下. （见第 268 行和习题 11）. 幸运的是, 在这种情况下 L 很快就会变成 0.

4. 在结点侵入从地址 #4000000000000000 开始的池段之前, 不会出现任何问题. 然后命令行的剩余部分可能会干扰程序关于新分配的结点最初为零的假设. 但是数据段能够容纳 $\lfloor (2^{61} - 2^{12} - 2^4)/(2^{12} + 24) \rfloor = 559\,670\,633\,304\,293$ 个结点, 所以, 我们的程序不会活得足够长来经历这个"隐错"带来的任何问题.

5. 第 218 行调用 StackRoom 调用 StackStore 调用 MemFind, 这是最深的. 第 218 行压入 3 个寄存器, StackRoom 只压入 2 个（因为在第 097 行 rL = 1）, StackStore 压入 3 个. 第 032 行的 rL 值是 2（尽管在第 034 行 rL 增加到 5）. 因此, 在最坏的情况下寄存器栈包含 $3 + 2 + 3 + 2 = 10$ 个未弹出的项.

在转移到 Error 之后，本程序很快就会停止．即使它继续运行，栈底部的额外垃圾也不会破坏任何东西——我们可以简单地忽略它．然而，我们可以像习题 1.4.1′–16 那样通过提供第二个出口来清除栈．刷新整个栈的更简单的方法是重复地弹出直到 rO 等于它的初始值 Stack_Segment．

6.

```
247  Div   DIV   x,y,z        y 除以 z, 带符号.
248        JMP   1F
249  DivU  PUT   rD,x         把模拟的 rD 放入实际的 rD.
250        DIVU  x,y,z        y 除以 z, 无符号.
251  1H    GET   t,rR
252        STO   t,g,8*rR     g[rR] ← 余数.
253        JMP   XDone        通过存储 x 而结束.          ∎
```

7.（下面的指令应该与后面几道习题的答案一起插入到正文中程序第 309 行和主控信息表之间.）

```
Cswap LDOU   z,g,8*rP
      LDOU   y,res,0
      CMPU   t,y,z
      BNZ    t,1F     如果 M_8[A] ≠ g[rP] 则转移.
      STOU   x,res,0  否则置 M_8[A] ← $X.
      JMP    2F
1H    STOU   y,g,8*rP 置 g[rP] ← M_8[A].
2H    ZSZ    x,t,1    x ← 相等测试的结果.
      JMP    XDone    通过存储 x 而结束.          ∎
```

8. 在这里，我们保存在实际寄存器中存储的被模拟的寄存器.（这种方法比使用 32 路转移决定获得哪一个寄存器的方法更好，比起每当改变寄存器时就存储它们的另一种方法也更好.）

```
Get  CMPU   t,yz,32
     BNN    t,Error    确保 YZ < 32.
     STOU   ii,g,8*rI  把正确的值装入 g[rI].
     STOU   oo,g,8*rO  把正确的值装入 g[rO].
     STOU   ss,g,8*rS  把正确的值装入 g[rS].
     STOU   uu,g,8*rU  把正确的值装入 g[rU].
     STOU   aa,g,8*rA  把正确的值装入 g[rA].
     SR     t,ll,3
     STOU   t,g,8*rL   把正确的值装入 g[rL].
     SR     t,gg,3
     STOU   t,g,8*rG   把正确的值装入 g[rG].
     SLU    t,zz,3
     LDOU   x,g,t      置 x ← g[Z].
     JMP    XDone      通过存储 x 而结束.          ∎
```

9.

```
Put   BNZ    yy,Error   确保 Y = 0.
      CMPU   t,xx,32
      BNN    t,Error    确保 X < 32.
      CMPU   t,xx,rC
      BN     t,PutOK    如果 X < 8 则转移.
      CMPU   t,xx,rF
      BN     t,1F       如果 X < 22 则转移.
PutOK STOU   z,g,xxx    置 g[X] ← z.
      JMP    Update     结束本指令.
```

```
     1H    CMPU    t,xx,rG
           BN      t,Error     如果 X < 19 则转移.
           SUB     t,xx,rL
           PBP     t,PutA      如果 X = rA 则转移.
           BN      t,PutG      如果 X = rG 则转移.
     PutL  SLU     z,z,3       否则 X = rL.
           CMPU    t,z,ll
           CSN     ll,t,z      置 rL ← min(z,rL).
           JMP     Update      结束本指令.
     OH GREG #40000
     PutA  CMPU    t,z,0B
           BNN     t,Error     确保 z ≤ #3ffff.
           SET     aa,z        置 rA ← z.
           JMP     Update      结束本指令.
     PutG  SRU     t,z,8
           BNZ     t,Error     确保 z < 256.
           CMPU    t,z,32
           BN      t,Error     确保 z ≥ 32.
           SLU     z,z,3
           CMPU    t,z,ll
           BN      t,Error     确保 z ≥ rL.
           JMP     2F
     1H    SUBU    gg,gg,8     G ← G − 1.     ($G 变成全局寄存器.)
           STCO    0,g,gg      g[G] ← 0.      (与第 216 行比较.)
     2H    CMPU    t,z,gg
           PBN     t,1B        如果 G < z 则转移.
           SET     gg,z        置 rG ← z.
           JMP     Update      结束本指令.   ∎
```

在这种情况下, 转移到 PutOK, PutA, PutG, PutL 或 Error 的 9 条指令非常繁琐, 但仍然比 32 路开关表更可取.

```
10. Pop  SUBU    oo,oo,8
         BZ      xx,1F                 如果 X = 0 则转移.
         CMPU    t,ll,xxx
         BN      t,1F                  如果 X > L 则转移.
         ADDU    t,xxx,oo
         AND     t,t,lring_mask
         LDOU    y,l,t                 y ← 要返回的结果.
    1H   CMPU    t,oo,ss
         PBNN    t,1F                  除非 α = γ, 否则转移.
         PUSHJ   0,StackLoad
    1H   AND     t,oo,lring_mask
         LDOU    z,l,t                 z ← 额外要弹出的寄存器的数量.
         AND     z,z,#ff               (在离奇错误的情况下)确保 z ≤ 255.
         SLU     z,z,3
    1H   SUBU    t,oo,ss
         CMPU    t,t,z
```

	PBNN	t,1F	除非 z 个寄存器不全在环上，否则转移.
	PUSHJ	0,StackLoad.	（见下面的注释.）
	JMP	1B	重复，直到装入了所有必要的寄存器.
1H	ADDU	ll,ll,8	
	CMPU	t,xxx,ll	
	CSN	ll,t,xxx	置 $L \leftarrow \min(X, L+1)$.
	ADDU	ll,ll,z	然后 L 加 z.
	CMPU	t,gg,ll	
	CSN	ll,t,gg	置 $L \leftarrow \min(L, G)$.
	CMPU	t,z,ll	
	BNN	t,1F	如果返回结果应丢弃则转移.
	AND	t,oo,lring_mask	
	STOU	y,l,t	否则置 $l[(\alpha - 1) \bmod \rho] \leftarrow$ y.
1H	LDOU	y,g,8*rJ	
	SUBU	oo,oo,z	α 减 $1 + z$.
	4ADDU	inst_ptr,yz,y	置 inst_ptr $\leftarrow$ g[rJ] + 4YZ.
	JMP	Update	结束本指令. ∎

这里在两个步骤中减少 oo 是方便的，首先减 8，然后减 8 乘以 z. 一般来说，这个程序比较复杂，但在大多数情况下实际只需要很少的计算. 如果当给出第二个 StackLoad 调用时 $\beta = \gamma$，则隐式地把 β 减 1（从而丢弃寄存器栈的最顶端的一项.）除非该项是返回值，否则它是不需要的，而返回值已经放在 y 中了.

11.

	Save	BNZ	yz,Error	确保 YZ = 0.
		CMPU	t,xxx,gg	
		BN	t,Error	确保 \$X 是全局寄存器.
		ADDU	t,oo,ll	
		AND	t,t,lring_mask	
		SRU	y,ll,3	
		STOU	y,l,t	认为 \$L 是局部寄存器，置 \$L $\leftarrow L$.
		INCL	ll,8	
		PUSHJ	0,StackRoom	确保 $\beta \neq \gamma$.
		ADDU	oo,oo,ll	
		SET	ll,0	压入所有局部寄存器，并且置 rL $\leftarrow$ 0.
1H		PUSHJ	0,StackStore	
		CMPU	t,ss,oo	
		PBNZ	t,1B	把所有压入的寄存器保存到内存中.
		SUBU	y,gg,8	置 $k \leftarrow G-1$. （此时 y $\equiv 8k$.）
4H		ADDU	y,y,8	k 加 1.
1H		SET	arg,ss	
		PUSHJ	res,MemFind	
		CMPU	t,y,8*(rZ+1)	
		LDOU	z,g,y	置 z $\leftarrow$ g[k].
		PBNZ	t,2F	
		SLU	z,gg,56-3	
		ADDU	z,z,aa	如果 k = rZ + 1，置 z $\leftarrow 2^{56}$rG + rA.
2H		STOU	z,res,0	把 z 保存到 M_8[rS].
		INCL	ss,8	rS 加 8.
		BNZ	t,1F	如果只保存 rG 和 rA 则转移.

```
        CMPU    t,y,c255
        BZ      t,2F                    如果只保存 $255 则转移.
        CMPU    t,y,8*rR
        PBNZ    t,4B                    除非只保存 rR, 否则转移.
        SET     y,8*rP                  置 k ← rP.
        JMP     1B
2H      SET     y,8*rB                  置 k ← rB.
        JMP     1B
1H      SET     oo,ss                   rO ← rS.
        SUBU    x,oo,8                  x ← rO − 8.
        JMP     XDone                   通过存储 x 而结束.   ▌
```

（保存到内存的专用寄存器代码为 0–6 和 23–27, 加上 (rG, rA).）

```
12. Unsave BNZ   xx,Error                确保 X = 0.
        BNZ     yy,Error                确保 Y = 0.
        ANDNL   z,#7                    确保 z 是 8 的倍数.
        ADDU    ss,z,8                  置 rS ← z + 8.
        SET     y,8*(rZ+2)              置 k ← rZ + 2.   (y ≡ 8k)
1H      SUBU    y,y,8                  k 减 1.
4H      SUBU    ss,ss,8                rS 减 8.
        SET     arg,ss
        PUSHJ   res,MemFind
        LDOU    x,res,0                置 x ← M_8[rS].
        CMPU    t,y,8*(rZ+1)
        PBNZ    t,2F
        SRU     gg,x,56-3              如果 k = rZ + 1, 初始化 rG 和 rA.
        SLU     aa,x,64-18
        SRU     aa,aa,64-18
        JMP     1B
2H      STOU    x,g,y                  否则置 g[k] ← x.
3H      CMPU    t,y,8*rP
        CSZ     y,t,8*(rR+1)           如果 k = rP, 置 k ← rR + 1.
        CSZ     y,y,c256               如果 k = rB, 置 k ← 256.
        CMPU    t,y,gg
        PBNZ    t,1B                   除非 K = G, 否则重复这个循环.
        PUSHJ   0,StackLoad
        AND     t,ss,lring_mask
        LDOU    x,l,t                  x ← 局部寄存器的数量.
        AND     x,x,#ff                （在离奇错误的情况下）确保 x ≤ 255.
        BZ      x,1F
        SET     y,x                    现在把 x 个局部寄存器装入到环中.
2H      PUSHJ   0,StackLoad
        SUBU    y,y,1
        PBNZ    y,2B
        SLU     x,x,3
1H      SET     ll,x
        CMPU    t,gg,x
```

	CSN	ll,t,gg	置 rL ← min(x, rG).
	SET	oo,ss	置 rO ← rS.
	PBNZ	uu,Update	如果不是第一次则转移.
	BZ	resuming,Update	如果第一条指令是 UNSAVE 则转移.
	JMP	AllDone	否则清除 resuming 并结束. ∎

应对正直的,
犹如与人亲嘴.
——《圣经 · 箴言》第 24 章第 26 节

13.

517		SET	xx,0	
518		SLU	t,t,55	寻找最高二进制故障位的循环.
519	2H	INCL	xx,1	
520		SLU	t,t,1	
521		PBNN	t,2B	
522		SET	t,#100	现在 xx = 二进制故障位的下标.
523		SRU	t,t,xx	t ← 对应的二进制事件位.
524		ANDN	exc,exc,t	从 exc 中删除 t.
525	TakeTrip	STOU	inst_ptr,g,8*rW	g[rW] ← inst_ptr.
526		SLU	inst_ptr,xx,4	inst_ptr ← xx ≪ 4.
527		INCH	inst,#8000	
528		STOU	inst,g,8*rX	g[rX] ← inst + 2^{63}.
529		AND	t,f,Mem_bit	
530		PBZ	t,1F	如果操作码不访问内存则转移.
531		ADDU	y,y,z	否则置 y ← (y + z) mod 2^{64},
532		SET	z,x	z ← x.
533	1H	STOU	y,g,8*rY	g[rY] ← y.
534		STOU	z,g,8*rZ	g[rZ] ← z.
535		LDOU	t,g,c255	
536		STOU	t,g,8*rB	g[rB] ← g[255].
537		LDOU	t,g,8*rJ	
538		STOU	t,g,c255	g[255] ← g[rJ]. ∎

14.

	Resume	SLU	t,inst,40	
		BNZ	t,Error	确保 XYZ = 0.
		LDOU	inst_ptr,g,8*rW	inst_ptr ← g[rW].
		LDOU	x,g,8*rX	
		BN	x,Update	如果 rX 是负数则结束本指令.
		SRU	xx,x,56	否则令 xx 为记录码.
		SUBU	t,xx,2	
		BNN	t,1F	如果记录码大于等于 2 则转移.
		PBZ	xx,2F	如果记录码为 0 则转移.
		SRU	y,x,28	否则记录码是 1:
		AND	y,y,#f	y ← k, 操作码的前导半字节.
		SET	z,1	
		SLU	z,z,y	z ← 2^k.
		ANDNL	z,#70cf	把 z 的可接受值清零.
		BNZ	z,Error	确保操作码是"正常的".
1H		BP	t,Error	确保记录码小于等于 2.
		SRU	t,x,13	

```
              AND     t,t,c255
              CMPU    y,t,ll
              BN      y,2F                      如果 $X 是局部寄存器则转移.
              CMPU    y,t,gg
              BN      y,Error                   否则确保 $X 是全局寄存器.
      2H      MOR     t,x,#8
              CMPU    t,t,#F9                   确保操作码不是 RESUME.
              BZ      t,Error
              NEG     resuming,xx
              CSNN    resuming,resuming,1  置 resuming 为特定值.
              JMP     Update                    结束本指令.    ∎
166   LDOU    y,g,8*rY                  y ← g[rY].
167   LDOU    z,g,8*rZ                  z ← g[rZ].
168   BOD     resuming,Install_Y   如果记录码为 1 则转移.
169   OH GREG #C1<<56+(x-$0)<<48+(z-$0)<<40+1<<16+X_is_dest_bit
170   SET     f,OB                     否则把 f 改为 ORI 指令.
171   LDOU    exc,g,8*rX
172   MOR     exc,exc,#20              exc ← rX 的左数第三个字节.
173   JMP     XDest                    如同 ORI 那样继续.    ∎
```

15. 我们需要处理的事实是,要输出的字符串可能被分割到模拟内存的两个或更多块上. 一种解决方案是使用 Fwrite 一次输出 8 个字节,直到到达字符串的最后一个全字. 但是,由于字符串可能从全字的中间开始,所以这种方法比较复杂. 或者,我们可以简单地用 Fwrite 一次只输出一个字节,但是这样会非常慢. 下面的方法要好得多:

```
      SimFputs  SET     xx,0             (xx 是要写的字节数)
                SET     z,t              置 z ← 字符串的虚拟地址.
      1H        SET     arg,z
                PUSHJ   res,MemFind
                SET     t,res            置 t ← 字符串的实际地址.
                GO      $0,DoInst        (见下面.)
                BN      t,TrapDone       如果出错则把错误传递给用户.
                BZ      t,1F             如果字符串为空则转移.
                ADD     xx,xx,t          否则累积字节数.
                ADDU    z,z,t            找出字符串输出之后的地址.
                AND     t,z,Mem:mask
                BZ      t,1B             如果字符串结束于块边界则继续.
      1H        SET     t,xx             t ← 成功输出的字节数.
                JMP     TrapDone         结束此操作.    ∎
```

这里的 DoInst 是把 inst 插入到指令流的小子程序. 我们提供了额外的入口,在后面的答案中会用到它:

```
                GREG    @                基址
      :SimInst  LDA     t,IOArgs         DoInst 到 IOArgs 并返回.
                JMP     DoInst
      SimFinish LDA     t,IOArgs         DoInst 到 IOArgs 并结束.
      SimFclose GETA    $0,TrapDone      DoInst 并结束.
      :DoInst   PUT     rW,$0            把返回地址装入 rW.
                PUT     rX,inst          把 inst 装入 rX.
                RESUME 0                 并执行它.    ∎
```

16. 同样，我们需要注意块边界（见上题答案），但由于文件名往往相当短，因此一次一个字节的方法是可容忍的.

```
SimFopen    PUSHJ   0,GetArgs       （见下面.）
            ADDU    xx,Mem:alloc,Mem:nodesize
            STOU    xx,IOArgs
            SET     x,xx            （我们将把文件名复制到这个开放空间中.）
1H          SET     arg,z
            PUSHJ   res,MemFind
            LDBU    t,res,0
            STBU    t,x,0           复制字节 M[z].
            INCL    x,1
            INCL    z,1
            PBNZ    t,1B            重复，直到字符串结束.
            GO      $0,SimInst      现在打开文件.
3H          STCO    0,x,0           现在把复制的字符串清零.
            CMPU    z,xx,x
            SUB     x,x,8
            PBN     z,3B            重复，直到它确实被抹去.
            JMP     TrapDone        把结果 t 传递给用户.    ▌
```

这里的 GetArgs 是一个子程序，在实现其他输入输出指令时也会用到它. 它设置 IOArgs 并且在全局寄存器中计算其他几个有用的结果.

```
:GetArgs    GET     $0,rJ           保存返回地址.
            SET     y,t             y ← g[255].
            SET     arg,t
            PUSHJ   res,MemFind
            LDOU    z,res,0         z ← 第一个变元的虚拟地址.
            SET     arg,z
            PUSHJ   res,MemFind
            SET     x,res           x ← 第一个变元的内部地址.
            STO     x,IOArgs
            SET     xx,Mem:Chunk
            AND     zz,x,Mem:mask
            SUB     xx,xx,zz        xx ← 从 x 到块结束的字节.
            ADDU    arg,y,8
            PUSHJ   res,MemFind
            LDOU    zz,res,0        zz ← 第二个变元.
            STOU    zz,IOArgs+8     把 IOArgs 转换为内部形式.
            PUT     rJ,$0           恢复返回地址.
            POP     0                                   ▌
```

17. 本答案使用了前面的子程序，它也适用于 SimFwrite（!）.

```
SimFread    PUSHJ   0,GetArgs       处理输入变元.
            SET     y,zz            y ← 要读取的字节数.
1H          CMP     t,xx,y
            PBNN    t,SimFinish     如果可以驻留在一个块中则转移.
            STO     xx,IOArgs+8     噢，我们必须逐块工作.
            SUB     y,y,xx
```

```
            GO    $0,SimInst
            BN    t,1F              如果发生错误则转移.
            ADD   z,z,xx
            SET   arg,z
            PUSHJ res,MemFind
            STOU  res,IOArgs        归结为以前的问题.
            STO   y,IOArgs+8
            ADD   xx,Mem:mask,1
            JMP   1B
   1H       SUB   t,t,y             计算丢失字节的正确数量.
            JMP   TrapDone
   SimFwrite IS SimFread ;SimFseek IS SimFclose ;SimFtell IS SimFclose ▊
```

（这个程序假定，如果第一个 Fread 成功，则不会发生文件读取错误．）在文件 sim.mms 中可以找到关于 SimFgets, SimFgetws, SimFputws 的类似例程，它是我的 MMIXware 软件包中的许多演示文件之一．

18. 对于局部寄存器数量 L 绝不超过 $\rho - 1$（其中 ρ 是 lring_size）的任何 MMIX 程序，所述算法都有效．

19. 在所有三种情况下，前面的指令都是 INCL ll,8，并且有一个值存储在单元 l+((oo+ll)&lring_mask)．所以我们可以稍稍缩短这个程序．

20.
```
   560  1H  GETA  t,OctaArgs
   561      TRAP  0,Fread,Infile    输入 λ 到 g[255].
   562      BN    t,9F              如果文件结束则转移.
   563      LDOU  loc,g,c255        loc ← λ.
   564  2H  GETA  t,OctaArgs
   565      TRAP  0,Fread,Infile    输入全字 x 到 g[255].
   566      LDOU  x,g,c255
   567      BN    t,Error           在文件意外结束时转移.
   568      SET   arg,loc
   569      BZ    x,1B              如果 x = 0 则开始一个新序列.
   570      PUSHJ res,MemFind
   571      STOU  x,res,0           否则把 x 存储到 M₈[loc].
   572      INCL  loc,8             loc 加 8.
   573      JMP   2B                重复, 直到遇到零.
   574  9H  TRAP  0,Fclose,Infile   关闭输入文件.
   575      SUBU  loc,loc,8         loc 减 8. ▊
```

另外，还要把"OctaArgs OCTA Global+8*255,8"放在某个方便的地方．

21. 是的，在某种程度上是这样．这个问题很有趣，而且不那么容易．

为了进行定量分析，令 sim.mms 是在 MMIXAL 中的模拟程序，sim.mmo 是汇编程序生成的相应的目标文件．令 Hello.mmo 是对应于程序 1.3.2´H 的目标文件．然后，提交给 MMIX 的操作系统的命令行"Hello"将输出"Hello, world"，并在 $\mu + 17\upsilon$ 之后停止，这里未计入操作系统加载它和处理输入输出操作所花费的时间．

令 Hello0.mmb 是在习题 20 的格式下对应于命令行"Hello"的二进制文件．（这个文件的长度是 176 字节．）那么命令行"sim Hello0.mmb"将输出"Hello, world"并在 $168\mu + 1699\upsilon$ 之后停止．

令 Hello1.mmb 是对应于命令行"sim Hello0.mmb"的二进制文件．（这个文件的长度是 5768 字节．）那么命令行"sim Hello1.mmb"将输出"Hello, world"并在 $10\,549\,\mu + 169\,505\,\upsilon$ 之后停止．

令 Hello2.mmb 是对应于命令行"sim Hello1.mmb"的二进制文件．（这个文件的长度也是 5768 字节．）那么命令行"sim Hello2.mmb"将输出"Hello, world"并在 $789\,739\,\mu + 15\,117\,686\,\upsilon$ 之后停止．

令 Hello3.mmb 是对应于命令行 "sim Hello2.mmb" 的二进制文件.（文件长度还是 5768 字节.）那么,如果我们等得足够久,命令行 "sim Hello3.mmb" 将输出 "Hello, world".

现在,我们令 recurse.mmb 是对应于命令行 "sim recurse.mmb" 的二进制文件. 那么,命令行 "sim recurse.mmb" 运行模拟程序,模拟本身,模拟本身,模拟本身……无限地进行下去. 当第 1 级模拟程序开始读取 recurse.mmb 时,首先在时刻 $3\mu + 13\upsilon$ 打开文件句柄 Infile. 当装入完成时,在时刻 $1464\mu + 16438\upsilon$ 关闭这个句柄. 第 2 级模拟程序在时刻 $1800\mu + 19689\upsilon$ 打开它,并且开始把 recurse.mmb 装入模拟的模拟的内存中. 在时刻 $99\,650\mu + 1\,484\,347\upsilon$ 再次关闭这个句柄,然后由模拟的模拟的模拟程序在时刻 $116\,999\mu + 1\,794\,455\upsilon$ 再次打开. 第 3 级模拟程序在时刻 $6\,827\,574\mu + 131\,658\,624\upsilon$ 完成装入. 第 4 级模拟程序开始于时刻 $8\,216\,888\mu + 159\,327\,275\upsilon$.

但是,递归不可能永远持续下去. 实际上,运行本身的模拟程序是一个有限状态系统,而一个有限状态系统不可能在指数级增长的区间中产生 Fopen–Fclose 事件. 最终,内存将被填满（见习题 4）,而模拟将出错. 什么时候会发生这种情况? 确切的答案不容易确定,但我们可以估计如下: 如果第 k 级模拟程序需要 n_k 个内存块来装入第 $k+1$ 级模拟程序,则 n_{k+1} 的值至多是 $4 + \lceil(2^{12} + 16 + (2^{12} + 24)n_k)/2^{12}\rceil$,且 $n_0 = 0$. 对于 $k < 30$ 我们有 $n_k = 6k$,但这个序列最终将指数地增长. 当 $k = 6066$ 时它首次超过 2^{61}. 因此,如果假设每个模拟级别引入至少为 100 的因子,那么在出现任何问题之前至少可以模拟 100^{6065} 条指令（见习题 2）.

22. 对偶 (x_k, y_k) 可以存储在追踪程序本身之后的内存中,追踪程序应该在被追踪程序的文本段中的所有其他指令之后出现.（操作系统将允许追踪例程修改文本段.）其主要思想是从追踪程序中的当前单元向前扫描,直到下一条转移指令或 GO 或 PUSH 或 POP 或 JMP 或 RESUME 或 TRIP 指令,然后用 TRIP 指令替换临时内存中的该指令. 被追踪程序的单元 #0, #10, #20, ..., #80 中的半字被改变,以便跳转到追踪例程中的适当位置. 然后追踪所有的控制转移,包括由于算术中断导致的转移. 只要这些单元的原始指令不是 RESUME,就可以通过 RESUME 指令来追踪.

人名索引

术语索引

当一条索引所指的页码包括相关习题时，请参考该习题的答案了解更多信息．习题答案的页码未编入索引，除非其中有未曾涉及的主题．

第 二 部 分

MMIX 增补

对高德纳《计算机程序设计艺术》卷 1~3 的增补

[德] 马丁·鲁克特（Martin Ruckert） 著

黄志斌 江志强 译

中文版前言

"Translations are made to bring important works of literature closer to those reading — and thinking — in a different language. The challenge of translating is finding new words, phrases, or modes of expression without changing what was said before." These were the first two sentences of the preface I wrote 2014 for *The MMIX Supplement*. I was speaking as a translator myself, translating Donald Knuth's programs from the MIX language to the MMIX language.

I think these sentences are true for the present translation as well, but a second aspect is of equal importance here: Translations of books not only bring the book closer to the reader, they also bring the reader closer to the book, like building a bridge narrows the distance in both directions. The exchange of ideas between East and West, facilitated by translations and translators, has enriched science and society on both sides over the centuries. I am especially happy to see this book now available in a Chinese edition, first because the Chinese script is the most common means of communication for a large part of the world, but second and more important, because the Chinese scientific community is—and always was—of immense significance for the development of science on a global scale. I hope that my book and its translation is a contribution, albeit small, fostering the advancement of science and mutual understanding.

München

April 2019

Martin Ruckert

"翻译是为了使重要的文献著作更贴近于不同语言的阅读和思考. 翻译中的难点是在不改变原意的情况下, 如何找到新的词汇、短语或表达方式." 这是我在 2014 年为 *The MMIX Supplement* 的前言里写的前两句话. 我是说我自己是译员, 把高德纳的程序从 MIX 语言翻译成 MMIX 语言.

我认为这两句话对中文翻译也适用, 但这里还有同样重要的一面: 图书翻译不仅使书更接近读者, 而且也使读者更接近书, 就像建造一座桥梁对两岸来说都缩短了到彼岸的距离. 在译本和译者的推动下, 东西方的思想交流在几个世纪里丰富了双方的科学和社会. 我特别高兴看到这本书现在有了中文版: 首先, 因为中文是世界上许多人最常见的交流方式; 然后, 更重要的是, 因为中国科学界对全球科学的发展具有非常重要的意义, 而且历来如此. 我希望我的书及其翻译版能对促进科学的进步和相互理解做出哪怕是微薄的贡献.

马丁·鲁克特
2019 年 4 月于慕尼黑

序

为什么有些程序员显得出类拔萃？是什么神奇的因素使得有些人能够和计算机配合得天衣无缝，达到新的业绩高峰？显然有许多不同的技巧．但经过几十年的观察，我终于相信，我所认识的顶级程序员，有一种特殊的才能极为突出，即轻松地在不同抽象层次之间恣意游走的能力．

这听起来像是一件复杂得吓人的事情，固然是抽象极了，但我认为解释起来并不太难．程序员既要处理与问题领域相关的高层次概念，又要面对与计算过程的基本步骤相关的底层概念，更何况还有两者之间的许多层次．为了表示现实世界，我们创建了由越来越简单的部件组成的结构．我们不仅需要理解这些部件是如何组合在一起的，而且还需要能够把握整体——同时从大的方面、小的方面以及中间层次理解所有的事情．我们需要能够毫不费力地理解，为什么通过对底层寄存器的增 1 操作等简单运算，就可以实现一个大型的计算任务．

为提升我们在不同层次之间游走的技能，最好的方法是经常练习．我认为最有效的举措是，每当在概念层次上实现一个复杂的算法时，都去反复推敲硬件层次上的实现细节．在《计算机程序设计艺术》卷 1 的前言中，我列出了同时讨论面向机器的细节和高层次的抽象的六个理由，我在讲解计算机科学的基本范式和算法时都兼顾了这两个方面．我现在仍然喜欢那六个理由．但回想起来，实际上我忽略了最重要的理由——教学：要教一个学生像顶尖计算机科学家那样思考，据我所知，没有什么比让他扎实地考究计算机如何实际工作更有效的方法了．要培养在不同层次之间恣意游走的能力，这种自底向上的方法似乎是最好的途径．事实上，托尼·霍尔曾经告诉我，由于机器语言的教学价值，绝不应该考虑删除有关机器语言的内容来出版《计算机程序设计艺术》的精简版．①

我特别兴奋地看到马丁·鲁克特的这本书，其中可圈可点之处极多，令人备受教益．马丁不是仅仅改编了我早期的 MIX 程序，而后按现代风格进行了重塑，他是深入到了本质，使它们焕然一新，变得清新脱俗、品味不凡．经他仔细检查过的代码，对教学艺术和程序设计艺术是个重大贡献．虽然我自己现在很少写机器语言指令，但我过去的经验对现在所做的每件事品质的提升，都起到了不可或缺的促进作用．因此，我鼓励所有严谨认真的程序员精读这本书来磨练自己的技能．

高德纳

2014 年 12 月于加利福尼亚州斯坦福

---

① 高德纳教授在《计算机程序设计艺术·卷 1：基本算法》的前言中提到：我计划出一本卷 1 至卷 5 的精简版，供大学用作本科计算机课程的参考书或教材．该精简版的内容是这 5 卷的子集，但略去了专业性较强的信息．——译者注

前　言

　　翻译是为了使重要的文献著作更贴近于不同语言的阅读和思考. 翻译中的难点是在不改变原意的情况下，如何找到新的词汇、短语或表达方式. 当翻译只是要求将一种程序设计语言替换为另一种时，你可能会认为这是一项容易的任务. 简单的编译器难道不足以完成这个工作吗？如果所翻译的程序用于机器执行，则答案是肯定的；如果所翻译的程序是用来给人类读者解释概念、想法、限制、技巧和技术的，则答案就是否定的. 高德纳的《计算机程序设计艺术》开创性地将"为数字计算机编写程序的过程"描述为"类似作诗或谱曲的审美体验"，这就提升了对翻译的期望水平，使其成为艰巨的挑战.

　　1990 年，用于阐述《计算机程序设计艺术》实现细节的虚构的 MIX 计算机已经完全过时，于是高德纳决定更换它. 新的 MMIX 计算机的设计详情最终以分册的形式出版①，替代这套丛书第 1 章中的 MIX 内容. 不可避免地，第 1 卷、第 2 卷和第 3 卷中的全部 MIX 程序都需要翻译为 MMIX 程序. 但高德纳认为，首先完成第 4 卷和第 5 卷比开始改写第 1 卷至第 3 卷更重要. 与此同时，第 4 卷规模扩大，现在将至少分三部分交付，卷 4A、4B 和 4C，其中卷 4A 已经出版②. 然而，这意味着我们必须耐心等待很久，第 1 卷的新版才能出版. ③

　　随着新的 MMIX 的推出，高德纳邀请愿意协助进行转换的程序员加入"MMIX 大师"项目，这是由弗拉迪米尔·伊万诺维奇负责协调的一个松散的志愿者组织. 然而，进展缓慢，所以在 2011 年秋天，当我接手 MMIX 主页维护任务时，决定承担所有剩余程序的翻译任务，并修改到可读的形式. 这一努力的成果就是现在这本书，它将成为通往未来的桥梁，而不是未来本身. 对那些不想为新版本再等几年的人来说，它补充了第 1 卷、第 2 卷和第 3 卷.

　　这本书不适合独立阅读，它是对另一本书的补充. 你应该把它与《计算机程序设计艺术》（简称"原作"）④一起阅读. 书中的页面引用（例如 [123]）将引导读者到原作（第 1 卷第 3 版、第 2 卷第 3 版、第 3 卷第 2 版）中 MIX 版本所在的准确页面. 每节标题后也加上了页面引用，便于对照原作内容. 此外，每次转换为 MMIX 模式之前，我还从原作上下文中引用一两句话不作改动. 我尽量保留原作的措辞，即使在 MMIX 语境下也是如此，尽可能少修改，但在确实需要改动时也不会束手束脚. 当然，原作中所有章节名称及其编号，以及图、表和公式的编号都保持不变. 这应该有助于你找到译文对应于原作的位置.

　　我假设你把这本书与原作一起阅读，严格说来，我假设你所读的原作第 1 卷是扩充了前面提到的第 1 分册的. 第 1 分册中阐述的 MMIX 计算机及其汇编语言的基本知识，对理解本书

---

① 本书第一部分即为该分册的最新中文版. ——译者注

② 《计算机程序设计艺术·卷 4A：组合算法（一）》，[美] 高德纳著，李伯民、贾洪峰译，人民邮电出版社，2019 年 6 月第 1 版. ——译者注

③ 高德纳教授于 1997 年 4 月在《计算机程序设计艺术·卷 1：基本算法》的第 3 版前言中提到：《计算机程序设计艺术》丛书尚未完稿，因此书中有些部分还带有"建设中"的图标，以向读者致歉——这部分内容还不是最新的. 我计算机中的文件里堆满了重要的材料，打算写进第 1 卷最后壮丽无比的第 4 版中，或许从现在算起还需要 15 年的时间. 但我必须先完成第 4 卷和第 5 卷，非到万不得已，我不想拖延这两卷的出版时间. ——译者注

④ 以下三本书均由人民邮电出版社出版，作者是高德纳（Donald E. Knuth）教授. ——译者注

　　《计算机程序设计艺术·卷 1：基本算法（第 3 版）》，李伯民、范明、蒋爱军译，2016 年 1 月第 1 版

　　《计算机程序设计艺术·卷 2：半数值算法（第 3 版）》，巫斌、范明译，2016 年 7 月第 1 版

　　《计算机程序设计艺术·卷 3：排序与查找（第 2 版）》，贾洪峰译，2017 年 1 月第 1 版

所介绍的内容是不可或缺的. 如果想了解每一个细节, 你应该查阅《MMIXware 文档》[*Lecture Notes in Computer Science* **1750**, Springer Verlag, 更新于 2014 年].

你也可以找到大量的在线文档. MMIX 主页 (http://mmix.cs.hm.edu) 提供了 MMIXware 软件包的完整文档和最新的源程序. 此外, 在 MMIX 主页还可以下载这些内容: 后面提到的工具, 其他有用的 MMIX 相关软件, 以及本书中的所有程序, 包括测试用例. MMIX 理论的最佳伴侣是 MMIX 实践——请下载软件, 运行程序, 自己查看.

这本书是用 TEX 排版系统写的. 为了在本书中排印 MMIX 代码, 需要使用 TEX 格式. 然而, 为了汇编和测试 MMIX 代码, 需要使用 MMIX 汇编语言源文件. 我用了一种自动转换器 (mmstotex) 生成本书中 (几乎所有) 的 TEX 代码, 这是从提交到 MMIX 汇编程序的相同的源文件中生成的. 我还为这本书专门写了一个工具 (testgen), 它结合了一组源文件, 包括程序片段和测试用例描述, 并使用库代码, 生成一系列完整的、随时可以运行的测试程序.

我十分仔细地用测试用例来验证和完善本书中的程序. 你在本书后面看到的每一行代码都由 MMIX 汇编程序检查, 以保证句法正确, 并在测试用例中至少执行过一次. 尽管我确信手工编写的 TEX 源代码不会悄悄混进错误, 但这绝不是说本书中的 MMIX 代码是全然无误的. 当然, 在这本书的大约 15 000 行代码中, 不仅可能, 而且很有可能, 隐藏着一些错误. 所以请帮助找到它们!

多亏了高德纳, 我办公室书架上有几箱子漂亮的 MMIX T 恤 (尺码是 L 和 XL), 我很乐意送给首先发现技术、排版、拼写、语法及其他错误的人一件, 只要一直不断供 (T 恤, 不是错误). MMIX 主页上会列出已经发现的错误, 所以在给我发送电子邮件之前请先检查一下.

测试用例除了能够查找错误, 也在进行代码实验的过程中给了我很多帮助, 因为我可以立即看到更改如何影响了代码的正确性和运行时间. 请使用公共测试用例来做你自己的实验. 告诉我你的发现, 不管是对代码的改进, 还是使用新的测试用例发现了隐藏的错误.

谈到实验, 当然, 尝试使用流水线元模拟程序 mmmix 是很有诱惑力的. 这种诱惑简直无法抗拒, 尤其是很容易获取现有的程序, 在流水线模拟程序上运行, 研究配置参数对运行时间的影响. 但最后, 我不得不停止在这个海阔天空的研究领域做探索, 决定暂缓关于流水线执行的讨论. 因为它会把这本小册子变成一本书, 推迟几年才能出版.

非常感谢高德纳, 他对我准备这本书给予了无微不至的帮助. 我寄到斯坦福给他的书稿在三个月后寄回时, 几乎每一页上都有几十处手写的意见. 有说排版细节的: "我将在 SIZE 和；之间添加一个 \hair." 有谈到说明[1]的问题: "不, 你必须舍弃这个标志位 0. 其他习题依赖于它 (插图 (10) 也是如此). " 还有指出错误的指令计数: "应该是 $A + 1_{[A]}$. " 以及提出建议: "是否考虑在寄存器中保存 2^b 而不是 b ? " 直接改正错误: "SRU, 否则你会传播一个 '负' 号. " 没有他, 这本书一开始就不会写; 没有他, 这本书也不会达到现在的样子. 对于仍然留存的缺点、错误和遗漏, 我承担全部责任. 但愿不会留下太多的错误, 希望你也会喜欢这本书.

马丁·鲁克特
2014 年 12 月于慕尼黑

---

[1] 这里的 "说明" (exposition) 是名词, 例如对算法的工作原理的说明. 请参阅 "风格指南" ——译者注

风格指南

1 名称

选择好名称是编写程序时最重要也是最困难的一个任务，特别是对于要公开出版发布的程序. 好的名称需要一致，所以本节从一些简单的规则开始，说明书中的名称是如何挑选出来的.

例如，小型的命名常量全部使用大写字母，比如 FACEUP. 此规则的特殊情形是记录内部的字段偏移量，[1]比如 NEXT 或 TAG（见 2.1-(1) 和 2.1-(5)）. 与地址相关联的名称，总是以大写字母开头，跟着大写或小写字母. 比如 "TOP OCTA 1F" 和 "Main SET i,0". 相反，寄存器的名称只使用小写字母，比如 x, t, new.

说明这些规则的简短示例请参阅第 240 页的习题 2.1-9 的答案. 打印子程序的地址始于名称 :PrintPile（后面会对冒号作出解释），字符串的存储位置命名为 String. 常量 #0a（即 ASCII 换行符）命名为 NL. 每个结点有 CARD 字段，其偏移量为 8，当这个字段的值装入寄存器时，这个寄存器命名为 card.

通常，算法的说明更偏向于数学性质. 在数学语言中，大多数变量只用一个字母，使用斜体，如 x, y, Q，甚至 Q', f_0, α. 在实际程序中，这些变量看起来可能像 x, y, Q, Qp, f0, alpha. 数学的单字母风格导致相当简洁的程序. 如果这个说明主要面向数学，目的是使读者相信这个算法的实现在数学上是正确的，这种风格就是适当的；如果这个程序描述了对"现实世界对象"的操作，则使用 card 或 title 之类具有更详细风格的描述性名称将提高可读性.

在这本书中，为地址、寄存器或常量选择一个特定名称的最终目的，是使得《计算机程序设计艺术》中的算法和 MIX 程序尽可能轻松地转换为 MMIX 程序.

MIX 汇编语言不能对寄存器命名，而只能对内存单元命名，这种情况导致了一些困难. 此外，名称只能由大写字母组成. 因此当一个算法提到变量 X 时，这就暗示着，如果相应的 MIX 程序使用了 X，则它命名了一个存储着变量 X 的值的内存单元. 在 MMIX 程序中，内存单元的名称非常罕见，因为所有的加载和存储指令都需要寄存器来计算目标地址. 因此，很可能在相应的 MMIX 程序中找不到 X；相反，将找到一个名称为 x 的寄存器，包含了变量 X 驻留的内存单元的地址. 更进一步，通常不需要将变量 X 的值存储在内存中，而是在整个程序或子程序中，只要把 X 的值保存在寄存器 x 中就完全足够了. 例如，再次考虑习题 2.1-9 的答案. 原作第 1 卷第 425 页的 MIX 程序的语句：

```
LD2    0,2(NEXT)      置 X ← NEXT(X).
```

现在转换为 MMIX 程序的以下语句：

```
LDOU   x,x,NEXT       置 X ← NEXT(X).
```

---

① 记录（record）和字段（field）是专有名词，请参阅原作第 2 卷第 187-189 页. ——译者注

2　临时变量

有一个特殊的变量, 命名为 t, 用作临时变量 (temporary variable, 因此命名为 t). 它用于将中间值从一条指令传递到下一条指令, 给它一个单独的名称没有任何好处[①]. 在少数情况下, 在算法的说明中已经使用了名称 t, 则临时变量命名为 x.

专用寄存器的编号与寄存器的名称通常是不相关的. 然而, 与 PUSHJ 指令相关的所有命名的局部寄存器的编号都比 t 小, 以保证子程序调用 "PUSHJ t,..." 不会破坏它们中的任何一个, 除了保存返回值的寄存器 t.

3　索引变量

用于索引数组的变量属于一个特殊类. 如果一个算法的说明中引用了 x_i (其中 $1 \leq i \leq n$), 我们可以期待这个算法的实现中会有以下寄存器: 寄存器 xi (x_i 的值)、寄存器 x (数组的地址) 和寄存器 i (索引). 然而, 通常情况下, 在寄存器 i 中保存以下表达式的值会更方便: $8 \times i$ (x_i 相对于 $\text{LOC}(x_0)$ 的偏移量), 或者 $8 \times (i-1)$ (x_i 相对于 $\text{LOC}(x_1)$ 的偏移量), 甚至是 $8 \times (i-n)$ (x_i 相对于 $\text{LOC}(x_n)$ 的偏移量). 在后者的情况下 (见下文), 将寄存器 x 所保存的值从 x 改变为 x+8n 也会更方便. 在所有这些情况下, 使用 x (不是 X) 和 i (不是 i) 会提醒读者, 寄存器 x 和 i 不是恰好对应于变量 X 和 i. 一个简短的例子见第 274 页的习题 4.3.1–25 的答案.

4　寄存器编号

通常, 最好避免使用寄存器编号, 而是使用寄存器名称. 不过, 也有一些例外.

当使用 TRIP 和 TRAP 指令时, 寄存器 \$255 有一个特殊的用途: 它用作参数寄存器. 对于程序的读者来说, 存储在 \$255 中的值有一些有用的信息: 它将作为下一个 TRAP 或 TRIP 的参数. 不应该通过使用 \$255 的别名来隐藏此信息. 同样, 我们可以通过使用 \$255 来显式地使用 TRAP 或 TRIP 的返回值. 例如, 见第 133 页的程序 1.3.3A.

此外, 在执行最后的 POP 指令之前, 函数的返回值必须存储到寄存器 \$0 中. 我们可以通过其编号识别寄存器, 使得返回值的赋值可见. 再次参见习题 4.3.1–25 的答案.

然而, 2.2.5 节的程序是特殊的: 受限于协程的非常简单的实现, 该程序只能使用局部寄存器作为临时变量. 因此, 没有必要给它们取名字.

5　局部名称空间

如果某个程序有多个子程序, 则名称冲突将不可避免——除非使用伪指令 PREFIX. 在本书中, 每个子程序都有自己的名称空间, 它以 "PREFIX :*name*:" 开始, 这里 *name* 就是这个子程序本身的名称. (例如, 见第 278 页的习题 5–7 的答案.)

为什么使用两个冒号, 在 "*name*" 前后各一个, 这需要一个解释. 如果没有第一个冒号, "*name*:" 将添加到当前前缀, 导致越来越长的前缀, 除非前缀定期地被 "PREFIX :" 重置. 在 "*name*" 之前添加冒号是更安全、更方便的选择. 为了解释第二个冒号, 想象在 "PREFIX :Out" 之后使用 (未定义的) 标签 "Put", 那么 MMIXAL 会抱怨有一个未定义的符号

[①] 也就是说, 所有的临时变量共用一个名称 t, 而没有单独的名称. ——译者注

"OutPut". 在很长的程序中，这个错误可能很难诊断. 有可能是 "Output" 拼错了吗?[1] 如果程序中包含一个不相关的全局符号 "OutPut"，那么追踪这样的错误就变得非常困难，因为 MMIXAL 会在不知不觉中使用它. "$name$" 后面的冒号可以防止 MMIXAL 混淆全局名称和局部名称，并且使得错误信息（比如对 "Out:Put" 的抱怨）更具可读性.

为了避免调用代码中笨拙的 :$name$:$name$，子程序的入口点标记为 :$name$，使其成为全局名称. 一个简短的例子是习题 4.3.1–25 的答案中的 ShiftLeft 子程序. 入口点通常是在子程序中定义的唯一的全局名称. 然而，子程序可能使用一些在别处定义的全局名称，以引用其他子程序、全局寄存器或专用寄存器（比如 :rJ）. 在这些情况下，名称前面的附加冒号是一个有用的提示，表明该名称属于全局实体. 作为附加的好处，我们可以写 "rJ IS $0" 并使用 rJ 来保持 :rJ 的局部副本.

对于多个子程序来说，联合名称空间并不典型，但偶尔有用. 例如，在 2.2.5 节的模拟程序中，例程 Insert 和 Delete（第 158 页第 059–072 行）共享同一个的名称空间.

要离开局部名称空间并返回到全局名称空间，简单地使用 "PREFIX :" 就可以了.

因为名称空间仅仅是一个技术问题，所以在本书中的大多数程序清单中都没有显示 PREFIX 指令.

6 指令计数

为了分析算法，在程序显示中添加了一列指令计数. 显示指令计数[2]而不是时钟周期计数，是因为前者更可读并且没有简单的方法来确定后者. 对于像 MMIX 这样的超标量流水线处理器，每个指令的时钟周期数取决于许多因素. MMIX 可以配置为模拟各种各样的处理器，这使问题更加复杂化. 因此，运行时间使用 v 和 μ 来近似表示，其中 $1v$ 大约为一个时钟周期，而 1μ 是对主存储器的一次访问时间. 大多数 MMIX 指令需要 $1v$，最重要的例外是装入指令和存储指令（$1v + 1\mu$），以及乘法指令（$10v$）、除法指令（$60v$）和大多数浮点指令（$4v$），还有 POP 指令（$3v$）、TRIP 指令（$5v$）和 TRAP 指令（$5v$）.

对于转移指令，在方括号中给出猜测错误的次数. 于是，$m_{[n]}$ 表示一条转移指令执行 m 次，其中猜测错误时执行 n 次（猜测正确时执行 $m - n$ 次）. 它的总运行时间为 $(m + 2n)v$.

通常，代码是作为子程序呈现的. 在这种情况下，"调用开销"——参数的赋值、PUSHJ 和最后的 POP——不包括在总运行时间的计算中. 在调用开销占运行时间的很大百分比的情况下，可以内联展开子程序代码（例如，见第 260 页的习题 2.5–27 的解答的 FindTag 子程序）.

然而，如果正在检查的子程序本身是子程序的调用者，则被调用的子程序（包括其调用开销）将包括在总计数中. 递归例程是特殊情况. 此时，PUSHJ 指令和 POP 指令必须被计数而不能省略. 此外，不把最后的 POP 包括在总计数中是令人困惑的，因为这将违反基尔霍夫定律. 然而，最初的 PUSHJ 指令没有显示出来，也没有被计数.

---

[1] "OutPut" 和 "Output"，字母 "p" 的大小写不同. 而 MMIX 的标识符是区分大小写的. ——译者注

[2] 实际上，显示的是行计数. 在多条指令共享一行代码的罕见情况下，如果把多条指令视为一次计数的单个复杂指令，则指令计数更可读.

程序设计技术

1 索引变量

许多算法遍历在内存中顺序分配的信息结构. 我们假设 n 个数据项 $a_0, a_1, \ldots, a_{n-1}$ 的序列是顺序存储的. 进一步假设每个数据项占用 8 个字节, 并且第一个元素 a_0 存储在地址 A, 而 a_i 的地址是 $A + 8i$. 对于 $0 \le i < n$, 为了把 a_i 从内存加载到寄存器 ai, 我们需要一个合适的基址, 因此假设在寄存器 a 中有 $A = \text{LOC}(a_0)$. 然后我们可以编写 "8ADDU t,i,a; LDO ai,t,0" 或者 "SL t,i,3; LDO ai,a,t". 如果这个操作对所有 i 都是必需的, 那么按如下方式维护包含 $8i$ 的寄存器 i 更为有效:

```
        SET    i,0         i ← 0.
        LDO    ai,a,i      装入 ai.
        ADD    i,i,8       推进到下一个元素: i ← i + 1. ▮
        ...
```

注意, 当 i 推进 1 时, i 推进 8.

与大多数计算机体系结构一样, MMIX 的转移指令直接支持对零的测试, 因此, 如果索引变量朝 0 而不是朝 n 运行, 则循环将变得更有效. 循环可以采用以下形式:

```
        SL     i,n,3       i ← n.
OH      SUB    i,i,8       推进到下一个元素: i ← i − 1.
        LDO    ai,a,i      装入 ai.
        ...
        PBP    i,0B        当 i > 0 时继续. ▮
```

在上面的程序中, 按降序遍历数据项. 如果算法要求按升序遍历, 那么把 a_n 的地址 $A + 8n$ 保存在寄存器 an 中作为新的基址, 并按照下面的代码从 $-8n$ 到 -8 运用索引寄存器 i 更为有效:

```
        8ADDU  an,n,a      an ← A + 8n.
        SUBU   i,a,an      i ← 0 ( 或者 i ← −8n ).
OH      LDO    ai,an,i     ai ← ai.
        ...
        ADD    i,i,8       推进到下一个元素: i ← i + 1.
        PBN    i,0B        当 i < n 时继续. ▮
```

如果 a 仅用于计算 $A + 8n$, 则可以编写 "8ADDU a,n,a" 并且重用寄存器 a 来保存 $A + 8n$. 装入 a_i, 然后恢复漂亮的 "LDO ai,a,i" 形式, 而不需要 an. 例如, 见第 186 页的程序 4.3.1S.

当计算机科学家枚举 n 个元素时, 他们说 "$a_0, a_1, a_2, \ldots$", 从索引 0 开始. 当数学家 (以及大多数其他人) 枚举 n 个元素时, 他们说 "$a_1, a_2, a_3, \ldots$", 从索引 1 开始. 然而, 当这样的元素序列作为参数传递给子程序时, 通常会传递第一个元素 $\text{LOC}(a_1)$ 的地址. 如果这个地址保持在寄存器 a 中, 则 a_i 的地址现在是 $a + 8(i-1)$. 为了有效地把 a_i 装入到寄存器 ai 中, 我们有两个选择: 或者调整寄存器 a, 用 "SUBU a,a,8" 来实现 $a \leftarrow \text{LOC}(a_0)$; 或者在寄存器 i 中保持 $8(i-1)$ 的值, 用 "SET i,0" 来实现 $i \leftarrow 1$. 在这两种情况下, 我们都可以编写 "LDO ai,a,i" 来装入 $ai \leftarrow a_i$.

这些技术可以有许多变体, 一个重要的好例子是第 197 页的程序 5.2.1S.

2　字段

让我们进一步假设刚才考虑的数据元素 a_i 是由三个字段构成的，包含两个短字和一个半字，就像这样：

左（LEFT）	右（RIGHT）	键（KEY）

然后，可以按如下方式重用字段名来方便地定义字段的偏移量：

```
LEFT    IS    0        LEFT 的偏移量
RIGHT   IS    2        RIGHT 的偏移量
KEY     IS    4        KEY 的偏移量
```

在这些行中只给出非常少的信息，因此在程序的显示中通常不会给出这些定义.

计算 a_i 的（比如说）KEY 字段的地址需要两个加法（即 $A + 8i + KEY$），其中只有一个必须在关于 i 的循环内部完成. 量 $A + KEY$ 可以预先计算并保存在名为 key 的寄存器中. 这简化了 $KEY(a_i)$ 的装入，如下所示：

```
ADDU   key,a,KEY      key ← A + KEY.
...                   关于 i 的循环（i = 8i）.
LDT    k,key,i        k ← KEY(a_i).  ▮
```

3　相对地址

在更一般的设置中，这个技术可以应用于相对地址. 假设其中一个数据项 a_i 是由它相对于某个基址 BASE 的相对地址 $P = LOC(a_i) - BASE$ 给出的.

然后，如果 P 在寄存器 p 中并且 $BASE + KEY$ 在寄存器 key 中，那么 $KEY(a_i)$ 可以通过单条指令"LDT k,key,p"装入.

虽然在 MMIX 的内存中绝对地址总是需要 8 字节，但是相对地址能够仅使用 4 字节、2 字节或 1 字节来存储，这使得信息结构的打包更加紧密，并减少了处理大量链接的应用程序的内存占用. 使用这种技术，可以像绝对地址一样有效地使用相对地址.

4　使用指针的低阶二进制位（"比特填塞"）

现代计算机对原始数据类型的可能地址施加对齐限制. 对于 MMIX，OCTA 只能从 8 的倍数地址开始，TETRA 需要 4 的倍数，WYDE 需要偶数地址. 因此，数据结构通常是全字对齐的，因为它们包含一个或多个 OCTA 字段——例如，在一个链接字段中保存一个绝对地址. 反过来，这些链接字段也对齐到 8 的倍数. 换句话说，它们的 3 个低阶二进制位都是零. 这些宝贵的二进制位可以用作标记位，标记指针以指示指针本身或它指向的数据项具有某些特殊属性. 通过忽略装入和存储指令中地址的低阶二进制位，MMIX 进一步简化了作为标记的这些二进制位的使用. 这种约定并不适用于所有的 CPU 体系结构. 尽管如此，在此类计算机上，这些二进制位仍可用作标记，只需在把链接字段作为地址使用之前将它们屏蔽为零.

需要区分三种不同的用途. 第一，链接中的标记位可能包含有关它链接到的数据项的一些附加信息. 第二，它可以告诉你包含此链接的数据项是什么. 第三，它可能会披露链接本身的信息.

第一种用途的例子是 2.2.6 节中二维稀疏数组的实现. 在这里，每行（或每列）的非零元素形成一个固定在特殊表头结点中的循环链接表. 可以使用其中一个链接字段中的某一个二进制位来标记每个头结点，但是把这些信息放入指向头结点的链接更方便．一旦知道到某一行的下一个结点的链接，一条指令就足以测试头结点，例如第 249 页的程序 2.2.6S 的实现：

```
S3  LDOU  q0,q0,UP      S3. 寻找新行.  Q0 ← UP(Q0).
    BOD   q0,9F         如果 Q0 是奇数则退出. ∎
```

如果头结点在它本身的 UP 链接中使用一个标记位进行标记，那么将需要一个额外的装入指令：

```
S3  LDOU  q0,q0,UP      S3. 寻找新行.  Q0 ← UP(Q0).
    LDOU  t,q0,UP       t ← UP(Q0).
    BOD   t,9F          如果 TAG(Q0) = 1 则退出. ∎
```

这种方法的最大缺点是，似乎需要在程序运行期间维护指向头结点的所有链接中的所有标记位．然而，仔细观察类似于算法 2.2.6S 的程序执行的操作就会发现，它插入和删除矩阵元素，但从不删除或创建头结点．插入或删除矩阵元素只会复制现有的链接值，因此，不需要特殊编码来维护指向头结点的链接中的标记位．

第二种（更常见的）标记字段的用途如第 256 页习题 2.3.5–4 的答案所示．ALINK 字段的最低有效位用于标记可访问结点，BLINK 字段的最低有效位用于区分原子结点和非原子结点．以下代码片段是测试和设置这些标记位的典型代码：

```
E2  LDOU  x,p,ALINK     E2. 标记 P.
    OR    x,x,1
    STOU  x,p,ALINK     MARK(P) ← 1.
E3  LDOU  x,p,BLINK     E3. 原子?
    PBEV  x,E4          如果 ATOM(P) = 0 则跳转. ∎
```

可以在第 152 页的习题 2.2.3–26 中看到标记位用途的有趣变种．在这里，数据结构要求在内存中按顺序分配链接的可变长度列表．不是把列表的长度编码为数据结构的一部分，而是通过设置一个标记位来标记此结构的最后一个链接．这种安排导致列表遍历的代码非常简单．

作为最后一个例子，考虑 2.3.1 节的线索二叉树实现中使用的标记位．这里，结点的 RIGHT 和 LEFT 字段可能包含指向左或右子树的"向下"链接，也可能包含指向父结点的"线索"或"向上"链接．（例如，见原作第 1 卷第 257 页的 2.3.1–(10).）在树中，对于同一个结点，通常同时存在"向上"和"向下"链接．因此，标记显然是链接而不是结点的属性．按照算法 2.3.1S 步骤 S2 的要求，沿着线索二叉树的左分支向下搜索，"如果 LTAG(Q) = 0，置 Q ← LLINK(Q) 并重复此步骤"，可以采用以下简单形式：

```
0H  SET   q,p            置 Q ← LLINK(Q) 并且重复步骤 S2.
S2  LDOU  p,q,LLINK      S2. 向左搜索.  p ← LLINK(Q).
    PBEV  p,0B           如果 LTAG(Q) = 0 则跳转. ∎
```

5　循环展开

上一节末尾显示的循环有一个没有计算值的 SET 操作，当代码从一次迭代推进到下一次迭代时，它只是重新组织数据．可以通过展开小循环，或者在最简单的情况下将代码加倍，来消除这些代码，从而获得显著的好处．将循环加倍会添加循环的第二个副本，其中寄存器 p 和 q 交换角色．这导致

```
       S2  LDOU  p,q,LLINK      S2. 向左搜索.  P ← LLINK(Q).
           BOD   p,1F           如果 LTAG(Q) ≠ 0 则退出循环.
           LDOU  q,p,LLINK      S2. 向左搜索.  Q ← LLINK(P).
           PBEV  q,S2           如果 LTAG(P) = 0 则重复步骤 S2.
           SET   q,p            此时, p 和 q 交换角色.
       1H  IS    @
```

新循环每次迭代需要 $2v$ 而不是 $3v$. 例如, 见第 282 页习题 5.2.1-33 的答案. 此外, 第 218 页的程序 6.1Q′ 说明了循环展开如何有利于保持计数器变量的循环, 而第 299 页习题 6.2.1-10 的答案说明了如何通过少量固定次数的迭代完全展开循环.

6　子程序

子程序的代码通常以其栈帧、包括参数和局部变量的存储区域的定义开始. 使用 MMIX 寄存器栈, 大多数子程序就可以列出并命名适当的局部寄存器. 一旦定义了栈帧, 后面就跟着组成子程序主体的指令. 第一条指令的标号是子程序名称——通常前面加一个冒号使其成为全局的. 最后一条指令是 POP. 简单的例子见第 242 页习题 2.2.3-2 的答案或者第 278 页习题 5-7 的答案.

子程序调用.　调用子程序需要三个步骤: 传递参数、传递控制和处理返回值. 在最简单的情况下, 如果没有参数和返回值, 则通过一条 "PUSHJ \$X,YZ" 指令和一条匹配的 POP 指令来完成控制传递. 剩下的问题是选择寄存器 \$X, 使得子程序调用将保留属于调用方栈帧的寄存器的值. 为此, 本书中的子程序将定义一个名为 t 的局部寄存器, 使得所有其他命名的局部寄存器的编号都小于 t. 除了在调用子程序中的作用外, t 还用作临时变量. 子程序调用的典型形式是 "PUSHJ t,YZ".

如果子程序有 $n > 0$ 个参数, 则参数值的寄存器可以引用为 t+1, t+2, ..., t+n. 一个简单的例子是程序 2.3.1T, 它调用两个函数 Inorder 和 Visit, 如下所示:

```
       T3  LDOU   t+1,p,LLINK    T3. 栈 ⇐ P.
           SET    t+2,visit
           PUSHJ  t,:Inorder     调用 Inorder(LLINK(P),Visit).
       T5  SET    t+1,p          T5. 访问 P.
           PUSHGO t,visit,0      调用 Visit(P).
```

在子程序将控制权转移回调用方之后, 它可以使用返回值. 如果子程序没有返回值, 则寄存器 t (以及所有寄存器编号较高的寄存器) 将是边缘寄存器, 对它的引用将产生零. 否则, t 将保留主返回值, 进一步的返回值将位于寄存器 t+1, t+2, ... 中. 第 260 页习题 2.5-27 的答案中的函数 FindTag 是具有三个返回值的函数的示例.

嵌套调用.　如果一个函数的返回值作为下一个函数的参数, 那么刚刚描述的模式需要进行一些修改. 最好不要将第一个函数的返回值放在寄存器 t 中, 而是直接放在第二个函数的参数寄存器中. 因此, 我们必须调整第一个函数调用. 例如, 第 169 页 2.3.2 节的 Mul 函数, 需要计算 Q1 ← Mult(Q1,Copy(P2)), 像下面这样就行了:

```
           SET    t+1,q1         t+1 ← Q1.
           SET    t+3,p2
           PUSHJ  t+2,:Copy      t+2 ← Copy(P2).
           PUSHJ  t,:Mult
```

```
SET    q1,t              Q1 ← Mult(Q1,Copy(P2)).
```

习题 2.3.2–15 的 Div 函数，它计算稍微复杂的公式

$$Q ← Tree2(Mult(Copy(P1),Q),Tree2(Copy(P2),Allocate(),"↑"),"/"),$$

包含更多嵌套函数调用示例（也见习题 2.3.2–16 的 Pwr 函数）.

嵌套子程序.　如果一个子程序调用另一个子程序，我们就把这种情况称为嵌套子程序. MMIX 程序设计最常见的错误是失败于保存和恢复 rJ 寄存器. 在子程序的开头，专用寄存器 rJ 包含 POP 指令的返回地址. 它将被下一个 PUSHJ 指令重写，因此，如果下一个 PUSHJ 出现在 POP 之前，则必须保存它.

保存和恢复 rJ 有两个首选位置：以 GET 指令启动子程序，把 rJ 保存在局部寄存器中，并且以 PUT 指令结束子程序，恰好在终止的 POP 指令之前恢复 rJ；或者，如果子程序只包含单个 PUSHJ 指令，则恰好在 PUSHJ 之前保存 rJ，然后在 PUSHJ 后立即恢复它. 第一种方法的示例是 2.3.2 节中的 Mult 函数，第二种方法由同一节中的 Tree2 函数说明. 如果子程序使用 PREFIX 指令创建局部名称空间，则可以简单地把 ":rJ" 的本地副本称为 "rJ"，这是本书中使用的命名约定.

尾调用优化.　2.3.2 节的 Mult 函数以另一个原因成为有趣的例子：它使用了称为"尾调用优化"的优化. 如果子程序以子程序调用结束，并且内部子程序的返回值已经是外部子程序的返回值，则外部子程序的栈帧可以重新用于内部子程序，因为在调用内部子程序之后不再需要它. 从技术上讲，这是通过把参数移动到现有栈帧内的正确位置，然后使用跳转或转移指令把控制转移到内部子程序来实现的. 然后，内部子程序的 POP 指令将直接返回到外部子程序的调用方. 因此，当函数 Mult(u,v) 想要返回 Tree2(u,v,"×") 时，u 和 v 已经就位，并且 "GETA v+1,:Mul" 初始化了第三个参数. 然后 "BNZ t,:Tree2" 把控制权转移到 Tree2 函数，它把结果直接返回给 Mult 的调用方.

这种优化的一个特殊情形是"尾部递归优化". 在这里，子程序的最后一个调用是对子程序本身的递归调用. 应用这个优化将消除与递归相关的开销，将递归调用转换为简单循环. 例如，见第 203 页的程序 5.2.2Q，它使用 PUSHJ 和 JMP 调用递归部分 Q2.

7　报告错误

没有良好的错误处理，就没有良好的程序. 标准情形是在执行子程序时发现错误. 如果错误足够严重，最好发出错误消息并立即终止程序. 但是，在大多数情况下，应该将错误报告给调用程序进行进一步处理.

最常见的错误报告形式是特殊返回值的规范. 例如，大多数 UNIX 系统调用在出错时返回负值，在成功时返回非负值. 这个模式的优点是可以用一条指令来完成负值的测试，这条指令不仅可以由 MMIX 完成，而且可以由大多数 CPU 完成. 另一个常见的错误返回值是零，它同样可以很好地测试. 例如，返回地址的函数通常使用零作为错误返回，因为地址通常被认为是无符号的，而有效地址跨越了可能返回值的整个范围. 此外，在大多数情况下，以一种从有效地址范围中排除零的方式来安排事情是很简单的.

MMIX 提供了两种从子程序返回零的方法：两条指令 "SET $0,0; POP 1,0" 将执行该任务，但仅仅 "POP 0,0" 就足够了. 第二种形式把期望要包含返回值的寄存器转换成一个边缘寄存器，而读取一个边缘寄存器将得到零.（例如，见第 243 页习题 2.2.3–4 的答案.）

MMIX 的 POP 指令使得另一种形式的错误报告非常有吸引力: 常规返回和错误返回使用不同的子程序出口 (例如, 见第 242 页习题 2.2.3–3 及其答案). 如果出现错误, 子程序将以 "POP 0,0" 结尾, 如果成功, 则以 "POP 1,1" 结尾; 如果出现错误, 则将控制返回到紧跟着 PUSHJ 后面的指令, 否则返回到 PUSHJ 后面的第二条指令. 然后调用序列必须恰好在 PUSHJ 之后插入一个跳转到错误处理程序的跳转指令, 而正常控制流继续执行跳转指令之后的指令. 这种方法的优点是双重的. 首先, 正常控制路径的执行速度更快, 因为它不再包含用于测试返回值的转移指令. 其次, 这种程序设计风格强迫调用程序提供显式的错误处理, 简单地跳过测试错误返回将不再有效.

第 1 章 基本概念

1.3.3 排列的应用

[131]①

在这一小节，我们将给出其他几个 MMIX 程序的例子，同时介绍排列的若干重要性质. 这些探讨也会引出计算机程序设计中某些有趣的一般性问题.

[134]

MMIX 程序. 为了在 MMIX 上实现上述算法，可以用一个 BYTE 的符号位作为"标记". 假定输入是一个 ASCII 文本文件，文件中的字符在 0 到 #7F 之间，每个字符可能为下列四者之一：(a) "("，表示一个循环开始的左括号；(b) ")"，表示一个循环终结的右括号；(c) 0 到 #20 之间可忽略的格式化字符；(d) 任何其他字符，代表进行排列的元素. 例如，式 (6) 可以用以下两行表示：

(ACFG) (BCD)

(AED) (FADE) (BGFAE)

我们的程序将以相同的格式输出答案.

程序 A （循环形式排列的乘法）. 这个程序实现算法 A，同时它也预先安排了输入和输出，以及消除单元素循环. 但是，它不检查输入中的错误.

```
01              LOC     Data_Segment
02              GREG    @
03      MAXP    IS      #2000                   排列的最大数量
04      InArg   OCTA    Buffer,MAXP             Fread 的变元
05      Buffer  BYTE    0                       输入和输出的区域
06      left    GREG    '('
07      right   GREG    ')'
08              LOC     #100
09      base    IS      $0                      排列的基址
10      k       IS      $1                      输入的索引
11      j       IS      $2                      输出的索引
12      x       IS      $4                      某个排列
13      current IS      $5
14      start   IS      $6
15      size    IS      $7
16      t       IS      $8
17      Main    LDA     $255,InArg              准备输入.
18              TRAP    0,Fread,StdIn           读取输入.
19              SET     size,$255
```

---

① 此处及以后各处（还有以后各页页眉处）中括号内数字为原作页码，含义在第 122 页第 4 自然段解释. ——编者注

20		INCL	size,MAXP		size ← \$255 + MAXP.
21		BNP	size,Fail		检查输入是否正常.
22		LDA	base,Buffer		
23		ADDU	base,base,size		base ← Buffer + size.
24		NEG	k,size	1	*A1. 第一遍扫描.*
25	2H	LDBU	current,k,base	A	取下一个输入元素.
26		CMP	t,current,#20	A	
27		CSNP	current,t,0	A	把格式化字符置为零.
28		STB	current,k,base	A	
29		CSZ	start,start,current		
30		CMP	t,current,'('	A	是 "(" 吗?
31		PBNZ	t,1F	$A_{[B]}$	
32		ORL	current,#80	B	如果是, 标记它.
33		STBU	current,k,base	B	
34		SET	start,0	B	把 START 置为零.
35		JMP	0F	B	
36	1H	CMP	t,current,')'	$A-B$	是 ")" 吗?
37		PBNZ	t,0F	$A-B$	
38		ORL	start,#80	D	
39		STBU	start,k,base	D	用带标记的 START 代替 ")".
40	0H	ADD	k,k,1	C	
41		PBN	k,2B	$C_{[1]}$	已经处理完所有元素吗?
42		SET	j,0	1	
43	Open	NEG	k,size	E	*A2. 开始循环.*
44	1H	LDB	x,k,base	F	寻找未标记的元素.
45		PBP	x,Go	$F_{[G]}$	
46		ADD	k,k,1	G	
47		PBN	k,1B	$G_{[1]}$	
48	Done	BNZ	j,0F		答案是恒等排列吗?
49		STB	left,base,0		如果是, 改为 "()".
50		STB	right,base,1		
51		SET	j,2		
52	0H	SET	t,#0a		添加换行符.
53		STB	t,base,j		
54		ADD	j,j,1		
55		SET	t,0		终止字符串.
56		STB	t,base,j		
57		SET	\$255,base		
58		TRAP	0,Fputs,StdOut		打印答案.
59		SET	\$255,0		
60	Fail	TRAP	0,Halt,0		停止程序.
61	Go	STB	left,base,j	H	输出 "(".
62		ADD	j,j,1	H	
63		STBU	x,base,j	H	输出 X.
64		ADD	j,j,1	H	
65		SET	start,x	H	
66	Succ	ORL	x,#80	J	

67		STBU	x,k,base	J	标记 X.
68	3H	ADD	k,k,1	J	*A3. 置 CURRENT.*
69		LDBU	current,k,base	J	
70		ANDNL	current,#80	J	取消标记.
71		PBNZ	current,1F	$J_{[0]}$	跳过空白字符.
72		JMP	3B	0	
73	5H	STBU	current,base,j	Q	输出 CURRENT.
74		ADD	j,j,1	Q	
75		NEG	k,size	Q	再次扫描输入式.
76	4H	LDBU	x,k,base	K	*A4. 扫描输入式.*
77		ANDNL	x,#80	K	取消标记.
78		CMP	t,x,current	K	
79		BZ	t,Succ	$K_{[K+J-L]}$	
80	1H	ADD	k,k,1	L	右移一步.
81		PBN	k,4B	$L_{[P]}$	是输入式的结束吗?
82		CMP	t,start,current	P	*A5. CURRENT ≠ START.*
83		PBNZ	t,5B	$P_{[R]}$	
84		STBU	right,base,j	R	*A6. 完成循环.*
85		SUB	j,j,2	R	删去单元素循环.
86		LDB	t,base,j	R	
87		CMP	t,t,'('	R	
88		BZ	t,Open	$R_{[R-S]}$	
89		ADD	j,j,3	S	
90		JMP	Open	S	▮

这个大约有 74 条指令的程序比前一小节的几个程序长得多, 其实比本书中我们将要见到的大多数程序也要长. 不过它的长度并不吓人, 因为它分为几个完全独立的小部分. 第 17–23 行读取输入文件; 第 24–41 行完成算法的步骤 A1, 对输入做预处理; 第 42–47 行和第 61–90 行执行算法的主要任务; 第 48–60 行输出答案.

[*137*]

计时. 对于程序 A 中同输入输出无关的部分, 我们已经给出频率计数, 就像在程序 1.3.2M 所做的那样. 例如, 第 34 行应该执行 B 次. 为方便起见, 我们假定在输入中不出现格式化字符. 在这个假设下, 第 72 行实际不会执行.

通过简单的加法, 可知程序执行的总时间为

$$(6 + 9A + 4B + 2C + 4D + E + 2F + 4G + 5H + 8J + 3Q + 6K + 4P + 9R)v, \qquad (7)$$

加上输入和输出的时间. 为了理解式 (7) 的含义, 我们需要研究 $A, B, C, D, E, F, G, H, J, K, P, Q, R$ (执行时间不依赖于 S 和 L) 这 13 个未知量, 并且必须把它们同输入的相应特征联系起来. 现在我们来说明处理这类问题的一般原则.

首先, 我们应用电路理论中的"基尔霍夫第一定律": 一条指令执行的次数必须等于转移到这条指令的次数. 这条看起来很明显的法则时常以一种不明显的方式把若干量联系在一起. 分析程序 A 的流程, 我们得出下列等式:

从程序行	我们推出
24, 25, 41	$A = 1 + (C - 1)$
35, 37, 39, 40	$C = B + (A - B - D) + D$
42, 43, 88, 90	$E = 1 + R$
43, 44, 47	$F = E + (G - 1)$
45, 60, 61	$H = F - G$
65, 66, 79	$J = H + (K - L + J)$
75, 76, 81	$K = Q + (L - P)$
72, 73, 83	$R = P - Q$

$$\cdots$$

下一步是把变量与数据的重要特征进行配对. 我们由第 24, 40 行发现

$$C = 输入文件的大小 = X. \tag{9}$$

由第 32 行,

$$B = 输入中 "(" 的数目 = 输入中循环的数目. \tag{10}$$

同样, 由第 38 行,

$$D = 输入中 ")" 的数目 = 输入中循环的数目. \tag{11}$$

现在 (10) 和 (11) 给出一个不能由基尔霍夫第一定律推出的结论:

$$B = D. \tag{12}$$

由第 61 行,

$$H = 输出中循环的数目（包括单元素循环）. \tag{13}$$

第 84 行说明 R 也等于这个量. 不过, 这里 $H = R$ 的结论是可以由基尔霍夫第一定律推出的, 因为它已经出现在式 (8) 中.

利用每个非格式化字符最后都会得到标记的这个事实, 由第 33, 39, 67 行, 我们求出

$$J = Y - 2B, \tag{14}$$

其中 Y 是在输入排列中出现的非格式化字符的数目. 在输入排列中出现的每个不同的元素恰好写到输出中一次, 或者在第 63 行, 或者在第 73 行. 从这个事实, 我们得到

$$P = H + Q = 输入中不同元素的数目. \tag{15}$$

（见式 (8).）稍加思索, 这个结果也能从第 82 行得出.

显然, 至今我们已经解释的 B, C, H, J, P 这几个量实际上是独立的参量, 可能会列入程序 A 的计时中.

到目前为止, 我们已经获得多数结果, 只剩下未知量 G 和 L 有待分析. 对于这两个量, 我们必须用一点巧劲. 从第 43 行和第 75 行开始的输入扫描, 总是在第 48 行（最后一次）或者在第 82 行终结. 在这 $P + 1$ 个循环的每一个循环期间, 指令 "ADD k,k,1" 执行 C 次. 该指令仅出现在第 46, 68, 80 行, 所以我们得到把未知量 G 和 L 联系起来的重要关系

$$G + J + L = C(P + 1) \tag{17}$$

幸好运行时间 (7) 是 $G+L$ 的函数（它包含 $\cdots +2F+4G+6K+\cdots = \cdots +6G+\cdots +6L+\cdots$），所以我们无须特意对 G 和 L 这两个量再做任何分析.

综合所有结果，我们求出，不计输入输出在内的程序执行总时间为

$$(6NX + 17X + 4M + 2Y + 8U + 7N + 7)v. \tag{18}$$

上式中用到的数据特性的新名称如下：

$$
\begin{aligned}
X &= \text{输入字符的数目,}\\
Y &= \text{输入中非格式化字符的数目,}\\
M &= \text{输入中循环的数目,}\\
N &= \text{输入中不同元素名的数目,}\\
U &= \text{输出中循环的数目（包括单元素循环）.}
\end{aligned} \tag{19}
$$

我们发现，用这种方法分析程序 A 这样的问题，在许多方面类似于求解有趣的谜题.

我们在下面将要证明，如果假定输出排列是随机的，那么量 U 的平均值将等于 H_N.

[140]

现在让我们根据这个新算法编写一个 MMIX 程序. ……解决这个问题，有一种简单办法：使表 T 足够大，以便我们可以直接使用元素 x_i 作为索引. 在本例中，可能的元素范围是从 $^\#21$ 到 $^\#7F$，这会是一个中等大小的表.

程序 B （同程序 A 的结果一样）.

01		LOC	Data_Segment		
02	table	GREG	@-#21		table $\leftarrow$ LOC($T[0]$).
03		BYTE	0		现在对于所有有效
04		LOC	@+#5F		名称创建一张表.
05	z	IS	$9		
		$\vdots$			与程序 A 的第 02–22 行相同.
27		SET	k,#21	1	<u>B1. 初始化.</u> 置 k 为第一个有效名称.
28	0H	STB	k,table,k	A	$T[k] \leftarrow k$.
29		ADD	k,k,1	A	$k \leftarrow k+1$.
30		CMP	t,k,#80	A	循环，直到 $k = {}^\#$7F.
31		PBN	t,0B	$A_{[1]}$	
32		SET	k,size	1	
33		JMP	9F	1	
34	2H	LDB	x,base,k	B	<u>B2. 下一个元素.</u>
35		CMP	t,x,#20	B	跳过格式化字符.
36		BNP	t,9F	$B_{[0]}$	
37		CMP	t,X,')'	B	
38		BZ	t,0F	$B_{[B-C]}$	
39		CMP	t,x,'('	C	
40		CSZ	x,t,j	C	<u>B4. 改变 $T[j]$.</u>
41		CSZ	j,z,x	C	<u>B3. 改变 $T[i]$.</u>
42		LDB	t,table,x	C	
43		STB	z,table,x	C	
44	0H	SET	z,t	D	如果 t $= 0$, 置 $Z \leftarrow 0$.

45	9H	SUB	k,k,1	E	
46		PBNN	k,2B	$E_{[1]}$	输入耗尽.
47	Output	ADDU	base,base,size	1	base ← Buffer + size.
48		SET	j,0	1	
49		SET	k,#21	1	遍历表 T.
50	0H	LDB	x,table,k	F	
51		CMP	t,x,k	F	
52		PBZ	t,2F	$F_{[G]}$	跳过单元素.
53		PBN	x,2F	$G_{[H]}$	跳过已经标记的元素.
54		STB	left,base,j	H	输出 "(".
55		ADD	j,j,1	H	
56		SET	z,k	H	循环不变量: $X = T[Z]$.
57	1H	STB	z,base,j	J	输出 Z.
58		ADD	j,j,1	J	
59		OR	t,x,#80	J	
60		STBU	t,table,z	J	标记 $T[Z]$.
61		SET	z,x	J	推进 Z.
62		LDB	x,table,z	J	如果元素未被标记,
63		PBNN	x,1B	$J_{[H]}$	获取后继元素并且继续.
64		STB	right,base,j	H	否则, 输出 ")".
65		ADD	j,j,1	H	
66	2H	ADD	k,k,1	K	在表 T 中推进.
67		CMP	t,k,#80	K	
68		PBN	t,0B	$K_{[1]}$	
		⋮			与程序 A 的第 48–60 行相同.　▌

注意第 38–44 行是如何只用几条指令就完成了大部分算法 B 的.

[*141*]

如果允许使用任意字符串作为元素名称, 则使表 T 足够大以允许把元素用作索引是不可行的. 搜索和构建名称字典的算法, 称为符号表算法, 在计算机应用中是非常重要的. 第 6 章包含对高效符号表算法的详尽讨论.

[*142*]

程序 I (原地求逆排列).　我们假设排列存储为一个 BYTE 数组, 并且 x ≡ LOC($X[1]$).

01	:Invert	SUBU	x,x,1	1	x ← LOC($X[0]$).
02		SET	m,n	1	*I1. 初始化.*
03		NEG	j,1	1	$j ← -1$.
04	2H	LDB	i,x,m	N	*I2. 下一个元素.* $i ← X[m]$.
05		BN	i,5F	$N_{[N-C]}$	如果 $i < 0$, 转到 I5.
06	3H	STB	j,x,m	N	*I3. 求一个元素之逆.* $X[m] ← j$.
07		NEG	j,m	N	$j ← -m$.
08		SET	m,i	N	$m ← i$.
09		LDB	i,x,m	N	$i ← X[m]$.
10	4H	PBP	i,3B	$N_{[C]}$	*I4. 循环是否结束?* 如果 $i > 0$, 转到 I3.
11		SET	i,j	C	否则置 $i ← j$.

12	5H	NEG	i,i	N	*I5. 存储终值.* $i \leftarrow -i.$
13		STB	i,x,m	N	$X[m] \leftarrow i.$
14	6H	SUB	m,m,1	N	*I6. 对 m 循环.*
15		BP	m,2B	$N_{[1]}$	如果 $m > 0$, 转到 I2. ∎

这个程序的计时问题很容易按照前面说明的方式解决. 每个元素 $X[m]$ 都是首先在步骤 I3 设置为一个负值, 后面在步骤 I5 设置为一个正值. 程序执行的总时间等于 $(13N + C + 5)\upsilon$, 其中 N 是数组的大小, C 是循环的总数. 对于一个随机排列中的 C 的特性, 在下面进行分析.

[*143*]

程序 J (*类似于程序 I*).

01	:Invert	SUBU	x,x,1	1	$x \leftarrow \text{LOC}(X[0]).$
02		SET	k,n	1	*J1. 所有元素置为负值.*
03	0H	LDB	i,x,k	N	$i \leftarrow X[k].$
04		NEG	i,i	N	$i \leftarrow -i.$
05		STB	i,x,k	N	$X[k] \leftarrow i.$
06		SUB	k,k,1	N	当 $k > 0$ 时
07		PBP	k,0B	$N_{[1]}$	继续.
08		SET	m,n	1	$m \leftarrow n.$
09	2H	SET	i,m	N	*J2. 初始化.* $i \leftarrow m.$
10	0H	SET	j,i	A	$j \leftarrow i.$
11		LDB	i,x,j	A	*J3. 找负值项.* $i \leftarrow X[j].$
12		PBP	i,0B	$A_{[N]}$	$i > 0$?
13		NEG	i,i	N	*J4. 求逆.* $i \leftarrow -i.$
14		LDB	k,x,i	N	$k \leftarrow X[i].$
15		STB	k,x,j	N	$X[j] \leftarrow k.$
16		STB	m,x,i	N	$X[i] \leftarrow m.$
17		SUB	m,m,1	N	*J5. 对 m 循环.*
18		BP	m,2B	$N_{[1]}$	如果 $m > 0$, 转到 J2. ∎

1.4.4 输入与输出

[*174*]

这里或许应该对于英文术语说几句题外话. ……好了, 今天的英语课就上到这里.

《计算机程序设计艺术》第 1 卷、第 2 卷和第 3 卷中的旧 MIX 机器具有老式的输入和输出约定, 现在称为 "非阻塞 I/O". 也就是说, 一个 MIX 程序员说: "现在就开始输入 (或输出), 但是让我继续执行更多的代码." 只有当机器还没有在同一设备上完成之前的 I/O 指令时, 它才会阻止进一步的计算. 如果需要的话, 程序员还可以在非阻塞的情况下再次测试前面的命令是否完成.

而在 MMIX 程序中, 输入和输出由底层操作系统提供的原始操作 Fopen, Fclose, Fread, ... 指定. 现代操作系统和程序设计语言往往不鼓励使用更原始、低级的操作, 因为这样的指令被认为太危险了. 因此, 不可能给出与原作中的 MIX 程序密切对应的 MMIX 程序.

同时, 现代多核处理器的兴起使得每个认真的程序员都有必要了解线程. 线程是一种由操作系统提供特殊支持的协同程序. 系统可能会把单独的物理处理器分配给各个线程, 并行地执行它们；也可能允许一个线程池共享一个处理器池，定期把处理器从一个线程切换到另一个线程，从而产生真正并行执行的假象. 与协同程序类似，多个线程共享一个联合内存空间；与协同程序不同，每个线程都有自己的寄存器文件和栈空间. 在这种环境中，当一个线程负责请求操作系统进行输入或输出，而另一个线程同时进行计算时，与非阻塞 I/O 一起使用的技术会重新出现. 计算线程可以把数据发送到 I/O 线程进行输出，或者 I/O 线程可以把输入数据发送到计算线程进行处理.

这两个线程之间有一个很好的对称性，因为它们在某种意义上都在做"计算". I/O 线程在等待操作系统完成读写时被阻塞；另一个线程在等待执行其指令时被"阻塞". 在下面，我们将其中一个线程称为*生产者*，另一个线程称为*消费者*——但是，由于对称性，哪个线程在做 I/O 真的不重要.

主要有趣的一点是共享一个公共资源. 在操作系统内核中，可用的物理设备（磁盘、屏幕、网络连接等）是共享资源；在用户空间中，共享资源通常只是主内存中的一组位置. 一般来说，许多线程可以共享一个复杂的数据结构，但实际上两个线程可能只需要共享一个全字.

因此，让我们考虑一个 I/O 线程和一个计算线程的问题，它使用称为"缓冲区"的共享内存区域交换数据. 最简单的方法可能是让生产者和消费者交替使用缓冲区：当生产者填充缓冲区时，消费者将等待；当消费者使用缓冲区的数据时，生产者将等待. 为了同步两个线程，我们使用一个称为信号量的共享全字 S. 如果允许生产者访问缓冲区（和信号量），则全字的值为 0；如果允许消费者访问缓冲区和信号量，则全字的值为 1. 授予对缓冲区进行互斥访问的代码可能如下所示：

消费者：   生产者：

```
0H  LDO   t,S      获取.                0H  LDO   t,S      获取.
    BZ    t,0B      等待.                    BNZ   t,0B      等待.
    SYNC  2         同步.                                   使用缓冲区.              (1)
          ⋮         使用缓冲区.               SYNC  1         同步.
    STCO  0,S       释放.                    STCO  1,S       释放.
```

请注意消费者和生产者中各自的"SYNC 2"和"SYNC 1"指令. 这里我们假设生产者向缓冲区写入数据，而消费者从缓冲区读取数据. 如果没有"SYNC 2"，消费者可能会猜测"BZ"不会被采用，甚至在"LDO t,S"指令装入 S 之前，它可能会从缓冲区装入数据. 当 S 已知为零时，从缓冲区装入的数据可能已经过时.

类似的理由适用于生产者中的"SYNC 1"指令. 现代处理器通常不能保证"顺序一致性". 换句话说，我们不能依靠机器使存储指令的效果对另一个线程可见，其顺序与发出指令的顺序完全相同. 这里的"SYNC 1"指令用来确保消费者在看到 S 的变化后，可以看到对缓冲区所做的所有更改.

指令级并发线程的程序设计是一项要求很高的任务. 在这里，我们只能触及一些问题，并向读者保证，这本书主要是关于顺序程序的.

但是，(1) 的方法一般是要浪费计算机时间的，因为可能有大量宝贵的计算时间消耗在等待循环中. 如果把这种额外的时间用于计算，那么程序运行的速度可能成倍地增加（见原作第 1 卷第 *182* 页的习题 4 和习题 5）.

为了避免这样的"忙时等待"，一种办法是使用两个缓冲区在生产者和消费者之间交换数据：生产者可以填充一个缓冲区，而消费者则使用另一个缓冲区中的数据. 消费者的代码可能更改为以下内容：

消费者:

```
OH  LDO   t,S         获取.
    BZ    t,0B        等待.
    SYNC  2           同步.
    ⋮                 拷贝缓冲区 1 到缓冲区 2.
    STCO  0,S         释放.
    ⋮                 使用缓冲区 2.
```

(3)

这样做与 (1) 的总体效果相同, 但是当消费者处理缓冲区 2 中的数据时, 会让生产者保持忙碌.

[175]

序列 (3) 并非总是优于序列 (1), 虽然例外情况很少见. 让我们比较一下执行时间: 假设 P 是生产者输入一个包含 256 个全字的页面需要的时间, C 是消费者介于两次输入请求之间的计算时间. 在方法 (1) 中, 输入每个页面需要的实际时间为 $P+C$, 而在方法 (3) 中, 需要的实际输入时间为 $\max(P,C)+256v$. (量 $256v$ 是拷贝操作所需时间的估计值, 假设流水线处理器可以在每个周期同时完成一条 LDO 指令和一条 STO 指令.) 这个运行时间的一种评价方法是考虑 "关键路径时间"——在这种情况下就是 I/O 设备两次使用之间处于空闲状态的时间. 方法 (1) 使设备空闲 C 个单位时间, 而方法 (3) 使它空闲 $256v$ (假定 $C<P$).

方法 (3) 中相对慢的缓冲区拷贝很讨厌, 尤其是因为它必然会耗费关键路径时间. 利用一种几乎显然的改进, 可以避免拷贝: 修改生产者和消费者为交替引用两个缓冲区. 当生产者填充一个缓冲区时, 消费者可以用另一个缓冲区进行计算; 然后当消费者用第一个缓冲区的信息继续进行计算时, 生产者可以填充第二个缓冲区. 这就是重要的缓冲区交换(切换)技术. 我们把当前用到的缓冲区的单元与保护它的信号量以及到下一个信号量的链接一起保存在内存中.

为了举例说明缓冲区交换, 我们假定在单元 Buffer1 和 Buffer2 有两个长度都是 SIZE 字节的缓冲区. 然后定义两个信号量 S1 和 S2, 并将每个信号量与指向各自缓冲区的链接和指向另一个信号量的链接结合起来. 我们假设消费者已经设置了三个全局寄存器: buffer, 指向缓冲之一; i, 这个缓冲区的索引; s, 指向相应的信号量. 然后, 下面的子程序 GetByte 从缓冲区获取下一个字节, 如果到达当前缓冲区末尾 (用零字节标记), 则切换到新缓冲区.

```
S1        OCTA  1,Buffer1,S2    消费者缓冲区链接到 S2.
S2        OCTA  0,Buffer2,S1    生产者缓冲区链接到 S1.
          ⋮
1H        STCO  0,s,0           释放.
          LDO   s,s,16          切换到下一个缓冲区.
OH        LDO   t,s,0           获取.
          BZ    t,0B            等待.
          SYNC  2               同步.
          LDO   buffer,s,8      更新 buffer.
          NEG   i,1             初始化 i ← -1.
:GetByte  ADD   i,i,1           推进到下一个字节.
          LDBU  $0,buffer,i     装入一个字节.
          BZ    $0,1B           如果到达缓冲区末尾则跳转.
          POP   1,0             否则返回一个字节.  ∎
```

(4)

用来填充缓冲区的生产者子程序是完全对称的 (见习题 2).

容易看出, 同样的子程序也可以用于多重缓冲区, 前提是这些缓冲区由多个链接到排列成环状的信号量设置.

为了使子程序能够用于多个并发的消费者, 还需要进行更多的程序设计. 如果按照上面的描述使用, 第二个消费者可能会获得第一个消费者正在处理的相同缓冲区, 并再次处理它. 防止这种情况发生的明显方法是使用三值信号量: 值 0 表示生产者拥有它, 值 1 表示消费者 1 拥有它, 值 2 表示消费者 2 拥有它. 然后生产者可以在两个消费者之间安排缓冲区的交替.

一般来说, 只要释放缓冲区的每个线程事先知道哪个线程应该获取该缓冲区以进行进一步处理, 就可以按照上面概述的方式组织缓冲区通过具有多个缓冲区和多个线程的系统的流. 但这种假设在许多情况下是不现实的. 想想一个 Web 服务器, 它有一个生产者, 将传入的网络流量转换为页面请求, 以及一次接受一个页面请求并组装回复的可变数量的消费者 (取决于当前的工作负载). 由于生产者不能预先知道下一个完成的是哪个消费者, 所以它不可能将正确的消费者分配给新的页面请求.

我们分三步解决这个问题. 首先, 我们把缓冲区的获取和释放分离成单独的子程序. 其次, 如果缓冲区是空的, 用 Red $\equiv$ 0 把每个缓冲区染成红色; 如果缓冲区是满的, 用 Green $\equiv$ 1 把每个缓冲区染成绿色; 如果缓冲区是分配给消费者的, 用 Yellow $\equiv$ 2 把每个缓冲区染成黄色. 第三, 我们维护两个指针, NEXTG 和 NEXTR, 分别指向下一个要处理的绿色和红色缓冲区. 这些指针把缓冲区环分成两部分: NEXTG 指向所有绿色缓冲区的序列, 之后 NEXTR 指向所有红色和黄色缓冲区的序列. 当然, 这些序列中的任何一个都可能是空的. 只要这些指针由单个线程使用, 我们就可以把它们保存在全局寄存器中. 如果多个线程需要共享它们, 就需要存储在主内存中, 并且对它们的并发访问必须分别受到两个信号量 GS 和 RS 的保护.

生产者将填充第一个红色缓冲区, 然后把它染成绿色, 并推进到下一个红色缓冲区, 如有必要, 等待黄色 (甚至绿色) 缓冲区变为红色. 将有多个消费者工作, 每个消费者都有自己的黄色缓冲区. 当消费者完成缓冲区的工作后, 它将释放缓冲区并将其染成红色. 然后, 消费者将推进到第一个绿色缓冲区, 获取相应的信号量, 然后在必要时等待缓冲区变为绿色, 最后将它染成黄色并释放信号量.

程序 A (多个消费者的获取).

01	s	GREG	0	指向当前颜色的缓冲区和链接的指针
02	t	IS	$0	临时变量
03	:Acquire	PUT	:rP,0	期待 GS = 0.
04		SET	t,1	打算置 GS $\leftarrow$ 1.
05		CSWAP	t,:GS	获取绿色信号量.
06		BZ	t,:Acquire	如果交换失败则重新开始.
07		SYNC	2	同步.
08		LDOU	s,:NEXTG	装入下一个绿色缓冲区的地址.
09	0H	LDO	t,s,0	装入缓冲区的颜色.
10		CMP	t,t,:Green	它是绿色的吗?
11		BNZ	t,0B	如果不是绿色的就跳转.
12		STCO	:Yellow,s,0	把缓冲区染成黄色.
13		LDOU	t,s,16	装入链接.
14		STOU	t,:NEXTG	推进 NEXTG.
15		LDO	$0,s,8	装入缓冲区的地址.
16		SYNC	1	同步.
17		STCO	0,:GS	释放绿色信号量.

```
18              POP    1,0         返回缓冲区的地址.  ▮
```

这个程序最有趣的部分是第 03-06 行中的循环. 在这个循环中, 消费者等待直到它能够获取绿色信号量. 循环以指令 "CSWAP t,:GS" 结束. 这个指令将在一个原子操作中加载单元 GS 处的全字的内容, 并把它与专用预测寄存器 rP 的内容进行比较, 如果两个值相等, 则把寄存器 t 的内容存储在单元 GS 处, 并把寄存器 t 置为 1. 这里的关键词是 "原子". 同样的操作序列可以通过一系列普通的装入、比较、转移和存储指令来实现, 但它不是原子的. 在多个线程并行执行的上下文中, 很可能有一个线程从单元 GS 装入值 0, 当它忙于比较和转移时, 第二个线程在比第一个线程执行其存储指令早得多的时候也从单元 GS 装入值 0. 然后两个线程都将继续, 并且都将开始使用同一个缓冲区. 相反, CSWAP 指令将作为一个不间断 (即原子) 操作来执行装入、比较和存储. 一旦 CSWAP 指令启动, 它将阻止任何其他 CSWAP 指令在同一内存单元并行装入或存储. 多个 CSWAP 指令总是一个接一个地执行.

因此, 如果多个消费者线程同时进入上述子程序, 一个幸运线程将首先成功执行其 CSWAP 指令. 稍后执行的 CSWAP 指令将发现单元 GS 的值不再与预测寄存器的内容匹配, 因此将失败. 在失败的情况下, 指令 "CSWAP t,:GS" 将更改预测寄存器以反映单元 GS 的新值, 保持内存单元 GS 不变, 并把寄存器 t 置为零以指示失败.

这样, CSWAP 指令保护从第 08 行到第 17 行的代码序列, 其中 GS 重置为 0. 如果多个消费者需要一个绿色缓冲区, CSWAP 和信号量保证在任何时候只有一个消费者可以把 GS 置为 1 并进入受保护的代码序列, 所有其他的消费者都必须等待. 一旦进入受保护的代码序列, 线程就有权修改 NEXTG、它指向的缓冲区、缓冲区的颜色和信号量 GS. (也见习题 15.) 首先, 第 09-11 行的循环确保 NEXTG 指向的缓冲区确实是绿色的. 由于 NEXTG 指向下一个绿色缓冲区, 我们可以合理地期望循环只执行一次. 然后缓冲区的颜色变为黄色, 并推进 NEXTG 指针. 最后的 "SYNC 1" 确保在看到 GS 从 1 变回 0 之前, 这些更改对其他线程可见.

与此相比, 释放缓冲区非常简单.

程序 R (多个消费者的释放).

```
:Release  STCO   :Red,s,0      把缓冲区染成红色.   ▮
```

习题
[181]

▶ **1.** [20] 新习题: 在 (1) 中, 两个同时改变它的并发线程之间共享内存单元 S. 为什么不需要 CSWAP 指令?

2. [20] 新习题: 编写一个生产者程序, 与使用 (4) 的消费者进行协作. 对于来自 StdIn 中的一行, 生产者应该使用 Fgets 填充各个缓冲区.

3. [25] 新习题: 编写 (4) 的改进版本. 当前子程序直到请求下一个缓冲区的第一个字节才释放缓冲区, 这导致了不必要地延迟. 改进的版本应该在当前缓冲区的最后一个字节被取出后立即释放缓冲区.

6. [20] 新习题: 如何初始化全局寄存器 s、i 和 buffer, 以及 Buffer1 和 Buffer2 的内容, 才能使 (4) 中的 GetByte 子程序正确启动?

7. [17] 新习题: 为了获得供单个生产者使用的 Acquire 和 Release 子程序, 程序 A 和 R 需要做哪些更改?

12. [12] 新习题: 修改程序 A 和 R 与多个生产者一起工作. 提示: 添加颜色 Purple (紫色). 如果缓冲区当前归生产者所有, 则它应该具有颜色 Purple.

13. [20] 新习题: 讨论为什么缓冲区环不总是在多个消费者和多个生产者之间共享缓冲区的最佳数据结构.

▶ **15.** [20] *新习题*：阿呆先生（一位 MMIX 程序员）认为 CSWAP 是一个昂贵的指令，他可以通过首先等待直到 NEXTG 缓冲区变为绿色，然后开始尝试获取绿色信号量来改进程序 A. 毕竟，等待循环不会修改任何内存单元，因此不应该为程序的这一部分设置信号量. 因此，他使用了以下代码，而不是程序 A：

01	s	GREG	0	指向当前颜色的缓冲区和链接的指针
02	t	IS	$0	临时变量
03	:Acquire	LDOU	s,:NEXTG	装入下一个绿色缓冲区的地址.
04		LDO	t,s,0	装入缓冲区的颜色.
05		CMP	t,t,:Green	它是绿色的吗?
06		BNZ	t,:Acquire	如果不是绿色的就跳转.
07		PUT	:rP,0	期望 GS = 0.
08		SET	t,1	打算置 GS ← 1.
09		CSWAP	t,:GS	获取绿色信号量.
10		BZ	t,:Acquire	如果交换失败则重新开始.
11		STCO	:Yellow,s,0	把缓冲区染成黄色.
12		...		（接着是程序 A 的第 13–18 行.）　▌

他犯了什么严重错误？应当怎么做？

18. [35] *新习题*：在操作系统内部，I/O 通常使用处理器的中断功能. 编写一个实现"TRAP 0,Fgets,StdIn"的强制陷阱处理程序和一个负责处理键盘中断的动态陷阱处理程序. 两个处理程序应该使用共享缓冲区进行通信.

为了简单起见，假设每次击键都会引发一个中断，把 rQ 的 KBDINT 位置为 1，并且在这种中断之后，刚刚键入的字符代码可以在物理地址 KBDCHAR 处作为一个单独的字节值读取. 如果缓冲区中已经有适当的数据，那么对"TRAP 0,Fgets,StdIn"的调用应该立即返回；否则，它应该等待直到积累了足够的数据. 除了缓冲区之外，两个处理程序还可以共享额外的数据来进行"簿记".

第 2 章 信息结构

2.1 引论

[187]

我们将使用 MMIX 计算机解释处理信息结构的方法. 不想关注 MMIX 程序细节的读者至少应该了解一下结构化信息在 MMIX 内存中的表示方式.

[188]

举一个更加有趣的例子, 假设表元素表示纸牌, 可能有两个全字的结点, 划分成 5 个字段, 分别是 TAG、SUIT、RANK、TITLE 和 NEXT:

NEXT				
TAG	SUIT	RANK	TITLE	

(1)

(这种格式反映两个全字的内容. 见 1.3.1′ 节.)

...

TAG 存储在一个 BYTE 中, TAG = #80 表示牌面朝下, TAG = #00 表示牌面朝上. 一个单独的二进制位就足以存储这些信息. 然而, 使用整个字节是很方便的, 因为这是可以单独装入或存储的最小内存单元. 使用最高有效位的进一步优势是它是 "符号" 位, 可以直接测试——例如, 使用 BN (为负时转移) 指令. SUIT 存储在另一个字节中, SUIT = 1, 2, 3 或 4 分别表示梅花、方块、红桃和黑桃. 下一个字节包含 RANK, RANK = 1, 2, ..., 13 分别表示 A, 2, ..., K. TITLE 是这张牌的字母名, 最长五个字符, 用于打印输出. NEXT 是指向本叠牌中下一张牌的链. 一叠牌可能像下面这样:

计算机表示

#20...100:	Λ					
#20...108:	#80	1	10	␣ 1	0	␣ C

#20...388:	#2000000000000100					
#20...390:	#00	4	3	␣ ␣	3	␣ S

#20...240:	#2000000000000388					
#20...248:	#00	2	2	␣ ␣	2	␣ D

(2)

[189]

很容易把这种记号转换成 MMIXAL 汇编语言的代码. 链变量的值放在寄存器中, 字段偏移量 (定义为适当的常量) 由装入和存储指令使用. 例如, 上面的算法 A 可以写成:

```
            LOC    Data_Segment
            GREG   @
TOP         OCTA   1F              链变量，指向一叠牌的顶部.
NEWCARD     OCTA   2F              链变量，指向一张新纸牌.
NEXT        IS     0               为汇编程序定义 NEXT
TAG         IS     8                   和 TAG 字段的偏移量.
FACEUP      IS     0
top         IS     $0              用于 TOP 的寄存器
new         IS     $1              用于 NEWCARD 的寄存器
t           IS     $2              临时变量
            ...
            LOC    #100
Main        ...
            LDOU   new,NEWCARD     A1. new ← NEWCARD.
            LDOU   top,TOP         top ← TOP.
            STOU   top,new,NEXT    NEXT(NEWCARD) ← TOP.
            STOU   new,TOP         A2. TOP ← NEWCARD.
            SET    t,FACEUP        A3.
            STBU   t,new,TAG       TAG(TOP) ← FACEUP.
            ...
```

(5)

[*190*]

 汇编语言和算法使用的记号之间存在一个重要差别. 由于汇编语言接近于机器的内部语言，因此 MMIXAL 程序中通常使用的符号代表地址和寄存器而不是值. 这样，在 (5) 的左栏中，符号 TOP 实际上绑定到顶部纸牌的指针所在的内存地址. 但是，在 (6) (7) 和 (5) 右边的注释中，它代表 TOP 的值，即顶部纸牌结点的地址. 实际情况更为复杂，在 MMIX 可以使用顶部纸牌的地址之前，需要把这个地址加载到寄存器中. 为此，(5) 引入符号 top 并把它绑定到寄存器 $0. 在 MMIX 把内存中的全字 TOP 的内容装入到 top 寄存器之后，它们两个都包含相同的值. 然而，有时 MMIXAL 程序中的一个符号确实绑定到一个普通值，在 (5) 中，引入 FACEUP 这个名称就是为了说明这种情形.

习题
[*190*]

▶ **7.** [*07*] 在正文的 MMIX 程序例子 (5) 中，链变量 TOP 存放在用 MMIXAL 汇编语言标记为 TOP 的 OCTA 中. 给定字段结构 (1)，下面哪个代码序列把量 SUIT(TOP) 送到寄存器 t 中? 解释为什么另外的代码序列不正确.

```
        a) LDA  t,TOP        b) LDA t,TOP+SUIT    c) LDOU t,TOP
           LDB  t,t,SUIT        LDB t,t,0            LDB  t,t,SUIT
```

▶ **8.** [*18*] 编写一个对应于步骤 B1–B3 的 MMIX 程序.

 9. [*23*] 写一个 MMIX 子程序，从作为参数传递的纸牌 X 开始，打印牌叠中纸牌的字母名，每行打印一张牌，并用括号括住面朝下的纸牌.

2.2.2   顺序分配

在 MMIX 机中, 给定寄存器 i 中的一个索引, 把第 i 个一全字结点取到寄存器 a 的代码便由

LDA base,L₀		LDOU base,BASE	
SL ii,i,3	变成, 如	SL ii,i,3	(8)
LDO a,base,ii		LDO a,base,ii	

其中 ii 是一个辅助寄存器, BASE 包含 L_0 的地址. 这种相对寻址花费的时间显然比固定基址寻址长. 因为 LDOU 在地址计算之后从内存中执行额外的装入, 这本身就相当于 LDA 指令. 但是, 如果基址保存在全局寄存器中而不是内存单元中, 则相对寻址可以与固定基址寻址一样快.

习题

3. [*21*] 新习题: 假设对 MMIX 扩充如下: LDOUI 指令的 Z 字段的值形如 $Z = 8Z_1 + 4Z_2 + Z_3$, 其中 $0 \le Z_1 < 32$, $0 \le Z_2 < 2$, $0 \le Z_3 < 4$. 如果 $Z_2 = 0$, 这意味着: 如果 $Z_3 = 0$, 这个指令将装入 $u(\$X) \leftarrow M_8[\$Y + Z_1 \times 8]$; 如果 $0 < Z_3 < 4$, 它将装入 $u(\$X) \leftarrow M_8[\$Y + (Z_1 + \$Z_3) \times 8]$. 但是, 如果 $Z_2 = 1$ 而不是装入 $\$X$, 则这个指令将首先根据上述规则加载 Z 的新值, 然后使用 Z 的新值 ($0 \le Z_1 < 2^{61}$) 和 0 而不是 $\$Y$ 重复装入指令. 这个指令的执行时间为 $1\upsilon + 1\mu$, 在 $Z_2 = 1$ 的情况下, 每执行一次, 将额外增加 $\upsilon + \mu$.

指令 LDOU 的工作原理相同, 但从寄存器 Z 中获取 Z 的值; 指令 LDO 和 LDOI 的工作原理与无符号的对应指令相同. 举一个非平凡的例子, 假设单元 #1020 的全字包含 #2002, 寄存器 $0 包含值 #1000, 而寄存器 $2 包含值 7.

然后, 指令 LDOUI $X,$0,#24 将首先计算 $0 + $#20 = $#1020$, 接着装入 $Z \leftarrow M_8[\#1020] = \#2002$, 再重新开始, 现在计算地址 $\#2000 + \$2 \times 8 = \#2038$, 最后装入 $u(\$X) \leftarrow M_8[\#2038]$.

使用这个新的寻址特征, 说明如何简化 (8) 的编码. 你的编码比 (8) 快多少?

4. [*20*] 新习题: 考虑到习题 3 的扩充, 假设有几个表的基址存储为单元 X, X + 8, X + 16, ... 中的全字. 如何使用新的寻址特征把第 j 个表的第 i 个元素放入寄存器 a?

5. [*20*] 新习题: 讨论习题 3 中提出的扩充的优点.

2.2.3   链接分配

(7) 在许多计算机上, 像顺序遍历表这样的简单操作在顺序表上稍微快一点. 对于 MMIX, 差别在于 "INCL i,c" 和 "LDOU p,p,LINK", 它们都是在一个周期内完成的, 但是有一个额外的内存访问的区别. 如果链表的诸元素隶属于不同的缓存线, 或者甚至属于一大块内存的不同页, 则内存访问的时间可能显著较长.

· · ·

为方便起见, 在下面的诸例中, 我们假定一个结点占两个全字, 首先是 LINK 的一个全字, 然后是 INFO 的一个全字:

LINK	
INFO	(3)

在考察队列之前，我们先看看如何用 MMIX 程序方便地表示这些栈操作．假设 AVAIL 保存在全局寄存器 avail 中，使用两个辅助局部寄存器 p 和 t，带有参数 y（INFO）的插入程序可以写成如下形式：

```
LINK   IS    0              LINK 字段的偏移量
INFO   IS    8              INFO 字段的偏移量
       SET   p,:avail       P ← AVAIL.
       BZ    p,:Overflow    AVAIL = Λ 吗？
       LDOU  :avail,p,LINK  AVAIL ← LINK(P).        (10)
       STO   y,p,INFO       INFO(P) ← Y.
       LDOU  t,:T
       STOU  t,p,LINK       LINK(P) ← T.
       STOU  p,:T           T ← P.    ▋
```

这需要 $7v+5\mu$．相比之下，顺序表的对应操作需要 $3v+1\mu$（尽管在顺序分配情况下，Overflow 处理多半需要显著更长的时间）．在这个程序以及本章其后的其他程序中，Overflow（上溢）表示一个终止例程．

删除程序同样简单：

```
       LDOU  p,:T           P ← T.
       BZ    p,:Underflow   T = Λ 吗？
       LDOU  t,p,LINK
       STOU  t,:T           T ← LINK(P).           (11)
       LDO   y,p,INFO       Y ← INFO(P).
       STOU  :avail,p,LINK  LINK(P) ← AVAIL.
       SET   :avail,p       AVAIL ← P.    ▋
```

因此，我们假定待排序的对象按任意次序从 1 到 n 编号．程序的输入在 Buffer 上，作为 256 个数对 TETRA 的顺序列表，其中数对 (j, k) 表示对象 j 先于对象 k．然而，第一个数对是 $(0, n)$，其中 n 是对象的个数．数对 $(0, 0)$ 终止输入．我们假定 $n+1$ 个表条目加上关系数对的个数完全可以放在内存中，下一个输入缓冲区可以通过 "LDA \$255,InArgs; TRAP 0,Fread,Fin" 从一个二进制文件中获得，还假定不必检查输入的合法性．输出是排定序下的对象编号，后随一个数 0．在需要使用 "LDA \$255,OutArgs; TRAP 0,Fwrite,Fout" 指令把缓冲区写入磁盘之前，这些数中的多达 512 个可以存储为 Buffer 中的 TETRA．

$$\cdots$$

下面的算法使用一个顺序表 X[0], X[1], ..., X[n]，每个 X[k] 形式为

COUNT[k]	TOP[k]

这里，COUNT[k] 是对象 k 的直接前驱的个数（出现在输入中的关系 $j \prec k$ 的个数），而 TOP[k] 是一个到对象 k 的直接后继表开始处的链．该表各项的格式为

SUC	NEXT

，

其中 SUC 是 k 的一个直接后继, 而 NEXT 是该表的下一个项. 为了使 TOP[k] 和 NEXT 字段中的链接适合一个半字, 我们使用相对地址: 所有地址都相对于固定的全局地址 Base, 并且可以通过加上 Base 转换为绝对地址.

[211]

算法 T 的 MMIX 汇编语言程序还有几点有趣之处. 由于该算法并不从表中删除(因为不必释放存储供以后使用), 因此操作 P ⇐ AVAIL 可以用非常简单的方法实现, 如程序第 11, 12, 24, 25 行所示. 不需要保持任何链接的存储池, 可以连续地选取新结点. 该程序包括完整的输入和输出(使用 Fopen, Fread, Fwrite, Fclose 系统调用), 但是为简单起见, 省略了包含参数的数据结构的细节. 我们假设内存中有一个 Sentinel(即数对 $(0,0)$)刚好位于输入缓冲区之后. 它允许我们在步骤 T4 中同时断言既没有到达输入末尾也没有到达缓冲区末尾. 读者应该不难理解该程序的编码细节, 因为它直接对应于算法 T, 只是为了效率做了少许改变. 这里阐明了基址的有效使用, 它是链接存储处理的重要方面. 我们结合相对地址到绝对地址的转换, 以及加上适当的偏移量, 通过预计算两个基址来访问一个字段(见第 13 行): count ← Base + COUNT 和 top ← Base + TOP. 通过使用基址, 可以在单个指令中装入或者存储 COUNT[j] 和 TOP[j]. 同样的情况也适用于 SUC 和 NEXT 字段, 因为它们使用相同的基址, 并且还使用相同的偏移量, 所以我们只是把 suc 定义为 count 的别名, 把 next 定义为 top 的别名. 同样, qlink 只是 count 的别名. 通过把目标数缩放 8 可以进一步简化代码. 这会把目标数 k 转换为相对地址 X[k]. 同样, 我们定义了合适的基址 left 和 right, 用于从 Buffer 加载数对.

程序 T (拓扑排序).

01	:TSort	LDA	$255,InOpen	1	*T1. 初始化.*
02		TRAP	0,:Fopen,Fin	1	打开输入文件.
03		LDA	$255,IOArgs	1	
04		TRAP	0,:Fread,Fin	1	读取第一个输入缓冲区.
05		SET	size,SIZE	1	装入缓冲区大小.
06		LDA	left,Buffer+SIZE	1	把 left 指向缓冲区末尾.
07		ADDU	right,left,4	1	把 right 指向下一个 TETRA.
08		NEG	i,size	1	$i \leftarrow 0$.
09		LDT	n,right,i	1	第一个数对是 $(0,n)$, n ← n.
10		ADD	i,i,8	1	$i \leftarrow i+1$.
11		SET	:avail,8	1	分配 QLINK[0].
12		8ADDU	:avail,n,:avail	1	分配 n 个 COUNT 和 TOP 字段.
13		LDA	count,Base+COUNT	1	count ← LOC(COUNT[0]).
14		LDA	top,Base+TOP	1	top ← LOC(TOP[0]).
15		SL	k,n,3	1	$k \leftarrow n$.
16	1H	STCO	0,k,count	$n+1$	对于 $0 \le k \le n$,
17		SUB	k,k,8	$n+1$	置 (COUNT[k],TOP[k]) ← $(0,0)$.
18		PBNN	k,1B	$n+1_{[1]}$	预期 QLINK[0] ← 0(步骤 T4).
19		JMP	T2	1	
20	T3	SL	k,k,3	m	*T3. 记录该关系.*
21		LDT	t,k,count	m	COUNT[k] 增加 1.
22		ADD	t,t,1	m	
23		STT	t,k,count	m	
24		SET	p,:avail	m	P ⇐ AVAIL.

25		ADD	:avail,:avail,8	m	
26		STT	k,suc,p	m	SUC(P) ← k.
27		SL	j,j,3	m	
28		LDTU	t,top,j	m	NEXT(P) ← TOP[j].
29		STTU	t,next,p	m	
30		STTU	p,top,j	m	TOP[j] ← P.
31	T2	LDT	j,left,i	$m+b$	*T2. 下一个关系.*
32		LDT	k,right,i	$m+b$	
33		ADD	i,i,8	$m+b$	$i \leftarrow i+1$.
34		PBNZ	j,T3	$m+b_{[b]}$	输入或缓冲区结束?
35	1H	BNP	i,T4	$b_{[1]}$	输入结束?
36		TRAP	0,:Fread,Fin	$b-1$	读取下一个缓冲区.
37		NEG	i,size	$b-1$	$i \leftarrow 0$.
38		JMP	T2	$b-1$	
39	T4	TRAP	0,:Fclose,Fin	1	*T4. 扫描 0.*
40		SET	r,0	1	R ← 0.
41		SL	k,n,3	1	$k \leftarrow n$.
42	1H	LDT	t,k,count	n	检查 COUNT[k],
43		PBNZ	t,0F	$n_{[a]}$	如果是 0,
44		STT	k,qlink,r	a	置 QLINK[R] ← k,
45		SET	r,k	a	R ← k.
46	0H	SUB	k,k,8	n	
47		PBP	k,1B	$n_{[1]}$	对于 $n \geq k > 0$. ①
48		LDT	f,qlink,0	1	F ← QLINK[0].
49		LDA	$255,OutOpen	1	打开输出文件.
50		TRAP	0,:Fopen,Fout	1	
51		NEG	i,size	1	把 i 指向缓冲区开始.
52		JMP	T5	1	
53	T5B	PBN	i,0F	$n_{[c-1]}$	如果缓冲区未满则跳转.
54		LDA	$255,IOArgs	$c-1$	
55		TRAP	0,:Fwrite,Fout	$c-1$	刷新输出缓冲区.
56		NEG	i,size	$c-1$	把 i 指向缓冲区开始.
57	0H	SUB	n,n,1	n	n ← n − 1.
58		LDTU	p,top,f	n	P ← TOP[F].
59		BZ	p,T7	$n_{[d]}$	如果 P = Λ 则转到 T7.
60	T6	LDT	s,suc,p	m	*T6. 删除关系.*
61		LDT	t,s,count	m	COUNT[SUC(P)] 减 1.
62		SUB	t,t,1	m	
63		STT	t,s,count	m	
64		PBNZ	t,0F	$m_{[n-a]}$	如果为 0,
65		STT	s,qlink,r	$n-a$	置 QLINK[R] ← SUC(P),
66		SET	r,s	$n-a$	R ← SUC(P).
67	0H	LDT	p,next,p	m	P ← NEXT(P).
68		PBNZ	p,T6	$m_{[n-d]}$	如果 P = Λ 则转到 T7.
69	T7	LDT	f,qlink,f	n	*T7. 从队列删除.*

---

① 第 42–47 行的代码对 $k = n, n-1, \ldots, 2, 1$ 进行循环. ——译者注

70	T5	SR	t,f,3	$n+1$	*T5. 输出队列头部.*
71		STT	t,left,i	$n+1$	输出 F 的值.
72		ADD	i,i,4	$n+1$	
73		PBNZ	f,T5B	$n+1_{[1]}$	如果 F = 0 则转到 T8.
74	T8	LDA	$255,IOArgs	1	*T8. 过程结束.*
75		TRAP	0,:Fwrite,Fout	1	刷新输出缓冲区.
76		TRAP	0,:Fclose,Fout	1	关闭输出文件.
77		POP	1,0		返回 n. ∎

借助基尔霍夫定律，算法 T 的分析相当简单. 运行时间近似于 $c_1 m + c_2 n$，其中 m 是输入关系数，n 是对象数，c_1 和 c_2 是常量. 对于这个问题，很难想象有更快的算法！在上面的程序 T 中，精确给出了分析中的各个量，其中 $a =$ 无前驱的对象数，$b =$ 输入文件中的磁盘块数 $= \lceil (m+2)/256 \rceil$，$c =$ 输出文件中的磁盘块数 $= \lceil (n+2)/512 \rceil$，$d =$ 无后继的对象数（仅用于分析 T4 和 T6 末尾的错误猜测）. 排除输入输出操作，每个 TRAP 指令只贡献 $5v$，在这种情况下，整个运行时间仅为 $(22m + 22n + 14b + 9c + 50)v + (12m + 6n + 2b + 4)\mu$.

习题

2. *[22]* 写一个做插入操作 (10) 的"通用" MMIX 子程序. 该子程序应该具有如下说明：

调用序列： PUSHJ $X,Insert

入口条件： $0 ≡ LOC(T) 且 $1 ≡ Y.
　　　　　 AVAIL 保存在全局寄存器 avail 中.

出口条件： 信息 Y 插入到链变量 T 指向的结点之前.

3. *[22]* 写一个做删除操作 (11) 的"通用" MMIX 子程序. 该子程序应该具有如下说明：

调用序列： PUSHJ $X,Delete
　　　　　 JMP Underflow

入口条件： $0 ≡ LOC(T).
　　　　　 AVAIL 保存在全局寄存器 avail 中.

出口条件： 如果以链变量 T 为指针的栈为空，则取第一出口；
　　　　　 否则删除该栈的顶部结点，并且出口为"PUSH"之后的第 2 条指令，
　　　　　 并且在 $X 中的返回值是被删除结点的 INFO 字段的内容.

4. *[22]* MIX 计算机的习题使用了这样一个事实：条件跳转到 OVERFLOW 也可以认为是一个返回到调用指令前面一条指令的子程序调用. 与大多数计算机一样，MMIX 计算机对子程序调用和条件跳转使用不同的指令，条件跳转是没有返回路径的单向通道. MMIX 的类似习题可以使用习题 3 中的调用约定，并在对 Delete 的调用后把"JMP Underflow"替换为"PUSHJ $255,Underflow". 许多代码库使用的另一种方法是提供把操作 P ⇐ AVAIL 与内存重新打包和（或）垃圾回收相结合的子程序. 如果尽管做了所有的努力，仍然没有足够的内存可用，这些子程序将返回 Λ 并将其留给调用程序，以尝试特定于程序的恢复. 下面的新习题遵循第二种方法.

说明如何编写 (7) 后面的 MMIX 内存分配子程序 Allocate. 该子程序应该具有如下说明：

调用序列： PUSHJ $X,Allocate

入口条件： AVAIL, POOLMAX, SEQMIN 保存在全局寄存器中.

出口条件： 如果内存可用，则返回新分配结点的地址. 否则，子程序返回 0.

8. *[24]* 对习题 7 的问题，写一个以 FIRST 的地址为参数的 MMIX 子程序，以使你的程序尽可能快地运行.

22. [*23*]   程序 T 假定它的输入包含正确的信息，但是通用的程序总是应该小心检查它的输入，使得明显的错误可以被查出，从而程序不可能"自毁". 例如，如果关于 k 的一个输入关系是负的，则当存放到 X[k] 中时，程序 T 可能错误地改变数组 X 前面的内存单元. 提出一种修改程序 T 的方法，使它能够通用.

24. [*24*]   把习题 23 所做的算法 T 的扩充合并到程序 T 中.

26. [*29*]   （子程序分配）假设我们有一个大文件，包含可重定位形式的主要子程序库. 装入程序要确定所使用的每个子程序的重定位量，以便一次扫描文件就能装入必要的程序.

. . .

处理该问题的一种方法是创建一个可放入内存的"文件目录". 装入程序要访问如下两个表.

(a) 文件目录. 这个表由变长结点组成，每个结点由两个或多个半字组成，第一个半字包含 SPACE 字段，后面的半字包含一个或多个 LINK 字段.

Dir:	SPACE		LINK$_0$	
	LINK$_1$		LINK$_2$ | 1	
	SPACE		LINK$_0$	
	LINK$_1$ | 1		SPACE	
	LINK$_0$		. . .	

在每个结点中，SPACE 是子程序所需的半字数，范围是 $0 < \text{SPACE} < 2^{31}$. 第一个 LINK 字段 LINK$_0$ 是一个链，指向条目的链表中紧随该子程序的子程序的目录项，如果该子程序是最后一个，则为 0. 我们把链实现为相对地址，并通过适当选择基址确保 0 不会作为指向有效目录项的链出现. 其余的 LINK 字段 LINK$_1$, LINK$_2$, ..., LINK$_k$ ($k \geq 0$) 都是链，指向该子程序需要的其他子程序的目录项. LINK 字段通常是偶数，因为结点是 TETRA 对齐的. 但是，结点的最后一个 LINK 字段的最低有效位设置为 1，以指示结点的结束. 当在装入或存储指令中使用 LINK 字段作为地址时，忽略该位. 链变量 FIRST 指定库文件的第一个子程序的目录项的相对地址.

(b) 由待装入的程序直接引用的子程序的列表. 这个表存放在连续全字 X[0], X[1], ..., X[N − 1] 中，其中 N ≥ 0 是装入程序知道的变量. 该表的每个全字都具有如下形式：

BASE		SUB	

最初，只有 SUB 字段用于所需子程序的目录项的偏移量，BASE 字段未使用.

装入程序也知道用于第一个被装入的子程序的重定位量 MLOC.

作为一个小例子，考虑如下配置：

文件目录

#1000:	20		#1024	
#1008:	#100D		30	
#1010:	#1049		200	
#1018:	#1034		#1000	
#1020:	#102D		100	
#1028:	#1015		60	
#1030:	#1001		200	
#1038:	#0000		#1024	
#1040:	#100C		#102D	
#1048:	20		#102D	

需要的子程序列表

X[0]:			#1014	
X[1]:			#1048	

其中 N = 2, FIRST = #100C, MLOC = 2400.

在这个例子中, 文件目录表明, 文件中的子程序依次为 #100C, #1048, #102C, #1000, #1024, #1014, #1034. 子程序 #1034 占 200 个 TETRA, 并且必须使用子程序 #1024, #100C, #102C; 等等. 待装入的程序需要子程序 #1014 和 #1048, 它们将放在单元 2400 之后. 这些子程序依次还必须装入 #1000, #102C, #100C.

子程序分配程序将改变 X 表, 使得在每项 X[0], X[1], ... 中, SUB 字段是待装入的子程序, 而 BASE 字段是重定位量. 这些项将按照子程序在文件目录中出现的次序排列. 最后一项包含未使用内存的首地址和一个链字段 0.

上面例子的一个可能的答案是:

	BASE	SUB
X[0]:	2400	#100C
X[1]:	2430	#1048
X[2]:	2450	#102C
X[3]:	2510	#1000
X[4]:	2530	#1014
X[5]:	2730	#0000

本题的问题是: 为所描述的任务设计一个算法.

27. [*25*] 为习题 26 的子程序分配算法编写一个 MMIX 程序.

2.2.4 循环链表

[218]

这里, 我们将考虑加法和乘法两种操作. 假设多项式用表来表示, 其中每个结点表示一个非零项, 并具有三个全字的形式:

$$\begin{array}{|c|c|c|c|}\hline \multicolumn{4}{|c|}{\text{LINK}} \\\hline \text{SIGN} & \text{A} & \text{B} & \text{C} \\\hline \multicolumn{4}{|c|}{\text{COEF}} \\\hline \end{array} \qquad (5)$$

这里, COEF 是项 $x^A y^B z^C$ 的 (带符号的) 系数. 假定系数和指数都总是在这种格式所允许的值域内, 并且计算时不必检查值域. 记号 ABC 用来表示结点 (5) 的 SIGN A B C 字段, 将被看作一个单独的全字. SIGN 字段将总是 0, 但是每个多项式结尾处的特殊结点除外. 在该特殊结点, ABC = −1, COEF = 0. 类似于上面关于表头的讨论, 这个特殊结点非常便利, 因为它提供了一个方便的结尾标志, 并避免了空表问题 (对应于零多项式). 实际上, 标记结尾结点只需要 SIGN 字段的符号位. 如果需要, 剩余的 15 个二进制位可用于容纳第四个指数. 如果我们沿着链方向前进, 则除最后一个结点 (其 ABC = −1) 外, 表的结点总是以 ABC 字段的递减序出现. 例如, 多项式 $x^6 − 6xy^5 + 5y^6$ 将表示成:

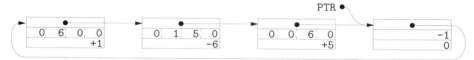

[220]

算法 A 的 MMIX 语言程序设计再次表明, 很容易操纵计算机中的链表. 在如下程序中, 我们假定全局寄存器 avail 指向足够大的可用结点栈.

程序 A（多项式加法）. 这个子程序需要两个参数，p ≡ 多项式(P) 和 q ≡ 多项式(Q). 它将用多项式(Q)＋多项式(P) 替换多项式(Q).

01	:Add	SET	q1,q	$1+m''$	*A1. 初始化.*　Q1 ← Q.
02		LDOU	q,q,LINK	$1+m''$	Q ← LINK(Q).
03	0H	LDOU	p,p,LINK	$1+p$	P ← LINK(P).
04		LDO	coefp,p,COEF	$1+p$	coefp ← COEF(P).
05		LDO	abcp,p,ABC	$1+p$	*A2. ABC(P) : ABC(Q).*
06	2H	LDO	t,q,ABC	x	t ← ABC(Q).
07		CMP	t,abcp,t	x	比较 ABC(P) 和 ABC(Q).
08		BZ	t,A3	$x_{[m+1]}$	如果相等，则转到 A3.
09		BP	t,A5	$p'+q'_{[p']}$	如果大于，则转到 A5.
10		SET	q1,q	q'	如果小于，则置 Q1 ← Q.
11		LDOU	q,q,LINK	q'	Q ← LINK(Q).
12		JMP	2B	q'	重复.
13	A3	BN	abcp,6F	$m+1_{[1]}$	*A3. 系数相加.*
14		LDO	coefq,q,COEF	m	coefq ← COEF(Q).
15		ADD	coefq,coefq,coefp	m	coefq ← coefq + coefp.
16		STO	coefq,q,COEF	m	COEF(Q) ← COEF(Q) + COEF(P).
17		PBNZ	coefq,:Add	$m_{[m']}$	如果非零则转移.
18		SET	q2,q	m'	*A4. 删除零项.*　Q2 ← Q.
19		LDOU	q,q,LINK	m'	Q ← LINK(Q).
20		STOU	q,q1,LINK	m'	LINK(Q1) ← Q.
21		STOU	:avail,q2,LINK	m'	
22		SET	:avail,q2	m'	AVAIL ⇐ Q2.
23		JMP	0B	m'	转去推进 P.
24	A5	SET	q2,:avail	p'	*A5. 插入新项.*
25		LDOU	:avail,:avail,LINK	p'	Q2 ⇐ AVAIL.
26		STO	coefp,q2,COEF	p'	COEF(Q2) ← COEF(P).
27		STOU	abcp,q2,ABC	p'	ABC(Q2) ← ABC(P).
28		STOU	q,q2,LINK	p'	LINK(Q2) ← Q.
29		STOU	q2,q1,LINK	p'	LINK(Q1) ← Q2.
30		SET	q1,q2	p'	Q1 ← Q2.
31		JMP	0B	p'	转去推进 P.
32	6H	POP	0,0		从子程序返回.　∎

...

程序 A 的分析使用如下缩略记号：

$$m = m' + m'', \quad p = m + p', \quad q = m + q', \quad x = 1 + m + p' + q';$$

对于 MMIX，程序 A 的运行时间为 $(21m'+15m''+17p'+7q'+13)\upsilon+(9m'+7m''+9p'+2q'+5)\mu$.

习题

11. [24] ……写一个具有如下说明的 MMIX 子程序:

　　调用序列:　　PUSHJ $X,Copy

　　入口条件:　　$0 ≡ 多项式(P).

　　出口条件:　　返回指向新创建的多项式的指针, 它等于多项式(P).

12. [21] 当多项式(Q)= 0 时, 把习题 11 的程序的运行时间与程序 A 进行比较.

13. [20] 写一个具有如下说明的 MMIX 子程序:

　　调用序列:　　PUSHJ $X,Erase

　　入口条件:　　$0 ≡ 多项式(P).

　　出口条件:　　多项式(P) 已经被添加到 AVAIL 表.

　[注记: 可以用序列 "LDOU t+1,Q; PUSHJ t,Erase; LDOU t+1,P; PUSHJ t,Copy; STOU t,Q" 把这个子程序与习题 11 的子程序结合使用, 达到 "多项式(Q) ← 多项式(P)" 的效果.]

14. [22] 写一个具有如下说明的 MMIX 子程序:

　　调用序列:　　PUSHJ $X,Zero

　　入口条件:　　无

　　出口条件:　　返回新创建的零多项式.

15. [24] 写一个执行算法 M 的 MMIX 子程序, 它具有如下说明:

　　调用序列:　　PUSHJ $X,Mult

　　入口条件:　　$0 ≡ 多项式(Q), $1 ≡ 多项式(M), $2 ≡ 多项式(P).

　　出口条件:　　多项式(Q) ← 多项式(Q) + 多项式(M) × 多项式(P).

　[注记: 修改程序 A, 在多项式 M 上添加一个外循环, 在内循环中添加多项式 M 的一项的乘法.]

16. [M28] 用某些相关参数, 估计习题 15 的子程序的运行时间.

2.2.5　双向链表

　　……对应于这些按钮, 有两个变量 CALLUP 和 CALLDOWN, 每个变量的最低五个有效位分别代表一个按钮. 还有一个变量 CALLCAR, 它的二进制位对应于电梯间内的按钮, 向电梯指示目的楼层. 在以下算法中, 单个二进制位用 CALLUP[j], CALLDOWN[j], CALLCAR[j] ($0 \le j \le 4$) 表示. 当一个人按下按钮时, 其中一个变量的相应的二进制位设置为 1; 请求满足之后, 电梯把这个二进制位清 0.

　　迄今为止, 我们从用户角度描述了电梯. 从电梯的角度来看, 情况更有趣. 电梯处于三种状态之一: GOINGUP (上行, STATE > 0)、GOINGDOWN (下行, STATE < 0) 或 NEUTRAL (空档, STATE = 0).

每个代表活动（无论是乘客行为还是电梯动作）的结点都具有如下形式：

LLINK1				
RLINK1				
NEXTINST				
NEXTTIME			IN	OUT
LLINK2				
RLINK2				

$$\cdots \qquad\qquad (6)$$

……最前面的代码行只是用来设置表的初始内容. 这里有若干有趣之处. WAIT 表（第 010 行）、QUEUE 表（第 020–024 行）和 ELEVATOR 表（第 026 行）的表头都是形如 (6) 的结点，但删除了一些不重要的字：WAIT 的表头只包含结点的前四个全字，而 QUEUE 和 ELEVATOR 的表头只需要结点的最后两个全字. 为了方便起见，我们设置了指向这些表头的全局寄存器 wait、queue 和 elevator. 系统中始终还有另外 4 个结点（第 011–015 行）：结点 USER1 总是在步骤 U1，为新进入系统的乘客做准备；结点 ELEV1 在步骤 E1、E2、E3、E4、E6、E7 和 E8 支配电梯的主要动作；结点 ELEV2 和 ELEV3 用于电梯的动作 E5 和 E9，这些动作发生的模拟时间独立于其他电梯动作. 这些结点都只包含 4 个全字，因为它们绝对不在 QUEUE 或 ELEVATOR 表中出现. 代表系统中每个实际乘客的结点将出现在主程序之后的存储池中.

001	LLINK1	IS	0	结点内的字段的定义
002	RLINK1	IS	8	
003	NEXTINST	IS	16	
004	NEXTTIME	IS	24	
005	IN	IS	30	
006	OUT	IS	31	
007	LLINK2	IS	32	
008	RLINK2	IS	40	
009		LOC	Data_Segment	
010	WAIT	OCTA	USER1,USER1,0,0	WAIT 表的表头
011	USER1	OCTA	WAIT,WAIT,U1,0	用户动作 U1
012	wait	GREG	WAIT	指向 WAIT 表头的指针
013	ELEV1	OCTA	0,0,E1,0	除 E5 和 E9 之外的电梯动作
014	ELEV2	OCTA	0,0,E5,0	电梯动作 E5
015	ELEV3	OCTA	0,0,E9,0	电梯动作 E9
016	time	GREG	0	当前的模拟时间
017	c	GREG	0	当前结点
018	c0	GREG	0	当前结点的备份
019	queue	GREG	@-4*8	指向 QUEUE[0] 表头的指针
020		OCTA	@-4*8,@-4*8	QUEUE[0] 的表头
021		OCTA	@-4*8,@-4*8	QUEUE[1] 的表头
022		OCTA	@-4*8,@-4*8	（所有的队列
023		OCTA	@-4*8,@-4*8	初始化为空. ）
024		OCTA	@-4*8,@-4*8	QUEUE[4] 的表头
025	elevator	GREG	@-4*8	指向 ELEVATOR 表头的指针

026		OCTA	@-4*8,@-4*8	ELEVATOR 的表头
027	callup	GREG	0	
028	calldown	GREG	0	
029	callcar	GREG	0	
030	off	IS	0	
031	on	GREG	1	
032	floor	GREG	0	
033	d1	GREG	0	指示门开, 活跃
034	d2	GREG	0	指示没有延长的停顿
035	d3	GREG	0	指示门开, 不活跃
036	state	GREG	0	-1: 下行; 0: 空档; $+1$: 上行
037	dt	GREG	0	驻留时间
038	fi	GREG	0	楼层 IN
039	fo	GREG	0	楼层 OUT
040	tg	GREG	0	放弃时间 ∎

程序编码的下一部分包含基本子程序和模拟过程的主控程序. 子程序 Insert 和 Delete 执行双向链表上的典型操作, 把当前结点 C 插入 QUEUE 或 ELEVATOR 表, 或从表中取出. 还有一些用于 WAIT 表的子程序: 子程序 SortIn 把当前结点插入 WAIT 表, 按照 NEXTTIME 字段排序插入到正确位置. 子程序 Immed 把当前结点插入到 WAIT 表的头部. 子程序 Hold 把当前结点插入到 WAIT 表中, 置其 NEXTTIME 字段为当前时间加上寄存器 dt 的值. 子程序 DeleteW 从 WAIT 表删除当前结点.

模拟控制的核心是协同程序的调度. 下面的程序把这些子程序实现为 TRIP 处理程序, 我们将看到 TRIP 对于这种 "系统编程" 非常灵活和方便. TRIP Cycle,0 决定下一次执行哪一项活动 (即 WAIT 表的第一个元素, 我们知道它非空), 并转移到它. 有三个进入 Cycle 的特殊入口: Cycle1 首先设置当前结点的 NEXTINST; HoldC 等同于一次附加的 Hold 子程序调用, 使用全局寄存器 dt 指定驻留时间; 而 HoldCI 与 HoldC 类似, 但驻留时间在 TRIP 指令的 Z 字段中作为立即常数给出. 这样, 当寄存器 dt 的值为 t 时使用指令 "TRIP HoldC,0", 或者使用指令 "TRIP HoldCI,t", 其效果是把活动延迟 t 个模拟单位时间, 然后返回到下面的位置.

后面的实现不会保存和恢复每个协同程序的完整上下文. 特别是, 它不保存局部寄存器的内容. 因此, 不可能在子程序内部使用 TRIP, 因为寄存器栈将损坏. 这是一个小小的不便, 但它简化了代码.

041		LOC	0	TRIP 入口点
042		GET	$0,rX	$0 ← TRIP X,Y,Z.
043		GET	$1,rW	$1 ← rW (返回地址).
044		SR	$2,$0,16	提取 X 字段
045		AND	$2,$2,#FF	并且
046		GO	$2,$2,0	根据 X 字段进行调度.
047	Cycle1	STOU	$1,c,NEXTINST	置 NEXTINST(C) ← rW.
048		JMP	Cycle	
049	HoldCI	AND	dt,$0,#FF	置 dt ← Z.
050	HoldC	STOU	$1,c,NEXTINST	置 NEXTINST(C) ← rW.
051		PUSHJ	$0,Hold	以延迟 dt 把 NODE(C) 插入 WAIT.
052	Cycle	LDOU	c,wait,RLINK1	置 C ← RLINK1(LOC(WAIT)).
053		LDTU	time,c,NEXTTIME	TIME ← NEXTTIME(C).

054		PUSHJ	$0,DeleteW	从 WAIT 表移出 NODE(C).
055		LDOU	$0,c,NEXTINST	
056		PUT	rW,$0	rW ← NEXTINST(C).
057		RESUME	0	返回.
058		LOC	#100	
059		PREFIX	:queue:	
060	p	IS	$0	用于 Insert 的参数
061	q	IS	$1	局部变量
062	:Insert	LDOU	q,p,:LLINK2	把 NODE(C) 插入到 NODE(P) 左边.
063		STOU	q,:c,:LLINK2	
064		STOU	:c,p,:LLINK2	
065		STOU	:c,q,:RLINK2	
066		STOU	p,:c,:RLINK2	
067		POP	0,0	
068	:Delete	LDOU	p,:c,:LLINK2	从所在表中删除 NODE(C).
069		LDOU	q,:c,:RLINK2	
070		STOU	p,q,:LLINK2	
071		STOU	q,p,:RLINK2	
072		POP	0,0	
073		PREFIX	:wait:	
074	tc	IS	$0	用于 SortIn 的参数.
075	q	IS	$1	局部变量
076	p	IS	$2	
077	tp	IS	$3	
078	t	IS	$4	
079	:Immed	SET	tc,:time	先把 NODE(C) 插入到 WAIT 表.
080		STTU	tc,:c,:NEXTTIME	
081		SET	p,:wait	
082		JMP	2F	
083	:Hold	ADDU	tc,:time,:dt	把延迟 dt 加到当前 TIME 上.
084	:SortIn	STTU	tc,:c,:NEXTTIME	把 NODE(C) 排序插入 WAIT 表.
085		SET	p,:wait	P ← wait.
086	1H	LDOU	p,p,:LLINK1	P ← LLINK1(P).
087		LDTU	tp,p,:NEXTTIME	tp ← NEXTTIME(P).
088		CMP	t,tp,tc	从右到左, 比较 NEXTTIME 字段.
089		BP	t,1B	重复, 直到 tp ≤ tc.
090	2H	LDOU	q,p,:RLINK1	把 NODE(C) 插入到 NODE(P) 右边.
091		STOU	q,:c,:RLINK1	
092		STOU	p,:c,:LLINK1	
093		STOU	:c,p,:RLINK1	
094		STOU	:c,q,:LLINK1	
095		POP	0,0	
096	:DeleteW	LDOU	p,:c,:LLINK1	从 WAIT 表删除 NODE(C).
097		LDOU	q,:c,:RLINK1	(除使用 LLINK1, RLINK1
098		STOU	p,q,:LLINK1	而不是使用 LLINK2, RLINK2 外,
099		STOU	q,p,:RLINK1	与第 068–071 行相同.

```
100              POP     0,0                        ▮
```

下面是协同程序 U. 在步骤 U1 的开始, 函数 Values 将通过为 IN、OUT、GIVEUPTIME 和 INTERTIME 生成新值来初始化 fi、fo、tg 和 dt. 在计算出这些量之后, 这个程序的第 103 行产生当前结点 C, 它是 USER1 (见上面第 011 行), 重新插入到 WAIT 表中, 以便在 dt = INTERTIME 个模拟时间单位之后产生下一位乘客. 紧随的第 104–106 行使用函数 Allocate 创建一个新结点, 并在此结点中记录 fi 和 fo 的值. 当新结点进入 WAIT 表时, 在第 139 行使用了放弃时间 tg. 通过调用子程序 Free (第 146 行), 结点将返回到步骤 U6 中的自由存储.

```
101          PREFIX   :
102   U1     PUSHJ    $0,Values              U1. 进入, 为后继作准备.
103          PUSHJ    $0,Hold                把 NODE(C) 放入 WAIT 表.
104          PUSHJ    $0,Allocate            分配新的 NODE(C).
105          STB      fi,c,IN
106          STB      fo,c,OUT
107   U2     SET      c0,c                   U2. 发信号并等待. 保存 C 值.
108          CMP      $0,fi,floor
109          BNZ      $0,2F                  如果 FLOOR ≠ fi, 则转移.
110          LDA      c,ELEV1                把当前协同程序设置为 ELEV1.
111          LDOU     $0,c,NEXTINST
112          GETA     $1,E6
113          CMPU     $0,$0,$1               电梯在位置 E6 吗?
114          BNZ      $0,3F
115          GETA     $0,E3
116          STOU     $0,c,NEXTINST          如果是, 把它重新放到 E3.
117          PUSHJ    $0,DeleteW             把它从 WAIT 表移出
118          JMP      4F                          并把它重新插入到 WAIT 表头部.
119   3H     BZ       d3,2F                  如果不等待, 则转移;
120          SET      d3,off                     否则, 置为不等待,
121          SET      d1,on                      但是装入.
122   4H     PUSHJ    $0,Immed               调度 ELEV1
123          JMP      U3                         立即执行.
124   2H     SL       $1,on,fi               电梯不在楼层 fi.
125          CMP      $0,fo,fi
126          ZSP      $2,$0,$1
127          OR       callup,callup,$2
128          ZSN      $2,$0,$1
129          OR       calldown,calldown,$2   按下按钮.
130          BZ       d2,0F                  如果不忙, 做出决定.
131          LDOU     $0,ELEV1+NEXTINST
132          GETA     $1,E1
133          CMP      $0,$0,$1               电梯在 E1 吗?
134          BNZ      $0,U3                  如果是,
135   0H     PUSHJ    $0,Decision                做出决定.
136   U3     SET      c,c0                   U3. 进入队列. 恢复 C.
137          16ADDU   $1,fi,queue
138          PUSHJ    $0,Insert              把 NODE(C) 插入 QUEUE[IN] 右端.
```

139	U4A	SET	dt,tg	
140		TRIP	HoldC,0	等待 GIVEUPTIME 个单位时间.
141	U4	LDB	fi,c,IN	*U4. 放弃.*
142		CMP	$0,fi,floor	
143		BNZ	$0,U6	如果 fi ≠ FLOOR, 则放弃.
144		BNZ	d1,U4A	见习题 7.
145	U6	PUSHJ	$0,Delete	*U6. 离开.*
146		PUSHJ	$0,Free	AVAIL ⇐ C.
147		TRIP	Cycle,0	继续模拟.
148	U5	PUSHJ	$0,Delete	*U5. 进入.* 从 QUEUE 删除 NODE(C).
149		SET	$1,elevator	
150		PUSHJ	$0,Insert	把它插入 ELEVATOR 右部.
151		LDB	fo,c,OUT	
152		SL	$0,on,fo	
153		OR	callcar,callcar,$0	置二进制位 CALLCAR[OUT(C)] ← 1.
154		BZ	state,1F	
155		TRIP	Cycle,0	
156	1H	CMP	state,fo,floor	STATE ← 1、0 或 −1.
157		LDA	c,ELEV2	
158		PUSHJ	$0,DeleteW	从 WAIT 表移出动作 E5.
159		TRIP	HoldCI,25	
160		JMP	E5	再过 25 个单位时间, 重新开始 E5 动作. ▌

函数 Allocate 和 Free 使用 POOLMAX 技术执行动作 "C ⇐ AVAIL" 和 "AVAIL ⇐ C"; 这里没有必要检查 Overflow, 因为整个存储池的大小 (任意时刻系统中的乘客数) 很少超过 10 个结点 (480 字节).

161	avail	GREG	0	可用结点表
162	poolmax	GREG	0	内存池的位置
163	Allocate	PBNZ	avail,1F	C ⇐ AVAIL 使用 2.2.3–(7).
164		SET	c,poolmax	
165		ADDU	poolmax,c,6*8	
166		POP	1,0	
167	1H	SET	c,avail	
168		LDOU	avail,c,LLINK1	
169		POP	1,0	
170	Free	STOU	avail,c,LLINK1	AVAIL ⇐ C 使用 2.2.3–(5).
171		SET	avail,c	
172		POP	0,0	▌

协同程序 E 的程序是上面给出的半形式化描述的直截了当的翻译. 或许, 最有趣的部分是在步骤 E3 为电梯的独立动作做准备, 以及在步骤 E4 搜索 ELEVATOR 和 QUEUE 表.

173	E1A	TRIP	Cycle1,0	置 NEXTINST ← E1, 转到 Cycle.
174	E1	IS	@	*E1. 等待呼叫.* （无动作）
175	E2A	TRIP	HoldC,0	减速.
176	E2	OR	$0,callup,calldown	*E2. 改变状态?*
177		OR	$0,$0,callcar	

178		BN	state,1F	如果正在下行，则转移.
179		ADD	$1,floor,1	状态是 GOINGUP.
180		SR	$2,$0,$1	
181		BNZ	$2,E3	有到更高层的呼叫吗？
182		NEG	$1,64,floor	如果没有，电梯中的乘客
183		SL	$2,callcar,$1	有到较低层的呼叫吗？
184		JMP	2F	
185	1H	NEG	$1,64,floor	状态是 GOINGDOWN.
186		SL	$2,$0,$1	
187		BNZ	$2,E3	有到较低层的呼叫吗？
188		ADD	$1,floor,1	如果没有，电梯中的乘客
189		SR	$2,callcar,$1	有到更高层的呼叫吗？
190	2H	NEG	state,state	反转 STATE 的方向.
191		CSZ	state,$2,0	STATE ← NEUTRAL 或者反转.
192		SL	$0,on,floor	
193		ANDN	callup,callup,$0	置 CALL 的全部二进制位为零.
194		ANDN	calldown,calldown,$0	
195		ANDN	callcar,callcar,$0	
196	E3	LDA	c,ELEV3	*E3. 开门.*
197		LDO	$0,c,LLINK1	
198		BZ	$0,1F	如果活动 E9 已经调度，
199		PUSHJ	$0,DeleteW	则把它从 WAIT 表移出
200	1H	SET	dt,300	
201		PUSHJ	$0,Hold	300 个时间单位后调度活动 E9.
202		LDA	c,ELEV2	
203		SET	dt,76	
204		PUSHJ	$0,Hold	76 个时间单位后调度活动 E5.
205		SET	d2,on	
206		SET	d1,on	
207		SET	dt,20	
208	E4A	LDA	c,ELEV1	
209		TRIP	HoldC,0	
210	E4	LDA	$0,elevator	*E4. 让乘客出入.*
211		LDA	c,elevator	C ← LOC(ELEVATOR).
212	1H	LDOU	c,c,LLINK2	C ← LLINK2(C).
213		CMP	$1,c,$0	自右向左搜索 ELEVATOR 表.
214		BZ	$1,1F	如果 C = LOC(ELEVATOR)，则搜索完成.
215		LDB	$1,c,OUT	
216		CMP	$1,$1,floor	OUT(C) 与 FLOOR 比较.
217		BNZ	$1,1B	如果不相等，则继续搜索；
218		GETA	$0,U6	否则，把乘客送到 U6.
219		JMP	2F	
220	1H	16ADDU	$0,floor,queue	
221		LDOU	c,$0,RLINK2	置 C ← RLINK2(LOC(QUEUE[FLOOR])).
222		LDOU	$1,c,RLINK2	
223		CMP	$1,$1,c	C = RLINK2(C) 吗？
224		BZ	$1,1F	如果相等，则该队列为空.

225		PUSHJ	$0,DeleteW	如果不等，则对该乘客取消动作 U4.
226		GETA	$0,U5	准备用 U5 取代 U4.
227	2H	STOU	$0,c,NEXTINST	置 NEXTINST(C).
228		PUSHJ	$0,Immed	把乘客放入 WAIT 表头部.
229		SET	dt,25	
230		JMP	E4A	等待 25 个单位时间并重复 E4.
231	1H	SET	d1,off	
232		SET	d3,on	
233		TRIP	Cycle,0	返回模拟其他事件.
234	E5	BZ	d1,0F	*E5. 关门.*
235		TRIP	HoldCI,40	如果乘客仍然在进出，
236		JMP	E5	等待 40 个单位时间，重复 E5.
237	0H	SET	d3,off	如果没有装入，停止等待.
238		LDA	c,ELEV1	
239		TRIP	HoldCI,20	等待 20 个单位时间，然后转到 E6.
240	E6	SL	$0,on,floor	*E6. 准备移动.*
241		ANDN	callcar,callcar,$0	在本楼层重新设置 CALLCAR.
242		ZSNN	$1,state,$0	如果不是下行，
243		ANDN	callup,callup,$1	在本楼层重新设置 CALLUP.
244		ZSNP	$1,state,$0	如果不是上行，
245		ANDN	calldown,calldown,$1	在本楼层重新设置 CALLDOWN.
246		PUSHJ	$0,Decision	
247	E6B	BZ	state,E1A	如果 STATE = NEUTRAL，则转到 E1 并等待.
248		BZ	d2,0F	
249		LDA	c,ELEV3	如果忙，
250		PUSHJ	$0,DeleteW	则取消行动 E9
251		STCO	0,c,LLINK1	（见第 197 行）.
252	0H	LDA	c,ELEV1	
253		TRIP	HoldCI,15	等待 15 个单位时间.
254		BN	state,E8	如果 STATE = GOINGDOWN，则转到 E8.
255	E7	ADD	floor,floor,1	*E7. 上升一层.*
256		TRIP	HoldCI,51	等待 51 个单位时间.
257		SL	$0,on,floor	
258		OR	$1,callcar,callup	
259		AND	$2,$1,$0	CALLCAR[FLOOR] $\neq$ 0
260		BNZ	$2,1F	或 CALLUP[FLOOR] $\neq$ 0 吗？
261		CMP	$2,floor,2	
262		BZ	$2,2F	如果否，FLOOR = 2 吗？
263		AND	$2,calldown,$0	如果否，CALLDOWN[FLOOR] $\neq$ 0 吗？
264		BZ	$2,E7	如果否，重复步骤 E7.
265	2H	OR	$1,$1,calldown	
266		ADD	$2,floor,1	
267		SR	$1,$1,$2	
268		BNZ	$1,E7	有去更高层的呼叫吗？
269	1H	SET	dt,14	该是停下电梯的时候了.
270		JMP	E2A	等待 14 个单位时间，并转到 E2.

⋮　　　　　　　　　　　　　　（见习题 8.）

```
287  E9   STCO   0,c,LLINK1          E9. 置不活动指示器. （见第 197 行.）
288       SET    d2,off
289       PUSHJ  $0,Decision
290       TRIP   Cycle,0             返回模拟其他事件. ▮
```

这里, 我们将不考虑 Decision 子程序（见习题 9）, 也不考虑用来说明乘客对电梯要求的 Values 子程序. 程序的最后几行代码是

```
Main  SET    floor,2             以 FLOOR = 2,
      SET    state,0                STATE = NEUTRAL 开始,
      SETH   poolmax,Pool_Segment>>48   并且没有额外的结点.
      TRIP   Cycle,0,0          开始模拟. ▮
```

[236]

……我用上面的电梯程序做了一个实验, 运行了 10 000 个模拟时间单位, 26 位乘客进入了模拟系统. SortIn 循环中的指令（第 086–089 行）执行最频繁, 执行了 1432 次, 而 SortIn 程序本身被调用 437 次. Cycle 程序执行了 407 次, 因此如果不在第 054 行调用 DeleteW 子程序, 则可以提高一点速度, 这个子程序的 4 行代码可以全部写出来（以便每次使用 Cycle 时节省 4υ 个单位时间）. 分析器还表明, Decision 子程序只调用了 32 次, 而 E4 中的循环（第 212–217 行）只运行了 142 次.

习题

[236]

7. [25]　　　　　　　　　　　 ...

假定: 第 144 行写成 "BZ d1,U6; TRIP Cycle,0", 而不是 "BNZ d1,U4A".

8. [21] 写出步骤 E8（即第 271–286 行）的代码, 正文省略了这段程序.

9. [23] 写出 Decision 子程序的代码, 正文省略了该子程序.

2.2.6　数组与正交表

[239]

矩阵表示由每行、每列的循环链接的表组成, 每个结点包含 4 个全字和 5 个字段:

LEFT		
UP		
ROW		COL
VAL		

(11)

[240]

对于每一行和每一列, 有一个特殊的表头结点 BASEROW[i] 和 BASECOL[j]. 这些结点通过指向它们的奇数链接来标识. 因此, 当且仅当 UP(P) = LOC(BASECOL[j]) | 1 时, UP(P) 才是奇数; 当且仅当 LEFT(P) = LOC(BASEROW[i]) | 1 时, LEFT(P) 才是奇数.

使用顺序存储分配，一个 400×400 的矩阵将填充超过 1 兆字节，这比许多计算机的缓存还要多. 但是，一个相当稀疏的 400×400 的矩阵甚至可以在一个小的 64 千字节的一级缓存中表示.

这个算法的编程作为一个有益的练习留给读者（见习题 15）. 这里，值得指出的是，有必要仅给 BASEROW[i] 和 BASECOL[j] 的每个结点分配一个全字的内存，因为它们的大部分字段都是不相关的.（见图 14 的阴影区域，并见 2.2.5 节的程序.）此外，每个 PTR[j] 还需要一个额外的全字.

习题

5. [*20*] 证明：即使 A 是像 (9) 一样的三角矩阵，使用习题 2.2.2–3 中的间接寻址特征，仍然可能用一条 MMIX 指令，把 A[J,K] 的值装入寄存器 a 中.（假定 J 和 K 的值分别在寄存器 \$1 和 \$2 中.）

11. [*11*] 假设有一个 400×400 的矩阵，其中每行最多有 4 个非零元素. 如果表头用一个全字，每个其他结点用四个全字，像图 14 那样表示该矩阵需要多少存储?

▶ **15.** [*29*] 为算法 S 写一个 MMIX 程序. 假定 VAL 字段是浮点数.

2.3.1 遍历二叉树

对于线索树，我们发现如果 NODE(LOC(T)) 作为树的"表头"，使得

$$\text{LLINK(HEAD)} = \text{T}, \qquad \text{LTAG(HEAD)} = 0,$$
$$\text{RLINK(HEAD)} = \text{HEAD}, \qquad \text{RTAG(HEAD)} = 0. \tag{8}$$

则一切令人满意.（这里，HEAD 表示表头地址 LOC(T).）空线索树将满足条件

$$\text{LLINK(HEAD)} = \text{HEAD}, \qquad \text{LTAG(HEAD)} = 1. \tag{9}$$

有了这些预备知识，我们现在可以考虑算法 S 和 T 的 MMIX 版本. 下面的程序假定二叉树的结点占三个字，具有如下形式

RLINK		RTAG
LLINK		LTAG
INFO		

这两个 TAG 存储在链接字段的最低有效位中. 在非线索的树中，两个 TAG 总是为零，并且终端链接将由零表示. 在线索树中，链接字段的最低有效位是"免费的"，因为指针值一般为偶数，而 MMIX 在内存寻址时忽略低阶二进制位.

下面的两个程序以对称序（即中序）遍历二叉树，周期性地调用子程序 Visit，这个子程序被赋予指向当前感兴趣的结点的指针.

程序 T （中序遍历二叉树）. 在算法 T 的这个实现中，栈被方便地保存在寄存器栈中. 虽然这看起来内存效率较低——寄存器栈的每个嵌套级别存储三个全字，而不只是一个——但它只是在充分利用可用的硬件. 毕竟，如果树是良好平衡的，那么寄存器环中的 256 个寄存器将大有帮助. 这个子程序需要两个参数：$p \equiv LOC(HEAD)$，树的根结点的地址；$visit \equiv LOC(Visit)$，要为树中的每个结点调用的子程序的地址.

01	:Inorder	PBZ	p,T4	$n+1_{[a]}$	*T2. P = Λ?*
02		GET	rJ,:rJ	a	
03	T3	LDOU	t+1,p,LLINK	n	*T3. 栈 ⇐ P.*
04		SET	t+2,visit	n	
05		PUSHJ	t,:Inorder	n	调用 Inorder(LLINK(P),Visit).
06	T5	SET	t+1,p	n	*T5. 访问 P.*
07		PUSHGO	t,visit,0	n	调用 Visit(P).
08		LDOU	p,p,RLINK	n	P ← RLINK(P).
09		BNZ	p,T3	$n_{[n-a]}$	*T2. P = Λ?*
10		PUT	:rJ,rJ	a	
11	T4	POP	0,0	$n+1$	*T4. P ⇐ 栈* ∎

程序 S （线索二叉树的对称序后继）. 已经对算法 S 进行扩展，形成了一个可以与程序 T 比较的完整子程序.

01	:Inorder	GET	rJ,:rJ	1	*S0. 初始化.*
02		SET	head,p	1	记住 HEAD.
03		JMP	S2	1	跳过步骤 S1.
04	S3	PUSHGO	t,visit,0	n	*S3. 访问 P.*
05	S1	LDOU	p,p,RLINK	n	*S1. RLINK(P) 是线索吗?*
06		BOD	p,1F	$n_{[a]}$	如果 RTAG(P) = 1，则访问 P.
07	S2	LDOU	t,p,LLINK	$n+1$	*S2. 搜索左子树.*
08		CSEV	p,t,t	$n+1$	如果 LTAG(P) = 0，则置 P ← LLINK(P)
09		BEV	t,S2	$n+1_{[a]}$	并且重复这一步骤.
10	1H	ANDN	t+1,p,1	$n+1$	取消 P 的标记并且准备访问 P.
11		CMP	t,t+1,head	$n+1$	除非 P = HEAD，
12		PBNZ	t,S3	$n+1_{[1]}$	访问 P.
13	9H	PUT	:rJ,rJ	1	
14		POP	0,0		∎

· · ·

该分析告诉我们，程序 T 用 $(15n + 2a + 4)v + 2n\mu$ 个单位时间，程序 S 用 $(11n + 4a + 12)v + (2n + 1)\mu$ 个单位时间，其中 n 是树的结点数，a 是终端右链数（没有右子树的结点）.

习题

20. [20] 修改程序 T，使其维持显式栈，而不是使用 PUSHJ 提供的隐式寄存器栈. 栈可以保存在连续的内存单元或链表中.

22. [25] 对习题 21 给出的算法，写一个 MMIX 程序，并将它的运行时间与程序 S 和 T 进行比较.

▶ **37.** [24] （戴维·弗格森）如果包含两个链字段和一个 INFO 字段需要三个计算机字（全字），则对于 n 个结点的树，表示 (2) 需要 $3n$ 个字的内存. 假定一个 LINK 和一个 INFO 字段可以放在两个计算机字中，设计一种需要较少内存空间的二叉树表示方案.

2.3.2　树的二叉树表示

我们假定，在 MMIX 程序中，待处理代数式的树结构的结点具有如下形式：[①]

RLINK			RTAG
LLINK			
INFO		DIFF	

(10)

这里，RLINK 和 LLINK 具有通常的意义，对于线索链，RTAG 为 1. 如图所示，INFO 字段和 DIFF 字段共享第三个全字. 我们不存储 TYPE 字段来区分不同类型的结点，而是直接把 DIFF[TYPE(P)]（见算法 D）存储为 DIFF(P)，从而避免了额外的间接级别. 使用面向对象的术语，DIFF 字段包含微分方法. 就 MMIX 机器语言而言，它包含微分当前结点所需的代码的地址. 为了把地址压缩成一个 WYDE，地址相对于 DIFF[0] 给出，DIFF[0] 处的代码用来微分常量. 因此，常量有方便的等于 0 的 DIFF 值. 常量使用 INFO 字段的高半字来存储常量的值，而变量使用 INFO 字段来存储右侧用 0 填充的变量名. 否则，INFO 字段为 0.

程序 D（微分）.　下面的 MMIX 程序实现算法 D. 它需要两个参数：寄存器 y 指向表示代数公式的树的表头，寄存器 x 包含因变量的 INFO 和 DIFF 字段. 返回值是指向树的表头的指针，表示 y 对 x 给出的变量的解析导数. 为方便起见，计算次序稍加重新安排.

```
001  :D      GET    rJ,:rJ
002          LDOU   p1,y,:LLINK        D1. 初始化.  P1 ← LLINK(Y)，准备寻找 Y$.
003  1H      SET    p,p1               P ← P1.
004  2H      LDOU   p1,p,:LLINK        P1 ← LLINK(P).
005          BNZ    p1,1B              如果 P1 ≠ Λ，则重复.
006  D2      LDWU   diff,p,:DIFF       D2. 微分.
007          GETA   t,:Const
008          GO     t,t,diff           跳到微分方法.
009  D3      STOU   p2,p1,:RLINK       D3. 链复位.  RLINK(P1) ← P2.
010  D4      SET    p2,p               D4. 前进到 P$.  P2 ← P.
011          LDOU   p,p,:RLINK         P ← RLINK(P).
012          BOD    p,1F               如果 RTAG(P) = 1，则跳转；
013          STOU   q,p2,:RLINK            否则，置 RLINK(P2) ← Q.
014          JMP    2B                 注意，Node(P$) 将是终端结点.
015  1H      ANDN   p,p,1              从 P 中删除标记.
016  D5      CMP    t,p,y              D5. 完成?
017          LDOU   p1,p,:LLINK        P1 ← LLINK(P)，为步骤 D2 作准备.
018          LDOU   q1,p1,:RLINK       Q1 ← RLINK(P1).
```

[①] 在原作第 1 卷第 1 次印刷中这句话位于第 267 页，随后的几页也有这种情况. ——译者注

```
019        BNZ      t,D2              如果 P ≠ Y, 则跳转到 D2;
020        PUSHJ    dy,:Allocate         否则, 分配 DY.
021        STOU     q,dy,:LLINK       LLINK(DY) ← Q.
022        STOU     dy,dy,:RLINK      RLINK(DY) ← DY.
023        OR       t,dy,1
024        STOU     t,q,:RLINK        RLINK(Q) ← DY, RTAG(Q) ← 1.
025        PUT      :rJ,rJ
026        SET      $0,dy             返回 DY.
027        POP      1,0               从微分子程序转出. ▮
```

程序的下一部分包含基本子程序 Tree1 和 Tree2. 它们分别为一元操作和二元操作创建结点.
Tree2 需要三个参数: 首先是 u 和 v, 指向操作数的指针; 然后是 diff, 所讨论的操作的微分
方法的绝对地址. Tree2 返回一棵树, 该树表示由给定操作连接的两个操作数.

为方便起见, Tree1 使用相同的调用约定, 但是忽略第二个参数 v.

```
028  :Tree1 SET      v,u               在一元操作的情况下, 置 V ← U.
029        JMP      1F
030  :Tree2 STOU     v,u,:RLINK        RLINK(U) ← V.
031  1H     GET      rJ,:rJ
032        PUSHJ    r,:Allocate       R ⇐ AVAIL.
033        PUT      :rJ,rJ
034        STOU     u,r,:LLINK        LLINK(R) ← U.
035        GETA     t,:Const
036        SUBU     diff,diff,t       把 diff 转换为相对地址.
037        STOU     diff,r,:INFO      INFO(R) ← 0, DIFF(R) ← diff.
038        OR       t,r,1             设置标记位.
039        STOU     t,v,:RLINK        RLINK(V) ← R, RTAG(V) ← 1.
040        SET      $0,r              返回 R.
041        POP      1,0                   ▮
```

接下来是 Copy 子程序, 它留作习题 13.

Allocate 返回一个表示常量 "0" 的初始化为 0 的结点, Free 把一个结点放回自由存储.

```
071  avail  GREG     0
072  pool   GREG     0
073  :Allocate BNZ   avail,1F          AVAIL 栈是空的吗?
074        SETH     $0,#4000          如果是, 从 Pool_Segment
075        ADDU     $0,$0,pool            获取 24 个字节.
076        ADDU     pool,pool,24
077        JMP      0F
078  1H     SET      $0,avail          否则, 从 AVAIL 栈
079        LDOU     avail,avail,:LLINK    获取下一个结点.
080  0H     STCO     0,$0,:RLINK       把结点清零.
081        STCO     0,$0,:LLINK
082        STCO     0,$0,:INFO
083        POP      1,0
084  :Free  STOU     avail,$0,:LLINK   把结点添加到 AVAIL 栈.
085        SET      avail,$0
```

| *086* | | POP | 0,0 | ▮ |

程序的剩余部分对应于微分程序. 这些程序设计为, 处理完一个二元操作之后把控制返回步骤 D3, 否则返回步骤 D4. 注意, 所有命名的寄存器 (除了 t) 的编号都小于寄存器 q, 这样 "PUSHJ q,:Allocate" 就不会破坏它们.

087	:Const	PUSHJ	q,:Allocate	$Q \leftarrow$ "0".
088		JMP	D4	
089	:Var	PUSHJ	q,:Allocate	$Q \leftarrow$ "0".
090		LDOU	t,p,:INFO	
091		CMP	t,t,x	INFO(P) = x 吗?
092		BNZ	t,D4	如果不等于, 它是一个常数,
093		SET	t,1	否则 $Q \leftarrow$ "1".
094		STT	t,q,:INFO	
095		JMP	D4	
096	:Ln	LDOU	t,q,:INFO	
097		BZ	t,D4	如果 INFO(Q) = 0, 则返回控制程序.
098		SET	q+1,q	
099		SET	q+3,p1	
100		PUSHJ	q+2,:Copy	
101		GETA	q+3,:Div	
102		PUSHJ	q,:Tree2	$Q \leftarrow$ Tree2(Q,Copy(P1),"/").
103		JMP	D4	
104	:Neg	LDOU	t,q,:INFO	
105		BZ	t,D4	如果 INFO(Q) = 0, 则返回控制程序.
106		SET	q+1,q	
107		GETA	q+3,:Neg	
108		PUSHJ	q,:Tree1	$Q \leftarrow$ Tree1(Q,·,"−").
109		JMP	D4	
110	:Add	LDOU	t,q1,:INFO	
111		PBNZ	t,1F	除非 INFO(Q1) = 0, 否则跳转.
112		SET	t+1,q1	
113		PUSHJ	t,:Free	AVAIL $\Leftarrow$ Q1.
114		JMP	D3	
115	1H	LDOU	t,q,:INFO	
116		PBNZ	t,1F	除非 INFO(Q) = 0, 否则跳转.
117	2H	SET	t+1,q	
118		PUSHJ	t,:Free	AVAIL $\Leftarrow$ Q.
119		SET	q,q1	$Q \leftarrow$ Q1.
120		JMP	D3	
121	1H	GETA	q+3,:Add	
122	3H	SET	q+1,q1	
123		SET	q+2,q	
124		PUSHJ	q,:Tree2	$Q \leftarrow$ Tree2(Q1,Q,"+").
125		JMP	D3	
126	:Sub	LDOU	t,q,:INFO	
127		BZ	t,2B	如果 INFO(Q) = 0, 则 −Q = +Q.

128		GETA	q+3,:Sub	准备 Q ← Tree2(Q1,Q,"−").
129		LDOU	t,q1,:INFO	
130		PBNZ	t,3B	
131		SET	t+1,q1	
132		PUSHJ	t,:Free	AVAIL ⇐ Q1.
133		SET	q+1,q	
134		GETA	q+3,:Neg	
135		PUSHJ	q,:Tree1	Q ← Tree1(Q,·,"−").
136		JMP	D3	
137	:Mul	LDOU	t,q1,:INFO	
138		BZ	t,1F	如果 INFO(Q1) = 0, 则跳转.
139		SET	t+1,q1	
140		SET	t+3,p2	
141		PUSHJ	t+2,:Copy	
142		PUSHJ	t,:Mult	
143		SET	q1,t	Q1 ← Mult(Q1,Copy(P2)).
144	1H	LDOU	t,q,:INFO	
145		BZ	t,:Add	如果 INFO(Q) = 0, 则跳转.
146		SET	q+2,p1	
147		PUSHJ	q+1,:Copy	
148		SET	q+2,q	
149		PUSHJ	q,:Mult	Q ← Mult(Copy(P1),Q).
150		JMP	:Add	∎

Mult 需要两个参数 u 和 v, 它返回 u × v 的优化表示.

151	:Mult	GET	rJ,:rJ	
152		SETMH	info,1	常数 "1" 具有 INFO = 1 且 DIFF = 0.
153		LDOU	t,u,:INFO	
154		CMP	t,info,t	测试 U 是否为常数 "1",
155		BZ	t,1F	如果是, 则跳转.
156		LDOU	t,v,:INFO	否则,
157		CMP	t,info,t	测试 V 是否为常数 "1",
158		GETA	v+1,:Mul	准备第三个参数,
159		BNZ	t,:Tree2	如果不是, 返回 Tree2(U,V,"×"),
160		SET	t+1,v	否则, 把 V 传递到 Free.
161		JMP	2F	
162	1H	SET	t+1,u	把 U 传递到 Free.
163		SET	u,v	U ← V.
164	2H	PUSHJ	t,:Free	释放一个参数
165		PUT	:rJ,rJ	并且返回 U.
166		POP	1,0	∎

其他两个程序 Div 和 Pwr 是类似的, 因此留作习题 (习题 15 和 16).

▶ **13.** [26] 为 Copy 子程序写一个 MMIX 程序.［提示：以适当的初始条件，对右线性线索树使用算法 2.3.1C.］

▶ **14.** [M21] 习题 13 的程序复制一棵具有 n 个结点的树需要多少时间？

15. [23] 为对应于文中所述的 DIFF[7] 的 Div 例程写一个 MMIX 程序.（这个程序应该能够添加到正文程序的第 166 行之后.）

16. [24] 为对应于习题 12 所述的 DIFF[8] 的 Pwr 例程写一个 MMIX 程序.（这个程序应该能够添加到正文程序的习题 15 的解之后.）

2.3.3　树的其他表示

[282]

结点具有 5 或 6 个字段，可以放入 MMIX 的 3 个全字中. 紧凑表示可以使用以下事实：用 VALUE 字段表示常数，或者用 NAME 和 DOWN 字段表示多项式 g_j. 因此有两种可能的结点：

$$
\begin{array}{|c|c|}
\hline
\text{RIGHT} & \text{LEFT} \\
\hline
\text{UP} & \text{EXP} \\
\hline
\multicolumn{2}{|c|}{\text{VALUE}} \\
\hline
\end{array}
\quad \text{或} \quad
\begin{array}{|c|c|}
\hline
\text{RIGHT} & \text{LEFT} \\
\hline
\text{UP} & \text{EXP} \\
\hline
\text{NAME} & \text{DOWN} \\
\hline
\end{array}. \tag{17}
$$

这里，RIGHT、LEFT、UP 和 DOWN 都是相关的链，EXP 是代表指数的整数，VALUE 包含一个 64 位二进制浮点常数，NAME 字段包含变量名. 为了区分这两种类型的结点，可以使用链字段中的低阶二进制位. 有两种本质上不同的选择：使用结点中的一个链字段或标记指向该结点的所有链接. 第一种选择使得把结点从一种类型更改为另一种类型变得容易（如步骤 A9 所示），第二种选择使得搜索常数（如步骤 A1 所示）变得简单.

2.3.5　表和垃圾回收

[324]

(1) ……因此，每个结点通常包含标记位，指出结点代表的信息类型. 标记位也可以用来区分不同类型的原子（例如在处理或显示数据时，用来区别字母、整数或浮点量）. 标记位可以占据一个单独的 TYPE 字段，也可以放在链字段的低阶二进制位中，当使用链字段作为其他 OCTA 对齐结点的地址时，这些二进制位将被忽略.

(2) 用于 MMIX 计算机的一般表处理的结点格式可以用多种不同的方法设计. 例如，考虑以下两种方法.

(a) 假定所有 INFO 都出现在原子中，紧凑的一字格式：

$$
\begin{array}{|c|c|c|}
\hline
\text{REF} & \text{RLINK} & \text{HMA} \\
\hline
\end{array} \tag{9}
$$

这个格式使用来自公共存储池的结点的 32 位相对地址，短地址意味着其大小限制为最大 4 吉字节. RLINK 是用于直线链接或循环链接的指针，同 (8). 把地址限制为 OCTA 对齐的数据，三个最低有效位 H、M 和 A 可以作为标记位自由使用.

二进制位 M，通常是 0，是用于垃圾回收的标志位（见下面）.

二进制位 A 表示原子结点. 如果 A = 1, 结点的所有二进制位（A 和 M 除外）都可以用来表示原子. 如果 A = 0, 二进制位 H 可用于区分表头和表元素. 如果 H = 1, 则结点是表头, REF 是引用计数（见下面）, 否则, REF 指向相关子表的表头.

(b) 简单的三字格式: 直接修改 (9) 将产生使用绝对地址的三字结点. 例如:

RLINK					HMA
LLINK					
INFO					

(10)

二进制位 H、M 和 A 同 (9). RLINK 和 LLINK 是用于双链接的通常的指针, 同 (8). INFO 是与该结点相关联的全字信息; 对于表头结点, 这可能包含引用计数、指向该表内部以辅助线性遍历的运行指针、符号名等. 如果 H = 0, 这个字段包括 DLINK.

[329]

上面讨论的所有标记算法中, 如果原子结点必须使用除了单个二进制位（标志位）之外的所有二进制位, 则只有算法 D 直接适用. 例如, 表可以用 (9) 表示, 只使用 M 作为最低有效位. 其他算法都要测试给定的结点 P 是否为原子, 它们都需要二进制位 A. 然而, 经过适当修改, 当区分原子数据和链接到它的指针数据, 而不是区分字时, 上述算法均可以正常运行. ……算法 E 几乎一样简单, 除了标志位, ALINK 和 BLINK 甚至可以容纳两个额外的标记位. ①

习题

[331]

4. [28] 为算法 E 写一个 MMIX 程序. 假定结点用两个全字表示, ALINK 在第一个全字, BLINK 在第二个全字. ALINK 和 BLINK 的最低有效位可用于 MARK 和 ATOM. 此外, 借助相关参数, 确定程序的运行时间.

2.5　动态存储分配

[346]

下面的算法假定每个内存块具有如下形式:

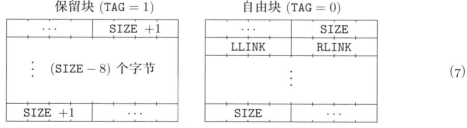

注意, 为应用程序保留的 SIZE − 8 个字节是 OCTA 对齐的, 而结点本身以只是 TETRA 对齐的 SIZE 字段开始和结束.

这个算法的思想是维护一个双链 AVAIL 表, 方便从列表的任意部分删除条目. 位于内存块两端的 TAG 位（SIZE 字段的最低有效位）可以用来控制结合过程, 因为我们可以轻松判断出两个相邻块是否可用.

---

① 这里的"标志位"（mark bit）是用于垃圾回收的标记位, 而"标记位"（tag bit）是通用的, 还可以用于指出结点代表的信息类型、区分不同类型的原子等. ——译者注

为了节省空间，链接存储为一个 TETRA 中的相对地址. 我们使用 LOC(AVAIL)（即表头的地址）作为基址，它方便地使表头的相对地址为 0.

遗憾的是，在 MMIX 的世界中，诸如"LINK(P + 1)"这样的记法不能很好地工作，这里地址指向字节序列，链接存储为半字或全字. 因此，我们使用熟悉的 RLINK 和 LLINK 而不是"LINK(P)"和"LINK(P + 1)"，但我们不改写算法 C. 令 RLINK 指向列表中下一个自由块，RLINK 指回前一块，便用熟悉的方式获得双链. 因此，若 P 是一个可用块的地址，我们总有

$$LLINK(RLINK(P)) = P = RLINK(LLINK(P)). \tag{8}$$

为了保证适当的"边界条件"，列表的表头如下设置：

$$
\begin{array}{r|c|c|}
\text{LOC(AVAIL)} - 4: & \cdots & 0 \\ \hline
\text{LOC(AVAIL)} + 4: & \text{LLINK} & \text{RLINK} \\ \hline
\text{LOC(AVAIL)} + 12: & 0 & \cdots \\ \hline
\end{array}
\tag{9}
$$

这里 RLINK 指向可用空间列表中的第一块，LLINK 指向可用空间列表中的最后一块. 此外，已标记的半字应该出现在用于限制算法 C 活动的内存区域之前和之后.

[*351*]

下面给出近似结果：

	用于保留的时间	用于释放的时间
边界标记系统：	$24 + 5A$	18, 22, 27 或 28
伙伴系统：	$26 + 26R$	$36.5 + 24S$

[*352*]

这表明两种方法都相当快，在 MMIX 的情况下，伙伴系统的保留速度较快，释放速度较慢，大约为 1.5 倍. 记住，当块大小不是限定为 2 的幂时，伙伴系统需要多出大约 44% 的空间.

对于习题 33 的垃圾回收与紧致算法，相应的时间估计是，假定在内存大约半充满时发生垃圾回收，并假定结点平均长度为 5 个全字且每个结点有 2 个链字段，则大约需要 $98v$ 来定位到一个自由结点.

习题

[*354*]

4. [*22*] 为算法 A 编写 MMIX 程序，特别注意内层循环要快. 假设 SIZE 和 LINK 字段存储在一个全字的高 TETRA 和低 TETRA 中. 要使链接适合半字，使用相对于全局寄存器 base 中基址的地址. 如果成功，返回绝对地址. 如果处理相对地址，使用 $\Lambda = -1$，但是对于绝对地址（返回值），使用 $\Lambda = 0$.

13. [*21*] 为习题 12 的算法编写一个 MMIX 程序. 假设唯一的参数 N 是以字节为单位的请求内存的大小，并且返回值是 OCTA 对齐的绝对地址，其中 N 个字节可用. 如果发生溢出，返回值应为 0.

16. [*24*] 结合习题 15 的思想，补充习题 13 的程序，为算法 C 编写一个 MMIX 子程序.

27. [*24*] 为算法 R 编写 MMIX 程序，并确定其运行时间.

28. [*25*] 为算法 S 编写 MMIX 程序，并确定其运行时间.

▶ **33.** [*28*] （垃圾回收与紧致）假设一个由可变大小结点组成的存储池，每个结点都具有以下形式：

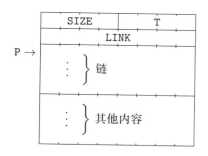

$\text{SIZE(P)} = \text{NODE(P)}$ 中的字节数;
$\text{T(P)} = $ 用于链接的字节数,
$\text{T(P)} < \text{SIZE(P)};$
$\text{LINK(P)} = $ 仅在垃圾回收期间
使用的特殊链字段.

地址 P 处的结点以地址 P 之前的两个全字开始, 它们包含专用数据, 仅在垃圾回收期间使用. 内存中紧跟 NODE(P) 的结点是地址 P + SIZE(P) 处的结点. 结点填充从 BASE − 16 到 AVAIL − 16 的内存区域. 假定 NODE(P) 中用作到其他结点的链接的字段只有全字序列 LINK(P) + 8, LINK(P) + 16, $\ldots$, LINK(P) + T(P), 并且这些链字段中的每一个要么是 Λ, 要么是另一结点的绝对地址. 最后, 假定程序中另有一个链接变量, 叫作 USE, 它指向这些结点中的一个.

试设计一个算法完成下述三步操作:⋯⋯

34. [*29*] 试为习题 33 的算法编写 MMIX 程序, 并确定其运行时间.

第 3 章　随机数

3.2.1.1　模的选择

[9]

以 MMIX 为例. 为计算 $y \bmod m$, 可以把 y 和 m 放入寄存器, 并使用指令 "DIV t,y,m" 计算 y 除以 m, 那么寄存器 rR 中的值就是 $y \bmod m$. 但是, 除法运算相对较慢, 如果取 m 为特别方便的值, 如计算机的字大小, 就不用做除法.

令 w 为计算机的字大小, 在 e 位的二进制计算机上, w 为 2^e. 加法和乘法通常给出模 w 的结果. 这样, 下面的程序可以高效地计算 $(aX + c) \bmod w$:

$$
\begin{array}{lll}
\texttt{MULU} & \texttt{x,x,a} & X \leftarrow aX \bmod w. \\
\texttt{ADDU} & \texttt{x,x,c} & X \leftarrow (X + c) \bmod w. \quad \blacksquare
\end{array}
\tag{1}
$$

结果在寄存器 x 中. 此代码使用无符号数的算术运算, 绝不会引发溢出. 如果 c 小于 2^{16}, 则可以用 "INCL x,c" 指令代替 "ADDU x,x,c", 使用立即数 c 代替寄存器 c. 常数 a 也是如此. 但是, 符合要求的 a 值通常很大, 而 MULU 指令只允许一个字节的立即常量.

执行模 $w + 1$ 计算时, 可以使用一种不太知名的巧妙技术. 由于后面将说明的原因, 我们一般希望当 $m = w + 1$ 时 $c = 0$, 因此只需要计算 $(aX) \bmod (w + 1)$. 对于 $w = 2^{64}$, 下面的程序完成这一计算:

$$
\begin{array}{clll}
01 & \texttt{MULU} & \texttt{r,x,a; GET q,rH} & \text{计算满足 } aX = qw + r \text{ 的 } q \text{ 和 } r. \\
02 & \texttt{SUBU} & \texttt{x,r,q} & X \leftarrow r - q \bmod w. \\
03 & \texttt{CMPU} & \texttt{t,r,q} & \\
04 & \texttt{ZSN} & \texttt{t,t,1} & \text{置 } t \leftarrow [r < q]. \\
05 & \texttt{ADDU} & \texttt{x,x,t} & X \leftarrow X + t \bmod w. \quad \blacksquare
\end{array}
\tag{2}
$$

现在, 寄存器 x 包含值 $(aX) \bmod (w + 1)$. 当然, 这个值可能落在 0 和 w 之间的任何位置（包括 0 和 w 在内）, 因此读者完全有理由提问: 一个寄存器怎么可能表示这么多值!（该寄存器显然不能存放大于 $w - 1$ 的数.）答案是: 结果等于 w 当且仅当程序 (2) 之后 X 等于 0 且 t 等于 1. 由于当 $X = 0$ 时通常不使用程序 (2), 因此我们可以用 0 表示 w; 但是最简便的是直接不允许 w 出现在模 $w + 1$ 同余序列中. 我们通过附加指令 "NEGU t,1,a; CSZ x,x,t" 来实现这一点.

为了证明程序 (2) 确实能算出 $(aX) \bmod (w + 1)$, 注意在第 02 行, 我们从乘积的前半部分减去后半部分. 如果 $aX = qw + r$, $0 \le r < w$, 则第 02 行之后, 量 $r - q$ 将储存在寄存器 x 中. 由于

$$aX = q(w + 1) + (r - q),$$

并且 $q < w$, 故 $-w < r - q < w$. 因此, $(aX) \bmod (w + 1)$ 等于 $r - q$ 或 $r - q + (w + 1)$, 视 $r - q \ge 0$ 还是 $r - q < 0$ 而定.

习题 [12]

1. [M12] 在习题 3.2.1–3 中，我们断言最好的同余生成器应该满足乘数 a 与 m 互素．试证明在这种情况下，存在满足 $(aX + c) \bmod m = a(X + c') \bmod m$ 的常数 c'．

2. [16] 写一个具有如下特征说明的 MMIX 子程序：

调用序列： PUSHJ t,Random

入口条件： 全局寄存器 x ≡ X, a ≡ a, c ≡ c 已经初始化．

出口条件： 置 $X \leftarrow (aX + c) \bmod 2^{64}$ 并且返回 X．

（这样，调用该子程序将产生线性同余序列的下一个随机数.）

5. [20] 已知 m 小于字大小，x 和 y 为小于 m 的非负整数，并且假定 x, y, m 都已经装入到寄存器，说明 $(x - y) \bmod m$ 可以只用 4 条 MMIX 指令计算，而不需要任何除法．对于计算 $(x + y) \bmod m$，最好的程序是什么？如果 m 小于 2^{e-1}，最好的程序又是什么？

▶ **8.** [20] 写一个类似于 (2) 的 MMIX 计算机程序，计算 $(aX) \bmod (w - 1)$．在程序的输入和输出中，值 0 和 $w - 1$ 应看作等价的．

3.2.1.3 势

[19]

例如，假设我们选择 $a = 2^k + 1$，其中 k 是不小于 2 的常数．使用临时寄存器 t，代码

$$\text{SLU t,x,}k; \quad \text{ADDU x,t,x;} \quad \text{ADDU x,x,1} \tag{3}$$

可以用来替换 3.2.1.1 节给出的指令，执行时间从 $11v$ 减少到 $7v$．对于 $k = 2, 3, 4$，代码甚至可以更快．例如，代码"16ADDU x,x,x; ADDU x,x,1"只需要 $2v$ 的执行时间．

习题 [20]

1. [M10] 证明：对于所有 $k \geq 2$，代码 (3) 都提供最大周期随机数生成器．

2. [10] MMIX 代码 (3) 所提供的生成器的势是多少？

3.2.2 其他方法

[22]

这个算法的 MMIX 程序如下：

程序 A（加数生成器）．使用全局寄存器 j ≡ 8j，k ≡ 8k，y ≡ LOC($Y[1]$) -8，以下 MMIX 代码是算法 A 的逐步实现．

```
:Random   LDOU   $0,y,j     A1. 加. $0 ← Y[j].
          LDOU   t,y,k      t ← Y[k].
          ADDU   $0,$0,t    $0 ← Y[j] + Y[k].
          STOU   $0,y,k     Y[k] ← Y[j] + Y[k].
          SUB    j,j,8      A2. 前进. j ← j − 1.
          SUB    k,k,8      k ← k − 1.
          SET    t,55*8
```

```
CSNP   j,j,t        如果 j ≤ 0, 则置 j ← 55.
CSNP   k,k,t        如果 k ≤ 0, 则置 k ← 55.
POP    1,0          返回 $0.   ▮
```

上述代码的一个缺点是使用了三个可能是宝贵的全局寄存器. 在习题 25 中讨论了这个程序的改进版本.

[*23*]

在一台二进制计算机上操纵 k 位字, 生成高度随机的位序列, 有一种简单的方法: 从寄存器 x 中的任意二进制字 X 开始. 为了得到序列中的下一个随机位, 执行如下 MMIX 语言所示的操作 (见习题 16):

```
ZSN   t,x,a        如果 x 的最高有效位为 1, 则按 a 调整, 否则按 0 调整.
SLU   x,x,1        左移一位.                                               (10)
XOR   x,x,t        用 "异或" 来调整.   ▮
```

全局寄存器 a 的值是 k 位二进制常数 $a = (a_1 \ldots a_k)_2$, 左移 $64 - k$ 个二进制位. 其中 $x^k - a_1 x^{k-1} - \cdots - a_k$ 是一个模 2 本原多项式. 代码 (10) 执行之后, 所生成的序列的下一位可以取为寄存器 x 的左数第 k 个二进制位. 或者, 我们可以一致地使用 x 的最高有效位 (符号位), 这给出了相同的序列, 但每个二进制位都是在前面一步看到的.

[*26*]

在 MMIX 上, 我们可以取 $k = 256$ 来实现算法 B. 初始化以后, 有如下简单的生成方案:

```
SRU   j,y,53              j ← ⌊256Y/w⌋, j ← 8j + {0,...,7}.
MULU  x,x,a; ADD x,x,c    X_{n+1} ← (aX_n + c) mod w.              (14)
LDOU  y,V,j              Y ← V[j].
STOU  x,V,j              V[j] ← X_{n+1}.   ▮
```

输出在寄存器 y 中. 注意, 每生成一个数, 算法 B 只需要额外的 $3\upsilon + 2\mu$.

习题

[*28*]

7. [*20*] 证明: 如果把程序 (10) 改变为

```
ZSN   t,x,a
SLU   x,x,1
ZSZ   s,x,a
XOR   x,x,t
XOR   x,x,s        ▮
```

则可以得到长度为 2^e 的完全序列 (在周期中, 2^e 种可能的连续 e 位组都恰好出现一次).

[*30*]

25. [*26*] 讨论程序 A 的替代方案: 子程序 Random55, 每第 55 次需要随机数时, 就改变表 Y 的所有 55 项. 试着只使用一个全局寄存器.

3.4.1 数值分布

[90]

一般地，为了得到 0 和 $k-1$ 之间的随机整数 X，我们可以将 U 乘以 k，令 $X = \lfloor kU \rfloor$. 在 MMIX 机上，执行指令

$$
\begin{array}{lll}
\text{MULU} & \text{t,k,u} & (\text{rH,t}) \leftarrow kU \\
\text{GET} & \text{x,rH} & X \leftarrow \lfloor kU/m \rfloor
\end{array} \tag{1}
$$

所求的整数将在寄存器 x 中. 如果需要 1 和 k 之间的随机整数，则我们把该结果加 1.（在 (1) 后添加指令"INCL x,1". ）

习题

[105]

▶ **3.** [*14*] 讨论：把 U 看作整数，计算它模 k 的余数，得到 0 和 $k-1$ 之间的随机整数，而不是像正文中建议的那样做乘法. 这样，式 (1) 变成

$$
\begin{array}{lll}
\text{DIV} & \text{t,u,k} & t \leftarrow \lfloor U/k \rfloor \\
\text{GET} & \text{x,rR} & X \leftarrow U \bmod k
\end{array}
$$

结果在寄存器 x 中. 如果 $k = 2^i$（对于小常数 i），新方法可能特别诱人，因为

$$
\text{AND} \quad \text{x,u,}(2^i - 1) \qquad X \leftarrow U \bmod 2^i
$$

将在单个 MMIX 周期内完成该作业. 这是一种好方法吗？

3.6 小结

习题

[143]

1. [*21*] 根据以下规范，使用方法 (1) 写一个 MMIX 子程序 RandInt：

调用序列：　　PUSHJ t,RandInt

入口条件：　　寄存器 x ≡ X 已经初始化.
　　　　　　　$0 ≡ k$，一个正整数.

返回值：　　　随机整数 Y，$1 \le Y \le k$，每个整数具有大致相同的概率.

出口条件：　　修改全局寄存器 x.

第 4 章 算术

4.1 按位计数系统

[153]

在《计算机程序设计艺术》第 4 章中使用的 MIX 计算机只处理带符号数的算术，而在这里使用的 MMIX 计算机只处理二进制补码的算术. 然而，在第 4 章中，当认为针对补码表示方法的程序很重要时，作者也讨论了相应的替代程序.

习题

[159]

4. [20] 假设在一个 MMIX 程序中，储存在寄存器 a 中的非负数的小数点位于字节 3 和 4 之间，存储在寄存器 b 中的非负数的小数点位于字节 5 和 6 之间.（最左边的字节编号为 1.）在执行下面的指令后，寄存器 x, rH, rR 中的小数点位置在哪里（假设指令不会引发算术异常）?

    (a) MUL   x,a,b   (b) DIV   x,a,b

    (c) MULU x,a,b   (d) PUT   rD,0; DIVU x,a,b

4.2.1 单精度计算

[163]

在 MMIX 计算机中，我们假设浮点数的形式为

$$\boxed{\begin{array}{c|c|c} s & e & f' \end{array}}. \qquad (4)$$

在这个表示方式中，基数为 $b = 2$，超量为 $q = 1023$，浮点数表示具有 $p = 53$ 个二进制位的精度. 最左的 1 个二进制位是符号位，1 代表负数，0 代表其他情形. 紧接着的 11 个二进制位是指数 e，它是满足 $0 < e < 2047$ 的整数. 接着是满足 $0 \le f' < 2^{52}$ 的 52 个二进制位 f'，小数部分是 $f = 1 + f'/2^{52}$. 因为 $b = 2$，规范化浮点数的小数部分的最高有效位总是 1，所以不需要存储该位. 在 f' 的左边加上这个隐藏位，精度是 53.

B. 规范化计算. MMIX 的浮点算术遵循大多数现代计算机实现的"IEEE/ANSI 标准 754". 根据这一标准，小数点位于 f 的隐藏位和存储部分 f' 之间，与《计算机程序设计艺术》第 2 卷当前版本使用的定义相反. 如果 $0 < e < 2047$ 且 f 的表示中最高有效位非零，从而

$$1 \le f < 2, \qquad (5)$$

则我们称浮点数 (s, e, f) 是规范化的. 如果 $f = e = 0$，则这个浮点数是 ± 0.0.

[165]

下面的 MMIX 子程序对具有 (4) 中所示形式的数做加法和减法，演示了如何将算法 A 和算法 N 转换为计算机程序. 下面的子程序并不能处理"IEEE 标准 754"的所有复杂问题. 它们被设计为接受两个参数 u 和 v，返回规范化结果 w. 每当运算无法实现，就简单地 JMP Error.

程序 A （加法、减法和规范化）.   下面是实现算法 A 的子程序，它的设计也使得算法 N 的后续实现可以被本节后面出现的其他程序使用.

变量的命名与算法 A 和算法 N 匹配. 如果在算法 A 和算法 N 中变量名不同，我们优先使用算法 N 的变量名. 所以，我们在算法 A 中使用 f 而不是 f_w；同样，我们使用 e 而不是 e_w. 寄存器 s, su, sv 分别用于保存 w, u, v 的符号位. 为了确保正确舍入，f 的下一个低 64 位存储在寄存器 fl 中. 寄存器 carry 用于在寄存器 f 和 fl 之间交换数据. 步骤 A4 和 A5 需要另一个寄存器 d 来保存差值 $e_u - e_v$.

01	:Fsub	SETH	t,#8000; XOR v,v,t	改变操作数的符号.
02	:Fadd	SLU	eu,u,1; SLU ev,v,1	清除符号位.
03		CMPU	t,eu,ev	*A2. 确保 e_u 大于等于 e_v.*
04		BNN	t,A1	如果 $(e_u, f_u) \geq (e_v, f_v)$ 则跳转;
05		SET	t,u; SET u,v; SET v,t	否则交换 u 和 v
06		SLU	eu,u,1; SLU ev,v,1	并再次清除符号位.
07	A1	SRU	eu,eu,53; SRU ev,ev,53	*A1. 拆分.*
08		SETH	t,#FFF0	取得符号位和指数部分的掩码.
09		ANDN	fu,u,t; ANDN fv,v,t	清除符号位和指数部分.
10		INCH	fu,#10; INCH fv,#10	添加隐藏位.
11		SRU	su,u,63; SRU sv,v,63	取得符号位.
12		SET	e,eu; SET s,su	*A3. 置 $e_w \leftarrow e_u$.*
13		SUB	d,eu,ev	步骤 A4 不再需要.
14	A5	NEG	t,64,d	*A5. 右移.*
15		SLU	fl,fv,t	(f_v, f_l) 右移 $e_u - e_v$ 位.
16		SRU	fv,fv,d	
17		CMP	t,su,sv; BNZ t,OF	符号位 s_u 和 s_v 相异.
18		ADDU	f,fu,fv	*A6. 相加.*
19		JMP	:Normalize	
20	OH	NEGU	fl,fl; ZSNZ carry,fl,1	*A6. 相减.*
21		SUBU	f,fu,fv	
22		SUBU	f,f,carry	
23	:Normalize	OR	t,f,fl; BZ t,:Zero	假定 $u + v \neq 0$.
24		SRU	t,f,53	*N1. 检测 f.*
25		BP	t,N4	如果 $f \geq 2$ 则右移.
26	N2	SRU	t,f,52; BP t,N5	*N2. f 已规范化?*
27		SRU	carry,fl,63	*N3. 左移.*
28		SLU	fl,fl,1	
29		SLU	f,f,1	
30		ADDU	f,f,carry	
31		SUB	e,e,1	
32		JMP	N2	
33	N4	SLU	carry,f,63	*N4. 右移.*
34		SRU	f,f,1	
35		SRU	fl,fl,1	
36		ADDU	fl,fl,carry	
37		ADD	e,e,1	
38	N5	SETH	t,#8000	*N5. 舍入.*
39		CMPU	t,fl,t	比较 f_l 和 $\frac{1}{2}$.

40		CSOD	carry,f,1	f 是奇数. 如果 $f_l \geq \frac{1}{2}$ 则向上舍入.
41		CSEV	carry,f,t	f 是偶数. 如果 $f_l > \frac{1}{2}$ 则向上舍入.
42		ZSNN	carry,t,carry	如果 $f_l < \frac{1}{2}$ 则舍去.
43		ADDU	f,f,carry	
44		SET	fl,0	
45		SRU	t,f,53; BP t,N4	舍入溢出.
46		SET	t,#7FE; CMP t,e,t	*N6. 检查 e.*
47		BP	t,:Error	上溢.
48		BNP	e,:Error	下溢.
49		SLU	w,s,63	*N7. 组合.*
50		SLU	t,e,52; OR w,w,t	
51		ANDNH	f,#FFF0	清除隐藏位.
52		OR	$0,w,f	
53		POP	1,0	返回 w.
54	:Zero	POP	0,0	返回零. ∎

对小数 f 的低 64 位使用第二个寄存器 fl 并扩展加法、减法和移位不是严格必要的. 习题 5 展示了如何通过 $p + 2 = 55$ 位数字①（它能很好地装入某一个 MMIX 寄存器）来做到这一点. 然而, 这一优化既不会使代码更短也不会执行得更快: 有太多的特殊情况需要考虑. 另一方面, MMIX 非常适合执行多精度运算.

[*168*]

下面的 MMIX 子程序实现算法 M 的各个运算步骤, 它将连同程序 A 一起使用.

01	:Fmul	SLU	eu,u,1; SRU eu,eu,53	*M1. 拆分.*
02		SLU	ev,v,1; SRU ev,ev,53	
03		SETH	t,#FFF0	取得符号位和指数部分的掩码.
04		ANDN	fu,u,t; ANDN fv,v,t	清除符号位和指数部分.
05		INCH	fu,#10; INCH fv,#10	添加隐藏位.
06		XOR	s,u,v; SRU s,s,63	$s \leftarrow s_u \times s_v$.
07		SLU	fv,fv,6; SLU fu,fu,6	*M2. 运算.*
08		MULU	fl,fu,fv; GET f,:rH	$(f, f_l) \leftarrow 2^{52+6} f_u \cdot 2^{52+6} f_v = 2^{52+64} f_u f_v$.
09		ADD	e,eu,ev	
10		SET	t,1023; SUB e,e,t	$e \leftarrow e_u + e_v - q$.
11		JMP	:Normalize	*M3. 规范化.*
12	:Fdiv	SLU	eu,u,1; SRU eu,eu,53	*M1. 拆分.*
13		SLU	ev,v,1; SRU ev,ev,53	
14		SETH	t,#FFF0	取得符号位和指数部分的掩码.
15		ANDN	fu,u,t; ANDN fv,v,t	清除符号位和指数部分.
16		INCH	fu,#10; INCH fv,#10	添加隐藏位.
17		XOR	s,u,v; SRU s,s,63	$s \leftarrow s_u \times s_v$.
18		SLU	fv,fv,11	*M2. 运算.* $f_v \leftarrow 2^{11} f_v$.
19		PUT	:rD,fu; SET t,0	
20		DIVU	f,t,fv	$(f, f_l) \leftarrow 2^{52+64} f_u / (2^{52+11} f_v) = 2^{53} f_u / f_v$.
21		GET	t,:rR; PUT :rD,t	
22		SET	t,0; DIVU fl,t,fv	

① 习题 5 给定了基数 b, 对我们的 MMIX 计算机而言, 基数是 2. ——译者注

```
23        SUB   e,eu,ev
24        INCL  e,1023-1                           e ← e_u − e_v + q − 1.
25        JMP   :Normalize                         M3. 规范化. ▌
```

这个程序最值得注意的部分是第 08 行的双精度乘法, 以及第 19–22 行的除法, 其作用是保证运算结果有足够的精度以便接下来做舍入.

我们用无符号整数 $2^{52}f_u$ 和 $2^{52}f_v$ 表示浮点数 f_u 和 f_v. 直接执行 MULU 指令将得到 $2^{52+52}f_uf_v$; 在执行乘法指令之前对 f_u 和 f_v 各乘一个额外因数 2^6 将得到 $2^{52+64}f_uf_v$, 从而将寄存器 rH 的小数点移到第 52 位之后的正确位置. 仅对一个操作数乘额外因数 2^{12} 将导致溢出.

因为应用于 f_u 和 f_v 的额外因数将结果的小数点向相反方向移动, 所以除法的工作方式不同. 如果 f_u (被除数的高 64 位) 能够移入被除数低 64 位, 我们就可以右移 f_u. 幸运的是, 左移 f_v 的限制是 11 位, 这正是我们需要的. 除以 $2^{11}f_v$ 得到 $2^{1+52+64}f_u/f_v$. 假定小数点在 (f, f_l) 的第 52 位左侧, 我们有 $(f, f_l) ← 2f_u/f_v$. 我们通过将 e 减去 1 来补偿额外的因数 2. 如果 f_u 和 f_v 是规范化浮点数, 我们有 $1 ≤ f_u < 2$ 且 $1 ≤ f_v < 2$, 从而有 $1 ≤ 2f_u/f_v < 4$. 然后, 如果需要, 规范化步骤 N4 将调整 f.

我们有时需要将一个数的定点表示转换为浮点表示, 或反之. 借助上面给出的实现规范化操作的算法, 可以很容易得到 "定转浮" 程序. 例如, 在 MMIX 中, 下面的子程序可以将非零整数 u 转换为浮点数格式:

```
01  :Flot  ZSN   s,u,1                         置符号位.
02         SET   f,0; NEG fl,u; CSNN fl,u,u     (f, f_l) ← |u|/2^64.         (10)
03         SET   e,64+52+1023                   置原始指数.
04         JMP   :Normalize                     规范化、舍入并退出. ▌
```

在习题 14 中将考虑 "浮转定" 子程序.

[173]

在本书中用作 "典型" 机器示例的 MMIX 计算机具有一整套符合 "IEEE/ANSI 标准 754" 的浮点指令.

习题

14. [25] 写一个可与本节的子程序结合使用的 MMIX 子程序, 入口参数是一个规范化浮点数, 返回最接近的以二进制补码表示的带符号 64 位整数 (或者确认给出的数的绝对值太大, 不能得到这样的整数).

▶ **15.** [28] 写一个可与本节的子程序结合使用的 MMIX 子程序, 入口参数是一个非零规范化浮点数 u, 返回 $u \bmod 1$, 即将 $u − \lfloor u \rfloor$ 舍入到最接近的浮点数. 注意, 当 u 是非常小的负数时, $u \bmod 1$ 舍入后的结果可能为 1 (尽管按照定义, $u \bmod 1$ 的值必定是小于 1 的实数).

19. [24] 如何用输入数据的相关特征量来表示程序 A 中 Fadd 子程序的运行时间? 对于不会引起指数上溢或下溢的输入数据, 最长运行时间是多少?

20. [28] 新习题: 给定寄存器 f 中的非零全字, 找出一种计算它有多少个前导零的快速方法, 并利用这一结果消除算法 N 的步骤 N2 和 N3 中的循环. 这种变化将如何影响平均运行时间?

21. [40] 新习题: 设想一个 MMIX 的低配版本, 没有对浮点数的硬件支持 (用于首席执行官办公室, 浮点计算通常委托给研究部门). 在这种 MMIX 中央处理器中, 浮点指令将使用寄存器 rYY 和 rZZ 中的操作数进行陷阱中断. 然后, 操作系统执行相应计算, 将结果存储到寄存器 rZZ, 并在寄存器 rXX 的上半部分置异常标志, 准备最终执行 RESUME 1. 模仿标准 MMIX 浮点硬件, 编写一个用于这种操作系统的子程序库.

4.2.2 浮点算术的精度

习题　　　　　　　　　　　　　　　　　　　　　　　　　　　　　　　　　　　　[*186*]

17. [28] *假设* MMIX *要用软件模拟* FCMPE（*相对于* ϵ *的浮点比较*）*指令. 请写一个* MMIX *子程序* Fcmpe，*用来比较两个非零规范化浮点数* u *和* v，*比较相对于存储在寄存器* rE *中的正规范化浮点数* ϵ. *在上述条件下，子程序应等价于*"Fcmpe FCMPE \$0,\$0,\$1; POP 1,0".

4.2.3 双精度计算

　　　　　　　　　　　　　　　　　　　　　　　　　　　　　　　　　　　　[*188*]

　　我们经常需要用到双精度，不仅是为了增加浮点数的小数部分的长度，而且也会扩展指数部分的表示范围. IEEE/ANSI 标准规定了精度的下限和最小指数范围，仅适用于它所声称的"扩展精度". 标准规定 $p \geq 64$ 且 $e_{\min} \leq -16382$ 且 $e_{\max} > 16382$. 满足这些要求的一种方法是取一个全字作为小数部分，另一个全字为符号位和指数部分提供非常大的空间. 精度和指数范围之间更常见的折中是使用 15 个二进制位作为指数，刚好满足范围要求. 符号位使用 1 个二进制位，剩下 112 个二进制位作为小数部分. 在这一节里，我们在 MMIX 计算机中使用的双精度浮点数的 128 位格式为：

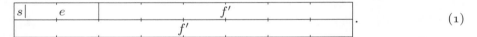

(1)

也就是说，有 2 个字节用来表示符号位和指数部分，14 个字节表示小数部分. 基数为 $b = 2$，超量为 $q = 2^{14} - 1 = 16383$，由于在 f' 左边添加了隐藏位，所以精度为 $p = 113$.

　　如前所述，对于双精度浮点数 u，我们使用 s_u 表示符号字段，使用 e_u 表示指数字段. 我们还使用 u_m 表示存储在第一个全字中的最高有效小数部分，小数点位于隐藏位之后；使用 u_l 表示存储在第二个全字中的最低有效小数部分，小数点位于 64 位的左侧. 设 $\epsilon = 2^{-48}$，利用上述记号，我们可以写 $f = 1 + f' = u_m + \epsilon u_l$. 为了执行在 u_m 和 u_l 上的计算，下面的程序使用寄存器 um 和 ul 分别对值 $2^{48}u_m$ 和 $2^{64}u_l$ 执行无符号整数运算.

　　　　　　　　　　　　　　　　　　　・・・

程序 A（双精度浮点加法）.　子程序 DFadd 将一个具有 (1) 中所示形式的双精度浮点数 v 与双精度浮点数 u 相加. v 存储在寄存器 vm 和 vl 中，u 存储在寄存器 um 和 ul 中. 计算结果 w 存储在寄存器 wm 和 wl 中. 子程序 DFsub 从 u 中减去 v，相关设定同上.

　　假设两个输入的操作数都是非零规范化浮点数，计算结果也将被规范化. 这个程序的最后部分是对双精度浮点数进行规范化，这段代码在这一节的其他子程序中也会用到. 程序中省略了算法 N 的步骤 5. 习题 5 展示了如何获得更好的舍入.

01	:DFsub	SETH	t,#8000; XOR vm,vm,t	更改操作数符号.
02	:DFadd	SLU	eu,um,1; SLU ev,vm,1	清除符号位.
03		CMPU	t,eu,ev	*A2.* 假设 e_u 大于等于 e_v.
04		BP	t,A1	
05		PBN	t,0F	

06		CMPU	t,ul,vl; BNN t,A1	如果 $(e_u, u_m, u_l) < (e_v, v_m, v_l)$,
07	OH	SET	t,um; SET um,vm; SET vm,t	交换 u 和 v
08		SET	t,ul; SET ul,vl; SET vl,t	并
09		SLU	eu,um,1; SLU ev,vm,1	再次清除符号位.
10	A1	SRU	eu,eu,49; SRU ev,ev,49	*A1. 拆分.*
11		SRU	su,um,63; SRU sv,vm,63	取得符号位.
12		ANDNH	um,#FFFF; ANDNH vm,#FFFF	清除符号位和指数部分.
13		ORH	um,#0001; ORH vm,#0001	添加隐藏位.
14		SET	e,eu; SET s,su	*A3. 置 $e_w \leftarrow e_u$.*
15		SUB	d,eu,ev	*A4. 检测 $e_u - e_v$.*
16		CMP	t,d,113+2; PBN t,A5	$e_u - e_v \geq p + 2$?
17		SET	wm,um; SET wl,ul	$w \leftarrow u$.
18		JMP	:DNormalize	
19	A5	CMP	t,d,64; PBN t,OF	*A5. 右移.*
20		SET	vl,vm; SET vm,0	右移 64 个二进制位.
21		SUB	d,d,64	
22	OH	NEG	t,64,d	
23		SRU	vl,vl,d	
24		SLU	carry,vm,t; OR vl,vl,carry	(v_m, v_l) 右移 $e_u - e_v$ 位
25		SRU	vm,vm,d	
26		CMP	t,su,sv; BNZ t,OF	符号位 s_u 和 s_v 相异.
27		ADDU	wl,ul,vl	*A6. 相加.*
28		CMPU	t,wl,ul; ZSN carry,t,1	
29		ADDU	wm,um,vm	
30		ADDU	wm,wm,carry	
31		JMP	:DNormalize	
32	OH	SUBU	wl,ul,vl	*A6. 相减.*
33		CMPU	t,wl,ul; ZSP carry,t,1	
34		SUBU	wm,um,vm	
35		SUBU	wm,wm,carry	
36	:DNormalize	SRU	t,wm,49	*N1. 检测 f.*
37		BOD	t,N4	如果 $w \geq 2$ 则右移.
38		OR	t,wm,wl; BZ t,:Zero	
39	N2	SRU	t,wm,48; PBOD t,6F	*N2. w 已规范化?*
40		ZSN	carry,wl,1; SLU wl,wl,1	*N3. 左移.*
41		SLU	wm,wm,1	
42		ADDU	wm,wm,carry	
43		SUB	e,e,1	
44		JMP	N2	
45	N4	SLU	carry,wm,63	*N4. 右移.*
46		SRU	wl,wl,1	
47		ADDU	wl,wl,carry	
48		SRU	wm,wm,1	
49		ADD	e,e,1	
50	6H	SET	t,#7FFE; CMP t,e,t	*N6. 检查 e.*
51		BP	t,:Error	上溢.
52		BNP	e,:Error	下溢.

53	SLU	s,s,63	*N7. 组合.*
54	SLU	e,e,48	
55	ANDNH	wm,#FFFF	清除隐藏位.
56	OR	wm,wm,s; OR wm,wm,e	
57	SET	$0,wl	
58	SET	$1,wm	
59	POP	2,0	返回 w.
60	:Zero POP	0,0	返回零. ∎

[*191*]

下面我们考虑双精度浮点乘法. 如图 4 所示的那样, 乘积可分成四段. 如果最左边的六个短字的有限精度 ($p = 96$) 足够, 则可以忽略图中的垂线右边的数字. 事实上, 我们并不需要计算两个操作数的低半部分有效位的乘积.

$$
\begin{array}{llll}
& \text{1.uuu} \quad \text{uuuu} & = u_m + \epsilon u_l \\
& \text{1.vvv} \quad \text{vvvv} & = v_m + \epsilon v_l \\
\hline
& \text{xxxx} \quad \text{xxxx} & = \epsilon^2 u_l \times v_l \\
\text{1.xxx} & \text{xxxx} & = \epsilon u_m \times v_l \\
\text{1.xxx} & \text{xxxx} & = \epsilon u_l \times v_m \\
\text{3.xx} \quad \text{xxxx} & & = u_m \times v_m \\
\hline
\text{3.ww} \quad \text{wwww} & \text{wwww} \quad \text{wwww} & =
\end{array}
$$

图 4   对两个小数部分为七个短字的浮点数做双精度乘法

程序 M（双精度浮点乘法）. 在这个子程序中, 对输入和输出数据的设定与程序 A 相同.

01	:DFmul SLU	eu,um,1; SLU ev,vm,1	*M1. 拆分.*
02	SRU	eu,eu,49; SRU ev,ev,49	
03	XOR	s,um,vm; SRU s,s,63	$s \leftarrow s_u \times s_v$.
04	ANDNH	um,#FFFF; ORH um,#0001	
05	ANDNH	vm,#FFFF; ORH vm,#0001	
06	MULU	t,um,vl	*M2. 运算.*
07	GET	wl,:rH	$\text{wl} \leftarrow 2^{48} u_m \times 2^{64} v_l \times 2^{-64}$.
08	MULU	t,ul,vm	
09	GET	t,:rH; ADDU wl,wl,t	$\text{wl} \leftarrow \text{wl} + 2^{48} u_l v_m$.
10	MULU	t,um,vm; GET wm,:rH	$\text{wm} \leftarrow \lfloor 2^{32} u_m \times v_m \rfloor$.
11	ADDU	wl,wl,t	$\text{wl} \leftarrow \text{wl} + \text{um} \times \text{vm} \bmod 2^{64}$.
12	CMPU	t,wl,t; ZSN carry,t,1	如果 $\text{wl} + \text{t} < \text{t}$ 则 carry $\leftarrow 1$.
13	ADDU	wm,wm,carry	
14	SLU	wm,wm,16	$\text{wm} \leftarrow 2^{16}\text{wm} = 2^{16} \lfloor 2^{32} u_m \times v_m \rfloor$.
15	SRU	carry,wl,64-16	
16	ADDU	wm,wm,carry	
17	SLU	wl,wl,16	$\text{wl} \leftarrow 2^{16}\text{wl}$.
18	ADD	e,eu,ev	
19	SET	t,#3FFF; SUB e,e,t	$e \leftarrow e_u + e_v - q$.
20	JMP	:DNormalize	*M3. 规范化.* ∎

注意, 由于 um 和 vm 小于 2^{49}, 所以在第 09 行的加法中没有进位进入 wm. 然而, 在第 11 行我们加上 um × vm 的低 64 位, 它可以是小于 2^{64} 的任何值, 因此需要考虑进位. 程序 M 在计算

第 10 行结果的最高有效位数字时只使用 49 位操作数, 而在第 17 行中添加了 16 个二进制位的零, 因此在精度方面的处理可能稍显粗糙. 习题 4 讨论了一种可以达到更高一点精度的处理方法.

[192]

程序 D （双精度浮点除法）. 这个程序将沿用与程序 A 和程序 M 完全相同的设定. 我们需要有 um < vm, 第 11 行的 DIVU （无符号除）指令才能正常工作. 因为 u 和 v 都是规范化浮点数, (vm, vl) 左移一位就足够了. 我们代之以移动 15 位（这是可能的最大值）, 然后计算 $wm \leftarrow (2^{64+48}u_m + 2^{64}u_l)/(2^{15+48}v_m) = 2^{48+1}(u_m + \epsilon u_l)/v_m$. 这会使 w_m 的小数点左移太远以致超出左边界一位. 把第 09 行中的指数 e 减 1 可以补偿这一点. 如果需要, 规范化例程中的 "右移" 步骤将使 wm 往回移动. 如果我们只移动 v 一位, 那么可以获得更高的精度, 但是, 规范化例程需要一个不限于移动一位的 "右移" 步骤.

```
01   :DFdiv   SLU    eu,um,1; SLU ev,vm,1        D1. 拆分.
02            SRU    eu,eu,49; SRU ev,ev,49
03            XOR    s,um,vm; SRU s,s,63         s_w ← s_u · s_v.
04            ANDNH  um,#FFFF; ORH um,#0001
05            SLU    vm,vm,15; ORH vm,#8000      v_m ← v_m 2^15.
06            SRU    carry,vl,64-15
07            ADDU   vm,vm,carry
08            SLU    vl,vl,15                     (v_m, v_l) ← (v_m, v_l)2^15.
09            SUB    e,eu,ev; INCL e,#3FFF-1      e ← e_u − e_v + q − 1.
10            PUT    :rD,um                       D2. 运算.
11            DIVU   wm,ul,vm                     wm ← ⌊2^{48+1}(u_m + ε u_l)/v_m⌋.
12            GET    r,:rR                        得到余数 r.
13            PUT    :rD,r; SET t,0
14            DIVU   wl,t,vm                      wl ← 2^64 r/v_m.
15            MULU   pl,wm,vl; GET pm,:rH          (p_m, p_l) ← w_m × v_l.
16            PUT    :rD,pm
17            DIVU   ql,pl,vm                      q_l ← (p_m + ε p_l)/v_m.
18            CMPU   t,wl,ql; ZSN carry,t,1        carry ← [w_l < q_l].
19            SUBU   wl,wl,ql; SUBU wm,wm,carry    w ← w − ε q_l.
20            JMP    :DNormalize                   M3. 规范化.
```

下表是各个双精度计算子程序的近似平均计算时间, 以及与 4.2.1 节中对应的单精度计算子程序的计算时间的比较:

	单精度	双精度
加法	$62.3v$	$64.4v$
减法	$64.3v$	$66.4v$
乘法	$55.8v$	$75.6v$
除法	$167.5v$	$235.5v$

习题 [193]

2. [20] 是否有必要在程序 A 的第 12 行中清除 um 的高短字? 毕竟, 稍后会在规范化过程的第 55 行清除这些位.

3. [*M20*] 请解释一下为什么在程序 M 中不会发生溢出.

4. [22] 修改程序 M, 主要是更好地利用 MULU 指令, 可以获得更高的精度. 考虑以下备选方案:

(a) 使用第 06 行和第 08 行中浪费的低 64 位.

(b) 拆分时, 将小数部分向左移动最多 15 位.

请具体说明所有需要做的修改, 以及这些改变所导致的运行时间的差别.

▶ **5.** [24] 如果把 v 的最低位保存在单独的寄存器 vll 中, 在规范化过程中使用它实现适当的舍入, 则可提高计算精度, 应如何相应修改程序 A? 请具体说明所有需要做的修改, 以及这些改变所导致的运行时间的差别.

4.3.1 经典算法

[*204*]

对于下面的 MMIX 子程序, 假设 u, v, w 存储在数组中, 这三个数组的地址存储在寄存器 u, v, w 中. 原则上, 数组可以是大端顺序或小端顺序. 也就是说, 如果 LOC(u) 是存储 $u = (u_{n-1} \ldots u_1 u_0)_b$ 的数组的起始地址, 那么, 在地址 LOC(u) 中存储的可能是 u_{n-1} 也可能是 u_0. 这里我们假设有小端顺序. 因此, LOC(u) 是 u_0 的地址, LOC(u) + 8 是 u_1 的地址, 依此类推. 此外, 我们取 $b = 2^{64}$, 这样一来, 每个数字 u_j 都能装入一个全字中.

程序 A (*非负整数的加法*). 子程序需要四个参数: 存储在寄存器 u, v, w 中的 u, v, w 的地址, 以及存储在寄存器 n 中的值 n. 为了尽可能高效地从 $j = 0$ 到 $j = n-1$ 遍历数组, 我们在寄存器 j 中保存值 $8(j-n)$, 并将值 u, v, w 更改为 LOC(u) + $8n$, LOC(v) + $8n$, LOC(w) + $8n$. 在做了这些改变之后, u 加 j 将产生 LOC(u) + $8n$ + $8(j-n)$ = LOC(u) + $8j$, 这正是数字 u_j 的地址.

```
01  :Add   8ADDU  u,n,u              1    A1. 初始化.  u ← u + 8n.
02         8ADDU  v,n,v              1    v ← v + 8n.
03         8ADDU  w,n,w              1    w ← w + 8n.
04         SL     j,n,3; NEG j,j     1    j ← 0.
05         SET    k,0                1    k ← 0.
06  A2     LDOU   t,u,j; ADDU wj,t,k N    A2. 在当前位相加.  wⱼ ← uⱼ + k.
07         ZSZ    k,wj,k             N    进位?
08         LDOU   t,v,j; ADDU wj,wj,t N   wⱼ ← wⱼ + vⱼ.
09         CMPU   t,wj,t; CSN k,t,1  N    进位?
10         STOU   wj,w,j             N
11         ADD    j,j,8              N    A3. 对 j 循环.  j ← j + 1.
12         PBN    j,A2               N[1] j < n 的可能性较大.
13         STOU   k,w,j              1    wₙ ← k.
14         POP    0,0                     ∎
```

这个程序的运行时间是 $9\upsilon + 1\mu + N(10\upsilon + 3\mu)$.

[*205*]

程序 S (*非负整数的减法*). 这个程序使用与程序 A 相同的约定, 它与程序 A 很相似. 正如所预期的那样, 这个程序把 ADDU 指令替换为 SUBU 指令, 进位现在是借位. 第 11 行的 CSN 指令不适用于负常量, 因此, 如果减法不会使数变小, 我们将 k 置为 1 (而不是 -1).

01	:Sub	8ADDU	u,n,u	1	*S1. 初始化.*
02		8ADDU	v,n,v	1	
03		8ADDU	w,n,w	1	
04		SL	j,n,3; NEG j,j	1	$j \leftarrow 0$.
05		SET	k,0	1	$k \leftarrow 0$.
06	S2	LDOU	uj,u,j	N	*S2. 在当前位相减.*
07		SUBU	wj,uj,k	N	$w_j \leftarrow u_j - k$.
08		CSNZ	k,uj,0	N	借位?
09		LDOU	vj,v,j	N	
10		CMPU	t,wj,vj; CSN k,t,1	N	借位?
11					
12		SUBU	wj,wj,vj	N	$w_j \leftarrow w_j - v_j$.
13		STOU	wj,w,j	N	
14		ADD	j,j,8	N	*S3. 对 j 循环.* $j \leftarrow j+1$.
15		PBN	j,S2	$N_{[1]}$	$j < n$ 的可能性较大.
16		BNZ	k,:Error	$1_{[0]}$	仅当 $u<v$ 时 $k \neq 0$.
17		POP	0,0	▮	

程序 S 的运行时间是 $9\upsilon + N(10\upsilon + 3\mu)$, 比程序 A 的运行时间短 1μ, 因为它最终测试 k 但不存储 k.

[206]

下面的 MMIX 程序包含了在一台计算机上执行算法 M 时所要考虑的各种情形. 幸运的是, MMIX 有 MULU 指令, 它产生 128 位的结果.

程序 M (非负整数的乘法). 为了使内层循环尽可能地快, 我们把 i 放大 8 倍, 并使寄存器 i 从 $-8m$ 向零增加. 此外, 在寄存器 wj 中保存地址 $\text{LOC}(w_j) + 8m$, 使得 wj + i 成为地址 w_{j+i}. 归功于 MULU 指令, 步骤 M4 中需要的值 $\lfloor t/b \rfloor$ 可以在寄存器 rH 中得到 (只需加上两条 ADDU 指令的可能的进位).

01	:Mul	8ADDU	u,m,u; 8ADDU v,n,v	1	*M1. 初始化.*
02		SL	j,n,3; NEG j,j	1	$j \leftarrow 0$.
03		8ADDU	wj,m,w	1	wj $\leftarrow \text{LOC}(w_j) + 8m$.
04		SL	i,m,3; NEG i,i	1	$i \leftarrow 0$.
05	OH	STCO	0,wj,i	M	$(w_{m-1}\ldots w_0) \leftarrow (0\ldots 0)$.
06		ADD	i,i,8	M	$i \leftarrow i+1$.
07		PBN	i,0B	$M_{[1]}$	当 $0 \leq i < m$ 时重复执行.
08	M2	SET	k,0	N	*M2. 乘数是否为零?*
09		LDOU	vj,v,j	N	
10		BZ	vj,6F	$N_{[Z]}$	如果 $v_j = 0$, 置 $w_{j+m} \leftarrow 0$.
11		SL	i,m,3; NEG i,i	$N-Z$	*M3. 初始化 i.* $i \leftarrow 0$.
12	M4	LDOU	t,u,i	$(N-Z)M$	*M4. 相乘并相加.*
13		MULU	t,t,vj	$(N-Z)M$	$t \leftarrow u_i \times v_i$.
14		ADDU	t,t,k	$(N-Z)M$	$t \leftarrow u_i \times v_i + k$.
15		CMPU	c,t,k; ZSN k,c,1	$(N-Z)M$	进位?
16		LDOU	wij,wj,i	$(N-Z)M$	
17		ADDU	t,t,wij	$(N-Z)M$	$t \leftarrow u_i \times v_i + k + w_{i+j}$.
18		CMPU	c,t,wij; CSN k,c,1	$(N-Z)M$	进位?

19		STOU	t,wj,i		$(N-Z)M$	$w_{i+j} \leftarrow t \bmod b$.
20		GET	t,:rH; ADDU k,k,t		$(N-Z)M$	$k \leftarrow \lfloor t/b \rfloor$.
21		ADD	i,i,8		$(N-Z)M$	<u>M5. 对 i 循环.</u>　$i \leftarrow i+1$.
22		PBN	i,M4		$(N-Z)M_{[N-Z]}$	
23	6H	STOU	k,wj,0		$N-Z$	$w_{j+m} \leftarrow k$.
24		ADD	wj,wj,8		N	<u>M6. 对 j 循环.</u>
25		ADD	j,j,8		N	$j \leftarrow j+1$.
26		PBN	j,M2		$N_{[1]}$	
27		POP	0,0		∎	

　　程序 M 的运行时间与下面这些参数有关: 被乘数 u 的位数 M, 乘数 v 的位数 N, 乘数的各个位上零的个数 Z. 可得总运行时间为 $(23MN+3M+11N+11-Z(23M+3))v+(3MN+M+2N-Z(3M+1))\mu$. 如果不执行步骤 M2, 则运行时间为 $(23MN+3M+10N+11)v+(3MN+M+2N)\mu$, 所以这一步只有当乘数的各个位上的零的密度 $Z/N > 1/(23M+3)$ 时才是有好处的. 如果乘数是完全随机选取的, 则比值 Z/N 大约是 $1/b$, 这是一个很小的数. 除非第 10 行的 PBNZ 指令可以在具有分支预测的超标量流水线处理器 (如 MMIX) 上并行执行, 否则如果不执行分支将导致零延迟, 所以我们认为步骤 M2 通常用处不大.

[209]

程序 D (非负整数的除法). 　这个子程序使用的记号与程序 A 类似. 它需要五个参数: 首先, 寄存器 u, v, q 分别保存 $u=(u_{m+n-1}\ldots u_0)_b$, $v=(v_{n-1}\ldots v_0)_b$, $q=(q_m\ldots q_0)_b$ 的地址, 其中 $v_{n-1} \neq 0$; 然后, 寄存器 nu 和 nv 分别保存 u 和 v 的位数 (在算法 D 中需要计算 $m=\text{nu}-\text{nv}$). 数组 u 用作算法的工作区, 程序完成后它将包含余数 r. 与程序 M 类似, 我们使用寄存器 uj 和 i, 使得 $\text{uj}+\text{i}=\text{LOC}(u_{j+i})$. 除非 $\text{rD}=u_{j+n} < v_{n-1}$, 否则 DIVU 指令无法计算商 $\hat{q}$ 和余数 $\hat{r}$. 所以我们在尝试做除法之前先测试一下. 因为移位比乘法更有效, 在步骤 D1 中计算 v_{n-1} 中前导零的数量而不是计算 d. 保存在寄存器 pm 和 pl 中的变量 p_m 和 p_l 分别用于乘积 $\hat{q} \times v_{n-2}$ 的最高有效 64 位和最低有效 64 位. 寄存器 vn1, vn2, uji, ujn 分别保存 $v_{n-1}, v_{n-2}, u_{j+i}, u_{j+n}$ 的值.

01	:Div	GET	rJ,:rJ	1	
02		SL	nv,nv,3; SL nu,nu,3	1	
03		SUB	t,nv,8	1	<u>D1. 规范化.</u>
04		LDOU	ld+1,v,t	1	
05		PUSHJ	ld,:LeadingZeros	1	见新习题 4.2.1–20.
06		SET	t+1,v; SR t+2,nv,3	1	
07		SET	t+3,ld	1	
08		PUSHJ	t,:ShiftLeft	1	见新习题 25.
09		SET	t+1,u; SR t+2,nu,3	1	
10		SET	t+3,ld	1	
11		PUSHJ	t,:ShiftLeft	1	见新习题 25.
12		SET	ujn,t	1	$u_{j+n} \leftarrow$ carry.
13		SUB	m,nu,nv	1	$m \leftarrow n_u - n_v$.
14		SET	j,m	1	<u>D2. 初始化 j.</u>　$j \leftarrow m$.
15		ADDU	v,nv,v	1	$v \leftarrow \text{LOC}(v)+8n$.
16		NEG	t,8; LDOU vn1,v,t	1	$\text{vn1} \leftarrow v_{n-1}$.
17		NEG	t,16; LDOU vn2,v,t	1	$\text{vn2} \leftarrow v_{n-2}$.

18		ADDU	uj,j,u	1	
19		ADDU	uj,nv,uj	1	$\text{uj} \leftarrow \text{LOC}(u) + 8(j+n)$.
20		JMP	OF	1	避免装入 u_{m+n}.
21	D3	LDOU	ujn,uj,0	M	<u>D3. 计算 $\hat{q}$.</u>
22	OH	CMPU	t,ujn,vn1	$M+1$	
23		BNN	t,1F	$M+1_{[0]}$	如果 $\hat{q}$ 是 b 就跳转.
24		NEG	i,8	$M+1$	$i \leftarrow n-1$.
25		LDOU	uji,uj,i	$M+1$	取得 u_{j+n-1}.
26		PUT	:rD,ujn	$M+1$	$\text{rD} \leftarrow u_{j+n}$.
27		DIVU	qh,uji,vn1	$M+1$	$\hat{q} \leftarrow \lfloor (u_{j+n}b + u_{j+n-1})/v_{n-1} \rfloor$.
28		GET	rh,:rR	$M+1$	$\hat{r} \leftarrow (u_{j+n}b + u_{j+n-1}) \bmod v_{n-1}$.
29		JMP	2F	$M+1$	
30	1H	SET	qh,0		$\hat{q} \leftarrow b$.
31		SET	rh,uji		$\hat{r} \leftarrow u_{j+n} = v_{n-1}$.
32	3H	SUBU	qh,qh,1	E	将 $\hat{q}$ 减 1.
33		ADDU	rh,rh,vn1	E	$\hat{r} \leftarrow \hat{r} + v_{n-1}$.
34		CMPU	t,rh,vn1	E	检测是否溢出.
35		BN	t,D4	$E_{[E-F]}$	如果是，继续测试.
36	2H	MULU	pl,qh,vn2	$M+F+1$	$p_m b + p_l \leftarrow \hat{q} v_{n-2}$.
37		GET	pm,:rH	$M+F+1$	
38		CMPU	t,pm,rh	$M+F+1$	比较高 64 位.
39		PBN	t,D4	$M+F+1_{[E]}$	
40		PBP	t,3B	$E_{[0]}$	
41		NEG	i,16		$i \leftarrow n-2$.
42		LDOU	uji,uj,i		取得 u_{j+n-2}.
43		CMPU	t,pl,uji		比较低 64 位.
44		BP	t,3B		
45	D4	SET	k,0	$M+1$	<u>D4. 相乘并相减.</u>
46		NEG	i,nv	$M+1$	$i \leftarrow 0$.
47	OH	LDOU	uji,uj,i	$N(M+1)$	装入 u_{j+i}.
48		LDOU	t,v,i	$N(M+1)$	$t \leftarrow v_i$.
49		MULU	pl,t,qh	$N(M+1)$	$(p_m, p_l) \leftarrow v_i \times \hat{q}$.
50		GET	pm,:rH	$N(M+1)$	
51		ADDU	pl,pl,k	$N(M+1)$	$(p_m, p_l) \leftarrow (p_m, p_l) + k$.
52		CMPU	t,pl,k; ZSN k,t,1	$N(M+1)$	从 p_l 进位到 p_m?
53		ADDU	pm,pm,k	$N(M+1)$	
54		CMPU	t,uji,pl; ZSN k,t,1	$N(M+1)$	从 $u_{j+i} - p_l$ 进位?
55		SUBU	uji,uji,pl	$N(M+1)$	$u_{j+i} \leftarrow u_{j+i} - v_i \times \hat{q}$.
56		STOU	uji,uj,i	$N(M+1)$	存储 u_{j+i}.
57		ADDU	k,pm,k	$N(M+1)$	把 p_m 加到进位.
58		ADD	i,i,8	$N(M+1)$	$i \leftarrow i+1$.
59		PBN	i,0B	$N(M+1)_{[M+1]}$	对 $0 \le i < n$ 反复执行.
60		SUBU	uji,ujn,k	$M+1$	对 $i=n$ 完成 D4.
61		CMPU	t,ujn,k	$M+1$	
62		ZSN	k,t,1	$M+1$	向左借位?
63		CMP	t,j,m; BNN t,D5	$M+1_{[1]}$	除非 $j=m$，否则进行存储.
64		STOU	uji,uj,i	M	$u_{j+n} \leftarrow u_{j+n} +$ 进位.

65	D5	PBZ	k,1F	$M + 1_{[0]}$	<u>D5. 检测余数.</u>
66		SUBU	qh,qh,1		<u>D6. 回加.</u>
67		NEG	i,nv		$i \leftarrow -8n$.
68		SET	k,0		进位 $\leftarrow 0$.
69	0H	LDOU	uji,uj,i		
70		ADDU	uji,uji,k		$u_{j+i} \leftarrow u_{j+i} +$ 进位.
71		ZSZ	k,uji,k		进位?
72		LDOU	t,v,i		$t \leftarrow v_i$.
73		ADDU	uji,uji,t		$u_{j+i} \leftarrow u_{j+i} + v_i$.
74		CMPU	t,uji,t		
75		CSN	k,t,1		进位?
76		STOU	uji,uj,i		
77		ADD	i,i,8		
78		PBN	i,0B		$j < 0$ 的可能性较大.
79		LDOU	uji,uj,i		
80		ADDU	uji,uji,k		
81		STOU	uji,uj,i		$u_{j+n} \leftarrow u_{j+i} +$ 进位.
82	1H	STOU	qh,q,j	$M + 1$	$q_j \leftarrow \hat{q}$.
83	D7	SUB	uj,uj,8	$M + 1$	<u>D7. 对 j 循环.</u>
84		SUBU	j,j,8	$M + 1$	$j \leftarrow j - 1$.
85		PBNN	j,D3	$M + 1_{[1]}$	
86		SET	t+1,u	1	<u>D8. 非规范化.</u>
87		SR	t+2,nv,3	1	
88		SET	t+3,ld	1	
89		PUSHJ	t,:ShiftRight	1	见习题 26.
90		PUT	:rJ,rJ	1	
91		POP	0,0		▌

. . .

　　程序 D 的运行时间可以通过程序中所示的量 M, N, E, F 来估计.（这些量忽略了仅以非常小的概率出现的若干情况. 例如, 我们假设第 30–31 行、第 41–44 行以及步骤 D6 绝不执行.）其中 $M + 1$ 是商所占的机器字的个数, N 是除数所占的机器字的个数, E 是步骤 D3 中将 $\hat{q}$ 的值向下调整的次数, F 是步骤 D3 中所需的 $\hat{q}$ 的完整测试次数. 如果假设 F 近似等于 $0.5E$, 且 E 近似等于 $0.5M$, 则程序 D 的总运行时间约为 $(24MN + 45N + 110.25M + 169)v$. 当 M 和 N 的值比较大时, 这个运行时间只比程序 M 将商和除数相乘所需的时间多出大约 5%.

习题　　　[*215*]

3. [*21*] 为习题 2 的算法写一个 MMIX 程序, 并估计这个程序的表示为 m 和 n 的函数的运行时间.

8. [*M26*] 为习题 5 的算法写一个 MMIX 程序, 并利用正文中估算的发生进位的次数求其平均运行时间.

10. [*18*] 如果我们将程序 S 第 11–12 行的指令替换为 "SUBU wj,wj,vj; CSN k,wj,1", 程序还能正确运行吗?

13. [*21*] 写一个 MMIX 程序, 将 $(u_{n-1}\ldots u_1 u_0)_b$ 与 v 相乘, 其中 v 是一个单精度数（即 $0 \leq v < b$）, 得到乘积 $(w_n \ldots w_1 w_0)_b$. 假定 $b = 2^{32}$, 数值以小端顺序存储为半字数组. 这个程序需要多少运行时间?

25. [*26*] 写一个 MMIX 子程序 ShiftLeft 以完成程序 D. ShiftLeft 需要三个参数: LOC(x), 全字数组的地址; n, 数组的大小; p, 左移 x 的二进制位数. 如果 x 是以小端顺序存储的基数为 2^{64} 的 n 位数, 这个子程序把 x 转换为 $2^p x$. 从 x 的最高有效 "数字" 中移出的二进制位构成子程序的返回值.

26. [*21*] 写一个 MMIX 子程序 ShiftRight 以完成程序 D. ShiftRight 使用与习题 25 的 ShiftLeft 相同的约定, 但移位方向相反.

4.4 进制转换

[*246*]

B. 单精度转换. 为演示如何运用这四种方法, 假设我们要把寄存器 u 中 (二进制) 非负整数 u 的十进制表示形式存储为地址 u10 $\equiv$ LOC(U) 处以小端顺序排列的字节数组 U. 取 $b = 2$ 且 $B = 10$, 方法 1a 可按以下方式编程:

```
        SET    j,0                            置 j ← 0.
        PUT    rD,0                           准备执行 DIVU 指令.
1H      DIVU   u,u,10                         u ← ⌊u/10⌋, rR ← u mod 10.
        GET    t,rR; STBU t,u10,j             U_j ← u mod 10.
        ADD    j,j,1                          j ← j + 1.
        PBP    u,1B                           反复执行直到结果为零.   ∎
```
(1)

这段代码需要 $(64\upsilon + \mu)M + 4\upsilon$ 来得到 M 位数字. 其中除法指令的成本较高, 每次花费 60υ.

· · ·

对于相应的 MMIX 程序, 我们选择 $n = 19$ (满足 $10^n < 2^{64} = w$ 的最大的 n), 假设全局寄存器 ten19 包含常量 10^{19}. 如果 $u < 10^n$, 可按以下方式实现方法 2a:

```
        PUT    rD,u
        DIVU   x,ten19,ten19                  x ← ⌊(wu + 10^n)/10^n⌋.
        SET    j,n-1                          j ← n - 1.
0H      MULU   x,x,10                         (rH, x) ← 10x.
        GET    t,rH; STB t,u10,j              U_j ← ⌊10x⌋.
        SUB    j,j,1                          j ← j - 1.
        PBNN   j,0B                           当 n > j ≥ 0 时反复执行.   ∎
```
(4)

这个稍微长一点的程序需要 $(14\upsilon + \mu)n + 64\upsilon$, 所以如果没有前导零且 $n = M \geq 2$, 它比程序 (1) 快. 当有前导零时, 如果 $n = 19$ 且 $M \leq 5$, (1) 会更快. 上述程序中成本最高的指令是循环中的 MULU, 它耗费了 190υ. 如果选择足够小的 w (相对于 2^{64} 来说), 可以避免这个乘法. 例如, 对于 32 位二进制整数, 我们选择 $w = 2^{32}$ 且 $n = 9$. 这样就有以下程序:

```
        SLU     u,u,32
        ADD     u,u,ten9
        DIV     x,u,ten9        x ← ⌊(wu + 10^n)/10^n⌋.
        SET     j,n-1           j ← n − 1.
   0H   4ADDU   x,x,x
        SLU     x,x,1           x ← 10x.                              (4')
        SRU     t,x,32
        STBU    t,u10,j         U_j ← ⌊10x⌋.
        ANDNMH  x,#FFFF         x ← x mod w.
        SUB     j,j,1           j ← j − 1.
        PBNN    j,0B            当 n > j ≥ 0 时反复执行.  ▌
```

这个程序需要 $(7v + \mu)n + 65v$, 它有一个比以前快两倍的循环. 对于 $n = 9$, 它需要 $128v$, 这接近方法 1a 对两位数字所需的 $131v$. 超过两位数字时, 方法 1a 明显较慢.

[247]

习题 8 给出了一个利用 (5) 做转换的 MMIX 程序, 它每计算一位数字大约需要 $19v$.

[248]

在绝大多数情况下, 方法 1b 是完成从十进制到二进制转换的最实用的方法. 下面的 MMIX 代码假设在被转换的数 $(u_m \ldots u_1 u_0)_{10}$ 中至少有两位数字, 并且 $10^{m+1} < w$, 因此不必考虑溢出的问题.

```
        SET     j,m-1                   j ← m − 1.
        LDBU    u,u10,m                 U ← u_m.
   1H   MULU    u,u,10
        LDBU    t,u10,j; ADDU u,u,t     U ← 10U + u_j.               (6)
        SUB     j,j,1                   j ← j − 1.
        PBNN    j,1B                    当 m > j ≥ 0 时反复执行.  ▌
```

运行时间是 $(14v + \mu)m - 10v$.

使用指令序列 "4ADDU u,u,u; SL u,u,1", 乘以 10 的运算可在 $2v$ 内完成, 运行时间降至 $(6v + \mu)m - 4v$.

习题
[252]

5. [M20] 证明: 如果把程序 (4) 中的 DIVU 指令替换为 DIVU x,c,c, 其中 c 是特定的其他常数, 该程序仍然有效.

8. [24] 写一个类似于 (1) 的 MMIX 程序, 在程序中利用式 (5) 以回避使用除法指令.

▶ **13.** [25] 假设 $u = (.u_{-1}u_{-2} \ldots u_{-m})_b$ 是一个多精度小数, 其中 $b = 2^{32}$, 把 u 以小端顺序存储为半字数组. 请写一个 MMIX 程序把这个小数转换为十进制数, 入口参数是 LOC(u), m, LOC(Buffer), 结果舍入到 126 个有效位. 答案作为一个 ASCII 字符串存储在给定的缓冲区 Buffer 中, 用两条指令 "LDA \$255,Buffer; TRAP 0,Fputs,StdOut" 将答案分开两行打印, 并将各个位的数字分为 14 组, 每组 9 个数字, 中间以空格分隔.

▶ **19.** [M23] 假设十进制数 $u = (u_7 \ldots u_1 u_0)_{10}$ 可表示为寄存器 u 中的 ASCII 字符序列 $u_7 + \text{'0'}, \ldots, u_1 +$ '0', $u_0 + \text{'0'}$. 首先, 将 ASCII 码表示转换为二进制编码序列 $u_7, \ldots, u_1, u_0$. 然后, 找到适当的常数 c_i 和掩码 m_i, 使得对 $i = 1, 2, 3$ 依次执行操作 $u \leftarrow u - c_i(u \& m_i)$ 可将 u 转换为 u 的二进制表示. 请写一个 MMIX 程序完成这一转换.

4.5.2 最大公因数

[259]

下面的 MMIX 程序表明算法 A 可以很方便地在计算机上实现.

程序 A (欧几里得算法). 假设 u 和 v 是非负整数. 这个子程序需要 u 和 v 两个参数, 返回 $\gcd(u, v)$.

```
     0H    DIV   t,u,v      A2. 取 u mod v.
           SET   u,v        u ← v.
           GET   v,rR       v ← u mod v.
     :Gcd  PBNZ  v,0B       A1. v = 0? 如果 v = 0 则结束.
           POP   1,0        返回 u.  ∎
```

这个程序的运行时间是 $(63T + 3)v$, 其中 T 是程序中执行除法的次数.

[261]

算法 B 的 MMIX 程序只比算法 A 的程序多了一些步骤, 但这些步骤是基本的.

程序 B (二进制最大公因数算法). 假设 u 和 v 都是正整数. 这个子程序需要 u 和 v 两个参数, 利用算法 B 求出并返回 $\gcd(u, v)$.

01	:Gcd	SET	k,0	1	*B1. 求 2 的幂.*
02	0H	OR	t,u,v	$A+1$	
03		PBOD	t,B2	$A+1_{[A]}$	都是偶数?
04		SR	u,u,1; SR v,v,1	A	$u \leftarrow u/2, v \leftarrow v/2$.
05		ADD	k,k,1	A	$k \leftarrow k+1$.
06		JMP	0B	A	
07	B2	NEG	t,v	1	*B2. 初始化.*
08		PBOD	u,B4	$1_{[B]}$	
09		SET	t,u	B	
10	B3	SR	t,t,1	D	*B3. 将 t 折半.*
11	B4	PBEV	t,B3	$1-B+D_{[C]}$	*B4. t 是偶数吗?*
12		CSP	u,t,t	C	*B5. 重置 $\max(u,v)$.*
13		NEG	t,t; CSNN v,t,t	C	
14		SUB	t,u,v	C	*B6. 相减.*
15		PBNZ	t,B3	$C_{[1]}$	
16		SL	u,u,k	1	
17		POP	1,0		返回 $2^k \cdot u$. ∎

这个程序的运行时间是

$$(8A + 2B + 7C + 2D + 9)v,$$

其中 $A = k$, 当步骤 B2 中 $t \leftarrow u$ 时 $B = 1$ (否则 $B = 0$), C 是做减法的步骤的数目, D 是步骤 B3 中折半操作的次数. 本节后面进行的估算表明, 当 u 和 v 在 $1 \le u, v < 2^N$ 范围内随

机选取时，我们可取 $A = \frac{1}{3}$, $B = \frac{1}{3}$, $C = 0.71N - 0.5$, $D = 1.41N - 2.7$ 作为这些参数的平均值. 因此，总的运行时间大约是 $7.8N + 3.4$ 个周期，而在相同的假设下程序 A 的运行时间大约是 $36.8N + 6.8$ 个周期. 对在该范围内取值的 u 和 v，取 $A = 0$, $C = N$, $D = 2N - 2$ 时程序的运行时间最长，总共为 $11N + 5.7$ 个周期.（程序 A 对应的值是 $90.7N + 45.4$ 个周期.）

所以，程序 B 由于简化了运算而使迭代过程更快，抵消了迭代次数多的影响. 我们已经知道在 MMIX 计算机上，上述二进制算法比欧几里得算法快了近 5 倍.

习题

[274]

43. [20] 新习题：在算法 B 的步骤 B1 中，只需三条 MMIX 指令就可以计算 k，因为第 01–06 行可以替换为

```
01  :Gcd  OR    t,u,v                      B1. 求 2 的幂.
02        SUBU  k,t,1; SADD k,k,t
03        SR    u,u,k; SR v,v,k             u ← u/2^k, v ← v/2^k.  ∎
```

这会使程序 B 更有效吗？

4.5.3 对欧几里得算法的分析

习题

[288]

▶ **1.** [20] 由于在算法 4.5.2A 中商 $\lfloor u/v \rfloor$ 等于 1 的可能性超过 40%，因此在某些计算机上对这种情况进行检测，以便在商为 1 时避免做除法可能是有益的. 下面实现欧几里得算法的 MMIX 程序是否比程序 4.5.2A 效率更高？

```
OH     SUB   r,u,v                         r ← u − v.
       SET   u,v                           u ← v.
       NEG   v,r; CSN v,v,r                v ← |r|.
       CMP   t,r,u
       BN    t,Gcd                         r < u?
       DIV   t,v,u; GET v,:rR              v ← u mod v.
:Gcd   PBNZ  v,0B
       POP   1,0                      ∎
```

4.5.4 分解素因数

[301]

可以使算法 D 加速的一种更重要的方法是利用布尔运算. 例如，MMIX 计算机的每个机器字包含 64 个二进制位. 表格 $S[i, k_i]$ 可保存在内存中，表格中的每个数用一个二进制位来存储. 所以每个机器字可存储 64 个数值，于是 AND 指令可同时处理 x 的 64 个值！为方便使用，我们可将表格 $S[i, j]$ 中的 S_i 复制多份，使得表中相应于 m_i 的数据占据 $\text{lcm}(m_i, 64)$ 个二进制位，然后，每个模的筛表填入整数个机器字. 在这些假设条件下，以下代码相当于执行算法 D 的 64 次主循环：

```
D2   LDOU   sieve,S1,k1
     CSZ    k1,k1,m1*8; SUB k1,k1,8
     LDOU   t,S2,k2; AND sieve,sieve,t
     CSZ    k2,k2,m2*8; SUB k2,k2,8
       ⋮
     LDOU   t,Sr,kr; AND sieve,sieve,t
     CSZ    kr,kr,mr*8; SUB kr,kr,8
     ADD    x,x,64
     PBZ    sieve,D2
```

$\text{sieve} \leftarrow S'[1, k_1']$.

$k_1 \leftarrow (k_1 - 64) \bmod \operatorname{lcm}(m_1, 64)$.

$\text{sieve} \leftarrow \text{sieve} \,\&\, S'[2, k_2']$.

$k_2 \leftarrow (k_2 - 64) \bmod \operatorname{lcm}(m_2, 64)$.

（m_3 到 m_r, 类似于 m_2）

$\text{sieve} \leftarrow \text{sieve} \,\&\, S'[r, k_r']$.

$k_r \leftarrow (k_r - 64) \bmod \operatorname{lcm}(m_r, 64)$.

$x \leftarrow x + 64$.

全部数值都筛选完毕后继续重复执行. ▮

64 次迭代所包含的周期的总数实质上是 $(1 + 4r)v$. 如果 $r < 16$, 这意味着在每次迭代中使用 $1v$, 而在算法 C 中使用 $3v$ 到 $5v$, 但算法 C 要多包含 $y = \frac{1}{2}(v - u)$ 次迭代. 循环中节约的时间被初始化所有寄存器和表所需的额外时间部分抵消.

4.6.3 幂的计算

习题 [374]

2. [22] 为算法 A 写一个 MMIX 子程序, 入口参数是 x 和 n ($n > 0$), 返回 $x^n \bmod w$ (其中 w 是机器字的大小). 再写一个 MMIX 子程序, 用串行方式 (即不断乘以 x) 计算 $x^n \bmod w$, 并比较这两个子程序的运行时间.

4.6.4 多项式求值

习题 [402]

▶ **20.** [10] 写一个 MMIX 程序, 利用方案 (11) 对五次多项式求值. 使用 MMIX 的浮点运算指令.

第 5 章 排序

6. [15] 阿呆先生是一位 MMIX 程序员，他希望知道存储在单元 A 的数值是大于、小于还是等于存储在单元 B 的数值. 于是，他编写了代码"LDO $0,A; LDO $1,B; SUB $2,$0,$1"，并测试寄存器 $2 是正，是负，还是零. 他犯了什么严重错误? 应当怎么做?

7. [17] 根据以下规范编写一个 MMIX 子程序 MCmp，进行 n 字节键值 $(a_{n-1}, \ldots, a_0)$ 和 $(b_{n-1}, \ldots, b_0)$ 的多精度比较. 其中 a_i 和 b_i 是按下标 i 增加顺序存储的无符号字节. 使用以下规范:

调用序列:　PUSHJ t,MCmp

进入条件:　$0 \equiv n$; $1 \equiv \mathrm{LOC}(a_0)$; $2 \equiv \mathrm{LOC}(b_0)$

返回值:　　　1，如果 $(a_{n-1}, \ldots, a_0) > (b_{n-1}, \ldots, b_0)$;

　　　　　　　0，如果 $(a_{n-1}, \ldots, a_0) = (b_{n-1}, \ldots, b_0)$;

　　　　　　 -1，如果 $(a_{n-1}, \ldots, a_0) < (b_{n-1}, \ldots, b_0)$.

其中，关系 $(a_{n-1}, \ldots, a_0) < (b_{n-1}, \ldots, b_0)$ 表示由左向右的字典序，也就是说，存在一个下标 j，对于 $n > k > j$ 有 $a_k = b_k$，而 $a_j < b_j$.

8. [20] 寄存器 a 和 b 分别包含两个非负数 a 和 b. 编写一个最有效的 MMIX 程序，计算 $\min(a, b)$ 和 $\max(a, b)$，并将它们分别赋给寄存器 min 和 max. 提示: $3v$ 足以完成此任务.

5.2　内部排序

[59]

程序 C（比较计数）. 算法 C 的 MMIX 实现. 假定键和计数存储为连续的全字数组. 此外，寄存器 k, count, n 分别被初始化为包含 $\mathrm{LOC}(K_1)$, $\mathrm{LOC}(\mathrm{COUNT}[1])$, N. 为了以后更有效地利用计数（见习题 4 和习题 5），我们把计数放大 8 倍.

01	:Sort	SL	i,n,3	1	_C1. COUNT 清零._
02		JMP	0F	1	
03	1H	STCO	0,count,i	N	COUNT$[i] \leftarrow 0$.
04	0H	SUB	i,i,8	$N+1$	
05		PBNN	i,1B	$N+1_{[1]}$	$N > i \geq 0$.
06		SL	i,n,3	1	_C2. 对 i 循环._
07		JMP	1F	1	
08	2H	LDO	ci,count,i	$N-1$	
09		LDO	ki,k,i	$N-1$	
10	3H	LDO	kj,k,j	A	
11		CMP	t,ki,kj	A	_C4. 比较 $K_i : K_j$._
12		PBNN	t,4F	$A_{[B]}$	如果 $K_i \geq K_j$ 则跳转.
13		LDO	cj,count,j	B	COUNT$[j]$
14		ADD	cj,cj,8	B	$+1$

196

15		STO	cj,count,j	B	$\rightarrow$ COUNT$[j]$.
16		JMP	5F	B	
17	4H	ADD	ci,ci,8	$A - B$	COUNT$[i] \leftarrow$ COUNT$[i] + 1$.
18	5H	SUB	j,j,8	A	*C3. 对 j 循环.*
19		PBNN	j,3B	$A_{[N-1]}$	
20		STO	ci,count,i	$N - 1$	
21	1H	SUB	i,i,8	N	
22		SUB	j,i,8	N	$N > i > j \geq 0$.
23		PBNN	j,2B	$N_{[1]}$	■

这个程序的运行时间是 $(11N + 6A + 5B + 5)v + (4N + A + 2B - 3)\mu$.

$\cdots$

因此程序 C 需要的时间单位介于 $(3N^2 + 8N + 5)v + (0.5N^2 + 3.5N - 3)\mu$ 与 $(5.5N^2 + 5.5N + 5)v + (1.5N^2 + 2.5N - 3)\mu$ 之间，平均运行时间取两个端点的中间值. 例如，对于表 1 的数据（ $N = 16, A = 120, B = 41$ ），程序 C 将用 $1106v + 263\mu$ 对其排序.

习题   [60]

4. [*16*] 编写一段 MMIX 程序 "完成" 由程序 C 启动的排序. 你的程序应当按所需顺序把记录 $R_1, \ldots, R_N$ 传送到输出区域 $S_1, \ldots, S_N$. 你的程序需要多少时间？

[61]

5. [*22*] 以下修改是否改进程序 C？

> 新增行 08a: ADD   ci,ci,i
> 修改行 12: PBNN t,5F
> 修改行 16: SUB   ci,ci,8
> 删除行 17.

9. [*23*] 类似于程序 C 与习题 4，为程序 D 编写一段 MMIX 程序. 你的程序的执行时间是多少？将其表示为 N 和 $(v - u)$ 的函数.

11. [*M27*] 为习题 10 的算法编写 MMIX 程序，并分析它的效率.

▶ **12.** [*25*] 设计一种高效算法，用于在完成列表排序（图 7）之后，把记录 $R_1, \ldots, R_N$ 按照排好的顺序重新排列. 尝试避免使用过多的存储空间. 为该算法编写一个 MMIX 程序.

5.2.1 插入排序

[62]

程序 S（直接插入排序）.   为简单起见，假定记录只包含键，即带符号 64 位二进制整数. 这个子程序需要两个参数：key $\equiv$ LOC(R_1) = LOC(K_1)，待排序的项的地址；n $\equiv N$，项的数目. 寄存器 i $\equiv 8i$ 与基址 key 和 key1 $\equiv$ key + 8（用于计算 key + $8(i+1)$ ）一起使用；寄存器 j $\equiv 8(N - j)$ 与基址 keyn $\equiv$ key + $8N$ 一起使用. 为了在两个基址之间转换，寄存器 d $\equiv$ keyn $-$ key1 中保存差值.

01	:Sort	ADD	key1,key,8	1	
02		8ADDU	keyn,n,key	1	
03		SUBU	d,keyn,key1	1	
04		SUBU	j,key1,keyn	1	$j \leftarrow 1.$
05		JMP	S1	1	
06	S2	LDO	k,keyn,j	$N-1$	*S2. 设定 j, K, R.*
07		ADD	i,d,j	$N-1$	$i \leftarrow j-1.$
08	S3	LDO	ki,key,i	$N-1+B-A$	*S3. 比较 $K:K_i$.*
09		CMP	c,k,ki	$N-1+B-A$	
10		BNN	c,S5	$N-1+B-A_{[N-1-A]}$	如果 $K \geq K_i$ 转到 S5.
11		STO	ki,key1,i	B	*S4. 移动 R_i, 减少 i.*
12		SUB	i,i,8	B	$i \leftarrow i-1.$
13		PBNN	i,S3	$B_{[A]}$	如果 $i \geq 0$ 转到 S3.
14	S5	STO	k,key1,i	$N-1$	*S5. R 放入 R_{i+1}.*
15		ADD	j,j,8	$N-1$	$j \leftarrow j+1.$
16	S1	PBN	j,S2	$N_{[1]}$	*S1. 对 j 循环.* $1 \leq j < N.$
17		POP	0,0		∎

这个程序的运行时间是 $(10N - 3A + 6B - 2)\upsilon + (3N - 1A + 2B - 3)\mu$, 其中 N 是待排序记录的数目, A 是步骤 S4 中 i 减少到 0 所需的递减次数, B 是移动次数.

第 10 行的转移指令针对 (与 $N - A$ 相比) 大的 B 值进行了优化. 对于一个预期几乎有序的数组, B 可能比 $N - A$ 小, 在这种情况下, 转移指令应替换为可能转移指令.

[*63*]

假定输入键互不相同、顺序随机, 则程序 S 的平均运行时间是 $(1.5N^2 + 8.5N - 3H_N - 2)\upsilon$. 习题 33 说明了如何对此稍作改进.

表 1 中有 16 项示例数据, 从左向右的最小值有两次变动, 即 087 和 061. 我们已经在上一节中看到有 41 个反序. 因此 $N = 16$, $A = 2$, $B = 41$, 总排序时间是 398υ.

[*65*]

程序 D (谢尔排序).   假定增量序列存储在辅助表中, h_s 位于 H + 8s 处, 所有的增量都小于 N. 这个子程序的参数是: key $\equiv$ LOC(K_1), 待排序的全字数组的地址; n $\equiv$ N, 数组的元素个数; inc $\equiv$ LOC(H), 适当增量数组的地址; t $\equiv$ t, 要使用的增量数. 其他寄存器的使用类似于程序 S; 每 h 次计算一次常数 d (用于在第 10 行中把 i 置为 $j - h$).

01	:Sort	8ADDU	keyn,n,key	1	keyn $\leftarrow$ LOC(K_{N+1}).
02		SL	s,t,3	1	$s \leftarrow t-1.$
03		JMP	D1	1	
04	D2	LDO	h,inc,s	T	*D2. 对 j 循环.* $h \leftarrow h_s.$
05		SL	h,h,3	T	
06		ADDU	keyh,key,h	T	keyh $\leftarrow$ LOC(K_{h+1}).
07		SUBU	d,keyn,keyh	T	d $\leftarrow N-h.$
08		SUBU	j,keyh,keyn	T	$j \leftarrow h+1.$
09		JMP	0F	T	
10	D3	ADD	i,d,j	$NT-S$	*D3. 设定 j, K, R.* $i \leftarrow j-h.$
11		LDO	k,keyn,j	$NT-S$	
12	D4	LDO	ki,key,i	$B+NT-S-A$	*D4. 比较 $K:K_i$.*

13		CMP	c,k,ki	$B+NT-S-A$	
14		BNN	c,D6	$B+NT-S-A_{[NT-S-A]}$	如果 $K \geq K_i$ 转到 D6.
15		STO	ki,keyh,i	B	D5. 移动 R_i, 减小 i.
16		SUB	i,i,h	B	$i \leftarrow i-h$.
17		PBNN	i,D4	$B_{[A]}$	如果 $i \geq 0$ 转到 D4.
18	D6	STO	k,keyh,i	$NT-S$	D6. R 放入 R_{i+1}.
19		ADD	j,j,8	$NT-S$	$j \leftarrow j+1$.
20	0H	PBN	j,D3	$NT-S+T_{[T]}$	如果 $j < N$ 转到 D3.
21	D1	SUB	s,s,8	$T+1$	D1. 对 s 循环.
22		PBNN	s,D2	$T+1_{[1]}$	$0 \leq s < t$. ∎

[70]

现在我们考察程序 D 的总运行时间 $(6B+10NT+11T-10S-3A+7)v+(2B+3NT+T-3S-A)\mu$, 仔细地考虑一下 N 的实际大小. 表 5 给出 $N=8$ 时, 各种增量序列的平均运行时间. 对这个较小的 N 值, 簿记操作所占的成本比例最大, $t=1$ 时获得最佳结果. 因此 $N=8$ 时, 简单的直接插入方法效果最好. ($N=8$ 时程序 S 的平均运行时间仅为 $154v$.) 奇怪的是, $h_1=7$ 时 MMIX 程序出现最好的两遍扫描算法 (对于 MIX 计算机是 $h_1=6$), 因为这里大的 S 值比小的 B 值重要.

[71]

表 5 当 $N=8$ 时对算法 D 的分析

增量序列	A_{ave}	B_{ave}	S	T	MMIX v	MMIX μ
1	1.718	14.000	1	1	166.85	48.28
2 1	2.667	9.657	3	2	208.94	57.65
3 1	2.917	9.100	4	2	194.85	53.28
4 1	3.083	10.000	5	2	189.75	51.92
5 1	2.601	10.000	6	2	181.20	49.40
6 1	2.135	10.667	7	2	176.60	48.20
7 1	1.718	12.000	8	2	175.85	48.28
4 2 1	3.500	8.324	7	3	249.44	67.15
5 3 1	3.301	8.167	9	3	229.10	61.03
3 2 1	3.320	7.829	6	3	257.01	69.34

$\cdots$

因为程序 D 耗费 $(6B+10(NT-S)+\cdots)v$, 所以我们看到减少一遍扫描大致相当于减少 $\frac{10}{6}N$ 次移动. 当 $N=1000$ 时, 如果能够节省一遍扫描, 那就允许增加 1666 次移动. (但是, 如果 h_{t-1} 接近 N, 因为 $NT-S=(N-h_{t-1})+\cdots+(N-h_0)$, 则第一遍扫描非常快.)

[74]

程序 L (列表插入). 假定 K_j 存储在全字 $LOC(R_0)+16j+KEY$, L_j 存储在全字 $LOC(R_0)+16j$. 这个子程序有两个参数: $link \equiv LOC(R_0) = LOC(LINK(R_0)) = LOC(L_0)$; $n \equiv N$, 记录的个数. 寄存器 p 和 q 以及链接字段包含使用 $LOC(R_0)$ 作为基址的相对地址.

01	:Sort	ADDU	key,link,KEY	1	*L1. 对 j 循环.*
02		SL	j,n,4	1	$j \leftarrow N.$
03		STOU	j,link,0	1	$L_0 \leftarrow N.$
04		STCO	0,link,j	1	$L_N \leftarrow 0.$
05		JMP	0F	1	转去减少 j.
06	L2	LDOU	p,link,0	$N-1$	*L2. 设定 $p, q, K.$* $p \leftarrow L_0.$
07		SET	q,0	$N-1$	$q \leftarrow 0.$
08		LDO	k,key,j	$N-1$	$K \leftarrow K_j.$
09	L3	LDO	kp,key,p	$B+N-1-A$	*L3. 比较 $K:K_p$.*
10		CMP	t,k,kp	$B+N-1-A$	
11		BNP	t,L5	$B+N-1-A_{[N-1-A]}$	如果 $K \leq K_p$ 转到 L5.
12		SET	q,p	B	*L4. 移动 $p, q.$* $q \leftarrow p.$
13		LDOU	p,link,q	B	$p \leftarrow L_q.$
14		PBNZ	p,L3	$B_{[A]}$	如果 $p \neq 0$ 转到 L3.
15	L5	STOU	j,link,q	$N-1$	*L5. 插入列表.* $L_q \leftarrow j.$
16		STOU	p,link,j	$N-1$	$L_j \leftarrow p.$
17	0H	SUB	j,j,16	N	$j \leftarrow j-1.$
18		PBP	j,L2	$N_{[1]}$	$N > j \geq 1.$ ∎

这个程序的运行时间是 $(6B+12N-3A-3)\upsilon + (2B+5N-A-3)\mu$, 其中 N 是文件长度, $A+1$ 是从右向左的最大值的个数, B 是原来排列中反序的个数.(见程序 S 的分析. 注意程序 L 没有重新排列内存中的这些记录, 可以像习题 5.2–12 中那样完成这个操作, 成本是另外增加大约 $17N$ 单位的时间.)程序 S 需要 $(6B+10N-3A-2)\upsilon$, 我们可以看出链接字段使用的额外内存空间并没有节省执行时间. 但是, 如果记录除了键和链接字段之外还包含其他数据, 那么对于每个额外的内存字, 程序 S 的复制操作将需要一个 LDO 操作和一个 STO 操作. 因此, 每增加一个全字, 程序 S 的运行时间将增加 $2B\upsilon + 2B\mu$, 约为运行时间的 33%. 通过精心的程序设计, 程序 L 还可以再节省 33% 的时间(见习题 33), 但运行时间仍然与 N^2 成正比.

[76]

为了阐明这个方法, 假定前面示例中使用的 16 个键划分为 $M=4$ 个范围: 0–255, 256–511, 512–767, 768–1023. 相继插入键 $K_1, K_2, \ldots, K_{16}$, 我们得到以下结构:

	4 项后	8 项后	12 项后	最终状态
列表 1:	061, 087	061, 087, 170	061, 087, 154, 170	061, 087, 154, 170
列表 2:	503	275, 503	275, 426, 503, 509	275, 426, 503, 509
列表 3:	512	512	512, 653	512, 612, 653, 677, 703, 765
列表 4:		897, 908	897, 908	897, 908

(下面的程序 M 实际上是按逆序 $K_{16}, \ldots, K_2, K_1$ 插入这些键的, 但最终结果相同.)因为使用了链接存储, 所以不同长度的列表不会导致存储分配问题. 如果愿意的话, 最后可以把所有列表合并为一个列表(见习题 35).

程序 M(多列表插入).本程序所做的假定与程序 L 相同, 只是这里的键值必须是非负的, 对于某个合适的 $e \leq 64$ 值, 其范围是

$$0 \leq K_j < 2^e.$$

程序把每个键值乘以一个合适的常数, 从而将该范围划分为 M 个相等部分. 和以前一样, 寄存器 p 和 q 以及链接字段包含使用虚拟记录 $\text{LOC}(R_0)$ 作为基址的相对地址. 列表头 H_1 到 H_M 被分配为具有非零相对地址的 M 个连续全字. 子程序的参数除了 $\text{link} \equiv \text{LOC}(R_0)$ 和 $\text{n} \equiv N$ 之外, 还有 $\text{head} \equiv \text{LOC}(H_1)$ 和 $\text{m} \equiv M$. 假定 $e \le 64$ 是常数.

01	:Sort	SL	i,m,3	1	$i \leftarrow M$.
02		JMP	1F	1	
03	0H	STCO	0,head,i	M	清空列表头.
04	1H	SUB	i,i,8	$M+1$	$i \leftarrow i-1$.
05		PBNN	i,0B	$M+1_{[1]}$	
06		SUBU	head,head,link	1	把 head 置为相对地址.
07		ADDU	key,link,KEY	1	<u>M1. 对 j 循环.</u>
08		SL	j,n,4	1	$j \leftarrow N$.
09		JMP	0F	1	
10	M2	LDO	k,key,j	N	<u>M2. 设定 p, q, K.</u> $K \leftarrow K_j$.
11		MUL	i,m,k	N	$i \leftarrow M \cdot K_j$.
12		SRU	i,i,e-3	N	$i \leftarrow \lfloor M \cdot K_j/2^e \rfloor$.
13		ADDU	q,head,i	N	$q \leftarrow H_i$ 的相对地址.
14		JMP	4F	N	转去装入和检测 p.
15	M3	LDO	kp,key,p	$B+N-A$	<u>M3. 比较 $K:K_p$.</u>
16		CMP	t,k,kp	$B+N-A$	
17		BNP	t,M5	$B+N-A_{[N-A]}$	如果 $K \le K_p$ 转到 M5.
18		SET	q,p	B	<u>M4. 移动 p, q.</u> $q \leftarrow p$.
19	4H	LDOU	p,link,q	$B+N$	$p \leftarrow L_q$.
20		PBNZ	p,M3	$B+N_{[A]}$	如果 $p \ne 0$ 转到 M3.
21	M5	STOU	j,link,q	N	<u>M5. 插入列表.</u> $L_q \leftarrow j$.
22		STOU	p,link,j	N	$L_j \leftarrow p$.
23		SUB	j,j,16	N	
24	0H	PBP	j,M2	$N+1_{[1]}$	$N > j \ge 1$. ∎

这个程序是针对一般的 M 编写的, 但如果将 M 固定为某个便利取值会更好些. 例如, 如果键的范围是 $0 \le K_j < 2^e$, 可以选择 $d < e$ 且 $M = 2^d$. 这样一来, 第 11–12 行的乘法序列可以用一条指令 SRU i,k,e-3-d 代替, 从而将总运行时间减少 $10Nv$. 在下面的讨论中, 除非另有说明, 我们将考虑程序 M 的这个改进版本.

程序 L 与程序 M 之间最值得注意的差异在于: 程序 M 必须考虑空列表的情形, 此时不需要进行比较.

用 M 个列表可以节省多少时间呢? 改进版的程序 M 的总运行时间是 $(6B + 15N - 3A + 3M + 13)v + (2B + 5N - A + M)\mu, \cdots \cdots$

[78]

结合式 (17) 和 (18) 得出, 当 $N \to \infty$ 时对固定的 M 值程序 M 的总运行时间:

最短 $12N + 3M + 13$,

平均 $1.5N^2/M + 15N - 3MH_N + 3M \ln M + 3M - 3\delta - 1.5N/M + 13$,

最长 $3N^2 + 12N + 3M + 10$.   (19)

· · ·

如果令 $M = N$，程序 M 的平均运行时间近似于 $(17.11N + 11.5)v + (5.70N - 0.5)\mu$，$M = \frac{1}{2}N$ 时近似于 $(16.02N + 11.5)v + (5.34N - 0.5)\mu$，$M = \frac{1}{10}N$ 时近似于 $(15.94N + 11.5)v + (5.31N - 2.5)\mu$. 习题 35 的补充程序把所有 M 个列表链接为单个列表，它的额外成本分别使这些时间增至 $(28.00N + 8.5)v + (8.34N - 1.5)\mu$，$(23.32N + 5.5)v + (7.27N - 2.5)\mu$，$(19.84N - 18.5)v + (6.51N - 10.5)\mu$.（注意，如果不能避免乘以 M，则需要额外花费 $10Nv$ 的时间.）

习题

[78]

▶ **3.** [*30*] 程序 S 是不是最短的 MMIX 排序程序？或者说，是否还有更短的 MMIX 程序可以实现同样效果？

[79]

▶ **10.** [*22*] 在算法 D 中，如果步骤 D3 开始时 $K_j \geq K_{j-h}$，则算法指定了大量没有完成任何任务的操作. 说明如何修改程序 D，以避免这些冗余计算，并讨论这种修改的优点.

[80]

▶ **31.** [*25*] 为习题 30 中的普拉特排序算法编写 MMIX 程序. 用类似于算法 D 中的量 A, B, S, T, N 表示它的运行时间.

▶ **33.** [*25*] 找出对程序 L 的一种改进方法，使它的运行时间受 $4B$ 而非 $6B$ 主导，其中 B 是反序数目. 讨论对程序 S 的相应改进.

35. [*21*] 编写 MMIX 程序，在程序 M 完成之后，把所有列表合并为一个列表. 这个程序对 LINK 字段的设置应当与程序 L 的设置完全相同.

36. [*18*] 表 8 中的 16 个示例键正好在范围 $0 \leq K_j < 2^{10}$ 内. 当 $M = 4$ 时，确定程序 L 和程序 M 针对这组数据的运行时间.

5.2.2　交换排序

[82]

程序 B（冒泡排序）. 如同本章前面的 MMIX 程序，排序子例程需要两个参数：key $\equiv$ LOC(K_1)，待排序的项目所在的地址；n $\equiv N$，项目数. 为简单起见，假设记录只包含键，它是带符号 64 位二进制整数. 寄存器 keyb 中保存 K_{BOUND} 的地址，而不是下标 BOUND 的地址.

01	:Sort	SUB	n,n,1	1	*B1. 初始化 BOUND.*
02		8ADDU	keyb,n,key	1	BOUND $\leftarrow N$.
03		JMP	B2	1	
04	B3	LDO	kj,keyb,j	A	*B3. 比较/交换 $R_j : R_{j+1}$.*
05	B3A	ADD	j,j,8	C	$j \leftarrow j + 1$.
06		LDO	kjj,keyb,j	C	kjj $\leftarrow K_{j+1}$.
07		CMP	c,kj,kjj	C	$K_j > K_{j+1}$?
08		BNP	c,0F	$C_{[C-B]}$	如果 $K_j > K_{j+1}$，
09		STO	kj,keyb,j	B	交换 $R_j \leftrightarrow R_{j+1}$.
10		SUB	t,j,8	B	$t \leftarrow j$.
11		STO	kjj,keyb,t	B	$K_j \leftarrow K_{j+1}$.
12		PBN	j,B3A	$B_{[D]}$	
13		JMP	1F	D	转到 B4（但跳过终止测试）.

14	0H	SET	kj,kjj	$C-B$	$kj \leftarrow K_j$.
15		PBN	j,B3A	$C-B_{[A-D]}$	
16	B4	BZ	t,9F	$A-D_{[1]}$	<u>B4. 是否有交换发生?</u>
17	1H	ADD	keyb,keyb,t	$A-1$	BOUND $\leftarrow t$.
18	B2	SET	t,0	A	<u>B2. 对 j 循环.</u> $t \leftarrow 0$.
19		SUB	j,key,keyb	A	$j \leftarrow 1$.
20		PBN	j,B3	$A_{[0]}$	$1 \leq j <$ BOUND.
21	9H	POP	0,0	∎	

冒泡排序的分析. 分析算法 B 的运行时间很有指导意义. 运行时间涉及四个量: 扫描次数 A、交换次数 B、比较次数 C、以交换结束的扫描次数 D. 程序 B 的运行时间(不计算最终的 POP)是 $(4+8A+8C)v+(A+2B+C)\mu$. 幸运的是,它不依赖于 D(分析起来似乎很微妙).

· · ·

在例 (1) 中,有 $A=9$,$B=41$,$C=15+14+13+12+7+5+4+3+2=75$. 图 14 的总 MMIX 排序时间是 $676v+166\mu$.

[84]

在每种情况下,都是输入内容有序时取得最小值,输入内容为逆序时取得最大值. 所以 MMIX 运行时间是 $(4+8A+8C)v+(A+2B+C)\mu =$(最小 $(6N+6)v+N\mu$, 平均 $(4N^2+O(N\ln N))v+(N^2+O(N\ln N))\mu$, 最大 $(5N^2+4N+4)v+(1.5N^2-0.5N)\mu$).

[90]

相应的 MMIX 程度相当长,但不是太复杂. 事实上,大部分代码用于执行步骤 Q7, 它们递归地使用 MMIX 寄存器栈.

程序 Q(快速排序). 待排序记录是全字值. 假设额外记录 R_0 和 R_{N+1} 分别包含最小的和最大的带符号 64 位二进制整数.

寄存器 left $\equiv$ LOC(R_{l-1}) 而不是存储下标 l. 它是寄存器 i, j, r 的基址, 按比例放大以生成 LOC(K_i) = left+i, 寄存器 j 和 r 也同样处理. 栈数据存储在 MMIX 的寄存器栈. 从步骤 Q2 到 Q8 的递归部分用以下两个参数调用: 地址 $0 $\equiv$ left 和偏移量 $1 $\equiv$ LOC(R_{r+1})-LOC(R_{l-1}). 这样一来, 所有待排序记录的地址都严格位于 $0 和 $0 + $1 之间. 寄存器 $1 是 j 而不是 r. 这对于递归调用来说非常方便, 因为在步骤 Q7 中, 左分区具有参数 left 和 j, 右分区具有参数 left + j 和 r - j.

为了使每次调用的栈帧尽可能地小, 我们选择 key $\equiv$ left $\equiv$ $0, n $\equiv$ j $\equiv$ $1, rJ $\equiv$ $2, t $\equiv$ $3, 所有其他局部寄存器的寄存器号都大于 3.

01	:Sort	CMP	t,n,M	1	<u>Q1. 初始化.</u>
02		BNP	t,Q9	$1_{[0]}$	如果 $N \leq M$ 则转到 Q9.
03		GET	rJ,:rJ	1	
04		SUBU	t+1,key,8	1	$l \leftarrow 0$.
05		8ADDU	t+2,n,8	1	$r \leftarrow N+1$.
06		PUSHJ	t,Q2	1	转到 Q2.
07		PUT	:rJ,rJ	1	
08		JMP	Q9	1	
09	Q2	SET	i,16	A	<u>Q2. 开始新阶段.</u> $i \leftarrow l+1$.

10		LDO	k,left,8	A	$\mathtt{k} \leftarrow K_l$.
11		SET	r,j	A	$r \leftarrow j$.
12		JMP	0F	A	
13	Q6	STO	ki,left,j	B	*Q6. 交换.* $K_j \leftarrow K_i$.
14		STO	kj,left,i	B	$K_i \leftarrow K_j$.
15	Q3	ADD	i,i,8	$C' - A$	*Q3. 比较 $K_i : K$.* $i \leftarrow i+1$.
16	0H	LDO	ki,left,i	C'	$\mathtt{ki} \leftarrow K_i$.
17		CMP	t,ki,k	C'	如果 $K_i < K$
18		PBN	t,Q3	$C'_{[A]}$	则重复本步骤.
19	Q4	SUB	j,j,8	$C - C'$	*Q4. 比较 $K : K_j$.* $j \leftarrow j-1$.
20		LDO	kj,left,j	$C - C'$	$\mathtt{kj} \leftarrow K_j$.
21		CMP	t,k,kj	$C - C'$	如果 $K < K_j$
22		PBN	t,Q4	$C - C'_{[B+A]}$	则重复本步骤.
23		CMP	t,i,j	$B + A$	*Q5. 测试 $i : j$.*
24		PBN	t,Q6	$B + A_{[A]}$	如果 $i < j$ 则转到 Q6.
25		STO	kj,left,8	A	交换 $R_l \leftrightarrow R_j$.
26		STO	k,left,j	A	
27		SUB	d,r,j	A	*Q7. 压入栈.* $\mathtt{d} \leftarrow r - j$.
28		CMP	t,d,j	A	
29		BNN	t,0F	$A_{[A-A']}$	将较小的子文件压入栈.
30		CMP	t,j,8*M+8	A'	左子文件是否太小?
31		BNP	t,Q8	$A'_{[A'-S'-A'']}$	如果 $M + 1 \geq j > r - j$ 则转到 Q8.
32		CMP	t,d,8*M+8	$S' + A''$	如果右子文件太小,
33		PBNP	t,Q2	$S' + A''_{[S']}$	则使用参数 l 和 j 转到 Q2.
34		GET	rJ,:rJ	S'	现在 $j > r - j > M + 1$.
35		ADDU	t+1,left,j	S'	使用参数 $l + j$ 和 $r - j$
36		SET	t+2,d	S'	转到 Q2.
37		PUSHJ	t,Q2	S'	$(l, j) \Rightarrow$ 栈.
38		PUT	:rJ,rJ	S'	
39		JMP	Q2	S'	使用参数 l 和 j 转到 Q2.
40	0H	CMP	t,d,8*M+8	$A - A'$	右子文件是否太小?
41		BNP	t,Q8	$A - A'_{[A-A'-S+S'-A''']}$	如果 $M + 1 \geq r - j \geq j$ 则转到 Q8.
42		CMP	t,j,8*M+8	$S - S' + A'''$	左子文件是否太小?
43		PBNP	t,0F	$S - S' + A'''_{[S-S']}$	如果 $r - j > M + 1 \geq j$ 则转移.
44		GET	rJ,:rJ	$S - S'$	现在 $r - j \geq j > M + 1$.
45		SET	t+1,left	$S - S'$	使用参数 l
46		SET	t+2,j	$S - S'$	和 j 继续.
47		ADD	left,left,j	$S - S'$	$l \leftarrow l + j$.
48		SET	j,d	$S - S'$	$j \leftarrow r - j$.
49		PUSHJ	t,Q2	$S - S'$	$(l + j, r - j) \Rightarrow$ 栈.
50		PUT	:rJ,rJ	$S - S'$	
51		JMP	Q2	$S - S'$	使用参数 $l + j$ 和 $r - j$ 转到 Q2.
52	0H	ADD	left,left,j	A'''	现在 $r - j > M \geq j - 0$.
53		SET	j,d	A'''	
54		JMP	Q2	A'''	使用参数 $l + j$ 和 $r - j$ 转到 Q2.
55	Q8	POP	0,0	S	*Q8. 弹出栈.*
56	Q9	SL	j,n,3	1	*Q9. 直接插入排序.*

57		SUB	j,j,8	1	$j \leftarrow N - 1$.
58		SUBU	key0,key,8	1	$\text{key0} \leftarrow \text{LOC}(K_0)$.
59		JMP	S1	1	
60	S2	LDO	ki,key,j	$N - 1$	$\underline{\textit{S2. 设定 } j, K, R.}$
61		SUB	j,j,8	$N - 1$	
62		LDO	kj,key,j	$N - 1$	
63		CMP	t,kj,ki	$N - 1$	$\underline{\textit{S3. 比较 } K : K_i.}$
64		PBNP	t,S1	$N - 1_{[D]}$	
65		ADD	i,j,8	D	
66	S4	STO	ki,key0,i	E	$\underline{\textit{S4. 移动 } R_i\textit{, 增加 } i.}$
67		ADD	i,i,8	E	
68		LDO	ki,key,i	E	$\underline{\textit{S3. 比较 } K : K_i.}$
69		CMP	t,kj,ki	E	
70		PBP	t,S4	$E_{[D]}$	
71		STO	kj,key0,i	D	$R_{i+1} \leftarrow R_j$.
72	S1	PBP	j,S2	$N_{[1]}$	$\underline{\textit{S1. 对 } j \textit{ 循环.}}$ ∎

[92]

快速排序的分析. 利用基尔霍夫守恒定律（1.3.3 节），以及"压入栈中的所有内容最终都会从栈中清出"这一事实，不难推导出程序 Q 的运行时间. 基尔霍夫定律应用于步骤 Q2 可以给出

$$A = 1 + A'' + 2S' + 2(S - S') + A''' = 2S + 1 + A'' + A''', \tag{15}$$

因此总运行时间是

$$(25A - 2A' - 3A'' + 6B + 4C + 6D + 5E + 6N + 7S - 2S' + 6)\upsilon + (3A + 2B + C + D + 2E + 2N - 2)\mu,$$

式中

$$
\begin{aligned}
S' &= j > r - j > M + 1 \text{ 的次数};\\
A' &= r - j < j \text{ 的次数};\\
A'' &= j > M + 1 \geq r - j \text{ 的次数};\\
A''' &= r - j > M + 1 \geq j \text{ 的次数};\\
A &= \text{划分阶段数};\\
B &= \text{步骤 Q6 中的交换次数};\\
C &= \text{划分时进行的比较次数};\\
D &= \text{直接插入（步骤 Q9）期间 } K_{j-1} > K_j \text{ 的次数};\\
E &= \text{被直接插入法删除的反序个数};\\
S &= \text{某一项入栈的次数}.
\end{aligned}
\tag{16}
$$

因为对称性，我们可以假设 $A'' = A'''$，$A' = A - A'$，$S' = S - S'$. 总运行时间简化为

$$(22.5A + 6B + 4C + 6D + 5E + 6N + 9S + 7.5)\upsilon + (3A + 2B + C + D + 2E + 2N - 2)\mu.$$

[94]

式 (24) 和 (25) 可用于确定特定计算机上的最佳 M 值. 在 MMIX 中，当 $N > 2M + 1$ 时程序 Q 平均需要 $10(N + 1)H_{N+1} + \frac{1}{6}(N + 1)f(M) - 27$ 个周期的时间，其中

$$f(M) = 5M - 60H_{M+2} + 87 - 72\frac{H_{M+1}}{M + 2} + \frac{264}{M + 2} + \frac{54}{2M + 3}. \tag{26}$$

我们希望选择 M 使得 $f(M)$ 最小, 用计算机进行简单计算后发现 $M = 12$ 是最佳的. 对于大的 N 值, 当 $M = 12$ 时程序 Q 的平均运行时间近似为 $10(N + 1)\ln N - 7.27N - 34.27$ 个周期.

考虑到程序 Q 需要的存储空间非常有限, 所以它的运行速度平均来说是很快的. 它之所以有这样的速度, 主要是因为在步骤 Q3 和 Q4 中的内层循环极短——每个循环仅有四条 MMIX 指令 (见第 15–18 行和第 19–22 行).

[*97*]

程序 R (基数交换排序). 下面的 MMIX 代码需要参数 key $\equiv$ LOC(K_1), n $\equiv N$, b $\equiv 2^{m-1}$. 寄存器 left, right, j 保存 K_l, K_r, K_j 的地址. 主循环保存差值 d $\equiv 8(i - j)$ 而不是 i 和 j. 代码使用了递归, 返回地址 rJ 以及 right 和 b 的值保存在寄存器栈上. 函数返回 right 的最终值, 以便继续处理 left = right + 8. 步骤 R2 到 R10 构成递归过程的主体, 参数为 $\$0 \equiv$ right $\equiv$ LOC(K_r), $\$2 \equiv$ b, $\$3 \equiv$ left $\equiv$ LOC(K_l). 忽略第二个参数, 随后使用相应的寄存器 $\$1$ 保存返回地址. 将 K_j 的地址作为 right 的新值传递不需要指令, 因为 j $\equiv \$4$ 与 left+1 是同一个寄存器.

01	:Sort	SET	left,key	1	<u>R1. 初始化.</u> $l \leftarrow 1$.
02		8ADDU	right,n,left	1	
03		SUBU	right,right,8	1	$r \leftarrow N$.
04	R2	SET	j,right	A	<u>R2. 开始新阶段.</u> $j \leftarrow r$.
05		SUB	d,left,j	A	$i \leftarrow l$.
06	R3	LDO	ki,j,d	C'	<u>R3. 查看 K_i 中的 1.</u>
07		AND	t,ki,b	C'	
08		PBZ	t,R4	$C'_{[B+X]}$	如果它是 0, 转到 R4.
09	R6	SUBU	j,j,8	$C'' + X$	<u>R6. 减小 j.</u> $j \leftarrow j - 1$.
10		BNN	d,R8	$C'' + X_{[X]}$	如果 $j < i$, 转到 R8.
11		ADD	d,d,8	C''	$j \leftarrow j - 1$.
12		LDO	kj,j,8	C''	<u>R5. 查看 K_{j+1} 中的 0.</u>
13		AND	t,kj,b	C''	
14		BNZ	t,R6	$C''_{[C''-B]}$	如果它是 1, 转到 R6.
15		STO	ki,j,8	B	<u>R7. 交换 R_i, R_{j+1}.</u>
16		STO	kj,j,d	B	
17	R4	ADD	d,d,8	$C' - X$	<u>R4. 增大 i.</u> $i \leftarrow i + 1$.
18		PBNP	d,R3	$C' - X_{[A-X]}$	如果 $i \leq j$, 转到 R3.
19	R8	BOD	b,R10	$A_{[G]}$	<u>R8. 检测特殊情况.</u>
20		SRU	b,b,1	$A - G$	$b \leftarrow b + 1$.
21		CMPU	t,j,right	$A - G$	
22		BNN	t,R2	$A - G_{[R]}$	如果 $j = r$, 转到 R2.
23		CMPU	t,j,left	$A - G - R$	
24		BN	t,R2	$A - G - R_{[L]}$	如果 $j < l$, 转到 R2.
25		BZ	t,0F	$A - G - R - L_{[K+1]}$	如果 $j \neq l$, 转到 R9.
26		SET	left+3,b	S	<u>R9. 压入栈.</u>
27		SET	left+4,left	S	
28		GET	rJ,:rJ	S	
29		PUSHJ	left,R2	S	以 $(K_j, \cdot, b, K_l)$ 调用 R2.
30		PUT	:rJ,rJ	S	
31	0H	ADDU	left,left,8	$S + K + 1$	$l \leftarrow$ 返回值 $+ 1$.

32		CMP	t,left,right	$S+K+1$	_R2. 开始新阶段._
33		BN	t,R2	$S+K+1_{[K+G]}$	如果 $l<r$, 转到 R2.
34	R10	POP	1,0	$S+1$	_R10. 弹出栈._　 ∎

[*98*]

根据基尔霍夫定律,

$$S = A - G - R - L - K - 1,$$

所以总运行时间是

$$(22A + 2B + 5C' + 8C'' - 13G - 4K - 10L - 12R + 2X)\upsilon + (C' + C'' + 2B)\mu.$$

假定 $C' = C'' = C/2$, 总运行时间简化为

$$(22A + 2B + 6.5C - 13G - 4K - 10L - 12R + 2X)\upsilon + (2B + C)\mu.$$

[*99*]

这里 $\alpha = 1/\ln 2 \approx 1.4427$. 注意, 对于两种类型的数据, 交换、位查看和栈访问的平均次数基本相同, 只不过情形 (ii) 的阶段数多了大约 44%. 我们的 MMIX 程序对情形 (ii) 的 N 项排序平均需要大约 $10.1N \ln N$ 单位的时间, 采纳习题 34 的建议可以缩减至大约 $8.66N \ln N$. 程序 Q 的相应数值是 $10.0N \ln N$, 使用辛格尔顿 "三项取中" 建议, 可以降至大约 $8.91N \ln N$.

因此, 对均匀分布的数据排序时, 平均而言, 基数交换排序所需时间与快速排序大体相当. 在某些机器 (例如 MMIX) 上, 它实际上还要比快速排序快一些.

习题
[*104*]

12. [*24*] 请为算法 M 编写 MMIX 程序. 所编程序对表 1 中的 16 条记录排序需要多少时间?

34. [*20*] 如何加速基数交换排序算法 R 中步骤 R3 至 R6 的位查看循环?

▶ **55.** [*22*] 说明如何修改程序 Q, 使得划分元素是三个键 (28) 的中值, 假定 $M > 1$.

56. [*M43*] 如果程序已经修改为如习题 55 那样取三个元素的中值, 试分析算法 Q 运行时间中各个量的平均特性. (见习题 29.)

5.2.3　选择排序
[*108*]

程序 S (直接选择排序).　　和本章前面的程序一样, 参数 key ≡ LOC(K_1) 和 n ≡ N 被传递给这个子程序, 以便在完整的全字键上对记录就地排序.

01	:Sort	SL	j,n,3	1	_S1. 对 j 循环. $j \leftarrow N$._
02		JMP	1F	1	
03	2H	SET	k,j	$N-1$	_S2. 找出 $\max(K_1,\ldots,K_j)$._
04		SET	i,j	$N-1$	$i \leftarrow j$.
05		LDO	max,key,i	$N-1$	max $\leftarrow K_i$.
06	3H	SUB	k,k,8	A	对 k 循环.
07		LDO	kk,key,k	A	kk $\leftarrow K_k$.
08		CMP	t,max,kk	A	比较 max : K_k.

09		PBNN	t,0F	$A_{[B]}$	如果 max $< K_k$,
10		SET	i,k	B	$i \leftarrow k$ 且
11		SET	max,kk	B	max $\leftarrow K_k$.
12	0H	PBP	k,3B	$A_{[N-1]}$	如果 $k > 0$ 则重复.
13		LDO	t,key,j	$N-1$	<u>S3. 与 R_j 交换.</u>
14		STO	max,key,j	$N-1$	
15		STO	t,key,i	$N-1$	
16	1H	SUB	j,j,8	N	减小 j.
17		PBP	j,2B	$N_{[1]}$	$N > j > 0$.　█

$\cdots$

于是程序 S 的平均运行时间是 $(2.5N^2 + 4(N+1)H_N - 0.5N - 4)\upsilon + (0.5N^2 + 3.5N - 4)\mu$, 明显慢于直接插入排序（程序 5.2.1S）.

[*113*]

程序 H（堆排序）.　用算法 H 对记录 K_1 至 K_N 排序. 这个子程序需要参数 key $\equiv$ LOC(K_1) 和 n $\equiv N$.

01	:Sort	SLU	r,n,3	1	<u>H1. 初始化.</u>
02		SUB	r,r,8	1	$r \leftarrow N$.
03		SRU	l,n,1	1	
04		SLU	l,l,3	1	$l \leftarrow \lfloor N/2 \rfloor$.
05		BNP	l,9F	$1_{[0]}$	如果 $N < 2$ 则终止.
06	1H	SUB	l,l,8	$\lfloor N/2 \rfloor$	$l \leftarrow l - 1$.
07		LDO	k,key,l	$\lfloor N/2 \rfloor$	$K \leftarrow K_l$.
08		SET	j,l	$\lfloor N/2 \rfloor$	<u>H3. 准备上选.</u>　$j \leftarrow l$.
09		JMP	H4	$\lfloor N/2 \rfloor$	
10	5H	LDO	kj,key,j	$B+A$	kj $\leftarrow K_j$.
11		BZ	t,H6	$B+A_{[D]}$	如果 $j = r$, 转到 H6.
12		ADD	j1,j,8	$B+A-D$	<u>H5. 找较大子结点.</u>　j1 $\leftarrow j+1$.
13		LDO	kj1,key,j1	$B+A-D$	kj1 $\leftarrow K_{j+1}$.
14		CMP	t,kj,kj1	$B+A-D$	比较 $K_j : K_{j+1}$.
15		CSNP	j,t,j1	$B+A-D$	如果 $K_j < K_{j+1}$, 置 $j \leftarrow j+1$.
16		CSNP	kj,t,kj1	$B+A-D$	如果 $K_j < K_{j+1}$, 置 kj $\leftarrow$ kj1.
17	H6	CMP	t,k,kj	$B+A$	<u>H6. 大于 K?</u>
18		BNN	t,H8	$B+A_{[A]}$	如果 $K \geq K_j$, 转到 H8.
19		STO	kj,key,i	B	<u>H7. 上移.</u>　$R_i \leftarrow R_j$.
20	H4	SET	i,j	$B+P$	<u>H4. 向下进行.</u>　$i \leftarrow j$.
21		2ADDU	j,j,8	$B+P$	$j \leftarrow 2j+1$.
22		CMP	t,j,r	$B+P$	比较 $j : r$.
23		PBNP	t,5B	$B+P_{[P-A]}$	如果 $j \leq r$ 则跳转.
24	H8	STO	k,key,i	P	<u>H8. 存储 R.</u>　$K_i \leftarrow K$.
25		BP	l,1B	$P_{[\lfloor N/2 \rfloor - 1]}$	<u>H2. 减小 l 或 r.</u>
26	2H	LDO	k,key,r	$N-1$	如果 $l = 0$, 置 $K \leftarrow K_r$.
27		LDO	t,key,0	$N-1$	
28		STO	t,key,r	$N-1$	$K_r \leftarrow K_1$.
29		SUB	r,r,8	$N-1$	$r \leftarrow r - 1$.

30		SET	j,0	$N-1$	<u>H3. 准备上选.</u> $j \leftarrow l.$
31		PBP	r,4B	$N-1_{[1]}$	如果 $r > 1$, 转到 H3.
32		STO	k,key,0	1	$K_1 \leftarrow K.$
33	9H	POP	0,0		∎

[115]

总运行时间

$$(9A + 14B + 17N - 3D + 8\lfloor N/2 \rfloor - 16)\upsilon + (2A + 3B + 4.5N - D + \lfloor N/2 \rfloor - 4)\mu$$

的平均值近似于 $(14N \lg N - 2N - 3 \ln N - 16)\upsilon + (3N \lg N - \ln N - 4)\mu$.

粗略浏览一下表 2, 我们很难相信堆排序非常高效. 较大的键最终存放到右侧之前先左移! 当 N 很小时, 这确实是一种很奇怪的排序方式. 表 2 中 16 个键的排序时间是 898υ, 而简单的直接插入方法（程序 5.2.1S）仅用 393υ. 直接选择排序（程序 S）需要 852υ.

对于较大的 N 值, 程序 H 效率会更高一些. 它可以与谢尔排序（程序 5.2.1D）和快速排序（程序 5.2.2Q）相比较, 因为这三个程序都是通过比较键进行排序, 而且较少使用或不使用辅助存储. 当 $N = 1000$ 时, 在 MMIX 上近似的平均运行时间是

堆排序: $140\,000\upsilon$,

谢尔排序: $100\,000\upsilon$,

快速排序: $70\,000\upsilon$.

（MMIX 是一台典型的计算机, 但特定的机器当然可能会给出稍有不同的相对数值. ）随着 N 继续增大, 堆排序将超越谢尔排序, 但它的渐近运行时间 $14N \lg N \approx 20.2N \ln N$ 永远不可能击败快速排序的 $10N \ln N$.

· · ·

我们总是有

$$A \le 1.5N, \qquad B \le N\lfloor \lg N \rfloor, \qquad C \le N\lfloor \lg N \rfloor, \tag{8}$$

所以无论输入数据的分布规律如何, 程序 H 花费的时间不会超过 $14N\lfloor \lg N \rfloor + 34.5N - 16$ 单位.

习题

▶ **8.** [*24*] 证明: 如果算法 S 的步骤 S2 查找 $\max(K_1, \ldots, K_j)$ 时, 按照从左向右的顺序 $K_1, K_2, \ldots, K_j$ 检查这些键, 而不是像程序 S 那样从右向左进行, 通常有可能减少步骤 S2 的下一次迭代需要的比较次数. 根据这个观察编写一个 MMIX 程序.

9. [*M25*] 对于随机输入, 习题 8 的算法平均执行多少次比较?

5.2.4　合并排序

如果假定出现相等键的概率很低, 可以估算内层循环的时间如下:

	步骤	操作	时间
	$N3$	CMP	$1v$
或者 $\left\{\vphantom{\begin{matrix}a\\a\\a\end{matrix}}\right.$	$N3$	BP (预测正确), CMP, BZ (预测正确)	$3v$
	$N4$	STO, ADD	$2v$
	$N5$	ADD, SET, LDO, CMP, PBNP (预测正确)	$5v$
或者 $\left\{\vphantom{\begin{matrix}a\\a\\a\end{matrix}}\right.$	$N3$	BP (预测错误)	$3v$
	$N8$	STO, ADD	$2v$
	$N9$	SUB, SET, LDO, CMP, PBNP (预测正确)	$5v$

于是每遍扫描中每条记录大约花费 $11v$, 对于平均情形和最差情形, 总运行时间都是渐近于 $11N \lg N$. 这稍慢于快速排序的平均时间, 相对于堆排序的优势也不足以构成占用两倍存储空间的正当理由, 因为程序 5.2.3H 的渐近运行时间绝不会超过 $14N \lg N$.

以前关于 "下坡" 的测试已经被递减 q 或 r 并判断结果是否为 0 所代替, 这就把 MMIX 的渐近运行时间缩短为 $9N \lg N$ 单位, 稍快于算法 N 能够达到的速度.（习题 9 把这一时间进一步缩短为 $8N \lg N$ 单位.）

$\cdots$

算法 L (列表合并排序).

$\cdots$

使用符号链接非常适合于 MIX, 可惜并不适合 MMIX 和大多数其他计算机. 我们使用链接的最低有效位 (而不是符号位) 作为 TAG 字段, $\text{TAG}(L_s) = 1$ 表示有序子列表的结尾. 当链接值用作地址时, MMIX 会忽略这个标记位. 可以用 BEV (为偶数时转移) 指令或 BOD (为奇数时转移) 指令测试 TAG 位. 在内层循环中, 从 L_s 中提取标记位并在存储 p 之前将其设置到 p 非常昂贵. 相反, 我们通过在每次开始新的子列表时置 $s_0 \leftarrow s$ 并在完成子列表后置 $\text{TAG}(L_{s_0}) \leftarrow 1$ 来跟踪有序子列表的初始链接的位置. 这一方法可用于地址值中包含 "空闲位" 的所有计算机.

L1. [准备两个列表.] 对于 $1 \le i \le N-2$ 置 $L_i \leftarrow i+2$, $\text{TAG}(L_i) = 1$, 置 $L_0 \leftarrow 1$, $\text{TAG}(L_0) = 1$, $L_{N+1} \leftarrow 2$, $\text{TAG}(L_{N+1}) = 1$, $L_N \leftarrow 0$, $\text{TAG}(L_N) = 1$, $L_{N-1} \leftarrow 0$, $\text{TAG}(L_{N-1}) = 1$. (我们建立了包含 $R_1, R_3, R_5, \ldots$ 和 $R_2, R_4, R_6, \ldots$ 的两个列表, TAG 字段表示每个有序子列表仅包含一个元素. 利用初始数据中可能存在的顺序, 可以用另外一种方式完成这个步骤, 见习题 12.)

L2. [开始新扫描.] 置 $s \leftarrow 0$, $S_0 \leftarrow s$, $t \leftarrow N+1$, $p \leftarrow L_s$, $\text{TAG}(p) = 0$, $q \leftarrow L_t$, $\text{TAG}(q) = 0$. 如果 $q = 0$, 算法终止. (每遍扫描期间 p 和 q 遍历被合并的列表, s_0 指向当前子列表的初始链接的位置, s 通常指向当前子列表中最近处理的记录, t 指向上一个输出子列表的末端.)

L3. [比较 $K_p : K_q$.] 如果 $K_p > K_q$, 转到 L6.

L4. [推进 p.] 置 $L_s \leftarrow p$, $s \leftarrow p$, $p \leftarrow L_p$. 如果 $\text{TAG}(p) = 0$, 返回 L3.

L5. [完成子列表.] 置 $L_s \leftarrow q$, $s \leftarrow t$. 然后置 $t \leftarrow q$, $q \leftarrow L_q$, 重复执行一次或多次, 直到 $\text{TAG}(q) = 1$. 最后转到 L8.

L6. [推进 q.] (步骤 L6 和 L7 对应于步骤 L4 和 L5.) 置 $L_s \leftarrow q$, $s \leftarrow q$, $q \leftarrow L_q$. 如果 $\text{TAG}(q) = 0$, 返回 L3.

L7. [完成子列表.] 置 $L_s \leftarrow p$, $s \leftarrow t$. 然后置 $t \leftarrow p$, $p \leftarrow L_p$, 重复执行一次或多次, 直到 $\text{TAG}(p) = 1$.

L8. [结束扫描?] (这时两个指针都已经移到各自子列表的末端, 所以有 $\text{TAG}(p) = 1$ 且 $\text{TAG}(q) = 1$.) 置 $\text{TAG}(L_{s_0}) \leftarrow 1$, $s_0 \leftarrow s$, $\text{TAG}(p) \leftarrow 0$, $\text{TAG}(q) \leftarrow 0$. 如果 $q = 0$, 置 $L_s \leftarrow p$, $L_t \leftarrow 0$, 并返回 L2. 否则返回 L3. ▮

···

现在为算法 L 编写 MMIX 程序, 从速度与空间的观点来看看, 列表操作是否具备优势.

程序 L (列表合并排序). 为方便起见, 假定记录的长度为一个全字, L_j 位于低半字, K_j 位于高半字. 参数是 $\text{key} \equiv \text{LOC}(R_0) = \text{LOC}(K_0)$, 第一个键的位置, $\text{n} \equiv N$, 待排序的记录数.

01	:Sort	SL	n,n,3	1	*L1. 准备两个列表.*
02		ADDU	link,key,4	1	$\text{link} \leftarrow \text{LOC}(L_0)$.
03		SUB	p,n,16	1	$p \leftarrow N - 2$.
04		BN	p,9F	$1_{[0]}$	如果 $N < 2$ 则终止.
05		OR	q,n,1	1	$q \leftarrow N$, $\text{TAG}(q) \leftarrow 1$.
06	OH	STTU	q,link,p	$N-2$	$\text{LINK}(p) \leftarrow q$.
07		SUB	q,q,8	$N-2$	$q \leftarrow q - 1$.
08		SUB	p,p,8	$N-2$	$p \leftarrow p - 1$.
09		PBP	p,0B	$N-2_{[1]}$	重复, 直到 $p = 0$.
10		SET	c,8|1	1	
11		STTU	c,link,0	1	$L_0 \leftarrow 1$, $\text{TAG}(L_0) \leftarrow 1$.
12		SUB	c,n,8	1	
13		ADDU	linkn1,link,c	1	$\text{linkn1} \leftarrow \text{LOC}(L_{N-1})$.
14		SET	c,16|1	1	
15		STTU	c,linkn1,16	1	$L_{N+1} \leftarrow 2$, $\text{TAG}(L_{N+1}) \leftarrow 1$.
16		SET	c,0|1	1	
17		STTU	c,linkn1,8	1	$L_N \leftarrow 0$, $\text{TAG}(L_N) \leftarrow 1$.
18		STTU	c,linkn1,0	1	$L_{N-1} \leftarrow 0$, $\text{TAG}(L_{N-1}) \leftarrow 1$.
19		JMP	L2	1	
20	L3	CMP	c,kp,kq	C	*L3. 比较 $K_p : K_q$.*
21		BP	c,L6	$C_{[C'']}$	如果 $K_p > K_q$ 则转到 L6.
22	L4	STTU	p,link,s	C'	*L4. 推进 p.* $L_s \leftarrow p$.
23		SET	s,p	C'	$s \leftarrow p$.
24		LDTU	p,link,p	C'	$p \leftarrow L_p$.
25		LDT	kp,key,p	C'	$\text{kp} \leftarrow K_p$.
26		PBEV	p,L3	$C'_{[B']}$	如果 $\text{TAG}(p) = 0$ 则返回 L3.
27	L5	STTU	q,link,s	B'	*L5. 完成子列表.* $L_s \leftarrow q$.
28		SET	s,t	B'	$s \leftarrow t$.
29	OH	SET	t,q	D'	$t \leftarrow q$.
30		LDTU	q,link,q	D'	$q \leftarrow L_q$.

31		BEV	q,0B	$D'_{[D'-B']}$	重复，直到 TAG(q) = 1.
32		LDT	kq,key,q	B'	kq $\leftarrow K_q$.
33		JMP	L8	B'	转到 L8.
34	L6	STTU	q,link,s	C''	_L6. 推进 q._ $L_s \leftarrow q$.
35		SET	s,q	C''	$s \leftarrow q$.
36		LDTU	q,link,q	C''	$q \leftarrow L_q$.
37		LDT	kq,key,q	C''	kq $\leftarrow K_q$.
38		PBEV	q,L3	$C''_{[B'']}$	如果 TAG(q) = 0 则返回 L3.
39	L7	STTU	p,link,s	B''	_L7. 完成子列表._ $L_s \leftarrow p$.
40		SET	s,t	B''	$s \leftarrow t$.
41	0H	SET	t,p	D''	$t \leftarrow p$.
42		LDTU	p,link,p	D''	$p \leftarrow L_p$.
43		BEV	p,0B	$D''_{[D''-B'']}$	重复，直到 TAG(p) = 1.
44		LDT	kp,key,p	B''	kp $\leftarrow K_p$.
45	L8	LDTU	c,link,s0	B	_L8. 结束扫描?_
46		OR	c,c,1	B	
47		STTU	c,link,s0	B	TAG(L_{s0}) $\leftarrow$ 1.
48		SET	s0,s	B	$s0 \leftarrow s$.
49		ANDN	p,p,1	B	TAG(p) $\leftarrow$ 0.
50		ANDN	q,q,1	B	TAG(q) $\leftarrow$ 0.
51		PBNZ	q,L3	$B_{[A]}$	如果 $q \neq 0$ 则转到 L3.
52		OR	p,p,1	A	
53		STTU	p,link,s	A	$L_s \leftarrow p$, TAG(L_s) $\leftarrow$ 1.
54		SET	c,1	A	
55		STTU	c,link,t	A	$L_t \leftarrow 0$, TAG(L_t) $\leftarrow$ 1.
56	L2	SET	s,0	$A+1$	_L2. 开始新扫描._ $s \leftarrow 0$.
57		SET	s0,s	$A+1$	$s0 \leftarrow s$.
58		ADDU	t,n,8	$A+1$	$t \leftarrow N+1$.
59		LDTU	p,link,s	$A+1$	$p \leftarrow L_s$.
60		ANDN	p,p,1	$A+1$	清除 TAG 位.
61		LDTU	q,link,t	$A+1$	$q \leftarrow L_t$.
62		ANDN	q,q,1	$A+1$	清除 TAG 位.
63		LDT	kp,key,p	$A+1$	kp $\leftarrow K_p$.
64		LDT	kq,key,q	$A+1$	kq $\leftarrow K_q$.
65		PBNZ	q,L3	$A+1_{[1]}$	如果 $q = 0$ 则终止.
66	9H	POP	0,0	▌	

可以利用前面已经多次看到的技术来推导程序运行时间（见习题 13 和 14），平均运行时间近似于 $(8N \lg N + 21.5N)v$，标准差很小，为 $\sqrt{N}$ 量级. 习题 15 表明，运行时间可以缩减至大约 $(6.5N \lg N)v$，代价是需要相当长的程序.

在执行内部合并时，链接存储技术要优于顺序分配：通常，需要的存储空间较少，如果使用所有可能的优化，程序运行大约快 10%. 另一方面，我们没有考虑缓存的影响，这可能会很复杂.

习题

9. [24] 为算法 S 编写 MMIX 程序. 用类似于程序 L 中 $A, B', B'', C', \ldots$ 这样的量来指明指令频率.

▶ **13.** [M34] 仿照本章其他分析的风格, 试分析程序 L 的平均运行时间: 解释量 $A, B, B', \ldots$ 的含义, 说明如何计算它们的确切平均值. 程序 L 需要多长时间来排序表 3 的 16 个数?

15. [20] 算法 L 的手算模拟表明, 它偶尔会做一些冗余运算. 每次从步骤 L4 (或 L6) 返回步骤 L3 时, 我们都有 $L_s = p$ (或 $L_s = q$), 所以步骤 L4 和 L6 中的赋值 $L_s \leftarrow p$ 和 $L_s \leftarrow q$ 大约有一半时候是不必要的. 如何改进程序 L 以消除这种冗余?

5.2.5 分布排序

程序 R (基数列表排序). 假设给定的记录在偏移 LINK $= 0$ 处有一个链接字段, 在偏移 KEY $+ 8 - p$ 处有一个键字段 (p 字节). 假定 $M = 256$, 我们可以用一条简单的 LDBU 指令 (装入无符号字节) 从键中提取下一个 a_k. 以下子程序需要四个参数: key $\equiv$ LOC(R_1), 记录的位置; n $\equiv N$, 记录数; p $\equiv p$, 键的字节数; bot $\equiv$ LOC(BOTM[0]), 256 个底部链接字段的位置, 后跟 256 个顶部链接字段. 在寄存器 P (大写寄存器名称) 中保存变量 P, 因为我们已经使用 p 来表示 p (键的长度).

01	:Sort	GET	rJ,:rJ	1	第一次扫描.
02		SET	t+1,bot	1	
03		PUSHJ	t,:Empty	1	_R2. 清空各堆._
04		SET	t,M	1	
05		8ADDU	top,t,bot	1	top $\leftarrow$ LOC(TOP[0]).
06		16ADDU	P,n,key	1	_R1. 对 k 循环._ P $\leftarrow$ LOC(R_{N+1}).
07		SET	k,KEY+7	1	$k \leftarrow 1$.
08	0H	SUBU	P,P,16	N	_R5. 步进至下一条记录._
09		LDBU	i,P,k	N	_R3. 提取键的第 1 位._
10		SL	i,i,3	N	
11		LDOU	ti,top,i	N	_R4. 调整链接._ ti $\leftarrow$ TOP[i].
12		STOU	P,ti,LINK	N	LINK(TOP[i]) $\leftarrow$ P.
13		STOU	P,top,i	N	TOP[i] $\leftarrow$ P.
14		SUB	n,n,1	N	
15		PBP	n,0B	$N_{[1]}$	
16		JMP	R6	1	后续扫描.
17	R2	SET	t+1,bot	$P-1$	_R2. 清空各堆._
18		PUSHJ	t,:Empty	$P-1$	
19		SUB	k,k,1	$P-1$	
20	R3	LDBU	i,P,k	$N(P-1)$	_R3. 提取键的第 k 位._
21		SL	i,i,3	$N(P-1)$	
22		LDOU	ti,top,i	$N(P-1)$	_R4. 调整链接._ ti $\leftarrow$ TOP[i].
23		STOU	P,ti,LINK	$N(P-1)$	LINK(TOP[i]) $\leftarrow$ P.
24		STOU	P,top,i	$N(P-1)$	TOP[i] $\leftarrow$ P.
25		LDOU	P,P,LINK	$N(P-1)$	_R5. 步进至下一条记录._
26		PBNZ	P,R3	$N(P-1)_{[P-1]}$	如果扫描未结束, 则转到 R3.
27	R6	SET	t+1,bot	P	_R6. 执行算法 H._

28		PUSHJ	t,:Hook	P	
29		LDOU	P,bot,0	P	P ← BOTM[0].
30		SUB	p,p,1	P	*R1. 对 k 循环.*
31		PBP	p,R2	$P_{[1]}$	
32		PUT	:rJ,rJ	1	
33		POP	0,0		∎

程序 R 的运行时间是 $(7P+1)N+11PM+26P+8$ 个周期，其中 N 是输入记录的个数，M 是基数（堆的个数），P 是扫描次数. 这包括两个辅助程序（Hook 和 Empty）的运行时间. 这两个辅助程序都被调用 P 次.

　　运行完程序 Hook 之后，第一个底部链接指向整个列表.

01	:Hook	SET	i,M*8	1	*H1. 初始化.*　$i \leftarrow 0$.
02		ADDU	bot,bot,i	1	bot ← LOC(BOTM[$M+1$]).
03		ADDU	top,bot,i	1	top ← LOC(TOP[$M+1$]).
04		NEG	i,i	1	现在 bot $+ i =$ LOC(BOTM[i])
05		JMP	H2	1	且 top $+ i =$ LOC(TOP[i]).
06	0H	LDOU	bi,bot,i	$M-1$	bi ← BOTM[i].
07		BZ	bi,H3	$M-1_{[E']}$	*H4. 堆为空?*
08		STOU	bi,P,LINK	$M-1-E'$	*H5. 链接各堆.*
09	H2	LDOU	P,top,i	$M-E'$	*H2. 指向堆顶.*
10	H3	ADD	i,i,8	M	*H3. 下一堆.*
11		PBN	i,0B	$M_{[1]}$	
12		STCO	0,P,LINK	1	终止列表.
13		POP	0,0	1	∎

程序 Hook 的总运行时间是 $(6M+8)\upsilon+(3M-2E'-1)\mu$，其中 E' 是每次扫描中出现空堆的次数.

　　运行完程序 Empty 之后，所有的堆都是空的.

01	:Empty	SET	i,M*8	1	$i \leftarrow M$.
02		ADDU	top,bot,i	1	top ← LOC(TOP[0]).
03		SUB	i,i,8	1	$i \leftarrow i-1$.
04	0H	ADDU	bi,bot,i	M	bi ← LOC(BOTM[i]).
05		STCO	0,bi,LINK	M	BOTM[i] ← Λ.
06		STOU	bi,top,i	M	TOP[i] ← LOC(BOTM[i]).
07		SUB	i,i,8	M	$i \leftarrow i-1$.
08		PBNN	i,0B	$M_{[1]}$	$0 \le i < M$.
09		POP	0,0	1	∎

程序 Empty 的运行时间是 $(5M+8)\upsilon+2M\mu$.

习题　　　　　　　　　　　　　　　　　　　　　　　　　　　　　　　　　　　　　　[*138*]

　　5. [*20*] 新习题：假定 $M = 2^m$，$Pm \le 64$，为了能够在 P 次扫描中对长度为 Pm 个二进制位的键排序，应如何修改程序 R？做了这些改动之后，程序的运行时间是多少？

5.3.1 比较次数最少的排序

习题 [152]

28. [40] 编写 MMIX 程序，在最短时间内排序五个单字节键，然后停机.（关于基本规则，见 5.2 节开头）.

5.5 小结、历史与文献

[298]

表 1 总结了针对 MMIX 编程时这些方法的速度与空间特性. 认识到以下事实很重要：这张表中的数值只是粗略地指示了相对排序时间，它们仅适用于一台计算机，而且关于输入数据所做的假定对于所有程序并不是完全一致的. 许多作者都给出了诸如此类的对比表，但没有任何两个人给出的结论是一样的. 另一方面，这些时间至少给出了一些指示，表明在对相当小的单字记录数组排序时每种算法的预期速度，因为 MMIX 是一种相当典型的计算机.

. . .

$N = 16$ 的情形是指在 5.2 节的许多示例中出现的十六个键，每个键存储为 10 个二进制位. $N = 1000$ 的情形是指按照

$$X_0 = 0; \quad X_{n+1} = (6\,364\,136\,223\,846\,793\,005\, X_n + 9\,754\,186\,451\,795\,953\,191) \bmod 2^{64};$$

$$K_n = \lfloor X_n/2^{32} \rfloor$$

定义的序列 $K_1, K_2, \ldots, K_{1000}$，每个键存储为 32 个二进制位. 乘数 $6\,364\,136\,223\,846\,793\,005$ 见 3.3.4 节（原作第 *81* 页），增量 $9\,754\,186\,451\,795\,953\,191$ 是一个随机数. 已经使用一个相当高质量的 MMIX 程序来表示表中的每个算法，通常还整合了在习题中提出的改进.

习题 [304]

2. [20] 基于表 1 的信息，在 MMIX 计算机上使用时，针对 32 个二进制位的键的最佳列表排序方法是什么?

表 1　内部排序方法的比较（使用 MMIX 计算机）

方法	见	稳定否?	MMIX 代码长度	空间	运行时间 平均	运行时间 最大	$N=16$	$N=1000$	备注
比较计数	习题 5.2-5	是	23	$N(1+\epsilon)$	$4N^2+8N$	$5.5N^2$	1042	4046134	c
分布计数	习题 5.2-9	是	35	$2N+2^{16}\epsilon$	$15N+8\cdot2^{16}+29$	$15N$	7054	539310	a
直接插入	习题 5.2.1-33	是	15	$N+1$	$1.25N^2+9.75N$	$2.5N^2$	377	1291521	
谢尔排序	程序 5.2.1D	否	22	$N+\epsilon\lg N$	$2.58N^{7/6}+10N\lg N+111N$	$cN^{3/4}$	443	103798	d, h
列表插入	习题 5.2.1-33	是	27	$N(1+\epsilon)$	$1N^2+11N$	$2N^2$	356	1036420	c
多列表插入	Prog 5.2.1M	否	24	$N+\epsilon(N+128)$	$0.012N^2+15N$	$3N^2$	286	26092	c, f, i
合并交换	习题 5.2.2-12	否	39	N	$2.75N(\lg N)^2$	$3.5N(\lg N)^2$	819	258142	
快速排序	程序 5.2.2Q	否	72	$N+3\epsilon\lg N$	$10N\ln N-7.27N$	$\geq 2N^2$	401	67587	e
三项取中快速排序	习题 5.2.2-55	否	91	$N+3\epsilon\lg N$	$8.91N\ln N-3.66N$	$\geq 2N^2$	413	67384	
基数交换	习题 5.2.2-34	否	61	$N+5\cdot20\epsilon$	$8.66N\ln N-1.14N$	$291N$	400	63975	g, i
直接选择	程序 5.2.3S	否	17	N	$2.5N^2+4N\ln N$	$3.5N^2$	852	2529124	j
堆排序	程序 5.2.3H	否	33	N	$20.2N\ln N-2N$	$20.2N\ln N$	898	137106	h, j
列表合并	程序 5.2.4L	是	66	$N(1+\epsilon)$	$11.5N\ln N-21.5N$	$11.5N\ln N$	757	90571	c, j
基数列表排序	程序 5.2.5R	是	33	$N+\epsilon(N+512)$	$29N+11376$	$29N$	5932	40376	c

a: 仅有 16 个二进制位（即两个字节）的键.

c: 输出未重新排列，最终序列由链接或计数器来隐式指定.

d: 像在 5.2.1-(11) 中那样选择增量；习题 5.2.1-29 中给出一个稍好一点的序列；$N^{7/6}$ 不严格.

e: $M=11$.

f: 对于 $N=16$ 的情形，$M=2^2=4$；对于平均，最大和 $N=1000$ 的情形，$M=2^7=128$.

g: $M=32$.

h: 平均时间以实验估计为基础，因为这一理论还不完备.

i: 平均时间的基础是假定这些键是均匀分布的.

j: 在正文和这个程序的习题中提到了进一步的改进，它们会缩短运行时间.

第 6 章 查找

6.1 顺序查找

[309]

程序 S（顺序查找）. 假定键 K_i 存储为全字的数组.

以下子程序有三个参数：key ≡ LOC(K_1)；n ≡ N，键的数目；k ≡ K，要查找的键. 查找成功后，子程序返回找到的键的位置；否则，它返回 0. 为了提高效率，寄存器 i 按表条目大小的 8 倍进行缩放. 此外，我们从 i 中减去表大小 $8N$，再加上 key. 利用这个技巧，我们可以测试 $8(i - N) < 0$ 而不是测试 $i \le N$，并用单条 PBN 指令控制循环.

01	:Search	SL	i,n,3	1	*S1. 初始化.*
02		NEG	i,i	1	$i \leftarrow -8N$, $i \leftarrow 1$.
03		SUBU	key,key,i	1	key $\leftarrow$ LOC(K_{N+1}).
04	S2	LDO	ki,key,i	C	*S2. 比较.*
05		CMP	t,k,ki	C	
06		BZ	t,Success	$C_{[S]}$	如果 $K = K_i$，则退出.
07		ADD	i,i,8	$C - S$	*S3. 前进.*
08		PBN	i,S2	$C - S_{[1-S]}$	*S4. 文件结束?*
09		POP	0,0		如果不在表中，则返回 0.
10	Success	ADDU	$0,key,i	S	返回 LOC(K_i).
11		POP	1,0	∎	

这个程序的分析非常简单，它表明算法 S 的运行时间取决于两个参数，

$$C = \text{对键进行的比较次数.}$$

$$S = 1, \text{ 如果成功；} 0, \text{ 如果失败.} \tag{1}$$

程序 S 耗用 $(5C - S + 5)\upsilon + C\mu$ 个时间单位. 如果这个查找过程成功地找到 $K = K_i$，则有 $C = i$，$S = 1$. 因此，总时间为 $(5i + 4)\upsilon + i\mu$. 另一方面，如果查找失败，则有 $C = N$，$S = 0$，总时间为 $(5N + 5)\upsilon + N\mu$.

[310]

程序 Q（快速顺序查找）. 这个程序与程序 S 相同，只是它假定在文件的结尾处存在一个虚拟记录 R_{N+1}.

01	:Search	SL	i,n,3	1	*Q1. 初始化.*
02		NEG	i,i	1	$i \leftarrow -8N$, $i \leftarrow 1$.
03		SUBU	key,key,i	1	key $\leftarrow$ LOC(K_{N+1}).
04		STO	k,key,0	1	$K_{N+1} \leftarrow K$.
05		JMP	Q2	1	
06	Q3	ADD	i,i,8	$C - S$	*Q3. 前进.*
07	Q2	LDO	ki,key,i	$C - S + 1$	*Q2. 比较.*
08		CMP	t,k,ki	$C - S + 1$	
09		PBNZ	t,Q3	$C - S + 1_{[1]}$	如果 $K \neq K_i$，则转至 Q3.

10		PBN	i,Success	$1_{[1-S]}$	*Q4. 文件结束?*
11		POP	0,0		如果不在表中, 则退出.
12	Success	ADDU	\$0,key,i	S	返回 LOC(K_i).
13		POP	1,0		▌

用分析程序 S 时给出的数量 C 和 S 表示, 可以得出它的运行时间下降到 $(4C - 5S + 13)\upsilon + (C - S + 2)\mu$. 每当成功查找中的 $i \geq 5$、失败查找中的 $N \geq 9$ 时, 这都是一种改进.

从算法 S 过渡到算法 Q 利用了一条重要的加速原理: 当一个程序的内层循环对两个或多个条件进行检验时, 我们应当尝试将其简化为仅检验一个条件.

另一种技术使程序 Q 还能变得更快.

程序 Q′（更快速的顺序查找）.

01	:Search	SL	i,n,3	1	*Q1. 初始化.*
02		NEG	i,i	1	$i \leftarrow -8N$, $i \leftarrow 1$.
03		SUBU	key,key,i	1	key $\leftarrow$ LOC(K_{N+1}).
04		ADDU	key1,key,8	1	key1 $\leftarrow$ LOC(K_{N+2}).
05		STO	k,key,0	1	$K_{N+1} \leftarrow K$.
06		JMP	Q2	1	
07	Q3	ADD	i,i,16	$\lfloor(C-S)/2\rfloor$	*Q3. 前进.* （两步）
08	Q2	LDO	ki,key,i	$\lfloor(C-S)/2\rfloor + 1$	*Q2. 比较.*
09		CMP	t,k,ki	$\lfloor(C-S)/2\rfloor + 1$	
10		BZ	t,Q4	$\lfloor(C-S)/2\rfloor + 1_{[1-F]}$	如果 $K = K_i$, 则转至 Q4.
11		LDO	ki,key1,i	$\lfloor(C-S)/2\rfloor + F$	*Q2. 比较.* （下一次）
12		CMP	t,k,ki	$\lfloor(C-S)/2\rfloor + F$	
13		PBNZ	t,Q3	$\lfloor(C-S)/2\rfloor + F_{[F]}$	如果 $K \neq K_i$, 则转至 Q3.
14		ADD	i,i,8	F	
15	Q4	PBN	i,Success	$1_{[1-S]}$	*Q4. 文件结束?*
16		POP	0,0		如果不在表中, 则退出.
17	Success	ADDU	\$0,key,i	S	返回 LOC(K_i).
18		POP	1,0		▌

内层循环已经被重复, 这就避免了大约一半的 "$i \leftarrow i+1$" 指令, 所以当 $F = (C - S) \bmod 2$ 时, 它将运行时间缩短至

$$3.5C - 4.5S + 14 + \frac{(C-S) \bmod 2}{2}$$

个时间单位.

习题   [*315*]

3. [*16*] 为习题 2 的算法编写一段 MMIX 程序. 该程序的运行时间为多少? 用 (1) 中的量 C 和 S 表示.

5. [*20*] 当 C 很大时, 程序 Q′ 当然要比程序 Q 快得多. 但是否存在一些很小的 C 和 S 值, 使程序 Q′ 花费的时间实际上要长于程序 Q?

▶ **6.** [*20*] 向程序 Q′ 中增加五条指令, 使其运行时间缩短为大约 $(3.33C + 常数)\upsilon$.

6.2.1 查找有序表

程序 B（二分查找）. 和在 6.1 节的程序中一样，这里假设键 K_i 是全字的数组. 下面的子程序需要三个参数：key $\equiv$ LOC(K_1)，K_1 的位置；n $\equiv$ N，键的数目；k $\equiv$ K，给定的键. 它返回键的地址（如果找到），否则返回 0.

01	:Search	SET	l,0	1	*B1. 初始化.* $l \leftarrow 1$.
02		SUB	u,n,1	1	$u \leftarrow N$.
03		JMP	B2	1	
04	B5	ADD	l,i,1	C_1	*B5. 调整 l.*
05	B2	CMP	t,u,l	$C+1-S$	*B2. 获取中点.*
06		BN	t,Failure	$C+1-S_{[1-S]}$	如果 $u < l$ 则跳转.
07		ADDU	i,u,l	C	
08		SRU	i,i,1	C	$i \leftarrow \lfloor(u+l)/2\rfloor$.
09		SLU	t,i,3	C	*B3. 比较.*
10		LDO	ki,key,t	C	ki $\leftarrow K_i$.
11		CMP	t,k,ki	C	
12		BP	t,B5	$C_{[C_1]}$	如果 $K > K_i$ 则跳转.
13		BZ	t,Success	$C_{2[S]}$	
14		SUB	u,i,1	C_2-S	*B4. 调整 u.* $u \leftarrow i-1$.
15		JMP	B2	C_2-S	转至 B2.
16	Success	8ADDU	\$0,i,key	S	
17		POP	1,0		
18	Failure	POP	0,0	▮	

运行时间为 $(11C-3S+7)\upsilon + C\mu$，其中，$C = C_1 + C_2$ 是所做比较的次数（步骤 B3 的执行次数），$S = $ [结果是成功的].

则程序 B 的平均运行大约是

$$(11\lg N - 7)\upsilon \qquad \text{对于成功查找,}$$
$$(11\lg N + 7)\upsilon \qquad \text{对于失败查找,} \tag{5}$$

如果我们假设所有查找的结果都是等可能的.

程序 C（均匀二分查找）. 这个程序利用算法 C，完成了与程序 B 相同的任务. 它添加了第四个参数 j $\equiv$ LOC(DELTA[1])，即辅助表的位置. 为了方便起见，辅助表包含经过缩放和递减后的偏移量，为访问与参数 key 相关的键做好了准备.

01	:Search	LDO	i,j,0	1	*C1. 初始化.* $j = 1$, $i \leftarrow$ DELTA[j].
02		JMP	2F	1	
03	3H	BZ	t,Success	$C_{1[S]}$	如果 $K = K_i$，则跳转.
04		BZ	dj,Failure	$C_1-S_{[A]}$	如果 DELTA[j] $= 0$，则跳转.
05		SUB	i,i,dj	C_1-S-A	*C3. 使 i 递减.*
06	2H	ADDU	j,j,8	C	$j \leftarrow j+1$.
07		LDO	dj,j,0	C	*C2. 比较.*

08		LDO	ki,key,i	C	
09		CMP	t,k,ki	C	
10		PBNP	t,3B	$C_{[C_2]}$	如果 $K \le K_i$，则跳转.
11		ADD	i,i,dj	C_2	*C4. 使 i 递增.*
12		PBNZ	dj,2B	$C_{2[1-S-A]}$	如果 $\mathrm{DELTA}[j] \ne 0$，则跳转.
13	Failure	POP	0,0		如果不在表中，则退出.
14	Success	ADDU	$0,key,i	S	返回 $\mathrm{LOC}(K_i)$.
15		POP	1,0	∎	

由于 C_2 的权重大于 C_1 的权重，所以程序 C 的总运行时间在左、右分支之间并不是特别对称，但习题 11 表明，$K < K_i$ 与 $K > K_i$ 的可能性大体相同. 因此，程序 C 的运行时间大约为

$$(8.5\lg N - 6)\upsilon \qquad \text{对于成功查找,}$$
$$(8.5\lfloor\lg N\rfloor + 12)\upsilon \qquad \text{对于失败查找.} \tag{7}$$

这个速度比程序 B 快 23%.

[*326*]

程序 F（斐波那契查找）. 遵循前面的约定，key ≡ LOC(K_1) 且 k ≡ K. 作为 N 的替换，我们有 i ≡ $8F_k - 8$，p ≡ $8F_{k-1}$，q ≡ $8F_{k-2}$. 和往常一样，值按 8 倍缩放，且 i 减小 8，这样就可以直接用作相对于 key 的偏移量.

01	F4A	ADD	i,i,q	$C_2 - S - A$	*F4. 使 i 递增.* $i \leftarrow i + q$.
02		SUB	p,p,q	$C_2 - S - A$	$p \leftarrow p - q$.
03		SUB	q,q,p	$C_2 - S - A$	$q \leftarrow q - p$.
04	:Search	LDO	ki,key,i	C	*F2. 比较.*
05		CMP	t,k,ki	C	
06		PBN	t,F3A	$C_{[C_2]}$	如果 $K < K_i$，则转至 F3.
07		BZ	t,Success	$C_{2[S]}$	如果 $K = K_i$，则退出.
08		CMP	t,p,8	$C_2 - S$	
09		PBNZ	t,F4A	$C_{2 - S[A]}$	如果 $p \ne 1$，则转至 F4.
10		POP	0,0		如果不在表中，则退出.
11	F3A	SUB	i,i,q	C_1	*F3. 使 i 递减.* $i \leftarrow i - q$.
12		SUB	p,p,q	C_1	$p \leftarrow p - q$.
13		PBP	q,F2B	$C_{1[1-S-A]}$	如果 $q > 0$，则交换寄存器.
14		POP	0,0		如果不在表中，则退出.
15	F4B	ADD	i,i,p		（第 15-27 行与第 01-13 行平行. ）
16		SUB	q,q,p		
17		SUB	p,p,q		
18	F2B	LDO	ki,key,i		
19		CMP	t,k,ki		
20		PBN	t,F3B		
21		BZ	t,Success		
22		CMP	t,q,8		
23		PBNZ	t,F4B		
24		POP	0,0		
25	F3B	SUB	i,i,p		
26		SUB	q,q,p		

27		PBP	p,:Search		
28		POP	0,0		
29	Success	ADDU	$0,key,i	S	返回 LOC(K_i).
30		POP	1,0	∎	

. . .

因此，对于一次成功查找来说，程序 F 的总平均运行时间近似为

$$\frac{\sqrt{5}}{5}\left(8\phi^{-1} + 3 + 3\phi\right)kv + 6v \approx (8.24\lg N + 6)v \tag{9}$$

对于失败查找，则减少 $(4 + 3\phi^{-1})v \approx 5.85v$. 这要比程序 C 稍快一些，尽管最差情况下的运行时间（大约为 $14.4\lg N$）要慢一些.

习题

[329]

4. [20] 如果一个查找使用程序 6.1S（顺序查找）恰好需要 640 个时间单位，那么使用程序 B（二分查找）将需要多少时间？

5. [M24] 假定查找成功，当 N 为何值时，程序 B 的平均速度实际慢于顺序查找（程序 6.1Q′）？

10. [21] 解释如何为算法 C 编写一段 MMIX 程序，其中包含大约 $6\lg N$ 条指令，运行时间大约为 $6\lg N$ 个时间单位.

6.2.2 二叉树查找

[333]

这个算法非常便于用机器语言加以实现. 例如，我们可以假定树结点具有如下形式：

RLINK
LLINK
KEY

(1)

之后可能跟有更多的 INFO 字. 像第 2 章中一样，用一个 AVAIL 列表表示空闲存储池，可以编写以下 MMIX 程序：

程序 T（树查找与插入）. 这个子程序需要两个参数：p，指向根结点的指针；k ≡ K，给定的键. 如果查找成功，则返回找到的结点的位置，否则返回 0. 注意如何使用 ZSN（为负时复制否则清零）指令计算下一个链接的偏移量.

01	0H	SET	p,q	$C-1$	P ← Q.
02	:Search	LDO	kp,p,KEY	C	*T2. 比较.* kp ← KEY(P).
03		CMP	t,k,kp	C	
04		BZ	t,Success	$C_{[S]}$	如果 K = KEY(P)，则退出.
05		ZSN	l,t,LLINK	$C-S$	l ← (K < KEY(P))?LLINK : RLINK.
06	T3	LDOU	q,p,l	$C-S$	*T3/4. 左移/右移.*
07		PBNZ	q,0B	$C-S_{[1-S]}$	如果 Q ≠ Λ，则转至 T2.
08		SET	q,:avail	$1-S$	*T5. 插入树中.*
09		BZ	q,:Overflow	$1-S$	
10		LDOU	:avail,:avail,0	$1-S$	Q ⇐ AVAIL.

11		STOU	q,p,1	$1-S$	LINK(P) ← Q.
12		STCO	0,q,RLINK	$1-S$	RLINK(Q) ← Λ.
13		STCO	0,q,LLINK	$1-S$	LLINK(Q) ← Λ.
14		STO	k,q,KEY	$1-S$	KEY(Q) ← K.
15		POP	0,0		插入后退出.
16	Success	POP	1,0		返回结点地址.　∎

此程序的前 7 行执行查找, 后 8 行执行插入. 查找阶段的运行时间为 $(7C-3S+1)v+(2C-S)\mu$, 其中

$$C = \text{所做比较次数};$$
$$S = [\text{查找成功}].$$

这好于使用隐式树的二分查找算法 (见程序 6.2.1C). 通过复制代码, 可以有效地消除程序 T 的第 01 行, 将运行时间缩短为 $(6C-3S+7)v$. 如果查找失败, 则该程序的插入阶段将另外需要 $7v+5\mu$.

习题

[355]

1. [15] 正文中仅针对非空树描述了算法 T. 应当进行哪些修改, 才能使它对于空树也能正常运行?

▶ **3.** [20] 在 6.1 节, 我们发现对顺序查找算法 6.1S 稍作修改会使它更快一些 (算法 6.1Q). 类似技巧能否用于加快算法 T 的速度?

6.2.3 平衡树

[363]

程序 A (平衡树的查找与插入).   这个实现算法 A 的程序使用具有以下形式的树结点:

RLINK		a
LLINK		a
KEY		

$$(4)$$

结点的平衡因子 a 不作为一个字段存储在结点本身中, 它以二进制补码格式 ($a \bmod 4$) 作为 2 个进制位存储在指向该结点的链接字段的低阶二进制位中. (当使用它装入或存储一个全字时, MMIX 忽略寄存器的这些低阶二进制位.) 这节省了主循环 (第 05-12 行) 中的一条装入指令, 因为我们可以在不装入 B(P) 的情况下从 P 确定 NODE(P) 的平衡因子. 此外, 我们不需要在循环中维护变量 S. 相反, 我们置 T ← LOC(LINK(a,T)), 从 k 和 KEY(T) 计算 a, 并在循环 (第 13-17 行) 之后置 S ← LINK(a,T). 在步骤 A7 中, 新的 T 值更方便, 在这里我们修改 B(S); 当我们完成新的树时, 新的 T 值也在步骤 A10 中.

扩展算法 A 中使用的记号, 我们使用记号 LINK(a), 如果 $a=-1$, 则是 LLINK 的偏移量的同义词, 如果 $a=+1$, 则是 LLINK 的偏移量的同义词. 这些偏移量分别为 0 和 8, 这样 MMIX 可以用一条 ZSN (为负时复制否则清零) 指令从 $a \neq 0$ 计算 LINK(a) (见第 27 行).

这个子程序的第一个参数是 head ≡ LOC(HEAD). 第二个参数是键 k ≡ K.

01	:Search	SET	t,head	1	_A1. 初始化._ T ← HEAD.
02		STO	k,t,KEY	1	(见第 13 行.)
03		LDOU	p,t,RLINK	1	P ← RLINK(HEAD).

04		JMP	A2	1	
05	0H	CSOD	t,q,p	$C-1$	如果 B(Q) $\neq$ 0 则 T $\leftarrow$ LOC(LINK(a,P)).
06		SET	p,q	$C-1$	P $\leftarrow$ Q.
07	A2	LDO	kp,p,KEY	C	<u>A2. 比较.</u> kp $\leftarrow$ KEY(P).
08		CMP	a,k,kp	C	比较 K 和 KEY(P); 置 a.
09		BZ	a,Success	$C_{[S]}$	如果 K = KEY(P) 则退出.
10		ZSN	la,a,LLINK	$C-S$	la $\leftarrow$ LINK(a).
11		LDOU	q,p,la	$C-S$	<u>A3/4. 左移/右移.</u>
12		PBNZ	q,0B	$C-S_{[1-S]}$	如果 Q = LINK(a,P) $\neq \Lambda$ 则跳转.
13		LDOU	x,t,KEY	$1-S$	x $\leftarrow$ KEY(T).
14		CMP	a,k,x	$1-S$	比较 K 和 KEY(T); 置 a.
15		ZSN	x,a,LLINK	$1-S$	x $\leftarrow$ LINK(a).
16		ADDU	t,t,x	$1-S$	T $\leftarrow$ LOC(LINK(a,T)).
17		LDOU	s,t	$1-S$	S $\leftarrow$ LINK(a,T).
18		SET	q,:avail	$1-S$	<u>A5. 插入.</u> B(Q) $\leftarrow$ 0.
19		BZ	q,:Overflow	$1-S$	
20		LDOU	:avail,:avail	$1-S$	Q $\Leftarrow$ AVAIL.
21		STOU	q,p,la	$1-S$	LINK(a,P) $\leftarrow$ Q.
22		STCO	0,q,RLINK	$1-S$	RLINK(Q) $\leftarrow \Lambda$.
23		STCO	0,q,LLINK	$1-S$	LLINK(Q) $\leftarrow \Lambda$.
24		STO	k,q,KEY	$1-S$	KEY(Q) $\leftarrow K$.
25		LDO	kp,s,KEY	$1-S$	<u>A6. 调整平衡因子.</u>
26		CMP	a,k,kp	$1-S$	比较 K 和 KEY(S); 置 a.
27		ZSN	la,a,LLINK	$1-S$	la $\leftarrow$ LINK(a).
28		ADDU	ll,s,la	$1-S$	ll $\leftarrow$ LOC(LINK(a,S)).
29		LDOU	p,ll	$1-S$	P $\leftarrow$ LINK(a,S).
30		JMP	0F	$1-S$	
31	1H	LDO	kp,p,KEY	F	kp $\leftarrow$ KEY(P).
32		CMP	c,k,kp	F	$c \leftarrow K$: KEY(P).
33		AND	x,c,3	F	x $\leftarrow c \bmod 4$.
34		OR	p,p,x	F	B(P) $\leftarrow K$: KEY(P).
35		STOU	p,ll	F	LINK(c,P) $\leftarrow$ P.
36		ZSN	x,c,LLINK	F	x $\leftarrow$ LINK(c).
37		ADDU	ll,p,x	F	ll $\leftarrow$ LOC(LINK(c,P)).
38		LDOU	p,ll	F	P $\leftarrow$ LINK(c,P).
39	0H	CMPU	x,p,q	$F+1-S$	P = Q 吗?
40		PBNZ	x,1B	$F+1-S_{[1-S]}$	重复, 直到 P = Q.
41		AND	a,a,3	$1-S$	<u>A7. 平衡操作.</u>
42		AND	x,s,3	$1-S$	x $\leftarrow$ B(S).
43		BZ	x,i	$1-S_{[J]}$	如果 B(S) = 0 则转至情景 (i).
44		CMP	x,x,a	$1-S-J$	B(S) = a 吗?
45		BZ	x,iii	$1-S-J_{[G+H]}$	如果 B(S) = a 则转至情景 (iii).
46	ii	ANDN	s,s,3	$1-S-J-G-H$	(ii)
47		STOU	s,t	$1-S-J-G-H$	B(S) $\leftarrow$ 0.
48		POP	0,0		
49	i	LDO	x,head,LLINK	J	(i)
50		ADD	x,x,1	J	树已经长高.

51		STO	x,head,LLINK	J	LLINK(HEAD) ← LLINK(HEAD) + 1.
52		OR	s,s,a	J	
53		STOU	s,t	J	B(S) ← a.
54		POP	0,0		
55	iii	LDOU	r,s,la	$G+H$	(iii) R ← LINK(a,S).
56		NEG	lm,LLINK,la	$G+H$	lm ← LINK($-a$).
57		AND	x,r,3	$G+H$	x ← B(R).
58		CMP	x,a,x	$G+H$	a = B(R) 吗?
59		BZ	x,A8	$G+H_{[G]}$	如果 B(R) = 0 则转至 A8.
60		LDOU	p,r,lm	H	_A9. 双转动._
61		LDOU	x,p,la	H	x ← LINK(a,P).
62		STOU	x,r,lm	H	LINK($-a$,R) ← LINK(a,P).
63		AND	bp,p,3	H	bp ← B(P).
64		CMP	x,bp,a	H	B(P) = a 吗?
65		CSZ	a,x,#02	H	如果 B(P) = a 则 a ← -1 mod 4.
66		XOR	s,s,a	H	B(S) ← B(P) = a ? $-$B(S) : 0.
67		CSZ	x,bp,0	H	如果 B(P) = a 则 x ← 0.
68		AND	bp,r,3	H	bp ← B(R).
69		CSNZ	bp,x,#02	H	如果 B(P) = $-a$ 则 bp ← -1.
70		XOR	r,r,bp	H	B(R) ← B(P) = $-a$? $-$B(R) : 0.
71		STOU	r,p,la	H	LINK(a,P) ← R.
72		LDOU	x,p,lm	H	x ← LINK($-a$,P).
73		STOU	x,s,la	H	LINK(a,S) ← LINK($-a$,P).
74		STOU	s,p,lm	H	LINK($-a$,P) ← S.
75		ANDN	p,p,3	H	B(P) = 0?
76		STOU	p,t	H	_A10. 最后一步._
77		POP	0,0		
78	A8	ANDN	r,r,3	G	_A8. 单转动._ B(R) ← 0.
79		ANDN	s,s,3	G	B(S) ← 0.
80		SET	p,r	G	P ← R.
81		LDOU	x,r,lm	G	x ← LINK($-a$,R).
82		STOU	x,s,la	G	LINK(a,S) ← LINK($-a$,R).
83		STOU	s,r,lm	G	LINK($-a$,R) ← S.
84		STOU	p,t	G	_A10. 最后一步._
85		POP	0,0		
86	Success	SET	$0,p	S	
87		POP	1,0		▮

[368]

程序 A 查找阶段（第 01–12 行）的运行时间为

$$8C - 3S + 4, \tag{15}$$

其中, C 和 S 与本章前面算法中相同. 试验表明, 可以取 $C + S \approx 1.01 \lg N + 0.1$, 所以平均查找时间近似为 $8.08 \lg N + 4.8 - 11S$ 个单位.（由于查找过程不需要知道平衡因子, 所以如果查找操作的执行次数远高于插入操作, 当然可以使一个更快速的独立程序进行查找. 当 p ≡ LOC(HEAD) 且 k ≡ K 时, 我们可以写:

```
01  :Search  LDOU  p,p,RLINK       1       A1. 初始化.  P ← RLINK(HEAD).
02           BZ    p,Failure       1[0]
03  A2       LDO   kp,p,KEY        C       A2. 比较.  kp ← KEY(P).
04           CMP   a,k,kp          C       比较 K 和 KEY(P); 置 a.
05           BZ    a,Success       C[S]    如果 K = KEY(P) 则退出.
06           ZSN   la,a,LLINK      C − S   la ← LINK(a).
07           LDOU  p,p,la          C − S   A3/4. 左移/右移.  P ← LINK(a,P).
08           PBNZ  p,A2            C − S[1−S]
09  Failure  POP   0,0                     找不到.
10  Success  POP   1,0
```

上述代码的运行时间仅为 $(6C − 3S + 4)v + (2C − S + 1)\mu$,它把一次成功查找的平均运行时间缩短到大约 $(6.06 \lg N − 4.4)v$. 事实上,即使是最差情况下的运行时间也与用程序 6.2.2T 得到的平均运行时间相似.

在查找失败时,程序 A 插入阶段(第 18–40 行)的运行时间为 $(10F + 22)v$. 表 1 中的数据表明,平均来说 $F ≈ 1.8$. 重新平衡阶段(第 41–85 行)需要 10, 7, 21 或 29 v,具体取决于我们是增加整个高度,还是直接退出而不进行重新平衡,或是执行单转动或双转动. 第一种情景几乎从来不会发生,其余几种情景的发生概率近似为 0.534, 0.233, 0.232,所以程序 A 的插入与重新平衡组合部分的平均运行时间大约为 $55v$.

这些数据表明,尽管程序很长,但在内存中维护一棵平衡树是相当快的. 如果输入数据是随机的,6.2.2 节中的简单树插入算法执行每次插入的速度快大约 $48v$. 但平衡树算法即使在输入数据非随机时也能保证是可靠的.

把程序 A 与程序 6.2.2T 进行对比的一种方式是考虑后者的最差情景. 如果研究以递增顺序向初始为空的树中插入 N 个键所需要的时间量,将会发现程序 A 在 $N ≤ 27$ 时较慢,在 $N ≥ 28$ 时较快.

习题

[375]

▶ **12.** [24] 当把第 8 个结点插入到一棵平衡树时,程序 A 的最长运行时间是多少?这一插入操作的最短运行时间是多少?

28. [41] 编制 2-3 树算法的高效实现方案.

6.3 数字查找

[386]

程序 T(检索结构查找). 这个程序假定所有键都由 7 个或更少的大写字符组成. 键以一个 OCTA 表示,左对齐,右填充零字节. 最右边的字节总是零. 由于 MMIX 使用 ASCII 码,因此假定查找参数的每个字节包含介于 65(ASCII 'A')和 90(ASCII 'Z')之间的值. 为了简单起见,我们使用每个字符的 5 个最低有效位作为索引 k. 这允许 32 个值而不是 26 个值,因此使用更多的内存,但简化了索引的提取. 我们用最低有效位设置为 1 的绝对地址表示链接(当使用它来装入 OCTA 时,MMIX 忽略这个最低有效位). 以下子程序需要两个参数:根结点的位置 p ≡ LOC(ROOT);给定的键 K ≡ K. 如果查找成功,则返回表中键的位置,否则返回 0. 为了从

表 1　31 个最常见的英文单词组成的检索结构

	(1)	(2)	(3)	(4)	(5)	(6)	(7)	(8)	(9)	(10)	(11)	(12)
0		A				I					HE	
A	(2)				(10)				WAS			THAT
B	(3)											
C												
D										HAD		
E			BE		(11)							THE
F	(4)						OF					
G												
H	(5)							(12)	WHICH			
I	(6)				HIS				WITH			THIS
J												
K												
L												
M												
N	NOT	AND				IN	ON					
O	(7)			FOR				TO				
P												
Q												
R		ARE		FROM			OR				HER	
S		AS				IS						
T	(8)	AT				IT						
U			BUT									
V										HAVE		
W	(9)											
X												
Y	YOU		BY									
Z												

键 K 中获得后续字符, 我们把它复制到移位寄存器 s 中, 从中通过向右移位提取最左边的字符, 并通过向左移位前进到下一个字符.

```
01  :Start  SLU   s,K,3        1        T1. 初始化.  s ← 8K.
02          JMP   T2           1
03   T3     SET   p,x          C−1      T3. 前进.  P ← X.
04          SLU   s,s,8        C−1      前进到 K 的下一个字符.
05   T2     SRU   k,s,64-8     C        T2. 分支.  提取 8k.
06          LDOU  x,p,k        C        X ← NODE(P) 中编号为 k 的表项.
07          PBOD  x,T3         C[1]     如果 X 是一个链接则转至 T3.
08          CMP   t,K,x        1        T4. 比较.
09          BNZ   t,Failure    1[1−S]   如果 X ≠ K 则成功退出;
10          ADDU  $0,p,k       S          否则返回 LOC(X).
11          POP   1,0
12  Failure POP   0,0                  ▮
```

此程序的运行时间为 $(5C - S + 6)v + C\mu$，其中 C 是所查看字符的数目．由于 $C \le 7$，所以这个查找从来不需要超过 $41v$ 的时间．

如果现在将这个程序（使用表 1 中的检索结构）的效率与程序 6.2.2T（使用图 13 中的最优二叉查找树）对比，则可以观察到如下结果．

1. 检索结构占用的内存空间要多得多．仅仅为了表示 31 个键，我们就使用了 384 个全字，而二叉查找树仅使用了 93 个全字的内存．（但习题 4 表明，稍加调整，实际上可以将表 1 的检索结构放到仅 53 个全字的空间中．）

2. 在检索结构查找中，成功查找的时间大约需要 $16v$，而二叉查找树则需要 $28v$．检索结构中失败查找的速度更快一些，二叉查找树中要慢一些．所以从速度的角度来看，优选检索结构．

3. 如果我们考虑图 15 中的 KWIC 索引应用（原作第 3 卷第 *343* 页），而不是 31 个最常见的英文单词，则检索结构会因为数据的本质特性而失去优势．例如，一个检索结构需要 12 次迭代来区分 COMPUTATION 和 COMPUTATIONS．在这种情况下，在构造检索结构时，最好由右向左扫描单词，而不是由左向右．

习题
[397]

▶ **4.** [*21*] 表 1 中的 384 项大多为空白（空链接）．但是可以像下面这样，将非空项与空白项重叠，将该表压缩为仅有 53 项：

位置	0	1	2	3	4	5	6	7	8	9	10	11	12	13	14	15	16	17	18	19	20	21	22	23	24	25
项		THAT		WAS		THE	OF	HE	(12)	THIS	WHICH	WITH	(10)	BE	ON	TO	(11)	I	OR	FOR	HIS	HAD	FROM		A	HER

位置	26	27	28	29	30	31	32	33	34	35	36	37	38	39	40	41	42	43	44	45	46	47	48	49	50	51	52
项		(2)	(3)	BUT		IN	(4)	BY	(5)	(6)	IS	IT	AND	HAVE	NOT	(7)	ARE	AS	AT	(8)			(9)		YOU		

（在这个压缩表中，表 1 中的结点 (1), (2), ..., (12) 的起始位置分别是 26, 24, 8, 4, 11, 17, 0, 0, 2, 17, 7, 0.）

证明：如果用此压缩表代替表 1，则程序 T 仍然有效，但不是很快．

9. [*21*] 为算法 D 编写一段 MMIX 程序，并将其与程序 6.2.2T 比较．如果有用的话，还可以使用习题 8 的思想．

6.4 散列
[402]

例如，再次考虑 31 个英文单词组成的集合，我们已经在 6.2.2 节和 6.3 节对其应用了各种查找策略．表 1 给出了一段简短的 MMIX 程序，它把 31 个键中的每一个键转换为介于 0 和 39 之间的唯一的数 $f(K)$．如果把这个方法与前面所讨论的其他方法（比如，二分查找、最优树查找、检索结构存储、数字树查找）的 MMIX 程序进行对比，会发现它在空间和速度方面都非常出众，只有二分查找使用的空间略小一些．事实上，在以图 12（原作第 3 卷第 *340* 页）中的频率

表 1　把一组键转换为互不相同的地址

指令	A	AND	ARE	AS	AT	BE	BUT	BY	FOR	FROM	HAD	HAVE	HE	HER
SET k,$0														
LDBU a,k,0	65	65	65	65	65	66	66	66	70	70	72	72	72	72
SUB a,a,63	2	2	2	2	2	3	3	3	7	7	9	9	9	9
LDBU b,k,1	2	2	2	2	2	3	3	3	7	7	9	9	9	9
BZ b,9F	2	2	2	2	2	3	3	3	7	7	9	9	9	9
LDBU c,k,2	.	2	2	2	2	3	3	3	7	7	9	9	9	9
PBNZ c,1F	.	2	2	2	2	3	3	3	7	7	9	9	9	9
2ADDU a,a,a	.	.	.	6	6	9	.	9	.	.	.	.	27	.
ADD a,a,b	.	.	.	89	90	78	.	98	.	.	.	.	96	.
SUB a,a,75	.	.	.	14	15	3	.	23	.	.	.	.	21	.
SUB t,a,38	.	.	.	14	15	3	.	23	.	.	.	.	21	.
CSNN a,t,t	.	.	.	14	15	3	.	23	.	.	.	.	21	.
POP 1,0	.	.	.	14	15	3	.	23	.	.	.	.	21	.
1H LDBU d,k,3	.	2	2			3			7	7	9	9		9
BNZ d,1F	.	2	2			3			7	7	9	9		9
ADD a,a,c	.	70	71			87			89	.	77	.		91
SUB a,a,51	.	19	20			36			38	.	26	.		40
CMP t,a,37	.	19	20			36			38	.	26	.		40
BN t,9F	.	19	20			36			38	.	26	.		40
SUB a,a,32	.	.	.			.			6	.	.	.		8
POP 1,0	.	.	.			.			6	.	.	.		8
1H ADD a,a,d						.				84	.	78		
SUB a,a,66						.				18	.	12		
9H POP 1,0	2	19	20			36				18	26	12		

数据使用表 1 中的程序时, 一次成功查找的平均时间仅为大约 $13.4v$ (不包括最后的 POP), 只需要 40 个表位置来存储 31 个键.

遗憾的是, 这样的函数 $f(K)$ 并不容易发现. 从一个有 31 个元素的集合到一个有 40 个元素的集合共有 $40^{31} \approx 4.6 \times 10^{49}$ 种可能的函数, 其中只有 $40 \cdot 39 \cdot \ldots \cdot 10 = 40!/9! \approx 2.25 \times 10^{42}$ 个会对每个自变量给出不同值. 因此, 大约每 1 亿个函数中仅有 5 个是适合的.

[*404*]

例如, 在 MMIX 计算机上, 我们可以选择 $M = 1009$ (遗憾的是, 2009 不是素数), 由以下序列计算 $h(K)$:

```
SET   m,1009
DIV   t,k,m
GET   h,rR        h(K) ← K mod 1009.
```
$$(3)$$

给定一个特定的键 K，执行了这条指令后，a 的内容

HIS	I	IN	IS	IT	NOT	OF	ON	OR	THAT	THE	THIS	TO	WAS	WHICH	WITH	YOU
72	73	73	73	73	78	79	79	79	84	84	84	84	87	87	87	89
9	10	10	10	10	15	16	16	16	21	21	21	21	24	24	24	26
9	10	10	10	10	15	16	16	16	21	21	21	21	24	24	24	26
9	10	10	10	10	15	16	16	16	21	21	21	21	24	24	24	26
9	.	10	10	10	15	16	16	16	21	21	21	21	24	24	24	26
9	.	10	10	10	15	16	16	16	21	21	21	21	24	24	24	26
.	.	30	30	30	.	48	48	48	.	.	.	63	.	.	.	.
.	.	108	113	114	.	118	126	130	.	.	.	142				
.	.	33	38	39	.	43	51	55	.	.	.	67	.	.	.	.
.	.	33	38	39	.	43	51	55	.	.	.	67	.	.	.	.
.	.	33	0	1	.	5	13	17	.	.	.	29	.	.	.	.
.	.	33	0	1	.	5	13	17	.	.	.	29	.	.	.	.
9	.				15				21	21	21		24	24	24	26
9	.				15				21	21	21		24	24	24	26
92	.				99				.	90	.		107	.	.	111
41	.				48				.	39	.		56	.		60
41	.				48				.	39	.		56	.		60
41	.				48				.	39	.		56	.		60
9	.				16				.	7	.		24	.		28
9	.				16				.	7	.		24	.		28
.									105		104		91	96		
									39		38		25	30		
	10								39		38		25	30		

乘法散列方案同样很容易执行，但其描述要稍困难一些，因为我们必须想象自己是在处理分数，而不是整数. 设 w 是计算机的字大小，对于 MMIX 来说，w 通常是 2^{32} 或 2^{64}. 如果设定小数点位于字的左侧，则可以将整数 A 看作分数 A/w. 这种方法是选择某个与 w 互素的整数常数 A，并设

$$h(K) = \left\lfloor M\left(\left(\frac{A}{w}K\right) \bmod 1\right)\right\rfloor. \tag{4}$$

在这种情况下，我们通常令 M 为 2 的幂，所以 $h(K)$ 由乘积 AK 的较低一半的一些前导二进制位组成.

在 MMIX 代码中，对于某个小的常数 m，如果设 $M = 2^m$，$w = 2^{64}$，则乘法散列函数是

```
MULU  t,a,k      t ← AK mod 2^64.
SRU   h,t,64-m   保留 m 个最高有效位.
```
(5)

现在 $h(k)$ 出现在寄存器 h 中. 由于 MMIX 和许多机器一样, 有一个比除法指令快得多的乘法指令, 所以这个序列只需要 11 个周期来计算, 而 (3) 需要 62 个周期.

[*406*]

　　上述理论提示了斐波那契散列, 在这种散列中, 我们将常数 A 选择为最接近 $\phi^{-1}w$ 并与 w 互素的整数. 例如, 对于 $w = 2^{64}$ 的二进制计算机 MMIX, 我们取

$$A = 11400714819323198485$$
$$= (9\text{E}37\ 79\text{B}9\ 7\text{F}4\text{A}\ 7\text{C}15)_{16}. \tag{7}$$

$$\cdots$$

因此, 用类似于

$$A = (9\text{E}\ 9\text{E}\ 9\text{E}\ 9\text{E}\ 9\text{E}\ 9\text{E}\ 9\text{E}\ 9\text{E})_{16}$$

这样的乘数来代替 (7), 可能会更好一些. 这样一个乘数将会散布在任意字符位置存在差别的连续的键序列.

$$\cdots$$

可以找到一个 A 值, 使它的每个字节都落在一个很好的范围内, 而不会太接近其他字节的值或其补数, 例如

$$A = (40\ 56\ 93\ \text{B}4\ 62\ 46\ 5\text{C}\ 68)_{16}. \tag{8}$$

[*410*]

程序 C（拉链散列表的查找与插入）.　　为方便起见, 假定键字段和链接字段的长度仅各自为 4 个字节, 结点表示如下:

KEY	LINK

$$\tag{13}$$

空结点具有负的链接字段, 已占用的结点具有包含链中下一个结点的偏移量的非负的链接字段. 这些偏移量都是偶数, 奇数偏移量用于标记链的末端.
　　我们假设每个散列表都有一个描述符 D, 包含表的绝对地址以及 M 和 R 的值, 如下所示:

TABLE	
M	R

　　以下子程序需要两个参数: 散列表的描述符的位置 d ≡ LOC(D), 给定的键 k ≡ K.

01	:Start	LDT	m,d,M	1	$M \leftarrow$ M(D).
02		LDOU	key,d,TABLE	1	key $\leftarrow$ TABLE(D).
03		ADDU	link,key,LINK	1	link $\leftarrow$ TABLE(D) + LINK.
04		DIV	t,k,m	1	*C1. 散列.*
05		GET	i,:rR	1	$i \leftarrow h(K) = K \bmod M$.
06		SL	i,i,3	1	缩放 i.（现在 $0 \leq$ i $< 8M$.）
07		LDT	t,link,i	1	*C2. 是否存在列表?*
08		BN	t,C6	$1_{[1-A]}$	如果 TABLE[i] 是空的, 则转至 C6.
09	3H	LDT	t,key,i	C	t $\leftarrow$ KEY[i].
10		CMP	t,t,k	C	*C3. 比较.*
11		PBZ	t,Success	$C_{[C-S]}$	如果 $K =$ KEY[i], 则退出.

12		SET	p,i	$C - S$	保留 i 的前一个值.
13		LDT	i,link,i	$C - S$	_C4. 前进到下一项._
14		PBEV	i,3B	$C - S_{[A-S]}$	如果 LINK[i] 是偶数, 则转至 C3.
15		LDT	r,d,R	$A - S$	_C5. 寻找空结点._ $R \leftarrow R(D)$.
16	5H	SUB	r,r,8	T	$R \leftarrow R - 1$.
17		BN	r,Failure	$T_{[0]}$	如果没有空结点, 则退出.
18		LDT	t,link,r	T	$t \leftarrow \text{LINK}[R]$.
19		BNN	t,5B	$T_{[T-(A-S)]}$	重复直到 TABLE[R] 为空.
20		STT	r,d,R	$A - S$	$R(D) \leftarrow R$.
21		STT	r,link,p	$A - S$	$\text{LINK}[i] \leftarrow R$.
22		SET	i,r	$A - S$	$i \leftarrow R$.
23	C6	SET	t,1	$1 - S$	_C6. 插入新键._
24		STT	t,link,i	$1 - S$	$\text{LINK}[i] \leftarrow 1$. (链的末端.)
25		STT	k,key,i	$1 - S$	$\text{KEY}[i] \leftarrow K$.
26		POP	0,0		
27	Success	ADDU	$0,key,i	S	返回 LOC(TABLE[i]).
28		POP	1,0		
29	Failure	NEG	$0,1	0	返回 -1.
30		POP	1,0	∎	

此程序的运行时间取决于

$C = $ 在查找时探查的表项数目;

$A = [$初始探查找到一个已占用结点$]$;

$S = [$查找成功$]$;

$T = $ 在寻找空结点时, 所探查的表项数目.

程序 C 的查找阶段的总运行时间为 $(8C - 6S + 69)\upsilon + (2C - S + 3)\mu$. 当 $S = 0$ 时, 插入一个新键还需要另外的 $(6T + 2A + 3)\upsilon + (T + 3A + 2)\mu$. 这个子程序中最耗时的部分是获得 $h(K)$ 的除法.

[413]

程序 L (线性探查和插入).   本程序处理整个全字的键, 但不允许出现等于 0 的键, 因为 0 用于表示表中的空位置. (或者, 我们可以要求键是非负的, 让空位置包含 -1.)

和在程序 C 中一样, 我们假定每个散列表都有一个描述符 D, 包含表的绝对地址、M 的值以及空位的数量 $M - 1 - N$, 如下所示:

TABLE	
M	VACANCIES

.

使用两个参数调用以下子程序: 散列表的描述符的位置 $d \equiv \text{LOC}(D)$, 给定的键 $k \equiv K$.

假定表大小 m 是素数, 对于 $0 \le i < M$, KEY[i] 存储在位置 TABLE(D) $+ 8i$. 为了加快内层循环的速度, 假定位置 TABLE(D) $- 8$ 包含 0, 并从该循环中清除了测试 "$i < 0$", 仅保留了步骤 L2 和 L3 的必要部分. 查找阶段的总运行时间为 $(7C + 6E + 2S + 62)\upsilon + (C + E + 2)\mu$, 而在查找失败之后的插入额外增加 $5\upsilon + 3\mu$.

01	:Start	LDT	m,d,M	1	$M \leftarrow \text{M(D)}$.
02		LDOU	key,d,TABLE	1	$\text{key} \leftarrow \text{TABLE(D)}$.

03		DIV	t,k,m	1	_L1. 散列_.
04		GET	i,:rR	1	$i \leftarrow K \bmod M$.
05		SL	i,i,3	1	$i \leftarrow 8i$.
06		JMP	L2	1	
07	L3	SL	i,m,3	E	_L3. 前进到下一项_.
08	L3B	SUB	i,i,8	$C+E-1$	$i \leftarrow i-1$.
09	L2	LDO	ki,key,i	$C+E$	_L2. 比较_.
10		CMP	t,ki,k	$C+E$	KEY$[i] = K$ 吗?
11		BZ	t,Success	$C+E_{[S]}$	如果 KEY$[i] = K$, 则退出.
12		BNZ	ki,L3B	$C+E-S_{[C-1]}$	如果 TABLE$[i]$ 不为空, 则转至 L3.
13		BN	i,L3	$E+1-S_{[E]}$	如果 $i < 0$, 则令 $i \leftarrow M$ 并转至 L3.
14		LDT	t,d,VACANCIES	$1-S$	_L4. 插入_. t $\leftarrow$ VACANCIES(D).
15		BZ	t,Failure	$1-S_{[0]}$	如果 $N = M-1$, 则溢出并退出.
16		SUB	t,t,1	$1-S$	将 N 加 1.
17		STT	t,d,VACANCIES	$1-S$	
18		STO	k,key,i	$1-S$	KEY$[i] \leftarrow K$.
19		POP	0,0		
20	Success	ADDU	$0,key,i	S	返回 LOC(KEY$[i]$).
21		POP	1,0		
22	Failure	NEG	$0,1	0	返回 -1.
23		POP	1,0		▮

[415]

　　如果 $M = 2^m$, 而且正在使用乘法散列, 只需要再左移 m 个二进制位, 并与 1 "求或",
即可求得 $h_2(K)$, 这样, (5) 中的代码序列后面应当跟上

$$\begin{array}{lll} \text{SLU} & \text{h2,t,m} & \text{把 } AK \bmod 2^{64} \text{ 再左移 } m \text{ 个二进制位}. \\ \text{SRU} & \text{h2,h2,64-m} & \text{保留 } m \text{ 个最高有效位}. \\ \text{OR} & \text{h2,h2,1} & h_2 \leftarrow h_2 \mid 1. \end{array} \qquad (24)$$

这种方式要快于除法方法.

$\cdots$

　　算法 L 和算法 D 非常类似, 但两者之间的差别还是值得对比一下相应的 MMIX 程序的运行时间.

程序 D (使用两次散列的开放寻址). 这个程序基本上与程序 L 相同, 只是没有假定位
置 TABLE(D) -8 的值为 0.

01	:Start	LDO	m,d,M	1	$M \leftarrow$ M(D).
02		LDOU	key,d,TABLE	1	key $\leftarrow$ TABLE(D).
03		DIV	q,k,m	1	_D1. 第一次散列_.
04		GET	i,:rR	1	$i \leftarrow h_1(K) = K \bmod M$.
05		SL	i,i,3	1	$i \leftarrow 8i$.
06		LDO	ki,key,i	1	_D2. 第一次探查_.
07		CMP	t,ki,k	1	KEY$[i] = K$ 吗?
08		PBZ	t,Success	$1_{[1-S_1]}$	如果 KEY$[i] = K$, 则退出.
09		PBZ	ki,D6	$1-S_{1[A-S_1]}$	如果 TABLE$[i]$ 为空, 则转至 D6.
10		SUB	t,m,2	$A-S_1$	_D3. 第二次散列_.
11		DIV	t,k,t	$A-S_1$	

12		GET	c,:rR	$A - S_1$	$c \leftarrow K \bmod (M - 2)$.
13		8ADDU	c,c,8	$A - S_1$	$c \leftarrow 1 + (K \bmod (M - 2))$.
14	D4	SUB	i,i,c	$C - 1$	<u>D4. 前进到下一项.</u> $i \leftarrow i - c$.
15		8ADDU	t,m,i	$C - 1$	$\text{t} \leftarrow \text{i} + 8M$.
16		CSN	i,i,t	$C - 1$	如果 $i < 0$, 则 $i \leftarrow i + M$.
17		LDO	ki,key,i	$C - 1$	<u>D5. 比较.</u>
18		CMP	t,ki,k	$C - 1$	$\text{KEY}[i] = K$ 吗?
19		PBZ	t,Success	$C - 1_{[C-1-S_2]}$	如果 $\text{KEY}[i] = K$, 则退出.
20		BNZ	ki,D4	$C - 1 - S_{2[C-1-A+S_1]}$	如果 $\text{TABLE}[i]$ 不为空, 则转至 D4.
21	D6	LDO	t,d,VACANCIES	$1 - S$	<u>D6. 插入.</u> $\text{t} \leftarrow \text{VACANCIES(D)}$.
22		BZ	t,Failure	$1 - S_{[0]}$	如果 $N = M - 1$, 则溢出并退出.
23		SUB	t,t,1	$1 - S$	将 N 加 1.
24		STO	t,d,VACANCIES	$1 - S$	$\text{VACANCIES(D)} \leftarrow M - 1 - N$.
25		STO	k,key,i	$1 - S$	$\text{KEY}[i] \leftarrow K$.
26		POP	0,0		
27	Success	ADDU	$0,key,i	S	返回 $\text{LOC}(\text{KEY}[i])$.
28		POP	1,0		
29	Failure	NEG	$0,1	0	返回 -1.
30		POP	1,0		∎

这个程序中的频率计数 A, C, $S = S_1 + S_2$ 与前面程序 C 中的解释类似.

[416]

由于算法 L 中每次探查耗费的时间更少, 所以只有当表变满时, 两次散列才有优势. 图 42 对比了程序 L、程序 D 和经过修改的程序 D 的平均运行时间. 经过修改的程序 D 涉及二次群聚, 将第 10–13 行比较缓慢的 $h_2(K)$ 计算用以下三条指令代替:

$$\begin{aligned} &\text{SL} \quad \text{t,m,3} \quad && \text{t} \leftarrow 8M. \\ &\text{SUB} \quad \text{c,t,i} \quad && c \leftarrow M - i. \\ &\text{CSZ} \quad \text{c,i,8} \quad && \text{如果 } i = 0, \text{ 则 } c \leftarrow 1. \end{aligned} \tag{30}$$

程序 D 耗费的总时间是 $11C + 63(A - S1) - 7S + 64$ 个时间单位. 在一次成功查找中, (30) 所节省的时间大约是 $60(A - S1) \approx 30\alpha$. 在此情况下, 二次群聚优先于独立的两次散列.

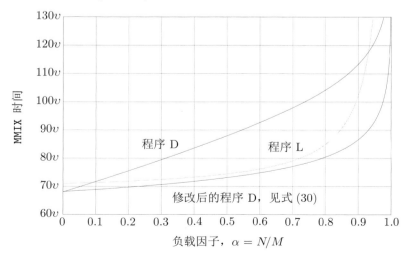

图 42 三种开放寻址方案的成功查找运行时间

在一台二进制计算机中, 比如说, 如果 M 是大于 512 的素数, 则可以采用另一种方法来加快 $h_2(K)$ 的计算, 将第 10–13 行用以下代码代替

$$
\begin{array}{lll}
\text{AND} & \text{t,q,511} & t \leftarrow \lfloor K/M \rfloor \bmod 512. \\
\text{8ADDU} & \text{c,t,8} & c \leftarrow \lfloor K/M \rfloor \bmod 512 + 1 \text{ (缩放)}.
\end{array} \tag{31}
$$

习题

[430]

1. [20] 在到达表 1 的 POP 1,0 指令时, 如果假定 K 的字节 1, 2, 3, 4 各自包含大写英文字母字符的 ASCII 码, 则返回值 $a \equiv \$0$ 可能有多小, 有多大?

2. [20] 不修改程序, 找出一个不在表 1 中, 而又可以添加到该表中的相当常见的英文单词.

3. [23] 由于不会对给定的键生成唯一地址, 所以对于任何常数 x, 以下面 7 条指令开头的所有程序都不能用来替代表 1 中更复杂的程序. 解释其原因.

```
SET   k,$0
LDBU  a,k,0
ADD   a,a,x    或    SUB a,a,x
LDBU  b,k,1
ADD   a,a,b    或    SUB a,a,b
LDBU  c,k,2
BZ    c,9F
```

5. [15] 阿呆先生正在使用一台 MMIX 计算机编写 FORTRAN 编译器, 他需要一个符号表来跟踪所编译 FORTRAN 程序中的变量名字. 这些名字的长度限制为最多 31 个字符. 他决定使用 $M = 256$ 的一个散列表, 并使用快速散列函数 $h(K) = (K$ 的最左边的字节). 这是不是一个好主意?

6. [15] 将 (3) 的第 2 条指令从 "DIV t,k,m" 改为 "PUT rD,k; SET z,0; DIVU t,z,m" 是否明智?

[431]

▶ **12.** [21] 证明: 可以改写程序 C, 使得内层循环中仅有一个条件跳转指令. 对比该程序在修改前后的运行时间.

[435]

▶ **72.** [M28]   · · ·

(b) 假定 (9) 中的每个 h_j 是一个随机选定的映射, 从全体字符集映射到集合 $\{0, 1, \ldots, M - 1\}$. 证明这对应于一个通用散列函数族.

编写一个 MMIX 程序来计算这样的散列函数. 假设 $K = x_1 x_2 \ldots x_8$ 是由 8 个 BYTE 值组成的整个全字的键, M 是 2 的幂, 这样就可以如正文中所建议的那样避免 (9) 中的除法. 把这个程序的平均运行时间与程序 L、程序 D 以及修改后的程序 D 的运行时间进行比较, 如图 42 所示.

习题答案

1.3.2　MMIX 汇编语言

除三个例外情况外，本节的习题都已经在第 1 分册中修订[①]．在这里，我们给出了习题 14, 18, 22 的解答，这些习题在第 1 分册中的编号分别是 32, 21, 29.

[407]

14. 下面的子程序有一个参数（年份）和两个返回值（日子和月份）．打印留给此处未显示的驱动程序[②]．驱动程序的一个基本实现是很容易获得的．下面的解答使用乘法而不是除法（见习题 1.3.1′–19），把运行时间从大约 $337v$ 缩短到 $122v$. 还有可能做进一步的改进．乘以 19 可以使用 2ADDU 和 16ADDU 在两个周期内实现；同样，乘以 7 可以使用 NEG 和 8ADDU；乘以 30 可以使用 SL, NEG, 2ADDU，需要 3 个周期．

01	1H	GREG	970881267037344822	$2^{64}/19 + 2/19$
02	:Easter	MULU	t,y,1B; GET t,:rH	*E1. 黄金数.*
03		MUL	t,t,19	
04		SUB	g,y,t	
05		ADD	g,g,1	$G \leftarrow Y \bmod 19 + 1.$
06	1H	GREG	184467440737095517	$2^{64}/100 + 84/100$
07		MULU	t,y,1B; GET t,:rH	*E2. 世纪数.*
08		ADD	c,t,1	$C \leftarrow \lfloor Y/100 \rfloor + 1.$
09		2ADDU	x,c,c	*E3. 修正量.*
10		SRU	x,x,2	
11		SUB	x,x,12	$X \leftarrow \lfloor 3C/4 \rfloor - 12.$
12		8ADDU	z,c,5	
13	1H	GREG	737869762948382065	$2^{64}/25 - 9/25$
14		MULU	t,z,1B; GET z,:rH	
15		SUB	z,z,5	$Z \leftarrow \lfloor (8C+5)/25 \rfloor - 5.$
16		4ADDU	d,y,y	*E4. 求星期日.*
17		SRU	d,d,2	
18		SUB	d,d,x	
19		SUB	d,d,10	$D \leftarrow \lfloor 5Y/4 \rfloor - X - 10.$
20		2ADDU	e,g,g	*E5. 求闰余.*
21		8ADDU	e,g,e	
22		ADD	e,e,20	
23		ADD	e,e,z	
24		SUB	e,e,x	
25	1H	GREG	614891469123651721	$2^{64}/30 - 14/30$
26		MULU	t,e,1B; GET t,:rH	
27		MUL	t,t,30	
28		SUB	e,e,t	$E \leftarrow (11G + 20 + Z - X) \bmod 30.$
29		CMP	t,e,25	

---

① 原作第 1 卷第 1 分册即本书第一部分，本节修订后的习题及答案位于第 39–45 页和第 85–99 页．——译者注
② 用于驱动计算复活节日期的程序，见原作第 1 卷第 *408* 页 BEGIN 开始的 8 行 MIX 代码．——译者注

30		BNZ	t,1F	
31		CMP	t,g,11	
32		ZSP	t,t,1	$t \leftarrow G > 11.$
33		JMP	2F	
34	1H	CMP	t,e,24	
35		ZSZ	t,t,1	$t \leftarrow E = 24.$
36	2H	ADD	e,e,t	必要时增加 E.
37		NEG	n,44,e	*E6. 求满月.*　$N \leftarrow 44 - E.$
38		CMP	t,n,21	
39		ZSN	t,t,30	
40		ADD	n,n,t	如果 $N < 21$ 则 $N \leftarrow N + 30.$
41		ADD	t,d,n	*E7. 推进到星期日.*
42	1H	GREG	2635249153387078803	$2^{64}/7 + 5/7$
43		MULU	t+1,t,1B; GET t+1,:rH	
44		MUL	t+1,t+1,7	
45		SUB	t,t,t+1	
46		ADD	n,n,7	
47		SUB	n,n,t	$N \leftarrow N + 7 - (D + N) \bmod 7.$
48		CMP	t,n,31	*E8. 求月份.*
49		BNP	t,1F	如果 $N > 31$,
50		SUB	$1,n,31	返回 $N - 31$
51		SET	$0,4	和四月.
52		POP	2,0	
53	1H	SET	$1,n	否则返回 N
54		SET	$0,3	和三月.
55		POP	2,0	▮

[*410*]

18. 对于 $k \geq 1$ 的每个值, 我们分别在寄存器 xp (上一个), xk, xn (下一个) 中维护三个值 $x_{k-1}, x_k,$ x_{k+1}. 对于 y 值, 遵循类似的模式. 因此, 推进 k 需要四条 SET 指令, 可以通过展开循环来消除这些指令.

01	x	IS	$0	⎫
02	y	IS	$1	⎬ 参数
03	n	IS	$2	⎭
04	k	IS	$3	k 缩放 4
05	xn	IS	$4	x_{k+1}
06	yn	IS	$5	y_{k+1}
07	xk	IS	$6	x_k
08	yk	IS	$7	y_k
09	xp	IS	$8	x_{k-1}
10	yp	IS	$9	y_{k-1}
11	f	IS	$10	$\lfloor (y_{k-1} + n)/y_k \rfloor$
12	t	IS	$11	
13	:Farey	SET	k,4	$k \leftarrow 1.$
14		SET	xp,0	$x_{k-1} \leftarrow 0.$
15		SET	yp,1	$y_{k-1} \leftarrow 1.$

16		STT	xp,x,0	存储 x_{k-1}.
17		STT	yp,y,0	存储 y_{k-1}.
18		SET	xk,1	$x_k \leftarrow 1$.
19		SET	yk,n	$y_k \leftarrow n$.
20		JMP	1F	
21	Loop	ADD	t,yp,n	
22		DIV	f,t,yk	$f \leftarrow \lfloor (y_{k-1}+n)/y_k \rfloor$.
23		MUL	t,f,xk	
24		SUB	xn,t,xp	$x_{k+1} \leftarrow f \cdot x_k - x_{k-1}$.
25		MUL	t,f,yk	
26		SUB	yn,t,yp	$y_{k+1} \leftarrow f \cdot y_k - y_{k-1}$.
27		ADD	k,k,4	推进 k.
28		SET	xp,xk	推进 xp.
29		SET	xk,xn	推进 xk.
30		SET	yp,yk	推进 yp.
31		SET	yk,yn	推进 yk.
32	1H	STT	xk,x,k	存储 x_k.
33		STT	yk,y,k	存储 y_k.
34		CMP	t,xk,yk	检验是否 $x_k < y_k$.
35		PBN	t,Loop	如果是，继续.
36		POP	0,0	退出子程序. ▮

[*412*]

22. 对于 $n = 24$ 且 $m = 11$, 在 $913v$ 之后，发现最后一位男士处在位置 15.

01	:Josephus	SET	i,n	1	
02		SET	t,0	1	
03		JMP	1F	1	
04	0H	STBU	t,x,i	N	把每个单元设置为
05		SET	t,i	N	序列中下一位男士
06	1H	SUB	i,i,1	$N+1$	的号码.
07		PBNN	i,0B	$N+1_{[1]}$	
08		SET	e,1	1	设置处死编号.
09		SET	p,0	1	从第一位男士开始.
10	0H	SUB	i,m,3	$N-1$	围绕圆圈计数.
11	1H	LDBU	p,x,p	$(M-3)(N-1)$	
12		SUB	i,i,1	$(M-3)(N-1)$	
13		PBP	i,1B	$(M-3)(N-1)_{[N-1]}$	
14		LDBU	l,x,p	$N-1$	幸运的男士
15		LDBU	d,x,l	$N-1$	厄运的男士
16		LDBU	p,x,d	$N-1$	下一位男士
17		STBU	p,x,l	$N-1$	将男士移出圆圈.
18		STBU	e,x,d	$N-1$	存储处死编号.
19		ADD	e,e,1	$N-1$	增加处死编号.
20		CMP	t,e,n	$N-1$	剩下多少?
21		PBN	t,0B	$N-1_{[1]}$	

| *22* | STBU | e,x,1 | 1 | 剩下一人，不留活口. |
| *23* | POP | 0,0 | ▌ | |

总运行时间为 $(3(N-1)(M+2)+16)v+((N-1)(M+3)+2)\mu$. 在渐近意义下更快的方法见习题 5.1.1–5.

1.3.3　排列的应用

7. 如果输入中存在第 133 页所示的格式化字符，我们有 $X=34, Y=29, M=5, N=7, U=3$. 由等式 (18)，总时间为 $2164v$. 如果输入中没有任何格式化字符，则我们有 $X=29, Y=29, M=5, N=7, U=3$. 由等式 (18)，总时间为 $1869v$.

9. 否. 例如，给定 (6) 作为输入，程序 A 将产生 "(ADG)(CEB)" 作为输出，而程序 B 则产生 "(ADG)(BCE)". 由于循环表示的非唯一性，因此这两个答案是等价的，但不是完全相同的. 在程序 A 中，对于一个循环第一个选择的元素是可以得到的符号名里最左边的一个；而在程序 B 中，则是按 ASCII 码给出的顺序排列的第一个字符.

10. (1) 由基尔霍夫定律，$D=B, E=D+1$（假定输入中没有格式化字符），且 $F=K$. (2) 解释：$F=A-{}^{\#}80-{}^{\#}21=95$ 是表 T 的大小；$B=$ 输入的字符数 $=X$；$B-C=$ 输入的循环数 $=M$；$G=$ 输出的不同元素数 $=N$；$H=J=$ 输出的循环数（不包含单元素循环）$=U-V$. (3) 求和得 $(10A+13X+10N-3M+9(U-V)+14)v$，其中 A 是表 T 的大小. 这个结果比程序 A 更好一些. 即使表 T 远比简单输入 (6) 大得多，总时间仍然仅为 $1439v$，如果输入中没有任何格式化符号，仅为 $1404v$.

1.4.4　输入与输出

1. (1) 中的代码有两个允许访问缓冲区的受保护的代码序列. 每个代码序列以获取访问权限的等待循环开始，以释放访问权限的存储指令结束. 假设系统最初处于有效状态：消费者正在使用缓冲区，全字 S 的值为 1，而生产者没有使用缓冲区. 只要一条指令就可以把 S 的值从 1 更改为 0. 要执行这条指令，消费者必须退出受保护的代码段. 使用真正的硬件，可能需要一段时间才能使得生产者看到 S 值的变化，但是消费者自己会立即看到变化. 在同一个内存单元和同一线程中，存储之后的装入将始终返回刚刚存储的值. 因此，消费者将无法重新进入受保护的代码段，而是被困在等待循环中. 最后，生产者将注意到以全字 S 表示的值 1，并可以进入受保护的代码. 新情况与初始情况是对称的，同样的推理也适用.（也见 7.2.2.2–(43).）生产者中的 "SYNC 1" 指令不需要保护 S，而是需要保护缓冲区. 没有它，消费者可以看到 S 中的变化，但仍然错过了生产者在更改 S 之前对缓冲区所做的最新更改.

2.

```
  :Producer  LDA   s,:S2            初始化 s ← LOC(S2).
  0H         LDO   t,s,0            获取.
             BNZ   t,0B             等待.
             LDO   buffer,s,16      更新 buffer.
             LDA   $255,:InArgs     装入 Fgets 的变元.
             STOU  buffer,$255      把 InArgs 指向缓冲区.
             TRAP  0,:Fgets,:StdIn  读取一行.
             BN    $255,EOF         如果发生错误或者到达文件末尾则跳转.
             SYNC  1                同步.
             STCO  1,s,0            释放.
             LDO   s,s,16           推进到下一个缓冲区.
             JMP   0B               重复.
```

3. 为了确定当前字符是不是缓冲区的最后一个字符, 我们需要提前查看缓冲区中的下一个字符. 为了提高效率, 我们使用一个额外的全局寄存器 c (初始化为 0) 来保存前瞻性字符.

```
1H        STCO   0,s,0           释放.
          LDO    s,s,16          切换到下一个缓冲区.
2H        LDO    t,s,0           获取.
          BZ     t,2B            等待.
          LDO    buffer,s,8      更新 buffer.
          SET    i,0             初始化 i ← 0.
          SYNC   2               同步.
          LDB    c,buffer,i      装入第一个字节.
          BZ     c,1B            如果为 0, 推进到下一个缓冲区.
:GetByte  BZ     c,2B            如果前瞻性字符是 0 则跳转.
          SET    $0,c            准备返回 c.
          ADD    i,i,1           推进到下一个字节.
          LDB    c,buffer,i      装入下一个字节.
          BNZ    c,0F            如果不是缓冲区末尾则跳转.
          STCO   0,s,0           释放.
0H        POP    1,0             返回字节.    ∎
```

6.
```
Buffer1   OCTA   0                     空缓冲区.
          LOC    Buffer1+SIZE
Buffer2   OCTA   0
          LOC    Buffer2+SIZE
          ...
          PREFIX :Consumer:
buffer    GREG   0
i         GREG   0
s         GREG   0
t         IS     $0
:Consumer LDA    s,:S1               初始化 s ← LOC(S1).
          LDOU   buffer,s,8          初始化 buffer.
          NEG    i,1                 初始化 i ← −1.
          PUSHJ  t,:GetByte
          ...
```

7. 对于单个生产者线程, 不需要另一个信号量. 在程序 A 中, 删除第 03–07, 12, 16–17 行的指令, 然后用 Red 替换 Green, 用 NEXTR 替换 NEXTG. 对于程序 R, 只需在开始处插入 "SYNC 1", 然后用 Green 替换 Red 即可.

12. 我们定义 Red ≡ 0, Purple ≡ 1, Green ≡ 2, Yellow ≡ 3. 使用这些设置, 消费者无须进行任何更改. 对于生产者, 在程序 A 中, 用 RS 替换 GS, 用 NEXTR 替换 NEXTG, 用 Red 替换 Green, 用 Purple 替换 Yellow. 在程序 R 中, 在开始处插入 "SYNC 1", 然后用 Green 替换 Red.

13. 缓冲区环的一个不变量是, 所有红色或黄色缓冲区都跟随所有绿色和紫色缓冲区, 反之亦然. 这个不变量确保所有缓冲区的使用顺序与它们的生成顺序相同. 因此, 一个比平常需要更多时间的消费者可以延迟所有生产者, 等待其黄色缓冲区变为红色, 即使黄色缓冲区后面有许多红色缓冲区. 如果这种情况持续足够长的时间, 其他消费者也必须等待, 因为没有新的红色缓冲区产生. 由于对称性, 同样的情况也可能发生在一个缓慢的生产者身上. 如果消费者或生产者对缓冲区的需求时间差异很大, 那么处理无序缓冲区可能更有效. 在这种情况下, 为"不同颜色"的缓冲区维护单独的链表可能更有效.

15. 把信号量置为 1 的线程不仅获得修改受保护数据的权利, 它还获得防止所有其他线程修改受保护数据的专有权利. 执行"改进的"代码的线程把绿色信号量置为 1, 然后把 NEXTG 装入到寄存器 s 中. 所以当信号量为 1 时, 另一个线程可能已经修改了 NEXTG. 在这种情况下, s 指向错误的缓冲区, 甚至可能不再是绿色的. 如果阿呆先生想先等待一个绿色缓冲区, 他必须在把信号量置为 1 之后重复等待循环, 就像程序 A 所做的那样. 这仍然可能是一个改进. CSWAP 指令可能需要同步多个处理器的多个分布式缓存, 以获得对信号量的独占和原子访问. 因此, 一个执行 CSWAP 指令的处理器可能会降低所有其他处理器的性能. 但是, 当然最好分配足够的缓冲区, 这样 NEXTG 几乎总是指向绿色缓冲区.

2.1　引论 [424]

7. 序列 (a) 装入 TOP 的地址到 t, 然后装入 t + SUIT 的内容, 所以我们有 t ← SUIT(LOC(TOP)). 序列 (b) 装入 TOP + SUIT 的地址到 t, 然后装入 t + 0 的内容, 所以我们再次有 t ← SUIT(LOC(TOP)). 序列 (c) 正确. 不必困惑, 考虑一个类似的例子: x 是数值变量 x 的 MMIXAL 标号, 为把 x 的值取到寄存器 t, 我们用 "LDO t,x", 而不使用 "LDA t,x", 因为后者把 LOC(x) 送入寄存器 (即, 这个标号的值).

8. 使用寄存器 x 和 n, 我们可以写:

	SET	n,0; LDOU x,TOP	_B1._ N ← 0, X ← TOP.
	JMP	B2	
B3	ADD	n,n,1; LDOU x,x,NEXT	_B3._ N ← N + 1, X ← NEXT(X).
B2	PBNZ	x,B3	_B2._ 如果 X = Λ 则停止. ∎

9. 下面的子程序把指向牌叠中起始纸牌的指针作为参数, 并在 StdOut 上打印纸牌的字母名.

	LOC	Data_Segment	
	GREG	@	
String	OCTA	0	带终止零字节的
	BYTE	0	8 字节字符串
	LOC	#100	
	PREFIX	:PrintPile:	
x	IS	$0	参数
card	IS	$1	
down	IS	$2	
up	IS	$3	局部变量
title	IS	$4	
t	IS	$5	
NL	IS	#0a	ASCII 换行符
NEXT	IS	0	NEXT 的偏移量
CARD	IS	8	TAG, SUIT, RANK, TITLE 的偏移量
:PrintPile	SETH	t,#FF00	
	ORL	t,#FFFF	t ← #FF0000000000FFFF.
	PUT	:rM,t	把 t 移到掩码寄存器.
	SETH	down,'('<<8	
	ORL	down,(')'<<8)+NL	down ← '(',0,0,0,0,0,')',NL.
	SETH	up,' '<<8	

```
          ORL    up,NL<<8                up ← ' ',0,0,0,0,0,NL,0.
          JMP    2F                      开始循环.
   1H     LDOU   card,x,CARD             装入 TAG, SUIT, RANK, TITLE.
          SLU    title,card,16           '(' 或 '␣' 之后 TITLE(X) 的位置.
          SET    t,up                    假定牌面朝上（up）.
          CSN    t,card,down             如果 TAG 的符号位是 1, 则牌面朝下（down）.
          MUX    title,t,title           把 up 或 down 与 title 组合.
          LDA    $255,:String            获取 String 的地址.
          STOU   title,$255              存储 title 到 String.
          TRAP   0,:Fputs,:StdOut        打印它.
          LDOU   x,x,NEXT                置 X ← NEXT(X).
   2H     PBNZ   x,1B                    继续, 直到结束.
          POP    0,0                     从子程序中返回.  ■
```

2.2.2   顺序分配 $[428]$

3. 左侧: 指令 LDA base,L_0 被汇编为 ADDUI base,b,c, 其中, c 是满足 $0 \le c < 256$ 且 $c \bmod 8 = 0$ 的适当常数, 基址寄存器 b 由汇编程序确定. 例如, 如果寄存器 i 是寄存器 $2, 则指令 LDOI a,b,$c+2$ 将执行该操作.

右侧: 同样, 汇编程序将像以前一样选择一个常量 c 和基址寄存器 b, 把指令 LDOU base,BASE 组装为 LDOUI base,b,c. 因此, 我们可以用 LDOU a,b,$c+4$ 替换 (8) 中的三条指令, 前提是单元 BASE 处的全字（通常是 8 的倍数）增加 2, 以指定寄存器 $2 作为要使用的索引寄存器. 对于 (8), 左侧可能需要 $1v + 1\mu$ 而不是 $3v + 1\mu$, 而右侧需要 $2v + 2\mu$ 而不是 $3v + 2\mu$.

4. 假设寄存器 j 为 $1, 寄存器 i 为 $2, $LOC(X) = b + c$, 存储在 X, $X + 8$, $X + 16$, ... 中的地址增加 2, 以指定寄存器 $2 为索引寄存器, 我们只需编写 LDO a,b,$c+4+1$.

$[429]$

5. 一个多级 LDOU 指令将花费与普通 LDOU 指令写出的序列相同的时间 μ 和 v, 但索引寄存器的隐式缩放可能会节省一些执行时间. 但是, 流水线 RISC 机器（如 MMIX）可以轻松地执行与装入并行的缩放, 因为索引和装入值之间没有数据依赖关系. 此外, 正如这本小册子中的许多实现所证明的那样, 至少可以从关键循环中完全消除用于扩展索引寄存器的移位指令.

相比之下, 习题 3 中建议的自动缩放或扩充将特别使用这些宝贵的低阶二进制位, 防止它们用作标记位（如本章后面所示）.

整个概念的用途是有限的, 因为一条指令中的可用二进制位受到了严格的限制, 因此只剩下 3 个二进制位来指定索引寄存器. 如果需要为 RISC 处理器指定复杂的操作, 我们可以使用多个短指令而不是一个长指令. 指针以低阶二进制位指定索引寄存器的概念把通常是代码一部分的信息移动到数据中. 这又与流水线 RISC 处理器的概念背道而驰, 因为数据依赖性会阻止并行和代码的推测执行.

总之, 这种扩展违反了 RISC 处理器设计的原则, 用途有限, 并且在流水线处理器上没有真正的优势. 不需要实现它.

2.2.3　链接分配

2. 作为一个例子，我们展示了子程序 Insert 的完整代码.

```
        PREFIX  :Insert:
t       IS      $0              LOC(T)              } 参数
y       IS      $1              INFO
p       IS      $2              指向结点的指针        } 局部变量
x       IS      $3              临时变量
LINK    IS      0               LINK 字段的偏移量
INFO    IS      8               INFO 字段的偏移量
:Insert SET     p,:avail        P ← AVAIL.
        BZ      p,:Overflow     AVAIL = Λ 吗?
        LDOU    :avail,p,LINK   AVAIL ← LINK(P).
        STO     y,p,INFO        INFO(P) ← Y.
        LDOU    x,t
        STOU    x,p,LINK        LINK(P) ← T.
        STOU    p,t             T ← P.
        POP     0,0             返回. ∎
```

3. Delete 子程序是类似的. 注意，它有独立的成功和失败出口.

```
        PREFIX  :Delete:
t       IS      $0              第一个参数
p       IS      $1              局部变量
x       IS      $2              临时变量
LINK    IS      0               LINK 字段的偏移量
INFO    IS      8               INFO 字段的偏移量
:Delete LDOU    p,t             P ← T.
        BZ      p,1F            T = Λ 吗?
        LDOU    x,p,LINK
        STOU    x,t             T ← LINK(P).
        LDO     $0,p,INFO       y ← INFO(P).
        STOU    :avail,p,LINK   LINK(P) ← AVAIL.
        SET     :avail,p        AVAIL ← P.
        POP     1,1             成功（第二个）出口
1H      POP     0,0             失败（第一个）出口 ∎
```

4. Allocate 子程序使用不同的方法来发送错误信号. 它使用 POP 0,0 指令"返回"零，使得返回寄存器变为边缘寄存器.

```
        PREFIX  :Allocate:
x       IS      $0              返回值
t       IS      $1              局部变量
c       IS      16              结点大小
LINK    IS      0               LINK 字段的偏移量
```

```
:Allocate  SET    x,:avail              X ← AVAIL.
           BZ     x,1F                  AVAIL = Λ 吗?
           LDOU   :avail,:avail,LINK    AVAIL ← LINK(AVAIL).
OH         POP    1,0                   返回 X.
1H         SET    x,:poolmax            X ← POOLMAX.
           ADDU   :poolmax,:poolmax,c   POOLMAX ← X + c.
           CMPU   t,:poolmax,:seqmin    POOLMAX > SEQMIN 吗?
           PBNP   t,0B                  如果不, 返回 X.
Overflow   ...                          试图恢复, 如果失败,
           POP    0,0                         返回 0.  ∎
```

8. 在这里和下面, 我们将不显示寄存器名的定义, 例如 "p IS $1", 这与理解代码无关.

```
:Revert  LDO    p,first    1       I1. P ← FIRST.
         BZ     p,2F       1_{[0]}  I2. 如果表为空, 则转移.
         SET    q,0        1        Q ← Λ.
1H       SET    r,q        n        R ← Q.
         SET    q,p        n        Q ← P.
         LDOU   p,q,LINK   n        P ← LINK(Q).
         STOU   r,q,LINK   n        LINK(Q) ← R.
         PBNZ   p,1B       n_{[1]}  P ≠ Λ 吗?
         STOU   q,first    1        I3. FIRST ← Q.
2H       POP    0,0                 ∎
```

对于非空表, 时间是 $(5n+6)\upsilon+(2n+2)\mu$ (不算调用开销). 可以加快速度, 把时间缩短到 $3n\upsilon+2n\mu+$常数, 见习题 1.1–3.

[435]

22. 为了使程序 "万无一失", 我们应该 (a) 检查确认 $0 < n <$ 某个适当的最大值; (b) 对于每个关系 $j \prec k$ 检查条件 $0 < j, k \le n$, 检查第一个数对 $(0, n)$ 中的 0. 检查最后一个数对 $(0, 0)$ 中的 0; (c) 检查 avail 是否过大.

24. 在正文的程序中插入如下 4 行:

```
51a    SL     k,n,3         为 T9 做准备: k ← n.
58a    SET    t,0
58b    STTU   t,top,f       TOP[F] ← 0.
76a    BNZ    n,T9          如果 N ≠ 0 则跳转.
```

在程序 T 的末尾添加以下内容:

```
78  T9   GET    rJ,:rJ
79       GETA   $255,Msg
80       TRAP   0,:Fputs,:StdErr   打印环标志.
81       SET    t,0               t ← 0.
82  1H   LDTU   p,top,k           P ← TOP[k].
83       STT    t,top,k           TOP[k] ← 0.
84  T10  BZ     p,0F              如果 P = Λ 则重返 T9.
85       LDT    t,suc,p
```

86		STT	k,qlink,t	QLINK[SUC(P)] ← k.
87		LDT	p,next,p	P ← NEXT(P).
88		BNZ	p,T10	P = Λ 吗?
89	0H	SUB	k,k,8	$k \leftarrow k-1$.
90		BP	k,1B	当 $k > 0$ 时重复.
91	T11	ADD	k,k,8	$k \leftarrow k+1$.
92		LDT	t,qlink,k	
93		BZ	t,T11	找出 QLINK[k] $\neq 0$ 的 k.
94	T12	STT	k,top,k	TOP[k] ← k.
95		LDT	k,qlink,k	$k \leftarrow$ QLINK[k].
96		LDT	t,top,k	
97		BZ	t,T12	如果 TOP[k] = 0 则重复.
98	T13	SR	t+1,k,3	按比例缩减.
99		PUSHJ	t,:Println	假设在 StdErr 上打印 k.
100		LDT	t,top,k	
101		BZ	t,1F	当 TOP[k] = 0 时停止.
102		SET	t,0	
103		STT	t,top,k	TOP[k] ← 0.
104		LDT	k,qlink,k	$k \leftarrow$ QLINK[k].
105		JMP	T13	
106	1H	PUT	:rJ,rJ	
107		POP	0,0	返回.
108	Msg	BYTE	"Loop detected"	
109		BYTE	" in input:",#a,0	∎

注意: 如果把关系 9 ≺ 1 和 6 ≺ 9 添加到数据 (18) 中, 则这个程序将打印环 "1, 9, 6, 4, 7, 3, 1".

26. 一个解法是按以下步骤分两阶段处理.

阶段 1. [使用 X 表作为 (顺序) 栈, 通过置 SPACE ← −SPACE 标记每个需要使用的子程序.]

　A0. 对于 $0 \leq i < $ N 置 SPACE(SUB[i]) ← −SPACE(SUB[i]).

　A1. 如果 N = 0, 则转到阶段 2; 否则置 $i \leftarrow 0$, N 减 1, 并且置 Q ← LINK$_i$(SUB[N]).

　A2. 如果 Q 是奇数, 则转到 A1.

　A3. 置 $i \leftarrow i + 1$, Q ← LINK$_i$(SUB[N]). 如果 SPACE(Q) ≥ 0, 则置 SPACE(Q) ← −SPACE(Q), SUB[N] ← Q, 并且置 N ← N + 1. 现在返回 A2.　∎

阶段 2. [扫描表格并分配内存.]

　B1. 置 P ← FIRST.

　B2. 如果 P = 0, 则置 BASE[N] ← MLOC, SUB[N] ← P, 并且终止程序.

　B3. 如果 SPACE(P) < 0, 则置 BASE[N] ← MLOC, SUB[N] ← P, SPACE[(P) ← −SPACE(P), MLOC ← MLOC + SPACE(P), N ← N + 1.

　B4. 置 P ← LINK(P), 并且返回 B2.　∎

27. 以下子程序需要五个参数: dir ≡ LOC(Dir), 文件目录的地址; x ≡ LOC(X[0]), X 表的地址; n ≡ N, X 表的项数; mloc ≡ MLOC, 装入的第一个子程序的重定位量; first ≡ FIRST, 文件中第一个子程序的目录项的地址. 要访问文件目录中的 LINK 字段, 寄存器 link 设置为 dir + LINK. 要访问 SPACE 字段, 只需把 space 定义为 dir 的别名, 因为偏移量为 0. 同样, 对于 X 表中的字段, 寄存器 sub 设置为 x + SUB, 而 base 定义为 x 的别名.

```
01  :Ex27   ADDU   link,dir,LINK
02          ADDU   sub,x,SUB
03          SL     n,n,3                缩放 N.
04          SET    i,n                  A0. i ← N.
05          BNP    i,A1                 按照 N > i ≥ 0 顺序对 i 循环.
06  0H      SUB    i,i,8               i ← i − 1.
07          LDTU   p,sub,i              P ← SUB[i].
08          LDT    s,space,p            s ← SPACE(P).
09          NEG    s,s                  对 s 取相反数.
10          STT    s,space,p            SPACE(SUB[i]) ← −SPACE(SUB[i]).
11          PBP    i,0B                 当 i > 0 继续.
12          JMP    A1
13  A3      ADDU   p,p,4               A3. i ← i + 1.
14          LDTU   q,link,p             Q ← LINKᵢ(SUB[N]).
15          LDT    s,space,q
16          BN     s,A2                 如果 SPACE(Q) ≥ 0,
17          NEG    s,s
18          STT    s,space,q               SPACE(Q) ← −SPACE(Q),
19          STT    q,sub,n                 SUB[N] ← Q,
20          ADD    n,n,8                   N ← N + 1.
21  A2      PBEV   q,A3                 A2. 如果 Q 是奇数，则转到 A1；否则转到 A3.
22  A1      BZ     n,B1                 A1. 如果 N = 0，则转到阶段 2.
23          SUB    n,n,8               N ← N − 1.
24          LDTU   p,sub,n              P ← SUB[N], i ← 0.
25          LDTU   q,link,p             Q ← LINKᵢ(SUB[N]).
26          JMP    A2
27  B1      SET    p,first             B1. P ← FIRST.
28          JMP    B2
29  B4      LDT    p,link,p            B4. P ← LINK(P).
30  B2      BZ     p,0F                B2.
31          LDT    s,space,p           B3.
32          PBNN   s,B4                 如果 SPACE(P) ≥ 0，则转到 B4.
33  0H      STT    mloc,base,n         B2/B3. BASE[N] ← MLOC.
34          ANDN   p,p,1               清除标记位.
35          STTU   p,sub,n             SUB[N] ← P.
36          NEG    s,s
37          STT    s,space,p           SPACE(P) ← −SPACE(P).
38          ADD    mloc,mloc,s         MLOC ← MLOC + SPACE(P).
39          ADD    n,n,8               N ← N + 1.
40          PBNZ   p,B4                 如果 P = 0，则终止程序.
41          POP    0,0                 完成.   ∎
```

2.2.4 循环链表

[*438*]

如前所述，在下面的代码中，我们假定全局寄存器 avail 指向足够大的可用结点栈.

11.

:Copy	SET	q0,:avail	1	后面要用到的反向链接
1H	SET	q,:avail	p	Q ← AVAIL.
	LDOU	:avail,:avail,LINK	p	AVAIL ← LINK(AVAIL).
	LDOU	p,p,LINK	p	推进 P.
	LDO	t,p,COEF	p	
	STO	t,q,COEF	p	COEF(Q) ← COEF(P).
	LDOU	t,p,ABC	p	
	STOU	t,q,ABC	p	ABC(Q) ← ABC(P).
	PBNN	t,1B	$p_{[1]}$	ABC ≠ 0 吗?
	STOU	q0,q,LINK	1	把反向链接存储到 LINK(Q).
	SET	$0,q	1	
	POP	1,0		返回 Q. ∎

注意,不需要设置 LINK(Q)(除了最后一个结点),因为 AVAIL 栈上的结点已经链接在一起.

12. 设被复制的多项式有 p 项. 程序 A 用 $(17p+13)v+(9p+5)\mu$. 可以说,一个公平的比较应该加上创建一个零多项式的时间, 比如说习题 14 需要 $6v+4\mu$(不包括最后的 POP). 习题 11 的程序用 $(8p+5)v+(6p+1)\mu$, 大约是程序 A 的一半, 而对于小 p 来说, 只有程序 A 和习题 14 组合的时间的三分之一.

13.

:Erase	LDOU	t,p,LINK	获取第一个结点.
	STOU	:avail,p,LINK	把多项式的尾部链接到 AVAIL 表.
	SET	:avail,t	把 AVAIL 指向第一个结点.
	POP	0,0	完成. ∎

14.

:Zero	SET	p,:avail	P ⇐ AVAIL.
	LDOU	:avail,:avail,LINK	
	STCO	0,p,COEF	COEF(P) ← 0.
	NEG	t,1; STO t,p,ABC	ABC(P) ← −1.
	STOU	p,p,LINK	LINK(P) ← P.
	POP	1,0	返回 P. ∎

15. 这个子程序结合了算法 M 和算法 A. 使用 WDIF 操作完成指数的并行加法. 在发生上溢的情况下, 这将产生可以表示为双字节无符号整数的最大指数, 在这种情况下, 加上 ABC = −1 总是得到 −1.

01	:Mult	LDOU	m,m,LINK	$r+1$	*M1. 下一个乘式.*
02		LDO	abcm,m,ABC	$r+1$	abcm ← ABC(M).
03		BN	abcm,9F	$r+1_{[1]}$	如果 ABC(M) < 0, 则终止程序.
04		LDO	coefm,m,COEF	r	coefm ← COEF(M).
05	A1	SET	q1,q	$\sum m''$	*A1. 初始化.* Q1 ← Q.
06		LDOU	q,q,LINK	$\sum m''$	Q ← LINK(Q).
07	OH	LDOU	p,p,LINK	$\sum p$	P ← LINK(P).
08		LDO	coefp,p,COEF	$\sum p$	coefp ← COEF(P).
09		MUL	coefp,coefm,coefp	$\sum p$	coefp ← coefm · coefp.
10		LDO	abcp,p,ABC	$\sum p$	*A2. ABC(P) : ABC(Q).*
11		NOR	abcp,abcp,0	$\sum p$	abcp ← abcm + abcp
12		WDIF	abcp,abcp,abcm	$\sum p$	取反,并行减法,
13		NOR	abcp,abcp,0	$\sum p$	取反.
14	2H	LDO	t,q,ABC	$\sum x$	t ← ABC(Q).

15		CMP	t,abcp,t	$\sum x$	比较 abcp 和 ABC(Q).
16		BZ	t,A3	$\sum x_{[\sum m+1]}$	如果相等，则转到 A3.
17		BP	t,A5	$\sum p' + q'_{[\sum p']}$	如果大于，则转到 A5.
18		SET	q1,q	$\sum q'$	如果小于，则置 Q1 ← Q.
19		LDOU	q,q,LINK	$\sum q'$	Q ← LINK(Q).
20		JMP	2B	$\sum q'$	重复.
21	A3	BN	abcp,:Mult	$\sum m+1_{[1]}$	*A3. 系数相加.*
22		LDO	coefq,q,COEF	$\sum m$	
23		ADD	coefq,coefq,coefp	$\sum m$	coefq ← coefq + coefp.
24		STO	coefq,q,COEF	$\sum m$	COEF(Q) ← coefq.
25		PBNZ	coefq,A1	$\sum m_{[\sum m']}$	如果 coefq ≠ 0，则转到 A1.
26		SET	q2,q	$\sum m'$	*A4. 删除零项.*
27		LDOU	q,q,LINK	$\sum m'$	Q ← LINK(Q).
28		STOU	q,q1,LINK	$\sum m'$	LINK(Q1) ← Q.
29		STOU	:avail,q2,LINK	$\sum m'$	
30		SET	:avail,q2	$\sum m'$	AVAIL ⇐ Q2.
31		JMP	0B	$\sum m'$	转去推进 P.
32	A5	SET	q2,:avail	$\sum p'$	*A5. 插入新项.*
33		LDOU	:avail,:avail,LINK	$\sum p'$	Q2 ⇐ AVAIL.
34		STO	coefp,q2,COEF	$\sum p'$	COEF(Q2) ← coefp.
35		STO	abcp,q2,ABC	$\sum p'$	ABC(Q2) ← abcp.
36		STOU	q,q2,LINK	$\sum p'$	LINK(Q2) ← Q.
37		STOU	q2,q1,LINK	$\sum p'$	LINK(Q1) ← Q2.
38		SET	q1,q2	$\sum p'$	Q1 ← Q2.
39		JMP	0B	$\sum p'$	转去推进 P.
40	9H	POP	0,0		从子程序返回. ∎

16. 设 r 是多项式 (M) 中的项数. 子程序需要 $13 + 4r + 34\sum m' + 28\sum m'' + 30\sum p' + 7\sum q'$ 个单位时间，其中求和涉及改后的程序 A 的 r 次激活期间一些对应的量. 每次激活程序 A，多项式 (Q) 中的项数就上升 $p' - m'$. 如果我们做并非不合理的假定 $m' = 0$，$p' = \alpha p$，其中 $0 < \alpha < 1$，则我们得到这些和分别为 0、$(1-\alpha)pr$、αpr 和 $rq_0' + \alpha p(r(r-1)/2)$，其中 q_0' 是 q' 在第一次迭代的值. 总和为 $3.5\alpha pr^2 + 28pr - 1.5\alpha pr + 7q_0'r + 4r + 13$. 这一分析表明，乘式应该比被乘式的项数少，因为我们更多地跳过多项式 (Q) 中的非匹配项.（关于更快的算法，见原作第 3 卷第 *122* 页的习题 5.2.3–29.）

2.2.5　双向链表　　　　　　　　　　　　　　　　　　　　　[*440*]

7. 在第 225 行，假定该乘客在 WAIT 表中. ……

8. 此代码实现电梯协同程序的步骤 E8.

271	E8	SUB	floor,floor,1	*E8. 下降一层.*
272		TRIP	HoldCI,61	等待 61 个单位时间.
273		SL	$0,on,floor	
274		OR	$1,callcar,calldown	
275		AND	$2,$1,$0	CALLCAR[FLOOR] ≠ 0
276		BNZ	$2,1F	或者 CALLDOWN[FLOOR] ≠ 0 吗?
277		CMP	$2,floor,2	

278	BZ	$2,2F	如果否, FLOOR = 2 吗?
279	AND	$2,callup,$0	如果否, CALLUP[FLOOR] ≠ 0 吗?
280	BZ	$2,E8	如果否, 重复步骤 E8.
281 2H	OR	$1,$1,callup	
282	NEG	$2,64,floor	
283	SL	$1,$1,$2	忽略 FLOOR 及以上.
284	BNZ	$1,E8	有到较低层的呼叫吗?
285 1H	SET	dt,23	该是停下电梯的时候了.
286	JMP	E2A	等待 23 个单位时间, 并转到 E2. ▮

9. 此代码实现 Decision 子程序.

291		PREFIX	:Decision:	
292 next	IS	$0	NEXTINST(ELEV1)
293 e1	IS	$1	如果 next = E1, 则为零
294 calls	IS	$2	所有按钮的组合
295 j	IS	$3	
296 c	IS	$4	:c 的局部副本
297 rJ	IS	$5	
298 t	IS	$6	
299 :Decision	BNZ	:state,9F	*D1. 决策必要吗?*
300	LDOU	next,:ELEV1+:NEXTINST	*D2. 应该开门吗?*
301	GETA	t,:E1	
302	CMP	e1,next,t	
303	BNZ	e1,D3	如果电梯不在 E1, 则转移.
304	OR	calls,:callup,:calldown	
305	OR	calls,calls,:callcar	
306	GETA	next,:E3	准备调度 E3.
307	AND	t,calls,1<<2	
308	BNZ	t,8F	如果第二层有呼叫, 则转移.
309 D3	SL	t,:on,:floor	*D3. 有呼叫吗?*
310	ANDN	calls,calls,t	除当前楼层外的呼叫
311	SUB	t,calls,1	
312	SADD	j,t,calls	有呼叫的最小 j
313	BNZ	calls,D4	如果以 j ≠ FLOOR 呼叫, 则转移.
314	GET	rJ,:rJ	
315	GETA	t,:E6B	
316	CMPU	t,rJ,t	由步骤 E6 调用吗?
317	BNZ	t,9F	如果否, 退出子程序.
318	SET	j,2	
319 D4	CMP	:state,j,:floor	*D4. 置 STATE.*
320	BNZ	e1,9F	*D5. 电梯在休眠吗?*
321	BZ	:state,9F	如果 j = 2, 则退出.
322	GETA	next,:E6	准备调度 E6.
323 8H	SET	c,:c	保存当前线程.
324	LDA	:c,:ELEV1	伪装成 ELEV1.
325	STOU	next,:c,:NEXTINST	置 NEXTINST 为 E3 或 E6.

326		SET	:dt,20	等待 20 个单位时间.
327		GET	rJ,:rJ	
328		PUSHJ	t,:Hold	调度该活动.
329		PUT	:rJ,rJ	
330		SET	:c,c	恢复当前线程.
331	9H	POP	0,0	∎

2.2.6 数组与正交表 [442]

5. 在辅助表 TA2 中，每行的基址使得单元 $TA2 + 8j$ 的全字包含 $LOC(A[j,0]) + 2$，并且假设存在全局基址寄存器 b 和小常数 c 满足 $b + c = LOC(TA2)$（这样 MMIX 汇编程序就可以汇编指令 "LDA t,TA2"），我们可以写 "LDO a,b,$c+4+1$".

11. 最多 $400 + 400 + 4 \cdot 4 \cdot 400 = 7200$ 个全字或者大约 56 千字节.

15. 以下程序需要四个参数：首先是 pivot，主元结点的地址；其次是 baserow $\equiv$ LOC(BASEROW[0])；再次是 basecol $\equiv$ LOC(BASECOL[0])；最后是 ptr $\equiv$ LOC(PTR[0]). 由于仅使用 BASEROW 结点的 LEFT 字段和 BASECOL 结点的 UP 字段，可以假定结点重叠，因此每个头结点仅使用一个全字. 此外，这个程序假定指向表头的指针的最低有效位设置为 1，使其变为奇数. 在程序中，不会创建指向表头的新指针，因为插入和删除结点只会复制现有链接. 假定函数 Allocate 和 Free 用于管理结点的分配和返回到自由存储. 注意，第 54 行要求寄存器 x 具有适当大的寄存器编号，第 67 行的浮点比较假定寄存器 rE（ϵ 寄存器）已适当设置.

01	:PStep	GET	rJ,:rJ	*S1. 初始化.*
02		LDO	v,pivot,VAL	$v \leftarrow$ VAL(PIVOT).
03		SETH	t,#3FF0	$t \leftarrow 1.0$.
04		STO	t,pivot,VAL	VAL(PIVOT) $\leftarrow 1.0$.
05		FDIV	alpha,t,v	ALPHA $\leftarrow 1.0/$VAL(P).
06		SETH	t,#8000	符号位
07		XOR	malpha,t,alpha	预计算 malpha $\leftarrow -$ALPHA.
08		LDT	i0,pivot,ROW	IO $\leftarrow$ ROW(PIVOT).
09		8ADDU	p0,i0,baserow	P0 $\leftarrow$ LOC(BASEROW[I0]).
10		LDT	J0,pivot,COL	J0 $\leftarrow$ COL(PIVOT).
11		8ADDU	q0,J0,basecol	Q0 $\leftarrow$ LOC(BASECOL[J0]).
12		JMP	S2	
13	2H	LDT	J,p0,COL	J $\leftarrow$ COL(P0).
14		SL	j,J,3	缩放 J.
15		ADDU	t,basecol,j	
16		STOU	t,ptr,j	PTR[J] $\leftarrow$ LOC(BASECOL[J]).
17		LDO	t,p0,VAL	
18		FMUL	t,alpha,t	
19		STO	t,p0,VAL	VAL(P0) $\leftarrow$ ALPHA $\times$ VAL(P0).
20	S2	LDOU	p0,p0,LEFT	*S2. 处理主元行.* P0 $\leftarrow$ LEFT(P0).
21		BEV	p0,2B	如果 P0 是偶数，处理 P0.
22	S3	LDOU	q0,q0,UP	*S3. 找新行.* Q0 $\leftarrow$ UP(Q0).
23		BOD	q0,9F	如果 Q0 是奇数，则转出.
24		LDT	i,q0,ROW	I $\leftarrow$ ROW(Q0).

25		CMP	t,i,i0	
26		BZ	t,S3	如果 I = I0，则重复.
27		8ADDU	p,i,baserow	P ← LOC(BASEROW[I]).
28	S4A	LDOU	p1,p,LEFT	P1 ← LEFT(P).
29	S4	LDOU	p0,p0,LEFT	*S4. 找新列.* P0 ← LEFT(P0).
30		BOD	p0,1F	
31		LDT	J,p0,COL	J ← COL(P0).
32		CMP	t,J,J0	
33		BNZ	t,S5	如果 J = J0，
34		JMP	S4	则重复步骤 S4.
35	1H	LDO	t,q0,VAL	如果 P0 是奇数，
36		FMUL	t,malpha,t	
37		STO	t,q0,VAL	则 VAL(Q0) ← −ALPHA × VAL(Q0)，
38		JMP	S3	并且返回到 S3.
39	1H	SET	p,p1	P ← P1.
40		LDOU	p1,p,LEFT	P1 ← LEFT(P).
41	S5	BOD	p1,S6	*S5. 找 I, J 元素.*
42		LDT	t,p1,COL	t ← COL(P1).
43		CMP	t,t,J	
44		BP	t,1B	循环直到 COL(P1) ≤ J.
45		BZ	t,S7	如果 COL(P1) = J，则转到 S7.
46	S6	SL	t,J,3	*S6. 插入 I, J 元素.*
47		LDOU	pj,ptr,t	pj ← PTR[J].
48	2H	SET	qj,pj	qj ← pj.
49		LDOU	pj,qj,UP	pj ← UP(PTR[J]).
50		BOD	pj,0F	如果 pj 是奇数，则转移.
51		LDT	t,pj,ROW	
52		CMP	t,t,i	
53		BP	t,2B	循环直到 ROW(UP(PTR[J])) ≤ I.
54	0H	PUSHJ	x,:Allocate	X ⇐ AVAIL.
55		STCO	0,x,VAL	VAL(X) ← 0.0.
56		STT	i,x,ROW	ROW(X) ← I.
57		STT	J,x,COL	COL(X) ← J.
58		STOU	p1,x,LEFT	LEFT(X) ← P1.
59		STOU	pj,x,UP	UP(X) ← UP(PTR[J]).
60		STOU	x,p,LEFT	LEFT(P) ← X.
61		STOU	x,qj,UP	UP(PTR[J]) ← X.
62		SET	p1,x	P1 ← X.
63	S7	LDO	v,q0,VAL	*S7. 主元.* v ← VAL(Q0).
64		LDO	t,p0,VAL	t ← VAL(P0).
65		FMUL	v,v,t	v ← VAL(Q0) × VAL(P0).
66		LDO	w,p1,VAL	w ← VAL(P1).
67		FEQLE	t,w,v	
68		BNZ	t,S8	如果 $w \approx v$ (ϵ)，则转到 S8.
69		FSUB	v,w,v	
70		STO	v,p1,VAL	VAL(P1) ← VAL(P1) − VAL(Q0) × VAL(P0).
71		SL	t,J,3	

72		STOU	p1,ptr,t		PTR[J] ← P1.
73		SET	p,p1		P ← P1.
74		JMP	S4A		
75	S8	SL	t,J,3		*S8. 删除 I, J 元素.*
76		LDOU	pj,ptr,t		pj ← PTR[J].
77	1H	SET	qj,pj		qj ← pj.
78		LDOU	pj,qj,UP		pj ← UP(qj).
79		CMP	t,pj,p1		
80		BNZ	t,1B		如果 UP(PTR[J]) ≠ P1，则重复.
81		LDOU	t,p1,UP		
82		STOU	t,qj,UP		UP(PTR[J]) ← UP(P1).
83		LDOU	t,p1,LEFT		
84		STOU	t,p,LEFT		LEFT(P) ← LEFT(P1).
85		SET	t+1,p1		
86		PUSHJ	t,:Free		AVAIL ⇐ P1.
87		JMP	S4A		
88	9H	PUT	:rJ,rJ		
89		POP	0,0		▮

2.3.1 遍历二叉树   [451]

20. 程序 T 的以下实现使用第三个参数 a，即它将存储栈的连续内存单元的地址. 局部寄存器 s 用作栈指针，使得栈由 a, a + 8, ..., a + 8(s − 1) 处的全字的值组成.

01	:Inorder	BZ	p,1F	$1_{[0]}$	*T1. 初始化.*
02		GET	rJ,:rJ	1	如果 P = Λ，则停止.
03		SET	s,0	1	清空栈.
04	T3	STOU	p,a,s	n	*T3. 栈 ⇐ P.*
05		ADD	s,s,8	n	
06		LDOU	p,p,LLINK	n	P ← LLINK(P).
07		BNZ	p,T3	$n_{[a-1]}$	*T2. P = Λ?*
08	T4	SUB	s,s,8	n	*T4. P ⇐ 栈.*
09		LDOU	p,a,s	n	
10	T5	SET	t+1,p	n	*T5. 访问 P.*
11		PUSHGO	t,visit,0	n	
12		LDOU	p,p,RLINK	n	P ← RLINK(P).
13		PBNZ	p,T3	$n_{[a]}$	*T2. P = Λ?*
14		PBP	s,T4	$a_{[1]}$	测试栈是否为空.
15		PUT	:rJ,rJ	1	
16	1H	POP	0,0		▮

这个版本的程序 T 把运行时间缩短到 $(12n + 5a + 4)\upsilon + 4n\mu$.

　　如果 LLINK(P) = Λ 则在步骤 T3 中把结点 P 压入栈，并且马上在步骤 T4 中移出. 像下面这样向步骤 T3 添加一个测试

	T3	LDOU	left,p,LLINK	n	
		PBZ	left,T5	$n_{[a-1]}$	如果 LLINK(P) = Λ，则转到 T5.

	STOU	p,a,s	$a-1$	*T3. 栈 ⇐ P.*
	ADD	s,s,8	$a-1$	
	SET	p,left	$a-1$	P ← LLINK(P).
	JMP	T3	$a-1$	

将消除冗余. 如果我们假设 $a=(n+1)/2$, 运行时间将是 $(8n+11a-2)v+(2n+2a-2)\mu$, 这是一个进一步的改进.

对于链接栈, 在上一个程序中把

第 04–05 行替换为:　　　　　　　　　　　　　第 08–09 行替换为:

T3	STOU	p,a,INFO	n	T4	LDOU	t,s,LINK	n
	LDOU	t,a,LINK	n		STOU	a,s,LINK	n
	STOU	s,a,LINK	n		SET	a,s	n
	SET	s,a	n		SET	s,t	n
	SET	a,t	n		LDOU	p,a,INFO	n

这些替换把压入和弹出栈的运行时间从 $4nv+2n\mu$ 增加到 $10nv+6n\mu$, 产生 $(18n+5a+4)v+8n\mu$ 的总运行时间. 对 LLINK(P) $=\Lambda$ 的结点进行优化, 可以把把总运行时间减少到 $(10n+13a-8)v+(2n+6a-6)\mu$.

同样的优化应用于程序 T 的递归实现, 得到以下程序:

01	:Inorder	BZ	p,T4	$1_{[0]}$	*T2. P $=\Lambda$?*
02	0H	GET	rJ,:rJ	a	递归调用的入口.
03	T3	LDOU	t+1,p,LLINK	n	*T3. 栈 ⇐ P.*
04		PBZ	t+1,T5	$n_{[a-1]}$	*T2. P $=\Lambda$?*
05		SET	t+2,visit	$a-1$	
06		PUSHJ	t,0B	$a-1$	调用 Inorder(LLINK(P),Visit).
07	T5	SET	t+1,p	n	*T5. 访问 P.*
08		PUSHGO	t,visit,0	n	调用 Visit(P).
09		LDOU	p,p,RLINK	n	P ← RLINK(P).
10		BNZ	p,T3	$n_{[n-a]}$	*T2. P $=\Lambda$?*
11		PUT	:rJ,rJ	a	
12	T4	POP	0,0	a	*T4. P ⇐ 栈.* ∎

它的运行时间是惊人的 $(10n+7a-3)v+2n\mu$.

[452]

22. 在下面的算法 U 的实现中, 通过把测试 R = Q 替换为 RLINK(Q) = P, 消除了变量 R (节省两条指令).

01	:Inorder	BZ	p,1F	$1_{[0]}$	*U2. 完成?* 如果 P $=\Lambda$, 则停止.
02		GET	rJ,:rJ	1	
03	U3	LDOU	q,p,LLINK	$n+a-1$	*U3. 左看.* Q ← LLINK(P).
04		PBZ	q,U6	$n+a-1_{[a-1]}$	如果 Q $=\Lambda$, 则转到 U6.
05	U4	LDOU	rq,q,RLINK	$2c$	*U4. 搜索线索.*
06		CMP	t,rq,p	$2c$	
07		BZ	t,5F	$2c_{[a-1]}$	如果 RLINK(Q) = P, 则转移.
08		CSNZ	q,rq,rq	d	如果 RLINK(Q) $\neq\Lambda$, 则 Q ← RLINK(Q).
09		PBNZ	rq,U4	$d_{[a-1]}$	如果 RLINK(Q) $\neq\Lambda$, 则继续 U4.
10		STOU	p,q,RLINK	$a-1$	*U5a. 插入线索.* RLINK(Q) ← P.
11		LDOU	p,p,LLINK	$a-1$	*U9. 转左.* P ← LLINK(P).
12		JMP	U3	$a-1$	转到 U3.

13	5H	STCO	0,q,RLINK	$a-1$	U5b. 删除线索. RLINK(Q) = Λ.
14	U6	SET	t+1,p	n	U6. 中序访问 P.
15		PUSHGO	t,visit,0	n	
16		LDOU	p,p,RLINK	n	U7. 转右或上.
17		PBNZ	p,U3	$n_{[1]}$	U2. 完成? 如果 P ≠ Λ, 则转到 U3.
18		PUT	:rJ,rJ	1	
19	1H	POP	0,0	∎	

总运行时间为 $(18n+10a-10b-5)\upsilon+(4n+4a-2b-4)\mu$, 其中 n 是结点数, a 是空 RLINK 数（因此 $a-1$ 是非空 LLINK 数）, $c=n-b, d=2c-(a-1)$, 其中 b 是树的"右刺" P, RLINK(P), RLINK(RLINK(P)) 等上的结点数.

总之, 中序遍历的大致运行时间为:

Program U	$(23\upsilon+6\mu)n-O(\log n)$
Program T (使用寄存器栈)	$(16\upsilon+2\mu)n+O(1)$
Program T (使用保存在链表中的栈)	$(16.5\upsilon+5\mu)n+O(1)$
Program T (使用保存在连续的内存单元中的栈)	$(13.5\upsilon+3\mu)n+O(1)$
Program T (使用优化的寄存器栈)	$(13.5\upsilon+2\mu)n+O(1)$
Program S	$(13\upsilon+2\mu)n+O(1)$

程序 T 的优化的递归版本简短, 只需要最少的内存访问量, 是这里考虑的最快的程序之一. 如果一个程序需要一个简单的栈, 递归应该被视为一个选项. 很难超过硬件支持的寄存器栈的效率.

[454]

37. 如果在表示 (2) 中 LLINK(P) = RLINK(P) = Λ, 则令 LINK(P) = Λ; 否则令 LINK(P) = Q, 其中 NODE(Q) 对应于 NODE(LLINK(P)), NODE(Q + 16) 对应于 NODE(RLINK(P)). 条件 LLINK(P) 或 RLINK(P) = Λ 分别被 NODE(Q) 或 NODE(Q + 16) 中的标记表示. 这种表示使用的存储单元在 $2n$ 和 $4n-2$ 之间. 在所述假定下, (2) 需要 27 个全字, 而新方案需要 22 个全字. 在两种表示下, 插入和删除都具有大致相同的效率. 但是, 这种表示与其他结构结合并不灵活.

2.3.2 树的二叉树表示   [455]

13. 在适当地改变初始和终止条件后, 以下子程序实现算法 2.3.1C. 它期望一个参数 p 指向一个结点, 并且返回这个结点的副本, 以及通过它的 LLINK 指针可以到达的所有内容.

042	:Copy	BZ	p,9F	$1_{[0]}$	C1. 初始化.
043		GET	rJ,:rJ	1	
044		PUSHJ	u,:Allocate	1	创建 NODE(U) 并置 RLINK(U) = Λ.
045		SET	q,u	1	Q ← U.
046		JMP	C3	1	转到 C3, 第一次.
047	4H	PUSHJ	r,:Allocate	a	R ⇐ AVAIL.
048		STOU	r,q,:LLINK	a	LLINK(Q) ← R.
049		OR	t,q,1	a	
050		STOU	t,r,:RLINK	a	RLINK(R) ← Q, RTAG(R) ← 1.
051		SET	q,r	a	C5a. 前进. Q ← LLINK(Q).
052		LDOU	p,p,:LLINK	a	P ← LLINK(P).
053	C2	LDOU	t,p,:RLINK	$n-1$	C2. 右边有什么?
054		BOD	t,C3	$n-1_{[a]}$	如果 RTAG(P) = 1, 则转移.
055		PUSHJ	r,:Allocate	$n-1-a$	R ⇐ AVAIL.

056		LDOU	t,q,:RLINK	$n-1-a$	
057		STOU	t,r,:RLINK	$n-1-a$	RLINK(R) ← RLINK(Q).
058		STOU	r,q,:RLINK	$n-1-a$	RLINK(Q) ← R, RTAG(Q) ← 0.
059	C3	LDOU	t,p,:INFO	n	*C3. 复制 INFO.*
060		STOU	t,q,:INFO	n	
061		LDOU	t,p,:LLINK	n	*C4. 左边有什么?*
062		BNZ	t,4B	$n_{[a]}$	如果 LLINK(P) ≠ Λ, 则转移.
063	C5B	LDOU	p,p,:RLINK	n	*C5b. 前进.* P ← RLINK(P).
064		LDOU	q,q,:RLINK	n	Q ← RLINK(Q).
065		BOD	q,C5B	$n_{[a]}$	如果 RTAG(Q) = 1, 则转移.
066		PBNZ	q,C2	$n-a_{[1]}$	*C6. 检查是否完成.*
067		STOU	u,u,:RLINK	1	RLINK(U) ← U.
068		PUT	:rJ,rJ	1	
069		SET	$0,u	1	返回 U.
070	9H	POP	1,0		∎

这里 n 是复制的结点总数, a 是复制的非终端（运算符）结点数.

14. 总时间（未计入花费在 Allocate 的时间）为 $(14n+7a+4)v+(9n-3)\mu$. 复制 INFO 字段所用的时间仅为 $2n(v+\mu)$, 对于 LLINK 字段, 需要 $a(v+\mu)$, 对于 RLINK 字段, 需要 $n(v+\mu)$. $(3n+a)(v+\mu)$ 的总复制时间的大约 20% 用于循环、40% 用于内存访问. 剩下的花费在遍历这棵树上.

15. 以下代码是嵌套子程序的练习.

167		PREFIX	:D:		这是子程序 D 的一部分.
168	:Div	LDOU	t,q1,:INFO		
169		BZ	t,1F		
170		SET	t+1,q1		
171		SET	t+3,p2		
172		PUSHJ	t+2,:Copy		
173		GETA	t+3,:Div		
174		PUSHJ	t,:Tree2		
175		SET	q1,t		Q1 ← Tree2(Q1,Copy(P2), "/").
176	1H	LDOU	t,q,:INFO		
177		BZ	t,:Sub		
178		SET	q+3,p1		
179		PUSHJ	q+2,:Copy		
180		SET	q+3,q		
181		PUSHJ	q+1,:Mult		Q+1 ← Mult(Copy(P1),Q).
182		SET	q+4,p2		
183		PUSHJ	q+3,:Copy		
184		PUSHJ	q+4,:Allocate		
185		SET	q+5,2		
186		STTU	q+5,q+4,:INFO		
187		GETA	q+5,:Pwr		
188		PUSHJ	q+2,:Tree2		Q+2 ← Tree2(Copy(P2),Allocate(), "↑").
189		GETA	q+3,:Div		
190		PUSHJ	q,:Tree2		Q ← Tree2(Q+1,Q+2, "/").
191		JMP	:Sub		Q ← Q1 − Q. ∎

16. 更多嵌套子程序调用! 注意寄存器 r 的非同寻常的定义, 它作为嵌套子程序调用的基础.

192	r	IS	t+1	
193	:Pwr	LDOU	t,q1,:INFO	
194		BZ	t,2F	如果 INFO(Q1) = 0, 则转移.
195		SET	r+1,p1	
196		PUSHJ	r,:Copy	R ← Copy(P1).
197		LDWU	diff,p2,:DIFF	
198		BNZ	diff,1F	如果 DIFF(P2) ≠ 0, 则转移.
199		LDT	info,p2,:INFO	装入常数 P2 的值.
200		CMP	t,info,2	是 2 吗?
201		BZ	t,3F	如果是, 则转移.
202		SET	r+1,r	1) R
203		PUSHJ	r+2,:Allocate	2) 新常数
204		SUB	info,info,1	其值为 INFO(P2) − 1
205		STT	info,r+2,:INFO	
206		GETA	r+3,:Pwr	3) "↑"
207		PUSHJ	r,:Tree2	R ← Tree2(R,INFO(P2) − 1,"↑").
208		JMP	3F	
209	1H	SET	r+1,r	1) R
210		SET	r+4,p2	α) P2
211		PUSHJ	r+3,:Copy	a) Copy(P2)
212		PUSHJ	r+4,:Allocate	b) 新常数
213		SET	info,1	其值为 1
214		STT	info,r+4,:INFO	
215		GETA	r+5,:Sub	c) "−"
216		PUSHJ	r+2,:Tree2	2) Tree2(Copy(P2),1,"−")
217		GETA	r+3,:Pwr	3) "↑"
218		PUSHJ	r,:Tree2	R ← Tree2(R,Tree2(Copy(P2),1,"−"),"↑")
219	3H	SET	r+1,q1	1) Q1
220		SET	r+4,p2	α) P2
221		PUSHJ	r+3,:Copy	a) Copy(P2)
222		SET	r+4,r	b) R
223		PUSHJ	r+2,:Mult	2) Mult(Copy(P2),R)
224		PUSHJ	r,:Mult	R ← Mult(Q1,Mult(Copy(P2),R)).
225		SET	q1,r	Q1 ← Mult(Q1,Mult(Copy(P2),R)).
226	2H	LDOU	t,q,:INFO	
227		BZ	t,:Add	如果 INFO(Q) = 0, 则转到 Add.
228		SET	q+4,p1	i) P1
229		PUSHJ	q+3,:Copy	α) Copy(P1)
230		GETA	q+5,:Ln	β) 忽略, γ) "ln"
231		PUSHJ	q+2,:Tree1	a) Tree1(Copy(P1),·,"ln")
232		SET	q+3,q	b) Q
233		PUSHJ	q+1,:Mult	1) Mult(Tree1(Copy(P1),·,"ln"),Q)
234		SET	q+4,p1	α) P1
235		PUSHJ	q+3,:Copy	a) Copy(P1)
236		SET	q+5,p2	α) P2

237	PUSHJ	q+4,:Copy		b) Copy(P2)
238	GETA	q+5,:Pwr		c) "↑"
239	PUSHJ	q+2,:Tree2		2) Tree2(Copy(P1),Copy(P2),"↑")
240	GETA	q+3,:Mul		3) "×"
241	PUSHJ	q,:Tree2		Q ← Tree2(Mult(Tree1(Copy(P1),·,"ln"),Q),
242	JMP	:Add		Tree2(Copy(P1),Copy(P2),"↑"),"×"). ∎

2.3.5　表和垃圾回收

[478]

4. 下面的程序结合了正文中在算法 E 后面提出的改进, 以加快原子的处理速度. 它严格遵循原作的 MIX 程序. ALINK(P) 的最低有效位用作标志位 MARK(P), BLINK(P) 的最低有效位用作原子位 ATOM(P). 注意使用 MUX (多路复用) 指令有选择地设置或复制这些位.

01	:Mark	SET	t,0	1	*E1. 初始化.* T ← Λ.
02		PUT	:rM,1	1	准备对标记位使用 MUX.
03	E2	LDOU	x,p,ALINK	1	*E2. 标记 P.*
04		OR	x,x,1	1	
05		STOU	x,p,ALINK	1	MARK(P) ← 1.
06	E3	LDOU	x,p,BLINK	1	*E3. 原子?*
07		PBEV	x,E4	$1_{[0]}$	如果 ATOM(P) = 0, 则转移.
08	E6	BZ	t,9F	$n_{[1]}$	*E6. 向上.*
09		SET	q,t	$n-1$	Q ← T.
10		LDOU	t,q,BLINK	$n-1$	T ← BLINK(Q).
11		PBOD	t,1F	$n-1_{[t_2]}$	如果 ATOM(T) = 1, 则转移.
12		STOU	p,q,BLINK	t_2	BLINK(Q) ← P.
13		SET	p,q	t_2	P ← Q.
14		JMP	E6	t_2	
15	1H	ANDN	t,t,1	t_1	从 T 中移除标记位.
16		STOU	t,q,BLINK	t_1	ATOM(Q) ← 0.
17		LDOU	x,q,ALINK	t_1	t ← ALINK(Q).
18		ANDN	t,x,1	t_1	T ← ALINK(Q) 不带标志位.
19		MUX	x,x,p	t_1	t ← P 保留 MARK(Q).
20		STOU	x,q,ALINK	t_1	ALINK(Q) ← P 保留 MARK(Q).
21		SET	p,q	t_1	P ← Q.
22	E5	LDOU	r,p,BLINK	n	*E5. 沿 BLINK 向下.* R ← BLINK(P).
23		ANDN	q,r,1	n	Q ← BLINK(P) 不带原子位.
24		BZ	q,E6	$n_{[b_2]}$	如果 Q = Λ, 则转移.
25		LDOU	x,q,ALINK	$n-b_2$	
26		BOD	x,E6	$n-b_{2[t_1+1-b_2-a_2]}$	如果 MARK(Q) = 1, 则转移.
27		OR	x,x,1	t_2+a_2	设置标志位.
28		STOU	x,q,ALINK	t_2+a_2	MARK(Q) ← 1.
29		LDOU	x,q,BLINK	t_2+a_2	
30		BOD	x,E6	$t_2+a_{2[a_2]}$	如果 ATOM(Q) = 1, 则转移.
31		MUX	r,r,t	t_2	R ← T 保留 ATOM(P).
32		STOU	r,p,BLINK	t_2	BLINK(P) ← T 保留 ATOM(P).
33	E4A	SET	t,p	$n-1$	T ← P.

34		SET	p,q	$n-1$	$P \leftarrow Q$.
35	E4	LDOU	r,p,ALINK	n	*E4. 沿 ALINK 向下.* $Q \leftarrow \text{ALINK}(P)$.
36		ANDN	q,r,1	n	$Q \leftarrow \text{ALINK}(P)$ 不带标志位.
37		BZ	q,E5	$n_{[b_1]}$	如果 $Q = \Lambda$，则转移.
38		LDOU	x,q,ALINK	$n-b_1$	
39		BOD	x,E5	$n-b_{1[t_2+1-b_1-a_1]}$	如果 $\text{MARK}(Q) = 1$，则转移.
40		OR	x,x,1	t_1+a_1	设置标志位.
41		STOU	x,q,ALINK	t_1+a_1	$\text{MARK}(Q) \leftarrow 1$.
42		LDOU	x,q,BLINK	t_1+a_1	
43		BOD	x,E5	$t_1+a_{1[a_1]}$	如果 $\text{ATOM}(Q) = 1$，则转移.
44		LDOU	x,p,BLINK	t_1	
45		OR	x,x,1	t_1	设置原子位.
46		STOU	x,p,BLINK	t_1	$\text{ATOM}(P) \leftarrow 1$.
47		MUX	r,r,t	t_1	$R \leftarrow T$ 保留 $\text{ATOM}(P)$.
48		STOU	r,p,ALINK	t_1	$\text{ALINK}(P) \leftarrow T$ 保留 $\text{ATOM}(P)$.
49		JMP	E4A	t_1	
50	9H	POP	0,0	∎	

根据基尔霍夫定律，$t_1 + t_2 + 1 = n$, $a_1 + a_2 = a$, $b_1 + b_2 = b$. 总时间为 $(29n + 6t_1 + 4a - 2b - 5)\upsilon +$ $(9n + 4t_1 + 2a - b - 2)\mu$，其中，$n$ 是被标记的非原子结点数，a 是被标记的原子结点数，b 是标记非原子结点遇到的 Λ 链接数，t_1 是沿 ALINK 向下的次数（$0 \leq t_1 < n$）.

2.5 动态存储分配 [*483*]

4. 下面的实现使用寄存器 link 来简化（并加速）对给定的相对于 base 的地址的 LINK 字段的访问. 对于 SIZE 字段，不需要这样的寄存器，因为 SIZE 字段的偏移量为 0. 但是，为了提高可读性，我们把 size 定义为 base 的别名.

01	:Allocate	ADDU	link,:base,LINK	
02	size	IS	:base	
03		LDA	p,:AVAIL	*A1. 初始化.* $P \leftarrow \text{LOC}(\text{AVAIL})$.
04		SUBU	p,p,link	转换为相对地址.
05	1H	SET	q,p	$Q \leftarrow P$.
06		LDT	p,q,link	*A2. 列表结束了吗？* $P \leftarrow \text{LINK}(Q)$.
07		BN	p,9F	若 $P = \Lambda$，则没有空间.
08		LDT	s,p,size	*A3. 大小足够吗？*
09		SUB	k,s,n	$K \leftarrow \text{SIZE}(P) - N$.
10		PBN	k,1B	若 $N > \text{SIZE}(P)$，则跳转.
11		PBNZ	k,1F	*A4. 保留 N.*
12		LDT	t,p,link	若 $K = 0$，
13		STT	t,q,link	则置 $\text{LINK}(Q) \leftarrow \text{LINK}(P)$.
14	1H	STT	k,p,size	$\text{SIZE}(P) \leftarrow K$.
15		ADD	p,p,k	$P + K$.
16		ADDU	$0,p,:base	转换 $P + K$ 为绝对地址
17		POP	1,0	并且返回它.
18	9H	POP	0,0	返回 Λ. ∎

13. 下面的代码使用寄存器 size、rlink、llink 和 psize 来简化对使用相对地址的结点各个字段的访问. 记法 PSIZE(P) 是 SIZE 字段的一个方便的简写, 它终止 NODE(P) 之前的块, 就像它是 NODE(P) 的字段一样.

01	:Allocate	ADD	n,n,8+7	1	*A1. 初始化.*
02		ANDN	n,n,7	1	加上开销, 然后向上舍入.
03		LDA	size,:AVAIL+SIZE	1	SIZE 字段的基址
04		LDA	rlink,:AVAIL+RLINK	1	RLINK 字段的基址
05		LDA	llink,:AVAIL+LLINK	1	LLINK 字段的基址
06		SUBU	psize,size,4	1	SIZE 字段之前的基址
07		SET	p,:rover	1	P ← ROVER.
08		SET	f,0	1	F ← 0.
09		JMP	A2	1	开始搜索.
10	A3	LDTU	s,size,p	A	*A3. 大小足够吗?*
11		SUB	k,s,n	A	K ← SIZE(P) − N.
12		BNN	k,A4	$A_{[1]}$	若 SIZE(P) ≥ N, 则跳转.
13	1H	LDTU	p,rlink,p	$A+B-1$	P ← RLINK(P).
14	A2	PBNZ	p,A3	$A+B_{[B]}$	*A2. 列表结束了吗?*
15		BNZ	f,9F	$B_{[0]}$	若 P = 0 且 F ≠ 0, 则溢出.
16		SET	f,1	B	F ← 1.
17		JMP	1B	B	
18	A4	LDTU	:rover,p,rlink	1	*A4′. 保留至少 N.*
19		CMP	t,k,c	1	
20		BNN	t,1F	$1_{[1-D]}$	若 K ≥ c, 则跳转.
21		LDTU	q,llink,p	D	从列表中删除 NODE(P).
22		STTU	:rover,rlink,q	D	
23		STTU	q,llink,:rover	D	
24		SET	l,p	D	结果是 P.
25		SET	n,s	D	结果的大小是 P 的大小.
26		JMP	2F	D	
27	1H	ADDU	l,p,k	$1-D$	把 NODE(P) 拆分为 P 和 L.
28		STTU	k,size,p	$1-D$	SIZE(P) ← K.
29		STTU	k,psize,l	$1-D$	SIZE(P) ← K 于块结束处.
30	2H	OR	n,n,1	1	
31		STTU	n,size,l	1	SIZE(L) ← N, TAG(L) ← 1.
32		ADDU	q,l,n	1	推进到 L 之后的块.
33		STTU	n,psize,q	1	SIZE(L) ← N, TAG(L) ← 1.
34		ADDU	$0,rlink,l	1	返回可用内存
35		POP	1,0		的绝对地址.
36	9H	POP	0,0		溢出.　∎

运行时间是 $(23+5A+7B+D)\upsilon+(4+2A+B+D)\mu$. 这里 $A\geq 1$ 是搜索足够大的可用块时所需的迭代次数, 如果迭代绕回列表的末尾, 则 $B=1$, 如果从列表中删除块, 则 $D=1$. 我们可以假设 B 的平均值很小, 而当系统达到稳定状态时, D 的平均值将接近 1.

16. 这个子程序使用与习题 13 的答案相同的约定. 分别使用变量 P1 和 N1 作为 P0 和 N2 之后的块的地址和大小. 对于 P0 之前的块的大小, F 是链表中的前向块, B 是后向块.

```
01  :Free   LDA    size,:AVAIL+SIZE      SIZE 字段的基址
02          LDA    rlink,:AVAIL+RLINK   RLINK 字段的基址
03          LDA    llink,:AVAIL+LLINK   LLINK 字段的基址
04          SUBU   psize,size,4         SIZE 字段之前的基址
05          SUBU   p0,p0,rlink          使 P0 成为相对地址.
06          LDTU   n,size,p0            D1. 初始化.  N ← SIZE(P0).
07          ANDN   n,n,1                清除 TAG 位.
08          ADDU   p1,p0,n              P1 ← P0 + N.
09          LDTU   n1,size,p1           N1 ← SIZE(P1).
10          LDTU   n2,psize,p0          N2 ← PSIZE(P0).
11          BEV    n1,D4                若 NODE(P1) 是自由块, 则转到 D4.
12          BEV    n2,D7                若 NODE(P2) 是自由块, 则转到 D7.
13  D3      LDTU   f,llink,0            D3. 插入 P0. F ← LLINK(AVAIL).
14          SET    b,0                  B ← AVAIL.
15          JMP    D5
16  D4      ADD    n,n,n1               D4. 删除上部区域.  N ← N + SIZE(P1).
17          LDTU   b,llink,p1           B ← LLINK(P1).
18          LDTU   f,rlink,p1           F ← RLINK(P1).
19          CMP    t,p1,:rover
20          CSZ    :rover,t,0           若 P1 = ROVER, 则置 ROVER ← AVAIL.
21          ADDU   p1,p1,n1             P1 ← P1 + SIZE(P1).
22          BEV    n2,D6                若 NODE(P2) 是自由块, 则转到 D6.
23  D5      STTU   f,rlink,p0           D5. 插入 NODE(P0).  RLINK(P0) ← F.
24          STTU   b,llink,p0           LLINK(P0) ← B.
25          STTU   p0,rlink,b           RLINK(B) ← P0.
26          STTU   p0,llink,f           LLINK(F) ← P0.
27          JMP    D8
28  D6      STTU   f,rlink,b            D6. 删除.  RLINK(B) ← F.
29          STTU   b,llink,f            LLINK(F) ← B.
30  D7      ADD    n,n,n2               D7. 扩展下部区域.
31          SUBU   p0,p0,n2             把 P0 移到 NODE(P2).
32  D8      STTU   n,size,p0            D8. 存储 SIZE. SIZE(P0) ← N.
33          STTU   n,psize,p1           PSIZE(P1) ← N.
34          POP    0,0
```

可能的运行时间是 $18v$ (下一块被占用, 前一块空闲)、$22v$ (下一块被占用, 前一块被占用)、$27v$ (下一块空闲, 前一块被占用) 或 $28v$ (下一块空闲, 前一块空闲).

27. 对于 $4 \leq k \leq m$, 结点大小为 2^k 个字节. 结点的最小大小为 16 个字节, 因为可用结点必须包含 KVAL、LINKF 和 LINKB 三个半字. 地址存储为相对于全局寄存器 base 的值的相对地址, 并假定能够储存在半字中. 因此, m 是满足 $m < 32$ 的某个常数. 表头 AVAIL[4], AVAIL[5], ..., AVAIL[m] 紧接于 base 地址之前分配, 使得 AVAIL[k] 的相对地址为 $16(k-m-1)$. 表头是仅有的具有负相对地址的结点. 在结点的 KVAL 字段中, 我们不存储 k 或 2^k (它的大小), 而是存储 AVAIL[k] 的相对地址. 这更方便, 如果需要的话, 可以很容易地从地址计算 k 的值.

对于二进制位 TAG (预行考虑习题 29), 我们使用一个单独的内存区域, 从地址 TAGS 开始, 每个 16 字节的可用内存块包含一个二进制位. 为了方便起见, 我们把 LOC(TAGS) 保存在全局寄存器 tags 中. 以下辅助函数 FindTag 将以任何非负的相对地址 P 作为参数, 并返回三个值: 一个包含二进制位 TAG 的全字, 一个相应的二进制位设置为 1 的掩码, 以及 TAGS 中全字的相对地址.

```
                PREFIX    :FindTag:
p               IS        $0                    参数
tag             IS        $2                    主要返回值
mask            IS        $0                    第二返回值
address         IS        $1                    第三返回值
t               IS        $3                    临时变量

:FindTag        SR        address,p,7           address ← ⌊(P/16/64) * 8⌋.
                SR        t,p,4
                AND       t,t,64-1              t ← ⌊P/16⌋ mod 64.
                SETH      mask,#8000
                SRU       mask,mask,t           mask ← 2^{63-t}.
                LDOU      tag,:tags,address
                POP       3,0                   返回 tag, mask, address.    ∎
```

这个函数的运行时间是 $9\upsilon + 1\mu$（包括最后的 POP）. 它用于以下算法 R 的实现, 并在习题 28 的解答中再次使用.

　　函数 Allocate 需要一个参数 k. 一旦成功, 它将返回指向 2^k 个字节的绝对地址. 如果失败, 它将返回 $\Lambda = 0$.

01	:Allocate	ADDU	linkf,:base,LINKF	1	
02		ADDU	linkb,:base,LINKB	1	
03		CMP	t,k,4	1	
04		CSN	k,t,4	1	$k \leftarrow \max\{k, 4\}$.
05		NEG	availk,16*(:m+1)	1	availk ← LOC(AVAIL[0]).
06		16ADDU	availk,k,availk	1	availk ← LOC(AVAIL[k]).
07		SET	availj,availk	1	<u>R1. 寻找块.</u> $j \leftarrow k$.
08	1H	LDT	l,availj,linkf	$1+R$	L ← availF[j].
09		PBNN	l,R2	$1+R_{[R]}$	若 L ≠ AVAIL[j], 则转到 R2.
10		ADD	availj,availj,16	R	$j \leftarrow j+1$.
11		PBN	availj,1B	$R_{[0]}$	$j \leq m$ 吗?
12		POP	0,0	0	返回 Λ.
13	R2	GET	rJ,:rJ	1	<u>R2. 从列表中删除.</u>
14		LDT	p,l,linkf	1	P ← LINKF(L).
15		STT	p,availj,linkf	1	availF[j] ← P.
16		STT	availj,p,linkb	1	LINKB(P) ← LOC(AVAIL[j]).
17		SET	t+1,l	1	
18		PUSHJ	t,:FindTag	1	寻找 TAG(L).
19		ANDN	t,t,t+1	1	置标记位为 0.
20		STOU	t,:tags,t+2	1	TAG(L) ← 0.
21		SUB	jk,availj,availk	1	<u>R3. 需要拆分吗?</u>
22		SR	jk,jk,4	1	jk ← $j - k$.
23		PBZ	jk,9F	$1_{[R']}$	若 $j = k$, 则终止.
24		SET	bitk,1	R'	bitk ← 2^0.
25		SL	bitk,bitk,k	R'	bitk ← 2^k.
26	R4	SUB	jk,jk,1	R	<u>R4. 拆分.</u> $j \leftarrow j-1$.
27		SL	t,bitk,jk	R	t ← 2^j.
28		ADDU	p,l,t	R	P ← L + 2^j.

29		SET	t+1,p	R	
30		PUSHJ	t,:FindTag	R	寻找 TAG(P).
31		OR	t,t,t+1	R	置标记位为 1.
32		STOU	t,:tags,t+2	R	TAG(P) ← 1.
33		16ADDU	availj,jk,availk	R	获取 LOC(AVAIL[j]).
34		STT	availj,p,kval	R	KVAL(P) ← LOC(AVAIL[j]).
35		STT	availj,p,linkf	R	LINKF(P) ← LOC(AVAIL[j]).
36		STT	availj,p,linkb	R	LINKB(P) ← LOC(AVAIL[j]).
37		STT	p,availj,linkf	R	availF[j] ← P.
38		STT	p,availj,linkb	R	availB[j] ← P.
39		BP	jk,R4	$R_{[R-R']}$	若 $j > k$, 同重复.
40	9H	ADDU	$0,:base,l	1	返回 L 作为绝对地址.
41		PUT	:rJ,rJ	1	
42		POP	1,0	∎	

运行时间是 $(22 + 22R + 2R')v + (5 + 7R)\mu$ 加上 FindTag 子程序的 $(R+1)(9v + 1\mu)$, 其中 R 是把一个块拆分为两个块的次数, 如果 $R > 0$ 则 R' 为 1, 否则为 0. 由于 R 的平均值很小, 我们可以假设 ave $R' \approx$ ave R. 为了获得良好的性能, FindTag 子程序应该是内联的, 这样可以减少 $(R+1)(5v + 1\mu)$ 的开销.

28. 函数 Free 需要两个参数 L 和 k, 假设 L 是通过调用具有相同 k 值的函数 Allocate（见习题 27）获得的.

01	:Free	GET	rJ,:rJ	1	
02		ADDU	linkf,:base,LINKF	1	
03		ADDU	linkb,:base,LINKB	1	
04		CMP	t,k,4	1	
05		CSN	k,t,4	1	$k \leftarrow \max\{k, 4\}$.
06		SUBU	l,l,:base	1	转换 L 为相对地址.
07		SUB	availk,k,:m+1	1	
08		SLU	availk,availk,4	1	availk ← LOC(AVAIL[k]).
09	S1	SET	t,1	$1 + S$	<u>S1. 伙伴可用吗?</u>
10		SLU	t,t,k	$1 + S$	$t \leftarrow 2^k$.
11		XOR	p,l,t	$1 + S$	$P \leftarrow \text{buddy}_k(L)$.
12		SET	t+1,p	$1 + S$	
13		PUSHJ	t,:FindTag	$1 + S$	寻找 TAG(P).
14		AND	t,t,t+1	$1 + S$	提取 TAG(P).
15		PBZ	t,S3	$1 + S_{[B]}$	若 TAG(P) = 0, 则转到 S3.
16		LDT	t,p,kval	$B + S$	t ← KVAL(P).
17		CMP	t,t,availk	$B + S$	KVAL(P) = k 吗?
18		PBNZ	t,S3	$B + S_{[S]}$	若 KVAL(P) ≠ k, 则转到 S3.
19		LDT	r,p,linkf	S	<u>S2. 与伙伴合并.</u>
20		LDT	q,p,linkb	S	R ← LINKF(P); Q ← LINKB(P).
21		STT	r,q,linkf	S	LINKF(LINKB(P)) ← LINKF(P).
22		STT	q,r,linkb	S	LINKB(LINKF(P)) ← LINKB(P).
23		ADD	k,k,1	S	增加 k.
24		ADD	availk,availk,16	S	
25		AND	l,l,p	S	若 L > P, 则置 L ← P.

26		JMP	S1		*S*
27	S3	SET	t+1,1	1	*S3. 放入列表.*
28		PUSHJ	t,:FindTag	1	寻找 TAG(L).
29		OR	t,t,t+1	1	置标记位为 1.
30		STOU	t,:tags,t+2	1	TAG(L) ← 1.
31		LDT	p,availk,linkf	1	P ← AVAILF[k].
32		STT	p,l,linkf	1	LINKF(L) ← P.
33		STT	l,p,linkb	1	LINKB(P) ← L.
34		STT	availk,l,kval	1	KVAL(L) ← k.
35		STT	availk,l,linkb	1	LINKB(L) ← LOC(AVAIL[k]).
36		STT	l,availk,linkf	1	AVAILF[k] ← L.
37		PUT	:rJ,rJ	1	
38		POP	0,0	▮	

运行时间是 $(26 + 20S + 5B)v + (7 + 5S + B)\mu$ 加上 FindTag 子程序的 $(S + 2)(9v + 1\mu)$, 其中 S 是伙伴块合并的次数, B 是潜在伙伴可用但大小错误的次数. 当 $B \approx 0.5$ 时, 运行时间简化为 $(46.5 + 29S)v + (9.5 + 6S)\mu$. 把标记位存储在结点中可以提高性能, 但是在结点中保留一个二进制位对于通用内存分配器通常不方便. 同样, 内联 FindTag 函数可以节省 $(10 + 5S)v$.

34. 变量 BASE、AVAIL 和 USE 保存在全局寄存器中. 这些结点地址以及 P、Q 和 TOP 始终指向习题 33 所述的结点内部, 除非在步骤 G9 中, 其中 P 和 Q 指向 LINK 字段. LINK、SIZE 和 T 字段的偏移量为负, 而 MMIX 不是特别适合处理负常数. 因此, 我们使用三个寄存器来保存这些常数. 以下程序省略了步骤 G1.

01	:GC	NEG	size,16	1	SIZE 的偏移量
02		NEG	t,12	1	T 的偏移量
03		NEG	link,8	1	LINK 的偏移量
04		SET	top,:avail	1	*G2. 初始化标记阶段.*
05		STCO	0,:avail,link	1	LINK(AVAIL) ← Λ.
06		BZ	:use,G3	$1_{[0]}$	若 USE ≠ Λ, 则把它压入栈中.
07		STOU	top,:use,link	1	LINK(USE) ← TOP.
08		SET	top,:use	1	TOP ← USE.
09	G3	SET	p,top	$a+1$	*G3. 出栈.* P ← TOP.
10		LDOU	top,top,link	$a+1$	TOP ← LINK(TOP).
11		BZ	top,G5	$a+1_{[1]}$	若 TOP = Λ, 则转到 G5.
12		LDTU	k,p,t	a	*G4. 新链接入栈.* k ← T(P).
13	1H	BNP	k,G3	$a+b_{[a]}$	当 $k > 0$ 时执行:
14		SUB	k,k,8	b	减少 k,
15		LDOU	q,p,k	b	Q ← LINK(P + k),
16		BZ	q,1B	$b_{[b']}$	若 Q = Λ, 则推进到下一轮循环,
17		LDOU	l,q,link	$b-b'$	L ← LINK(Q),
18		BNZ	l,1B	$b-b'_{[a-1]}$	若 LINK(Q) ≠ Λ, 则推进到下一轮循环,
19		STOU	top,q,link	$a-1$	LINK(Q) ← TOP,
20		SET	top,q	$a-1$	TOP ← Q.
21		JMP	1B	$a-1$	
22	G5	SET	q,:base	1	*G5. 初始化下一阶段.*
23		STOU	q,:avail,link	1	LINK(AVAIL) ← Q.
24		STCO	0,:avail,size	1	SIZE(AVAIL),T(AVAIL) ← 0.
25		SET	p,:base	1	P ← base.

26		JMP	G6	1	
27	1H	STOU	q,p,link	1	Q $\leftarrow$ LINK(P).
28		ADDU	q,q,s	1	Q $\leftarrow$ Q + SIZE(P).
29		ADDU	p,p,s	1	P $\leftarrow$ P + SIZE(P).
30	G6	LDOU	l,p,link	$a+1$	L $\leftarrow$ LINK(P).
31	G6A	LDTU	s,p,size	$a+c+1$	s $\leftarrow$ SIZE(P).
32		BZ	l,G7	$a+c+1_{[c]}$	若 LINK(P) = Λ，则转到 G7.
33		PBNZ	s,1B	$a+1_{[1]}$	若 SIZE(P) = 0，则转到 G8.
34	G8	BZ	:use,0F	1	<u>G8. 转换所有链接.</u>
35		LDOU	:use,:use,link	1	USE $\leftarrow$ LINK(USE).
36	0H	SET	:avail,q	1	AVAIL $\leftarrow$ Q.
37		SET	p,:base	1	P $\leftarrow$ base.
38		JMP	G8P	1	
39	1H	LDTU	x,ps,size	d	x $\leftarrow$ SIZE(ps).
40		ADDU	s,s,x	d	s $\leftarrow$ s + SIZE(ps).
41	G7	ADDU	ps,p,s	$c+d$	<u>G7. 合并可用区域.</u>
42		LDOU	l,ps,link	$c+d$	L $\leftarrow$ LINK(ps).
43		BZ	l,1B	$c+d_{[d]}$	若 LINK(ps) = Λ，则重复.
44		STTU	s,p,size	c	SIZE(P) $\leftarrow$ s.
45		ADDU	p,p,s	c	P $\leftarrow$ P + SIZE(P).
46		JMP	G6A	c	
47	2H	SUB	k,k,8	b	减少 k.
48		LDOU	q,p,k	b	Q $\leftarrow$ LINK(P + 8 + k).
49		BZ	q,1F	$b_{[b']}$	略过 Λ.
50		LDOU	l,q,link	$b-b'$	L $\leftarrow$ LINK(Q).
51		STOU	l,p,k	$b-b'$	LINK(P + 8 + k) $\leftarrow$ L.
52	1H	BP	k,2B	$a+b_{[b]}$	若 $k > 0$，则跳转.
53	3H	ADDU	p,p,s	$a+c$	P $\leftarrow$ P + SIZE(P).
54	G8P	LDTU	s,p,size	$1+a+c$	s $\leftarrow$ SIZE(P).
55		LDOU	l,p,link	$1+a+c$	L $\leftarrow$ LINK(P).
56		BZ	l,3B	$1+a+c_{[c]}$	LINK(P) = Λ 吗?
57		LDTU	k,p,t	$1+a$	k $\leftarrow$ T(P).
58		PBNZ	s,1B	$1+a_{[1]}$	跳转，除非 SIZE(P) = 0.
59	G9	SUBU	p,:base,16	1	<u>G9. 移动.</u>
60		SET	q,p	1	Q 和 P 起始于 LINK(base).
61		JMP	G9P	1	
62	1H	STCO	0,q,8	a	LINK(Q) $\leftarrow$ Λ.
63		STOU	st,q,0	a	SIZE(Q),T(Q) $\leftarrow$ SIZE(P),T(P).
64		ADDU	q,q,s	a	Q $\leftarrow$ Q + SIZE(P).
65		NEG	s,16,s	a	s $\leftarrow$ 16 $-$ s.
66	2H	LDOU	x,p,s	$w-2$	把数据从 P 复制到 Q.
67		STOU	x,q,s	$w-2$	
68		ADD	s,s,8	$w-2$	s $\leftarrow$ s + 8.
69	0H	PBN	s,2B	$w-2_{[a]}$	
70	G9P	LDOU	l,p,8	$1+a+c$	L $\leftarrow$ LINK(P).
71		LDOU	st,p,0	$1+a+c$	st $\leftarrow$ SIZE(P),T(P).
72		SRU	s,st,32	$1+a+c$	s $\leftarrow$ SIZE(P).

73	ADDU	p,p,s	$1 + a + c$	P ← P + SIZE(P).
74	BZ	l,G9P	$1 + a + c_{[c]}$	若 LINK(P) = Λ，则跳转.
75	PBNZ	s,1B	$1 + a_{[1]}$	跳转，除非 SIZE(P) = 0.
76	POP	0,0		▮

这个程序的总运行时间是 $(35a + 14b + 4w + 23c + 7d + 37)v + (12a + 5b - 3b' + 2w + 7c + 2d + 9)\mu$，其中，$a$ 是可访问结点的数目，b 是其中链字段的数目，b' 是包含 Λ 的链字段的数目，c 是前面不是不可访问结点的那些不可访问结点的数目，d 是前面是不可访问结点的那些不可访问结点的数目，w 是可访问结点中的全字的总数. 如果内存包含 n 个结点，其中有 ρn 个是不可访问的，那么我们可以估计 $a = (1 - \rho)n$，$c = (1 - \rho)\rho n$，$d = \rho^2 n$. 例如：每个结点有 5 个全字（平均而言）和 2 个链字段（平均而言），内存共有 1000 个结点，则当 $\rho = 0.2$ 时，恢复每个可用结点花费时间 $352v$；当 $\rho = 0.5$ 时，花费 $98v$；而当 $\rho = 0.8$ 时，仅花费 $31v$.

3.2.1.1　模的选择 [*424*]

1. 令 c' 为同余方程 $ac' \equiv c \pmod{m}$ 的解.（这样，如果 a' 是习题 3.2.1–5 答案中的数，则 $c' = a'c \bmod m$.）3.3.4 节中得出的结果表明，$c' = 1$ 的作用与任何常数相同.

2. 对于小的 $c < 2^{16}$，可以使用 INCL 指令而不是 ADDU 指令，后者要求 c 在寄存器中.

```
:Random  MULU  x,x,a     X ← aX mod w.
         ADDU  x,x,c     X ← (X + c) mod w.
         SET   $0,x
         POP   1,0    ▮
```

5. 需要一条 CMPU 指令来确定 $d = x - y$ 是否为负而不溢出.

```
SUBU  d,x,y
CMPU  t,x,y
ZSN   t,t,m
ADDU  d,d,t    ▮
```

将和 $s = x + y \bmod m$ 重写为差 $x - (m - y) \bmod m$ 后，用同样的方法计算它.

```
SUBU  t,m,y
SUBU  s,x,t
CMPU  t,x,t
ZSN   t,t,m
ADDU  s,s,t    ▮
```

但是，如果 m 小于 2^{e-1}，则可以使用普通的二进制补码表示法直接在不使用 CMPU 的情况下进行计算.

```
SUB  d,x,y
ZSN  t,d,m
ADD  d,d,t    ▮
```

对于和：

```
ADDU  s,x,y
SUBU  t,s,m
CSNN  s,t,t    ▮
```

8.

```
        MULU   r,a,x; GET q,rH        计算满足 aX = qw + r 的 q, r.
        ADDU   x,q,r                  X ← q + r.
        CMPU   t,x,q
        ZSN    t,t,1                  t ← [q + r ≥ w].
        ADDU   x,x,t                  X ← X + t.  ∎
```

3.2.1.3 势

1. 对于 MMIX, 我们有 $m = 2^{64}$. 当 $a = 2^k + 1$ 且 $b = 2^k$ 时, b 是 2 的倍数, 而 2 是能够整除 m 的唯一素数. 如果 $k > 1$, b 是 4 的倍数. 于是我们有最大周期.

2. 如果 $ks \geq 64$, 则 $b^s = 2^{ks} \equiv 0 \pmod{m}$. 我们得出结论: $k \geq 32$ 给出势 $s = 2$, $k \geq 22$ 给出势 $s = 3$, $k \geq 16$ 给出势 $s = 4$. 考虑到势, k 的仅有的合理值小于 16. 另一方面, k 的小值产生小的乘数, 而这是应该避免的.

3.2.2 其他方法

25. 如果程序 A 的子程序被 `PUSHJ t,Random` 调用, 它把下一个随机数放入寄存器 t. 子例程调用的开销是 $4v$, 其中 $1v$ 用于 PUSHJ, $3v$ 用于 POP. 子程序本身需要 $9v + 3\mu$ (未计入 POP). 每个随机数的总时间是 $13v + 3\mu$, 调用开销约为 30%.

我们使用以下 5 条指令把下一个随机数放入寄存器 t 中来节省开销

```
        SUB    j,j,8
        PBP    j,1F
        PUSHJ  t,Random55
        SET    j,55*8
    1H  LDOU   t,y,j                  ∎
```

并使用以下子程序:

```
:Random55   SET    j,24*8            j ← 24.
            ADD    ykj,y,31*8        k ← 55, ykj ← Y[k − j] 的地址.
    1H      LDOU   x,y,j             X ← Y[j].
            LDOU   t,ykj,j           t ← Y[k − j + j] = Y[k].
            ADDU   x,x,t             X ← Y[j] + Y[k].
            STOU   x,ykj,j           Y[k] ← Y[k] + Y[j].
            SUB    j,j,8             j ← j − 1.
            PBP    j,1B
k           IS     j                 对于 k 重用寄存器 j.
            SET    k,31*8            k ← 31.
            ADD    ykj,y,24*8        j ← 55, ykj ← Y[j − k] 的地址.
    1H      LDOU   x,ykj,k           X ← Y[j − k + k] = Y[j].
            LDOU   t,y,k             t ← Y[k].
            ADDU   x,x,t             X ← Y[j] + Y[k].
            STOU   x,y,k             Y[k] ← Y[k] + Y[j].
            SUB    k,k,8             k ← k − 1.
            PBP    k,1B
            POP    0,0               ∎
```

现在子程序调用的开销只有 $11v + 55(6v + 3\mu)$，单个随机数平均花费 $(9 + 15/55)v + 4\mu$．［用 C 语言表达的类似实现，……

3.4.1   数值分布

3. 如果给定全字随机数……

然而，不幸的是，许多高级程序设计语言都不支持式 (1) 中的 himult 操作，见习题 3.2.1.1–3．当没有 himult 操作可用时，除以 m/k 可能是最好的操作．实际上，如果 $k = 2^i$ 且 $m = 2^{64}$，那么除以 m/k 也可以在单个 MMIX 周期中完成：

SRU   x,u,(64 − i) $X \leftarrow U/(m/k)$．

在这种特殊但常见的情况下，除以 m/k 与乘以 k/m 相同．余数方法使用 U 的第 i 个最低有效位，其中乘法方法使用第 i 个最高有效位．后者更可取．

3.6   小结

1. 为了提高效率，下面的子程序把 X 保存在全局寄存器中，而不需要执行装入或存储操作．常量作为即时值 a 用四个步骤装入，当然，它也可以在全局寄存器中．

```
x          GREG
a          IS    6364136223846793005      见 3.3.4 节表 1 第 26 行.
c          IS    2009                     MMIX
k          IS    $0                       参数
t          IS    $1                       临时变量
:RandInt   SETH  t,(a>>48)&#FFFF          装入常量 a.
           INCMH t,(a>>32)&#FFFF
           INCML t,(a>>16)&#FFFF
           INCL  t,a&#FFFF
           MULU  x,x,t                    X ← aX mod m.
           INCL  x,c                      X ← (aX + c) mod m.
           MULU  t,x,k                    (rH,t) ← Xk.
           GET   t,:rH                    t ← ⌊Xk/m⌋.
           ADD   $0,t,1                   返回 ⌊Xk/m⌋ + 1.
           POP   1,0                      ▮
```

子程序的总运行时间为 $30v$（包括最后的 POP）．加上传递参数 $k\,(1v)$ 和执行 PUSHJ 指令 $(1v)$ 的时间，可以在 $32v$ 内计算出随机整数值．将 a 保存在另一个全局寄存器中将节省 $4v$ 的时间．

4.1 按位计数系统 [*473*]

4. (a) 寄存器 x 中的积的小数点在左端. 如果结果大于等于 $(0.1)_2$, 将引发溢出. 寄存器 rH 和 rR 不受影响.

(b) 寄存器 rR 中的余数的小数点在字节 3 和 4 之间 (和寄存器 a 一样). 寄存器 x 中的商的小数点在字节 6 和 7 之间. 寄存器 rH 不受影响. 如果除数中的小数点比被除数中的小数点偏左, 结果会有点混乱. 想象一下 $(00101.000)_{256}$ 除以 $(001.00000)_{256}$. 执行除法运算后, 寄存器 rR 包含 "余数" $(00001.000)_{256}$, 寄存器 x 的内容是 1, 表示 "商" $(100)_{256}$, 小数点超过寄存器右端两个字节.

(c) 寄存器对 (rH, x) 中的积的小数点在寄存器 rH 和 x 之间. 寄存器 rR 不受影响.

(d) 只要 rD 为零, 小数点位置就与 (b) 中的相同. 因为我们假设 a 和 b 非负, 所以运算结果也相同. DIVU (无符号除) 指令使用寄存器对 (rD, a) 保存 128 位的被除数, 被除数的高 64 位保存在被除数寄存器 rD 中. 只要商能装入单个寄存器 x, 小数点位置就与 (b) 中的相同. 否则, MMIX 简单地置 $x \leftarrow rD$, 置余数寄存器 $rR \leftarrow b$; 寄存器 x 从寄存器对 (rD, a) 继承小数点位置, 寄存器 rR 从寄存器 b 继承小数点位置.

4.2.1 单精度计算 [*479*]

14. 以下子程序有一个入口参数 u: 一个规范化浮点数. 它返回最接近的以二进制补码表示的带符号 64 位整数.

01	:Fix	ZSN	s,u,1	<u>拆分</u>. 记录符号位.
02		ANDNH	u,#8000	清除符号位.
03		SRU	e,u,52	取得指数部分.
04		SLU	u,u,11	取得小数部分
05		ORH	u,#8000	并添加隐藏位.
06		SET	t,1023+63; SUB e,e,t	$e \leftarrow e - q - 63$. 现在 $u = \mathrm{u} \times 2^e$.
07		BP	e,:Error	溢出.
08		BZ	e,Sign	
09		NEG	e,e	<u>舍入</u>. 置 $e \leftarrow -e$.
10		NEG	t,64,e	
11		SLU	f,u,t	$f \leftarrow \mathrm{u} \times 2^e$ 的小数部分.
12		SRU	u,u,e	$u \leftarrow \lfloor \mathrm{u} \times 2^e \rfloor$.
13		SETH	t,#8000; CMPU t,f,t	比较 f 和 0.5.
14		CSOD	carry,u,1	u 是奇数. 如果 $f \geq \frac{1}{2}$ 则向上舍入.
15		CSEV	carry,u,t	u 是偶数. 如果 $f > \frac{1}{2}$ 则向上舍入.
16		ZSNN	carry,t,carry	如果 $f < \frac{1}{2}$ 则舍去.
17		ADDU	u,u,carry	
18	Sign	BNZ	s,Negative	设置符号位.
19		BN	u,:Error	溢出.
20		POP	1,0	返回 u.
21	Negative	NEG	u,u	
22		BNN	u,:Error	溢出.
23		POP	1,0	返回 u. ▮

15. 以下代码的寄存器命名与程序 A 相同. 它最终跳到程序 N, 除非返回值为零.

01	:Fmod	ZSN	s,u,1	1. 拆分. 置符号位.
02		ANDNH	u,#8000	清除符号位.
03		SRU	e,u,52	取得指数部分.
04		SETH	t,#FFF0; ANDN f,u,t	取得小数部分
05		INCH	f,#10	并添加隐藏位.
06		SET	fl,0	$u = \pm(f, f_l)2^{e-q}/2^{52}$.
07		SET	t,1023; SUB e,e,t	2. 减去 q.
08		BN	e,0F	如果 u 没有整数部分则转移.
09		ADD	t,e,12; SLU f,f,t	3. 清除整数部分.
10		SRU	f,f,12	
11		SET	e,0	
12	0H	BZ	f,6F	如果 u 没有小数部分则转移.
13		BZ	s,5F	如果 u 非负则转移.
14		ADD	t,e,64; SLU fl,f,t	4. 补足小数部分.
15		NEG	t,e; SRU f,f,t	$(f, f_l) \leftarrow (f, 0)/2^e$.
16		SET	e,0	$e \leftarrow 0$.
17		NEGU	fl,fl	
18		ZSNZ	carry,fl,1	
19		ADDU	f,f,carry	
20		SETH	t,#10; SUBU f,t,f	$(f, f_l) \leftarrow 1 - (f, f_l)$.
21		SET	s,0	$(f, f_l) > 0$.
22	5H	INCL	e,1023	5. 加上 q.
23		OR	t,f,fl; BNZ t,:Normalize	6. 如果非零则规范化.
24	6H	POP	0,0	否则返回 0. ∎

19. Fadd 的运行时间是 $28-3[|u| < |v|]+4[\mathrm{sign}(u) \neq \mathrm{sign}(v)]$. Normalize 的运行时间是 $4+[u+v \neq 0]$ $(22 + 3[\text{小数部分溢出}] + 8N + 16[\text{舍入溢出}] - 4[\text{上溢}] - 3[\text{下溢}])$, 其中 N 是做规范化时所做左移操作的次数. 如果既没有上溢也没有下溢, 而且结果不为零, 则上述公式简化为

$$\text{Fadd:}\quad 28 - 3[|u| < |v|] + 4[\mathrm{sign}(u) \neq \mathrm{sign}(v)],$$
$$\text{Normalize:}\quad 26 + 8N.$$

Fadd 和 Normalize 组合的最短运行时间是 $51v$. 如果 u 和 v 符号相反, $|u| < |v|$ 且 $e_u = e_v$ 且 $u+v < u/2^{53}$, 达到最长运行时间 $482v$. 在这种情形下, 左移循环运行 53 次, 每次花费 $8v$. 通过在规范化过程中消除循环, 可以消除对 N 的依赖性 (但请参考习题 20). [对于 4.2.4 节中的数据, 平均运行时间约为 $62.3v$.]

20. 取 $z \equiv {}^{\#}01\,02\,04\,08\,10\,20\,40\,80$, 用 "MOR t,f,z; MOR t,z,f" 把 f 的二进制位按相反的顺序赋给 t, 然后用 "SUBU d,t,1; SADD d,d,t" 把 t 的尾部二进制位的个数赋给 d. 这种计算将使规范化例程的运行时间增加 $4v$, 代替了循环时间. 然而, 4.2.4 节的数据表明, 每次规范化操作的左移次数仅为 0.9 左右. 平均来说, 增加这种计算将使规范化例程运行得更慢而不是更快.

4.2.2 浮点算术的精度

17. Fcmpe 就像 Fadd, 它计算 $|u - v|$, 并将其与 $2^{e-1022}\epsilon$ 比较.

01	:Fcmpe	GET	eps,:rE	取得 ϵ.
02		SET	su,u	u 的符号.
03		XOR	s,u,v	符号不同?
04		ANDNH	u,#8000; ANDNH v,#8000	清除符号位.
05		CMPU	x,u,v; BNN x,0F	比较 $|u|$ 和 $|v|$.
06		SET	t,u; SET u,v; SET v,t	交换 u 和 v.
07	OH	CSN	x,s,1	如果符号不同,
08		NEG	t,x	则 u 较大,
09		CSN	x,su,t	除非 $u < 0$.
10		SRU	eu,u,52; SRU ev,v,52	取得指数部分.
11		SETH	t,#FFF0	
12		ANDN	fu,u,t; ANDN fv,v,t	取得小数部分.
13		INCH	fu,#10; INCH fv,#10	添加隐藏位.
14		SUBU	d,eu,ev	右移.
15		NEG	t,64,d	
16		CSN	t,t,0	保留所有低阶二进制位.
17		SLU	f0,fv,t	
18		SRU	fv,fv,d	
19		SET	eu,1022	除以 $2^{eu-1022}$.
20		BN	s,Add	如果符号不同则相加;
21		NEGU	f0,f0; ZSNZ carry,f0,1	否则相减.
22		SUBU	fu,fu,fv; SUBU fu,fu,carry	$u \leftarrow |u - v|/2^{eu-1022}$
23		OR	t,fu,f0; BZ t,Equal	如果 $|u - v| = 0$ 则跳转.
24	OH	SETH	t,#0010; AND t,fu,t	是规范化浮点数?
25		BNZ	t,Compare	
26		SRU	carry,f0,63	
27		SLU	fu,fu,1; OR fu,fu,carry	左调整.
28		SLU	f0,f0,1	
29		SUB	eu,eu,1	
30		JMP	OB	
31	Add	ADDU	fu,fu,fv	$u \leftarrow |u - v|/2^{eu-1022}$.
32		SETH	t,#0020; CMP t,fu,t	是规范化浮点数?
33		BN	t,Compare	
34		SLU	carry,fu,63	
35		SRU	fu,fu,1; SRU f0,f0,1	右调整.
36		OR	f0,f0,carry	
37		ADD	eu,eu,1	
38	Compare	ANDNH	fu,#FFF0	清除隐藏位.
39		SLU	eu,eu,52	
40		OR	u,eu,fu	组合 e_u 和 f_u
41		CMPU	t,u,eps	并与 ϵ 比较.
42		CSN	x,t,0	如果 $u < \epsilon$ 则 $u \sim v$.
43		CSP	f0,t,1	如果 $u > \epsilon$ 则迫使 $\text{f0} \neq 0$.

44	Equal	CSZ	x,f0,0	如果 f0 = 0 则 $u \sim v$.
45		SET	$0,x	返回 x.
46		POP	1,0	▮

4.2.3　双精度计算 [*484*]

2. 规范化过程仅需要 um 的高短字的两个最低位. 在步骤 N4 中测试隐藏位, 但该位被置为 1, 因此无须清除它. 在步骤 N1 第 37 行测试隐藏位左边的位, 因此需要清除它. 然而, 完整清除短字也简化了第 38 行的零测试.

3. 因为使用 "无符号" 指令, 程序 M 不会引发溢出异常. 但可能会有无提示溢出. 因为指数非常小, 所以指数部分是安全的. 小数部分的高 48 位也是如此. 每当处理 64 位小数部分时, 我们要确定最终进位并应用必要的修正.

在 MIX 计算机的浮点数实现中, 两个小数部分都小于 1, 因此乘积也小于 1. 与之不同的是, 在 MMIX 计算机中, 因为存在隐藏位, 小数部分 f_u 和 f_v 的范围是 $1 \le f_u, f_v < 2$, 所以 $1 \le f_u \times f_v < 4$. 这可能导致指数额外增加, 规范化例程会处理这种可能性.

4. (a) 如图 4 所示, 仅使用第 06 行和第 08 行中计算的低 64 位不能提高精度, 因为 $u_l \times v_l$ 的高 64 位仍然会丢失. 并没有计算出乘积 $u_l \times v_l$.

(b) 拆分时, 将操作数 u 和 v 的小数部分向左移动 8 位. 代码更改为:

01	:DFmul	SLU	eu,um,1; SLU ev,vm,1	*M1. 拆分*.
02		SRU	eu,eu,49; SRU ev,ev,49	
03		XOR	s,um,vm; SRU s,s,63	$s \leftarrow s_u \times s_v$.
04		ANDNH	um,#FFFF; ORH um,#0001	
05		ANDNH	vm,#FFFF; ORH vm,#0001	
06		SLU	um,um,8	左移 (u_m, u_l).
07		SRU	carry,ul,64-8	
08		ADDU	um,um,carry	
09		SLU	ul,ul,8	
10		SLU	vm,vm,8	左移 (v_m, v_l).
11		SRU	carry,vl,64-8	
12		ADDU	vm,vm,carry	
13		SLU	vl,vl,8	
14		MULU	t,um,vl	*M2. 运算*.
15		GET	wl,:rH	$wl \leftarrow 2^{56}u_m \times 2^{64}v_l \times 2^{-64}$.
16		MULU	t,ul,vm	
17		GET	t,:rH; ADDU wl,wl,t	$wl \leftarrow wl + 2^{56}u_l v_m$.
18		MULU	t,um,vm; GET wm,:rH	$wm \leftarrow \lfloor 2^{48}u_m \times v_m \rfloor$.
19		ADDU	wl,wl,t	$wl \leftarrow wl + um \times vm \bmod 2^{64}$.
20		CMPU	t,wl,t; ZSN carry,t,1	如果 wl + t < t 则 carry ← 1.
21		ADDU	wm,wm,carry	
22		ADD	e,eu,ev	
23		SET	t,#3FFF; SUB e,e,t	$e \leftarrow e_u + e_v - q$.
24		JMP	:DNormalize	*M3. 规范化*. ▮

在第 18 行，移位产生一个 50 位的结果 (wm)，这正是我们需要的精度. 此外，wm 仍然足够小，可以在需要时将单个右移步骤保留到规范化例程. 因此，精度提高了 2^{16} 倍，结果的误差小于 $2^{e-q-112}$.

程序 M 有 28 条指令，其中有 3 条是乘法指令，总运行时间是 $55v$. 新程序多用了 4 条指令，每条指令花费 $1v$. 这将使运行时间增加 7% 左右，达到 $59v$.

5. 我们增加一个寄存器 vll，在右移时保存 v 的最低位. 在第 13 行后添加指令

```
        SET   vll,0
```

以在拆分后将 vll 初始化为零. 把第 19–21 行替换为

```
A5  CMP   t,d,64; PBN t,0F                 A5. 右移.
    SET   vll,vl; SET vl,vm; SET vm,0      右移 64 个二进制位.
    SUB   d,d,64
0H  CMP   t,d,64; PBN t,0F
    SET   vll,vl; SET vl,vm; SET vm,0      右移 64 个二进制位.
    SUB   d,d,64
```

在第 22 行后添加指令序列

```
    SRU   vll,vll,d; SLU carry,vl,t; OR vll,vll,carry
```

用三个寄存器完成步骤 A5.

在减法的情形，必须从零中减去 vll，可能导致进位进入 wl. 在第 32 行后添加指令序列

```
    ZSNZ  carry,vll,1; SUBU wl,wl,carry; NEGU vll,vll
```

接下来，我们修改规范化过程的左移和右移步骤. 把第 40 行替换为

```
    ZSN   t,vll,1; SLU vll,vll,1                N3. 左移.
    ZSN   carry,wl,1; SLU wl,wl,1; ADDU wl,wl,t
```

把第 45 行替换为

```
N4  SLU   carry,wl,63; SRU vll,vll,1            N4. 右移.
    ADDU  vll,vll,carry; SLU carry,wm,63
```

最后但并非不重要，对结果进行舍入. 在第 50 行前插入步骤 N5 的代码:

```
6H  SETH  t,#8000              N5. 舍入.
    CMPU  t,vll,t              比较 f_l 和 ½.
    CSOD  carry,wl,1           f 是奇数. 如果 f_l ≥ ½ 则向上舍入.
    CSEV  carry,wl,t           f 是偶数. 如果 f_l > ½ 则向上舍入.
    ZSNN  carry,t,carry        如果 f_l < ½ 则舍去.
    ADDU  wl,wl,carry
    ZSZ   carry,wl,carry
    ADDU  wm,wm,carry
    SET   vll,0
    SRU   t,wm,49; BP t,N4     舍入溢出.
```

所有调用 DFadd/DFsub 的成本为 $6v$，所有调用 DNormalize 的成本另加 $11v$. 此外，如果执行右移步骤，则需要额外 $3v$. 在减法（操作数的符号相反）的情形，运行时间增加 $3v + T3v$，其中 T 是在步骤 N3 中执行的左移位数. 平均运行时间增加 $21v$.

6. 函数 ToDouble 的入口参数是寄存器 x 中的单精度浮点数, 返回值是保存在两个寄存器中的双精度浮点数.

```
01   :ToDouble  BZ    x,:Zero
02              SRU   s,x,63; SLU s,s,63        提取符号位.
03              SLU   exm,x,1; SRU exm,exm,5    定位 ex 和 xm.
04              INCH  exm,#3FFF-#3FF            调整指数.
05              SLU   $0,x,64-(52-48)           提取 xl.
06              OR    $1,exm,s                  添加符号位.
07              POP   2,0                       返回.  ∎
```

函数 ToSingle 的入口参数是双精度浮点数 (f, f_l), 返回值是单精度浮点数.

```
01   :ToSingle  SRU   s,f,63              取得符号位.
02              SLU   e,f,1; SRU e,e,49    取得指数部分.
03              SET   t,#3FFF-#3FF-4
04              SUBU  e,e,t               调整指数.
05              ANDNH f,#FFFF             清除符号位和指数部分.
06              INCH  f,1                 添加隐藏位.
07              JMP   :Normalize          规范化、舍入、退出.  ∎
```

4.3.1　经典算法

3. 这个程序需要四个参数: $u \equiv \mathrm{LOC}(u)$, 存储 m 个数 (每个数占用 n 个全字) 的数组的首地址; $m \equiv m$; $w \equiv \mathrm{LOC}(w)$, 计算结果 (占用 $n+1$ 个全字) 的地址; $n \equiv n$.

```
01   :AddC  8ADDU  w,n,w                        1
02          SL     j,n,3; NEG j,j               1          j ← 0.
03          SET    k,0                          1          k ← 0.
04          JMP    4F                           1
05   1H     8ADDU  u,n,u0                       N          i ← 0.
06          LDOU   t,u,j; ADDU wj,k,t           N          wj ← u0j + k.
07          ZSZ    k,wj,k                       N          进位?
08          SET    i,m                          N
09          JMP    3F                           N
10   2H     LDOU   t,u,j; ADDU wj,wj,t          N(M-1)     wj ← wj + uij.
11          CMPU   t,wj,t; ZSN t,t,1            N(M-1)     进位?
12          ADD    k,k,t                        N(M-1)
13   3H     8ADDU  u,n,u                        NM         推进 i.
14          SUB    i,i,1                        NM
15          PBP    i,2B                         NM[N]      对 i 循环.
16          STOU   wj,w,j                       N
17          ADD    j,j,8                        N          j ← j + 1.
18   4H     PBN    j,1B                         N+1[1]     对 j 循环.
19          STOU   k,w,j                        1          wn ← k.
20          POP    0,0                          ∎
```

程序的运行时间是 $(8NM + 6N + 9)\upsilon + (NM + N + 1)\mu$.

8. 给定三个 n 位数 u, v, w, 以下子程序需要四个参数: $\mathtt{u} \equiv \mathrm{LOC}(u)$, $\mathtt{v} \equiv \mathrm{LOC}(v)$, $\mathtt{w} \equiv \mathrm{LOC}(w)$, $\mathtt{n} \equiv n$. 程序使用习题 5 的算法计算 $w \leftarrow u + v$.

01	:Add	SL	j,n,3	1	$\underline{B1.}$ $j \leftarrow n - 1$.
02		STCO	0,w,j	1	$w_n \leftarrow 0$.
03		SUB	j,j,8	1	$j \leftarrow n - 1$.
04	2H	LDOU	wj,u,j	N	$\underline{B2.}$
05		LDOU	t,v,j; ADDU wj,wj,t	N	$w_j \leftarrow u_j + v_j \bmod b$.
06		STOU	wj,w,j	N	
07		CMPU	t,wj,t	N	$\underline{B3.}$
08		PBNN	t,4F	$N_{[L]}$	
09		SET	i,j	L	$i \leftarrow j$.
10	0H	ADD	i,i,8	K	$i \leftarrow i + 1$.
11		LDOU	wi,w,i	K	$w_i \leftarrow w_i + 1 \bmod b$.
12		ADDU	wi,wi,1	K	
13		STOU	wi,w,i	K	
14		BZ	wi,0B	$K_{[K-L]}$	重复, 直到 $w_i + 1 < b$.
15	4H	SUB	j,j,8	N	$\underline{B4.}$ $j \leftarrow j - 1$.
16		PBNN	j,2B	$N_{[1]}$	如果 $j \geq 0$, 返回 B2.
17		POP	0,0		∎

运行时间依赖于 L（使 $u_j + v_j \geq b$ 成立的位数）和 K（进位的总次数）. 不难发现 K 与程序 A 中的取值相同. 由正文中的分析可知 L 的平均值为 $N((b-1)/2b)$, K 的平均值为 $\frac{1}{2}(N - b^{-1} - b^{-2} - \cdots - b^{-n})$. 因此, 如果略去 $1/b$ 阶的项, 可得运行时间为 $(8N + 7K + L + 5)\upsilon + (3N + 2K + 1)\mu \approx (12N + 5)\upsilon + (4N + 1)\mu$.

10. 不能. 指令 "CMPU t,wj,vj" 比较两个无符号整数 w_j 和 v_j, 如果 $w_j < v_j$, 则置 t 为 -1. 指令 "SUBU wj,wj,vj" 计算两个无符号整数 w_j 和 v_j 的差值, 然后置 wj 为 $(w_j - v_j) \bmod 2^{64}$. 只要 $|w_j - v_j| < 2^{63}$, 当 $w_j < v_j$ 时差值视为负数. 但是, 如果 $|w_j - v_j| \geq 2^{63}$, 当 $w_j > v_j$ 时差值视为负数. CMPU 指令不受这种 "溢出" 的影响.

13. 以下子程序需要四个参数: $\mathtt{u} \equiv \mathrm{LOC}(u)$, $\mathtt{v} \equiv v$, $\mathtt{w} \equiv \mathrm{LOC}(w)$, $\mathtt{n} \equiv n$.

01	:MulS	4ADDU	u,n,u; 4ADDU w,n,w	1	
02		SL	i,n,2; NEG i,i	1	$i \leftarrow 0$.
03		SET	k,0	1	$k \leftarrow 0$.
04	0H	LDTU	wi,u,i	N	$w_i \leftarrow u_i$.
05		MUL	wi,wi,v	N	$w_i \leftarrow u_i \times v$.
06		ADD	wi,wi,k	N	$w_i \leftarrow u_i \times v + k$.
07		STTU	wi,w,i	N	$w_i \leftarrow w_i \bmod b$.
08		SRU	k,wi,32	N	$k \leftarrow \lfloor w_i/b \rfloor$.
09		ADD	i,i,4	N	$i \leftarrow i + 1$.
10		PBN	i,0B	$N_{[1]}$	对 i 循环.
11		STTU	k,w,0	1	$w_n \leftarrow k$.
12		POP	0,0		∎

运行时间是 $(16N + 8)\upsilon + (2N + 1)\mu$.

25. 我们完整展示这个子程序, 作为一个例子.

01		PREFIX	:ShiftLeft:	
02	x	IS	$0	$\mathrm{LOC}(x_0)$
03	n	IS	$1	n
04	p	IS	$2	p
05	i	IS	n	i 与 n 共用一个寄存器.
06	q	IS	$3	$64 - p$
07	k	IS	$4	进位
08	xi	IS	$5	x_i
09	t	IS	$6	临时变量
10	:ShiftLeft	NEG	q,64,p	$q \leftarrow 64 - p$.
11		SET	k,0	$k \leftarrow 0$.
12		SLU	i,n,3; ADDU x,x,i; NEG i,i	$i \leftarrow 0$.
13	OH	LDOU	xi,x,i	装入 x_i.
14		SLU	t,xi,p; OR t,t,k	移位, 然后加进位.
15		STOU	t,x,i	存储 x_i.
16		SRU	k,xi,q	新的进位.
17		ADD	i,i,8	$i \leftarrow i + 1$.
18		PBN	i,0B	对 i 循环.
19		SET	$0,k	返回进位.
20		POP	1,0	▮

运行时间是 $8\upsilon + N(7\upsilon + 2\mu)$.

26. 子程序 ShiftRight 与子程序 ShiftLeft 非常相似.

01	:ShiftRight	NEG	q,64,p	$q \leftarrow 64 - p$.
02		SET	k,0	$k \leftarrow 0$.
03		SLU	i,n,3	$i \leftarrow n$.
04		JMP	1F	
05	OH	LDOU	xi,x,i	装入 x_i.
06		SRU	t,xi,p; OR t,t,k	移位, 然后加进位.
07		STOU	t,x,i	存储 x_i.
08		SLU	k,xi,q	新的进位.
09		SUB	i,i,8	$i \leftarrow i - 1$.
10	1H	PBNN	i,0B	对 i 循环.
11		SET	$0,k	返回进位.
12		POP	1,0	▮

运行时间是 $7\upsilon + N(7\upsilon + 2\mu)$.

4.4　进制转换　　　　　　　　　　　　　　　　　　　　　　　[499]

5. 当且仅当 $10^n - 1 \leq c < w$. 见等式 (3).

8. 为了用乘法代替除法，需要把值 $1/10 < x < 1/10 + 1/2^{64}$ 装入寄存器．以下代码使用全局寄存器 x 存储 $\lceil 2^{64}x \rceil$．也可以将该值装入局部寄存器（总运行时间额外增加 $4v$）．在程序 (1) 中，我们把（二进制）非负整数 u 的十进制表示形式存储为地址 U 处的字节数组．

```
x       GREG    1+(1<<63)/5             x ← ⌈2⁶⁴ × 1/10⌉.
        SET     j,0                    j ← 0.
Loop    MULU    t,u,x; GET ux,rH       ux ← ⌊ux⌋.
        4ADDU   t,ux,ux; SLU t,t,1     t = 10⌊ux⌋.
        SUBU    r,u,t                  r ← u - 10⌊ux⌋.
        PBNN    r,0F
        SUBU    ux,ux,1                （根据习题 7，只会在
        ADD     r,r,10                  第一次迭代时执行．）
OH      STBU    r,U,j                  Uⱼ ← r = u mod 10.
        SET     u,ux
        ADD     j,j,1                  j ← j + 1.
        PBP     u,Loop                 反复执行直到结果为零．  ▌
```

上述程序的运行时间是 $(19v + \mu)M + 3v$．它每计算一位数字大约需要 $19v$，比每计算一位数字需要 $62v$ 的程序 (1) 大约快三倍；接近每计算一位数字需要 $14v$ 的程序 (4)；对于"小的"数值（$M \le 6$），比每计算 9 位数字需要 $128v$ 的程序 (4′) 好．

13. 我们以 $v = 10^9$ 和 $w = u$ 调用习题 4.3.1–13 的乘法程序，得到 u 的前 9 位十进制数字．然后用程序 4.4–(4′) 把这些数字转换为 ASCII 码．

```
ToString 4ADDU   u,m,u
         SET     lines,2
         SET     t,'.'                 从小数点开始．
1H       STBU    t,buffer; INCL buffer,1
         SET     blocks,7
2H       SL      i,m,2; NEG i,i        i ← 0.
         〈 见习题 4.3.1–13 第 03–10 行，取 w = u. 〉
         SLU     ui,k,32
         ADD     ui,ui,v           ⎫
         DIV     ui,ui,v           ⎬   见 4.4-(4′).
         SET     i,8               ⎭
OH       4ADDU   ui,ui,ui          ⎫
         SLU     ui,ui,1           ⎪
         SRU     t,ui,32           ⎪
         ADD     t,t,'0'               转换为 ASCII 码．
         STB     t,buffer,0; INCL buffer,1
         ANDNMH  ui,#FFFF          ⎬   见 4.4-(4′).
         SUB     i,i,1             ⎪
         PBNN    i,0B              ⎭
         SUB     blocks,blocks,1
         SET     t,' '; STBU t,buffer   插入一个空格．
         INCL    buffer,1              推进到下一块．
         BP      blocks,2B
         SET     t,#a; STBU t,buffer    插入一个换行符．
```

```
                INCL    buffer,1
                SET     t,' '                          以空格开始下一行.
                SUB     lines,lines,1                  推进到下一行.
                BP      lines,1B
                SET     t,0; STBU t,buffer             以零字节结束.
                POP     0,0                            ▌
```

19. 我们从每个字节中减去 ASCII 码 '0' 把 ASCII 码转换为纯数值. 然后置 $m_1 = {}^\#\text{FF00FF00FF00FF00}$, $m_2 = {}^\#\text{FFFF0000FFFF0000}$, $m_3 = {}^\#\text{FFFFFFFF00000000}$, $c_i = 1 - (10/256)^{2^{i-1}}$. 除法由 SRU 指令完成, 乘法由 4ADDU 和 SLU 指令完成.

```
ascii    GREG    #3030303030303030                      "00000000"
m1       GREG    #FF00FF00FF00FF00
m2       GREG    #FFFF0000FFFF0000
m3       GREG    #FFFFFFFF00000000
         LDO     u,str
         SUBU    u,u,ascii
         AND     t,u,m1
         SUBU    u,u,t
         4ADDU   t,t,t; SRU t,t,8-1                      t ← t × 10/2⁸.
         ADD     u,u,t

         AND     t,u,m2
         SUBU    u,u,t
         4ADDU   t,t,t; 4ADDU t,t,t; SRU t,t,16-2        t ← t × 100/2¹⁶.
         ADD     u,u,t

         AND     t,u,m3
         SUBU    u,u,t
         4ADDU   t,t,t; 4ADDU t,t,t; 4ADDU t,t,t
         4ADDU   t,t,t; SRU t,t,32-4                     t ← t × 10000/2³².
         ADD     u,u,t                                   ▌
```

转换用时 $21v + 1\mu$, 小于程序 (6) 对相同的 8 位十进制数字所需时间的一半, 即使程序 (6) 改进为运行时间是 $44v + 8\mu$ 也是如此.

4.5.2 最大公因数   [*508*]

43. 新程序片段的恒定运行时间是 $5v$, 程序 4.5.2B 的步骤 B1 的运行时间是 $(8A+3)v$. 假设 A 的平均值是 $\frac{1}{3}$, 则运行时间是 $5.67v$. 在这种情形, 新程序片段只是稍微快一点, 但它可以很好地防止 k 值过大.

4.5.3 对欧几里得算法的分析   [*508*]

1. 运行时间约为 $(44.4T + 3)v$, 比程序 4.5.2A 大约快 30%.

4.6.3 幂的计算   [543]

2. 以下子程序的入口参数是 x 和 n，返回 $x^n \bmod 2^{64}$.

01	A1	SET	y,1	1	_A1. 初始化._
02		JMP	0F	1	
03	A2	SRU	n,n,1	$L+1-K$	_A2. 将 N 折半._ N 是偶数.
04	A5	MULU	z,z,z	L	_A5. 将 Z 平方._
05	0H	PBEV	n,A2	$L+1_{[K]}$	_A2. 将 N 折半._ N 是奇数.
06		SRU	n,n,1	K	$N \leftarrow \lfloor N/2 \rfloor$.
07		MULU	y,z,y	K	_A3. 将 Y 乘以 Z._
08		PBNZ	n,A5	$K_{[1]}$	_A4. $N=0$？_
09		SET	$0,y	1	返回 Y.
10		POP	1,0	∎	

运行时间为 $(12L + 13K + 7)\upsilon$，其中 $L = \lambda n = \lfloor \lg n \rfloor$ 比 n 的二进制表示的位数少 1，而 $K = \nu n$ 是二进制表示中数字 1 的个数.

串行程序非常简单：

01	A1	SET	y,x	1	
02		JMP	1F	1	
03	0H	MUL	y,y,x	$N-1$	
04	1H	SUB	n,n,1	N	
05		PBP	n,0B	$N_{[1]}$	
06		SET	$0,y	1	
07		POP	1,0	∎	

这个程序的运行时间是 $(12N - 5)\upsilon$. 当 $n \le 5$ 时它比上一个程序要快，而 $n \ge 6$ 则更慢.

4.6.4 多项式求值   [552]

20. 假设 x 和系数 α_i 在寄存器中，我们有以下 MMIX 程序：

FADD	y,x,a0	$y \leftarrow x + \alpha_0$.
FMUL	y,y,y	$y \leftarrow (x + \alpha_0)^2$.
FADD	u,y,a1	$u \leftarrow (y + \alpha_1)$.
FMUL	u,u,y	$u \leftarrow (y + \alpha_1)y$.
FADD	u,u,a2	$u \leftarrow (y + \alpha_1)y + \alpha_2$.
FADD	t,x,a3	$t \leftarrow x + \alpha_3$.
FMUL	u,u,t	$u \leftarrow ((y + \alpha_1)y + \alpha_2)(x + \alpha_3)$.
FADD	u,u,a4	$u \leftarrow ((y + \alpha_1)y + \alpha_2)(x + \alpha_3) + \alpha_4$.
FMUL	u,u,a5	$u \leftarrow (((y + \alpha_1)y + \alpha_2)(x + \alpha_3) + \alpha_4)\alpha_5$. ∎

5 排序

6. 指令 "SUB $2,$0,$1" 可能引发溢出, 它会导致错误地指示相等. 他应当写为 "CMP $2,$0,$1". (几乎在所有计算机上都存在无法通过减法进行全字比较的问题. 这是 MMIX 的指令系统中包含 CMP, CMPU, FCMP 的主要原因.)

7. 我们完整展示这个子程序, 作为一个例子.

```
        PREFIX  :MCmp:      (子程序 MCmp 局部名称开始)
n       IS      $0          n > 0        ⎫
a       IS      $1          LOC(a₀)      ⎬  参数
b       IS      $2          LOC(b₀)      ⎭
aj      IS      $3          aⱼ           ⎫
bj      IS      $4          bⱼ           ⎬  局部变量
j       IS      $5          j            ⎭
:MCmp   SUB     j,n,1       :MCmp 是全局名称. j ← n - 1.
OH      LDBU    aj,a,j      装入 aⱼ.
        LDBU    bj,b,j      装入 bⱼ.
        CMPU    $0,aj,bj    比较 aⱼ 和 bⱼ.
        BNZ     $0,1F       如果 $0 非零则跳转.
        SUB     j,j,1       j ← j - 1.
        PBNN    j,0B        当 j ≥ 0 时循环.
1H      POP     1,0         返回 $0.
        PREFIX  :          (子程序 MCmp 局部名称结束)
```

8.   ODIF t,a,b; SUB min,a,t; ADD max,b,t

5.2 内部排序

4. 以下代码的运行时间是 $(5N+6)\upsilon + 3N\mu$.

```
:Finish SL      i,n,3       1
        JMP     OF          1
1H      LDO     ri,r,i      N
        LDO     ci,count,i  N
        STO     ri,s,ci     N        计数已被放大.
OH      SUB     i,i,8       N + 1
        PBNN    i,1B        N + 1 [1]
```

5. 运行时间减少了 $(A+1-N-B)\upsilon$, 在绝大多数情况下这是一种改进.

9. 设 $M = v - u$. 假定一条记录能装入一个全字中, 假定键 (它是 u 到 v 范围内的整数) 存储在每条记录的最高短字中. 下面的程序使用大小为 $M+1$ 的辅助表 COUNT 排序记录 $R_1, \ldots, R_N$. 排序后的记录写入输出区域 $S_1, \ldots, S_N$. 我们维护两个指向计数器数组的指针: count0 指向键值为零的虚拟计数器, countv 指向键值为 v 的计数器. 使用第一个数组作为基址, 下标是 k_j, 在寄存器 kj 中保存值 $8K_j$. 第二个数组的下标是 j 和 i, 在寄存器 i 和 j 中分别保存值 $8(v-j)$ 和 $8(v-i)$. 此外, 我们假定 $\text{key} \equiv \text{LOC}(K_1)$, $\text{count} \equiv \text{LOC}(\text{COUNT}[1])$, $\text{s} \equiv \text{LOC}(S_1)$, $\text{n} \equiv N$, $\text{u} \equiv u$, $\text{v} \equiv v$.

01	:Sort	NEG	t,u	1	
02		8ADDU	count0,t,count	1	count0 ← count − 8u.
03		8ADDU	countv,v,count0	1	countv ← count0 + 8v.
04		SUBU	i,count,countv	1	*D1. COUNT 清零.* i ← u.
05		JMP	0F	1	
06	1H	STCO	0,countv,i	M + 1	COUNT[j] ← 0.
07		ADD	i,i,8	M + 1	i ← i + 1.
08	0H	PBNP	i,1B	M + 1[1]	u ≤ i ≤ v.
09		SL	j,n,3	1	*D2. 对 j 循环.* j ← N + 1.
10		JMP	2F	1	
11	3H	LDWU	kj,key,j	N	*D3. COUNT[Kj] 递增.*
12		SL	kj,kj,3	N	
13		LDO	c,count0,kj	N	COUNT[Kj]
14		ADD	c,c,8	N	+ 1
15		STO	c,count0,kj	N	→ COUNT[Kj].
16	2H	SUB	j,j,8	N + 1	j ← j − 1.
17		PBNN	j,3B	N + 1[1]	N > j ≥ 0.
18		SUB	i,count,countv	1	*D4. 累加.* i ← u.
19		LDO	c,countv,i	1	c ← COUNT[i].
20		JMP	4F	1	
21	0H	LDO	ci,countv,i	M	COUNT[i]
22		ADD	c,ci,c	M	+ COUNT[i − 1]
23		STO	c,countv,i	M	→ COUNT[i].
24	4H	ADD	i,i,8	M + 1	i ← i + 1.
25		PBNP	i,0B	M + 1[1]	u ≤ i ≤ v.
26		SL	j,n,3	1	*D5. 对 j 循环.* j ← N.
27		JMP	5F	1	
28	6H	LDOU	rj,key,j	N	*D6. 输出 Rj.*
29		SRU	kj,rj,48-3	N	提取 8Kj.
30		LDO	i,count0,kj	N	i ← COUNT[Kj].
31		SUB	i,i,8	N	i ← i − 1.
32		STO	i,count0,kj	N	COUNT[Kj] ← i.
33		STOU	rj,s,i	N	Si ← Rj.
34	5H	SUB	j,j,8	N + 1	j ← j − 1.
35		PBNN	j,6B	N + 1[1]	∎

运行时间是 $(15N + 8M + 29)\upsilon + (7N + 3M + 2)\mu$.

11. 假定 key ≡ LOC(K_1), p ≡ LOC($p(1)$), n ≡ N. 此外, 设 i ≡ i, j ≡ j, k ≡ k, ii ≡ $8i$, jj ≡ $8j$, kk ≡ $8k$. 如果假定排列 p 使用已放大的值, 那么程序会更简单.

01	P1	SET	i,n	1	*P1. 对 i 循环.*
02		JMP	0F	1	
03	P2	SL	ii,i,3	N	*P2. $p(i) = i$ 吗?*
04		LDO	pi,p,ii	N	
05		CMP	eq,pi,i	N	
06		BZ	eq,0F	N[N−(A−B)]	如果 $p(i) = i$ 则跳转.
07		LDO	t,key,ii	A − B	*P3. 开始循环.* t ← R_i.

08		SET	j,i; SET jj,ii	$A-B$	$j \leftarrow i$.
09	P4	LDO	k,p,jj	$N-A$	<u>P4. 修正 R_j.</u> $k \leftarrow p(j)$.
10		SL	kk,k,3	$N-A$	
11		LDO	rk,key,kk	$N-A$	
12		STO	rk,key,jj	$N-A$	$R_j \leftarrow R_k$.
13		STO	j,p,jj	$N-A$	$p(j) \leftarrow j$.
14		SET	j,k; SET jj,kk	$N-A$	$j \leftarrow k$.
15		LDO	pj,p,jj	$N-A$	
16		CMP	eq,pj,i	$N-A$	
17		PBNZ	eq,P4	$N-A_{[A-B]}$	如果 $p(j) \neq i$ 则重复.
18		STO	t,key,jj	$A-B$	<u>P5. 结束循环.</u> $R_j \leftarrow t$.
19		STO	j,p,jj	$A-B$	$p(j) \leftarrow j$.
20	OH	SUB	i,i,1	$N+1$	
21		PBNN	i,P2	$N+1_{[1]}$	$N > i \geq 0$. ∎

运行时间是 $(18N - 5A - 5B + 6)v + (6N - 2A - 3B)\mu$, 其中 A 是排列 $p(1) \dots p(N)$ 中的循环数, B 是不动点（1-循环）的数量. 根据式 1.3.3–(21) 和 1.3.3–(28), 可知在 $N \geq 2$ 时有

$$A = (最小 1, 平均 H_N, 最大 N, 标准差 \sqrt{H_N - H_N^{(2)}})$$

和

$$B = (最小 0, 平均 1, 最大 N, 标准差 1).$$

12. ...

以下子程序实现了麦克拉伦的算法. 假定记录由两个全字组成: 首先是 LINK 字段, 然后是 KEY 字段. 它期望虚拟记录 R_0 的 LINK 字段中的列表头位于记录 R_1 之前. 此外, 所有的 LINK 字段都包含以 LOC(R_0) 为基址的相对地址. 子程序的参数是 link $\equiv$ LOC(LINK(R_0)) = LOC(HEAD).

01	M1	LDOU	p,link,0	1	<u>M1. 初始化.</u> P $\leftarrow$ HEAD.
02		SET	k,16	1	$k \leftarrow 1$.
03		ADDU	key,link,KEY	1	
04		JMP	M2	1	
05	OH	LDOU	p,link,p	A	P $\leftarrow$ LINK(P).
06	M3	CMPU	t,p,k	$N+A$	<u>M3. 确认 P 大于等于 k.</u>
07		BN	t,0B	$N_{[A]}$	
08		LDOU	t,key,k	N	<u>M4. 交换.</u>
09		LDOU	kp,key,p	N	
10		STOU	t,key,p	N	
11		STOU	kp,key,k	N	
12		LDOU	t,link,k	N	
13		LDOU	q,link,p	N	Q $\leftarrow$ LINK(k).
14		STOU	t,link,p	N	
15		STOU	p,link,k	N	LINK(k) $\leftarrow$ P.
16		SET	p,q	N	P $\leftarrow$ Q.
17		ADDU	k,k,16	N	$k \leftarrow k + 1$.
18	M2	PBNZ	p,M3	$N+1_{[1]}$	<u>M2. 完成?</u>
19		POP	0,0		∎

总运行时间是 $(13N + 4A + 7)v + (8N + A + 1)\mu$.

5.2.1　插入排序

3. 据推测，下述程序可能是最短的 MMIX 通用排序子程序了，尽管出于速度考虑，并不推荐这一程序. 这个子程序只能用于排序字节值，否则，在第 09 行之后需要一条额外的 SL 指令来按记录的大小缩放 i. 在键的基址 key 为零的特殊情形，这个排序子程序可以缩短到 10 条指令. 在这一情形，第 07 行的 ADD 指令可以与第 08 行的 STB 指令合并为一条 STB s,i,1 指令.

```
01    2H      LDB    r,key,i       B        r ← Kᵢ.
02            SUB    i,i,1         B        递减 i.
03            LDB    s,key,i       B        s ← Kᵢ₋₁.
04            CMP    t,s,r         B
05            PBNP   t,1F          B_[A]    如果 Kᵢ₋₁ ≤ Kᵢ 则继续；
06            STB    r,key,i       A        否则交换 Kᵢ
07            ADD    i,i,1         A        和 Kᵢ₋₁
08            STB    s,key,i       A        并从头开始.
09    :Sort   SUB    i,n,1         A+1      初始化 i ← n − 1.
10    1H      PBP    i,2B          B+1_[1]  当 i > 0 时循环.
11            POP    0,0                    ∎
```

注记：MIX 程序和 MMIX 程序的分析是相同的. MMIX 程序的平均运行时间约为 $\frac{2}{3}N^3\upsilon + \frac{2}{9}N^3\mu$.

10. 将第 12–20 行中的循环更改为：

```
12            LDO    ki,key,i      NT − S         D4. 比较 K : Kᵢ.
13            CMP    c,k,ki        NT − S
14            BNN    c,7F          NT − S_[C]     如果 Kⱼ ≥ Kⱼ₋ₕ 转去增加 j.
15    D5      STO    ki,keyh,i     B              D5. 移动 Rᵢ，减小 i.
16            SUB    i,i,h         B              i ← i − h.
17            BN     i,D6          B_[A]          如果 i < 0 转到 D6.
18            LDO    ki,key,i      B − A          D4. 比较 K : Kᵢ.
19            CMP    c,k,ki        B − A
20            PBN    c,D5          B − A_[NT−S−C−A]  如果 K < Kᵢ 转到 D5.
21    D6      STO    k,keyh,i      NT − S − C     D6. R 放入 Rᵢ₊₁.
22    7H      ADD    j,j,8         NT − S         j ← j + 1.
23    0H      PBN    j,D3          NT − S + T_[T] 如果 j < N 转到 D3.  ∎
```

这一程序净增加了三条指令，却节省了 $C\upsilon$ 的时间，其中 C 是 $K_j \geq K_{j-h}$ 的次数. 在表 3 和表 4 中，节省的时间分别为 33υ 和 29υ. ……

31. 下面的 MMIX 程序实现了普拉特排序算法.

```
01    :Sort   8ADDU   keyn,n,key    1        keyn ← LOC(K_{N+1}).
02            SL      n,n,3         1        放大 N.
03            SL      s,t,3         1        s ← t − 1.
04            JMP     1F            1
05    2H      LDO     h,inc,s       T
06            SL      h,h,3         T        放大 h.
07            SUB     keyh,keyn,h   T        keyh ← LOC(K_{h+1}).
```

08		SET	m,h	T	对 m 循环.
09		JMP	0F	T	
10	3H	LDO	k,keyn,j	$NT-S-B+A$	装入并比较 $K_j:K_{j-h}$.
11		LDO	kh,keyh,j	$NT-S-B+A$	
12		CMP	c,k,kh	$NT-S-B+A$	
13		PBNN	c,7F	$NT-S-B+A_{[B]}$	如果 $K_j \geq K_{j-h}$ 则跳转.
14		STO	kh,keyn,j	B	交换 K_j 和 K_{j-h}.
15		STO	k,keyh,j	B	
16		ADD	j,j,h	B	增加 j.
17	7H	ADD	j,j,h	$NT-B+A$	增加 j.
18		PBN	j,3B	$NT-B+A_{[S]}$	$m < j+N < N$.
19	0H	SUB	m,m,8	$T+S$	减少 m.
20		SUB	j,m,n	$T+S$	$j \leftarrow n$.
21		PBNN	m,7B	$T+S_{[T]}$	$0 \leq m < h$.
22	1H	SUB	s,s,8	$T+1$	对 s 循环.
23		PBNN	s,2B	$T+1_{[1]}$	$0 \leq s < t$. ∎

这里的 A 与从右向左的最大值相关联, 就像程序 D 中的 A 与从左向右的最小值相关联. 这两个量具有相同的统计特性. 内层循环的简化已经把运行时间削减为 $(6NT+6A-B+S+12T+8)\upsilon+(2NT+2A+T-2S)\mu$. 令人惊讶的是, 装入/存储操作的数量竟然与 B 无关.

当 $N=8$ 时, 增量序列为 6, 4, 3, 2, 1, 有 $A_{\text{ave}}=3.892$, $B_{\text{ave}}=6.762$, 平均总运行时间是 $280.59\upsilon+43.78\mu$. (与表 5 相对比.) 在排列 7 3 8 4 5 1 6 2 中, A 和 B 都取到最大值. 当 $N=1000$ 时, 有 40 个增量, 972, 864, 768, 729, ..., 8, 6, 4, 3, 2, 1, 类似于表 6 中的实验测试给出 $A \approx 875$, $B \approx 4250$, 总时间约为 $250533\upsilon+63700\mu$ (超过使用习题 28 增量的程序 D 的时长的两倍). 因为许多增量都大于 $N/2$, 所以从第 17 行到第 21 行的循环会浪费一些时间, 直到 $j=m+h<N$. 在第 09 行之前插入指令序列

$$\text{SL}\quad \text{c,m,1; CMP c,c,n; BNP c,0F; SUB m,n,h}$$

可以避免不必要的迭代, 这将使运行速度提高 8% 左右.

33. 可以进行两种类型的改进. 第一, 在列表末端加一个虚拟健 ∞, 就不再需要判断 p 是否等于 0. (例如, 这一思想已经在算法 2.2.4A 中得到应用.) 第二, 一种标准优化技术: 可以制作内层循环的两个副本, 交换对 p 和 q 的寄存器赋值; 这就避免了赋值操作 SET q,p. (习题 1.1–3 运用了这一思想.)

我们在键字段 R_0 中放入最大的可能值, 初始化链接字段 R_0 和 R_N 以形成循环列表 (这样, 在任何情形都无须测试列表结尾).

01	:Sort	ADDU	key,link,KEY	1	L1. 对 j 循环.
02		SL	j,n,4	1	$j \leftarrow N$.
03		NEG	t,1; SRU t,t,1	1	t ← 最大的带符号 64 位二进制整数.
04		STO	t,key,0	1	$K_0 \leftarrow \infty$.　　;-)
05		STOU	j,link,0	1	$L_0 \leftarrow N$.
06		STCO	0,link,j	1	$L_N \leftarrow 0$.
07		JMP	0F	1	转去减少 j.
08	L2	SET	q,0	$N-1$	L2. 设定 p, q, K. $p \leftarrow L_0$.
09		LDO	k,key,j	$N-1$	$K \leftarrow K_j$.
10	4H	LDOU	p,link,q	B'	L4. 移动 p, q.
11		LDO	kp,key,p	B'	L3. 比较 $K:K_p$.
12		CMP	t,k,kp	B'	

13		BNP	t,L5	$B'_{[N']}$	如果 $K \le K_p$ 则转到 L5.
14		LDOU	q,link,p	B''	<u>L4. 移动 q, p.</u>
15		LDO	kp,key,q	B''	<u>L3. 比较 $K : K_q$.</u>
16		CMP	t,k,kp	B''	
17		PBP	t,4B	$B''_{[N'']}$	如果 $K \le K_q$ 则转到 L5.
18		STOU	j,link,p	N''	<u>L5. 插入列表.</u> $L_p \leftarrow j$.
19		STOU	q,link,j	N''	$L_j \leftarrow q$.
20	0H	SUB	j,j,16	$N''+1$	$j \leftarrow j - 1$.
21		PBP	j,L2	$N''+1_{[A']}$	$N > j \ge 1$.
22		POP	1,0		
23	L5	STOU	j,link,q	N'	<u>L5. 插入列表.</u> $L_q \leftarrow j$.
24		STOU	p,link,j	N'	$L_j \leftarrow p$.
25	0H	SUB	j,j,16	N'	$j \leftarrow j - 1$.
26		PBP	j,L2	$N'_{[A'']}$	$N > j \ge 1$.
27		POP	1,0	∎	

这里 $B' + B'' = B + N - 1$, $N' + N'' = N - 1$, $A' + A'' = 1$, 所以总运行时间是 $(4B+12N)\upsilon + (2B+5N-2)\mu$.

∞ 的技巧也可以加快程序 S 的执行速度. 然而, 与 MIX 不同的是, MMIX 没有漂亮的 MOVE 指令 (MIX 可以用一条 MOVE 指令实现装入、存储和增量所有这些操作). 以下代码简化了程序 S, 因为 j 可以减少到零, 而 i 则增量 (未测试数组末尾), 假设数组的最后一个元素已经包含最大的可能值.

01	:Sort	SUBU	key0,key,8	1	key0 $\leftarrow$ LOC(K_0).
02		SL	j,n,3; SUB j,j,16	1	$j \leftarrow N - 1$.
03		JMP	S1	1	
04	S2	ADD	i,j,8	$N-1$	<u>S2. 设定 j, K, R.</u>
05		LDO	k,key,j	$N-1$	
06		JMP	S3	$N-1$	
07	S4	STO	ki,key0,i	B	<u>S4. 移动 R_i, 增加 i.</u>
08		ADD	i,i,8	B	
09	S3	LDO	ki,key,i	$B+N-1$	<u>S3. 比较 $K : K_i$.</u>
10		CMP	t,k,ki	$B+N-1$	
11		PBP	t,S4	$B+N-1_{[N-1]}$	
12		STO	k,key0,i	$N-1$	<u>S5. R 放入 R_{i-1}.</u>
13		SUB	j,j,8	$N-1$	
14	S1	PBNN	j,S2	$N_{[1]}$	<u>S1. 对 j 循环.</u> ∎

运行时间减少到 $(5B + 11N - 4)\upsilon + (2B + 3N - 3)\mu$. 复制的内层循环不会进一步减少运行时间.

35. 像在程序 M 中那样, 把 head ≡ LOC(H_1) 和 m ≡ M 作为参数传递, 我们有以下子程序:

01	:ListCat	SL	j,m,3; SUB j,j,8	1	$j \leftarrow M$.
02		LDOU	tail,head,j	1	初始化 tail.
03		JMP	0F	1	
04	1H	LDOU	hj,head,j	$M-1$	hj $\leftarrow$ LOC(H_j).
05		BZ	hj,0F	$M-1_{[E]}$	跳过空表头.
06		SET	q,hj	$M-1-E$	
07	2H	SET	p,q	$N-L$	移动 p 和 q.
08		LDOU	q,link,p	$N-L$	
09		PBNZ	q,2B	$N-L_{[M-1-E]}$	

10		STOU	tail,link,p	$M-1-E$	连接列表.
11		SET	tail,hj	$M-1-E$	前进到下一个列表.
12	OH	SUB	j,j,8	M	$j \leftarrow j-1$.
13		PBNN	j,1B	$M_{[1]}$	对 j 循环.
14		STOU	hj,head,0	1	
15		POP	0,0		

运行时间不仅取决于列表头数量 M 和元素数量 N, 还取决于空列表的列表头数量 E 和最大元素 H_{m-1} 的列表长度 L. 总运行时间是 $(3N-3L+9M-3E)v+(N-L+2M-E)\mu$. 对于均匀分布的键, 可以假设 $L=N/M$. 把 N 个键映射到 M 个列表, 有 M^N 种方法; 把 N 个键映射到 M 个列表, 同时将列表 j 留空, 有 $(M-1)^N$ 种方法. 因此, 列表 j 为空的概率是 $(M-1)^N/M^N$, 我们可以期望 ave $E=M(M-1)^N/M^N$. 利用 $\lim_{M\to\infty}((M-1)/M)^M=1/e$ 可得出结论, 对于较大的 N 以及 $M=\alpha N$, ave E 接近 $Me^{-1/\alpha}$. 总之, 运行时间接近 $((3+9\alpha-3\alpha e^{1/\alpha})N-3/\alpha)v+((1+2\alpha-\alpha e^{1/\alpha})N-1/\alpha)\mu$.

注记: 如果修改程序 M, 首先在第 03 行和第 04 行之间插入 "STCO 0,tail,i", 然后在第 21 行和第 22 行之间插入 "STOU j,tail,i", 以在单元 tail 的数组中跟踪每个列表的当前末尾, 则可以像算法 5.2.5H 那样将列表钩连在一起, 从而节省时间.

36. 程序 L: $A=3$, $B=41$, $N=16$, 时间 $=426v+156\mu$. 程序 M: $A=2+1+2+2=7$, $B=2+2+2+1=7$, $N=16$, 如前所述, 程序 M 的运行时间是 $446v+91\mu$. 相乘的速度很慢! 按照正文中的建议, 将 $M=4$ 的乘法移到下面的移位中, 可以将时间缩短到 $286v+91\mu$. (我们还应当添加习题 35 所需要的时间 $78v+22\mu$, 以进行严格公平的比较. 注意, 习题 33 中的改进程序 L 只需要 $356v+160\mu$.)

5.2.2 交换排序

12. 以下程序保存 j, p, q, d, r 的放大值, 以作为偏移量用到基址为 key $\equiv$ LOC(K_1) 的全字数组中. 把 K_d (而不是 d) 的地址保存在寄存器 d 中更方便. 除了把循环条件的测试移到每个循环的底部之外, 以下代码是算法 M 的简单翻译.

01	:Sort	FLOTU	t,ROUND_UP,n	1	*M1. 初始化 p.*
02		SETH	c,#FFF0	1	
03		NOR	c,c,c	1	
04		ADDU	t,t,c	1	使 N 最接近 2^t.
05		SRU	t,t,52	1	提取 t.
06		ANDNL	t,#400	1	$t \leftarrow \lceil \lg N \rceil - 1$.
07		8ADDU	keyn,n,key	1	keyn $\leftarrow$ LOC(K_{N+1}).
08		SET	p,8	1	$p \leftarrow 1$.
09		SLU	p,p,t	1	$p \leftarrow p \cdot 2^t$.
10	M2	SET	q,8	T	*M2. 初始化 q, r, d.*
11		SL	q,q,t	T	$q \leftarrow 2^t$.
12		SET	r,0	T	$r \leftarrow 0$.
13		ADDU	d,p,key	T	$d \leftarrow p$.
14		JMP	M3	T	
15	M5	ADDU	d,key,d	$A-T$	*M5. 对 q 循环.*
16		SR	q,q,1	$A-T$	$q \leftarrow q/2$.
17		ANDNL	q,7	$A-T$	$q \leftarrow 8 \cdot \lfloor q/8 \rfloor$.
18		SET	r,p	$A-T$	$r \leftarrow p$.

19	M3	SUB	i,keyn,d	A	$\underline{M3.}$ 对 i 循环. $i \leftarrow N+1-d$.
20		JMP	OF	A	
21	1H	AND	c,i,p	$AN-D$	
22		CMP	c,c,r	$AN-D$	如果 $i \mathbin{\&} p = r$
23		BNZ	c,OF	$AN-D_{[AN-D-C]}$	则转到 M4.
24		LDO	k,key,i	C	$\underline{M4.}$ 比较/交换 $R_{i+1} : R_{i+d+1}$.
25		LDO	kd,d,i	C	
26		CMP	c,k,kd	C	
27		PBNP	c,OF	$C_{[B]}$	如果 $K_{i+1} > K_{i+d+1}$
28		STO	k,d,i	B	则交换 R_{i+d+1} 和 R_{i+1}.
29		STO	kd,key,i	B	
30	OH	SUB	i,i,8	$AN+A-D$	$i \leftarrow i-1$.
31		PBNN	i,1B	$AN+A-D_{[A]}$	$0 \le i < N-d$.
32		SUB	d,q,p	A	$\underline{M5.}$ 对 q 循环. $d \leftarrow q-p$.
33		PBNZ	d,M5	$A_{[T]}$	
34		SR	p,p,1	T	$\underline{M6.}$ 对 p 循环. $p \leftarrow p/2$.
35		ANDNL	p,7	T	$p \leftarrow 8 \cdot \lfloor p/8 \rfloor$.
36		PBP	p,M2	$T_{[1]}$	
37		POP	0,0	∎	

运行时间依赖于六个量，其中仅有一个取决于输入数据（剩下的五个都只是 N 的函数）：$T = t$，"主循环"的数目；$A = t(t+1)/2$，扫描或"次循环"的数目；$B = $（变量的）交换次数；$C = $ 比较的次数；$D = $ 连续比较的块数；$E = $ 不完备的块数. 当 $N = 2^t$ 时不难证明 $D = (t-2)N + t + 2$ 且 $E = 0$. 对于表 1，我们有 $T = 4$，$A = 10$，$B = 3+0+1+4+0+0+8+0+4+5 = 25$，$C = 63$，$D = 38$，$E = 0$，所以总运行时间是 $(7NA + 12A + 4B + 2C - 7D + 6T + 14)\upsilon + (2B + 2C)\mu = 1238\upsilon + 176\mu$.

对于一般情形，当 $N = 2^{e_1} + \cdots + 2^{e_r}$ 时，潘尼已经证明 $D = e_1(N+1) - 2(2^{e_1} - 1)$，$E = \binom{e_1 - e_r}{2} + (e_1 + e_2 + \cdots + e_{r-1}) - (e_1 - 1)(r-1)$.

根据潘尼对用 $i = r + 2kp + s$，$k \ge 0$，$0 \le s < p$ 执行步骤 M4 的观察，我们有以下程序. 在寄存器中保存 $r+d$ 而不是 r，因为在计算 i 的初值时，r 的唯一用途是将其加到 d 中.

01	:Sort	FLOTU	t,ROUND_UP,n	1	$\underline{M1.}$ 初始化 p.
02		SETH	c,#FFF0	1	
03		NOR	c,c,c	1	
04		ADDU	t,t,c	1	使 N 最接近 2^t.
05		SRU	t,t,52	1	提取 t.
06		ANDNL	t,#400	1	$t \leftarrow \lceil \lg N \rceil - 1$.
07		8ADDU	keyn,n,key	1	keyn $\leftarrow$ LOC(K_{N+1}).
08		SET	w,8	1	$w \leftarrow 1$.
09		SLU	p,w,t	1	$p \leftarrow 2^t$.
10		SL	n,n,3	1	放大 n.
11	M2	SL	q,w,t	T	$\underline{M2.}$ 初始化 q, r, d. $q \leftarrow 2^t$.
12		ADD	r,p,0	T	$r \leftarrow 0$.
13		SUBU	d,keyn,p	T	$d \leftarrow p$.
14	3H	SUB	i,r,n	A	$i \leftarrow r$.
15	8H	SUB	s,p,w	$D+E$	$s \leftarrow 0$.
16	M4	LDO	k,d,i	C	$\underline{M4.}$ 比较/交换 $R_{i+1} : R_{i+d+1}$.
17		LDO	kd,keyn,i	C	
18		CMP	c,k,kd	C	

19		PBNP	c,0F	$C_{[B]}$	如果 $K_{i+1} > K_{i+d+1}$
20		STO	kd,d,i	B	则交换 R_{i+d+1} 和 R_{i+1}.
21		STO	k,keyn,i	B	
22	0H	PBNP	s,7F	$C_{[C-D]}$	如果 $s = p-1$ 则跳转.
23		ADD	i,i,w	$C - D$	$i \leftarrow i+1$.
24		SUB	s,s,w	$C - D$	$s \leftarrow s-1$.
25		PBN	i,M4	$C - D_{[E]}$	如果 $i+d < N$ 则循环.
26		JMP	5F	E	否则，转到 M5.
27	7H	ADD	i,i,p	D	
28		ADD	i,i,w	D	$i \leftarrow i+p+1$.
29		PBN	i,8B	$D_{[A-E]}$	如果 $i+d < N$ 则循环.
30	5H	SUB	d,q,p	A	
31		BZ	d,M6	$A_{[T]}$	
32		ADD	r,d,p	$A - T$	<u>M5. 对 q 循环.</u> $r \leftarrow p$.
33		SUBU	d,keyn,d	$A - T$	
34		SR	q,q,1	$A - T$	$q \leftarrow q/2$.
35		ANDNL	q,7	$A - T$	$q \leftarrow 8 \cdot \lfloor q/8 \rfloor$.
36		JMP	3B	$A - T$	
37	M6	SR	p,p,1	T	<u>M6. 对 p 循环.</u> $p \leftarrow p/2$.
38		ANDNL	p,7	T	$p \leftarrow 8 \cdot \lfloor p/8 \rfloor$.
39		PBP	p,M2	$T_{[1]}$	∎

总运行时间是 $(10A + 4B + 10C - D + 2E + 3T + 15)v + (2B + 2C)\mu$. 对于表 1，我们有 $819v + 176\mu$.

利用潘尼的公式，可以在进入循环之前预先计算 k 和 s，从而将每个循环中的测试次数减少到一次。然而，只有对大的 N 值，才能在循环中找回这种优化花费的时间.

[497]

34. 在每个阶段只要找到至少一个二进制位 0 和至少一个二进制位 1，也就是在每个阶段进行第一次交换之后，就可以避免判断是否 $i \le j$. 为此，将程序 R 的第 06–19 行替换为

	JMP	R3B	A	
R5	LDO	kj,j,8	$C'' - D'' - X$	<u>R5. 查看 K_{j+1} 中的 0.</u>
	AND	t,kj,b	$C'' - D'' - X$	
	BNZ	t,R6B	$C'' - D'' - X_{[C''-D''-A]}$	如果它是 1, 转到 R6B.
	ADDU	i,j,d	$A - X$	
R7	STO	ki,j,8	B	<u>R7. 交换 R_i, R_{j+1}.</u>
	STO	kj,i,0	B	
R4A	ADD	i,i,8	D'	<u>R4′. 增大 i.</u> $i \leftarrow i+1$.
	LDO	ki,i,0	D'	<u>R3′. 查看 K_i 中的 1.</u>
	AND	t,ki,b	D'	
	PBZ	t,R4A	$D'_{[B]}$	如果它是 0, 转到 R4A.
R6A	SUBU	j,j,8	D''	<u>R6′. 减小 j.</u> $j \leftarrow j-1$.
	LDO	kj,j,8	D''	<u>R5′. 查看 K_{j+1} 中的 0.</u>
	AND	t,kj,b	D''	
	BNZ	t,R6A	$D''_{[D''-B]}$	如果它是 1, 转到 R6A.
	SUB	d,i,j	B	
	PBNP	d,R7	$B_{[A-X]}$	如果 $i \le j$, 转到 R7;
	ADDU	j,j,8	$A - X$	否则, 调整 j

	JMP	R8	$A - X$	然后转到 R8.
R4B	ADD	d,d,8	$C' - D' - A$	*R4. 增大 i.*
	BP	d,R8	$C' - D' - A_{[X']}$	如果 $i > j$, 转到 R8.
R3B	LDO	ki,j,d	$C' - D' - X'$	*R3. 查看 K_i 中的 1.*
	AND	t,ki,b	$C' - D' - X'$	
	PBZ	t,R4B	$C' - D' - X'_{[A-X']}$	如果它是 0, 转到 R4B.
R6B	SUBU	j,j,8	$C'' - D'' - X'$	*R6. 减小 j.*
	ADD	d,d,8	$C'' - D'' - X'$	
	PBNP	d,R5	$C'' - D'' - X'_{[X'']}$	如果 $i > j$, 转到 R8. ∎

这里 $X = X' + X''$ 是第一次交换之前 $j < i$ 的次数, $C' + C''$ 是第一次交换之前的位查看次数, $D' + D''$ 是第一次交换之后的位查看次数. 假定 $C' \approx C''$, $D' \approx D''$, $X' \approx X''$, 与程序 R 相比, 新程序节省了 $3D' - 2A - 2B + 12X$. 对于随机的二进制位, 初始循环平均需要 2 个位查看才能到达第一个交换. 忽略因为 $j < i$ 循环过早结束的情形, 我们有 "平均 $(D' + D'') = C - 4A$". 对于情形 (ii) 的数据 (见原作第 99 页式 (3o)), 改进的程序大约快 $(N \ln N - 8N)/\ln 2 + 6N \approx 1.44 N \ln N - 5.5N$ 个周期.

作为替代方案, 可以使用程序 Q 中的优化: 在数组的左右两侧分别添加一个全 0 的键和一个全 1 的键, 最后运行一次直接插入排序 (也见习题 40). 从而有以下程序:

01	:Sort	CMP	t,n,M	1	*R1. 初始化.*
02		BNP	t,S1	1	如果 $N \le M$, 转到直接插入排序.
03		GET	rJ,:rJ	1	
04		SUBU	t+1,key,8	1	$l \leftarrow 0$.
05		8ADDU	t+2,n,0	1	$j \leftarrow N + 1$.
06		SET	t+3,b	1	$b \leftarrow b$.
07		PUSHJ	t,R2	1	转到基数交换排序.
08		PUT	:rJ,rJ	1	
09		JMP	S1	1	转到直接插入排序.
10	R2	SET	i,0	A	*R2. 开始新阶段.* $i \leftarrow l$.
11		SET	r,j	A	$r \leftarrow j$.
12		JMP	0F	A	
13	R7	STO	ki,l,j	B	*R7. 交换 K_i, K_j.*
14		STO	kj,l,i	B	
15	R6	SUB	j,j,8	$C'' - A$	*R6. 减小 j. $j \leftarrow j - 1$.*
16	0H	LDO	kj,l,j	C''	*R5. 查看 K_j 中的 0.*
17		AND	t,kj,b	C''	
18		PBNZ	t,R6	$C''_{[A+B]}$	如果它是 0, 转到 R4.
19	R4	ADD	i,i,8	C'	*R4. 增大 i. $i \leftarrow i + 1$.*
20		LDO	ki,l,i	C'	*R3. 查看 K_i 中的 1.*
21		AND	t,ki,b	C'	
22		PBZ	t,R4	$C'_{[A+B]}$	如果它是 1, 转到 R8.
23		CMP	t,i,j	$A + B$	*R8. 检测特殊情况.*
24		PBN	t,R7	$A + B_{[A]}$	如果 $i < j$, 转到 R7.
25		BOD	b,R10	$A_{[G]}$	如果 $m \le 0$, 转到 R10.
26		SR	b,b,1	$A - G$	$m \leftarrow m - 1$.
27		SUB	d,r,j	$A - G$	$d \leftarrow r - j$.
28		CMP	t,j,8*M	$A - G$	
29		BNP	t,0F	$A - G_{[R]}$	如果左子文件太小则跳转.
30		CMP	t,d,8*M	$A - G - R$	

31		BNP	t,R2	$A - G - R_{[L]}$	如果右子文件太小则跳转.
32		GET	rJ,:rJ	S	现在 $j > r - j > M + 1$.
33		ADDU	t+1,l,j	S	*R9. 压入栈.* 使用参数
34		SET	t+2,d	S	$l \leftarrow l + j, j \leftarrow r - j,$
35		SET	t+3,b	S	2^{b-1} 转到 R2,
36		PUSHJ	t,R2	S	同时 $(l, j, rJ) \Rightarrow$ 栈.
37		PUT	:rJ,rJ	S	
38		JMP	R2	S	使用参数 l 和 j 转到 R2.
39	0H	CMP	t,d,8*M+8	R	
40		PBNP	t,R10	$R_{[R-K]}$	如果右子文件太小则跳转.
41		ADD	l,l,j	$R - K$	现在 $r - j > M \geq j - 0$.
42		SET	j,d	$R - K$	
43		JMP	R2	$R - K$	使用参数 $l + j$ 和 $r - j$ 转到 R2.
44	R10	POP	0,0	S	*R10. 弹出栈.*
45	S1	SL	j,n,3	1	*S1. 对 j 循环.*
46		SUBU	key0,key,8	1	$key0 \leftarrow \mathrm{LOC}(K_0)$.
47		SUB	j,j,8	1	$j \leftarrow j - 1$.
48		JMP	0F	1	
49	S3	LDO	ki,key,j	$N - 1$	*S3.* $k_i \leftarrow K_j$.
50		SUB	j,j,8	$N - 1$	$j \leftarrow j - 1$.
51		LDO	kj,key,j	$N - 1$	$k_j \leftarrow K_j$.
52		CMP	t,kj,ki	$N - 1$	比较 $K_j : K_i$.
53		BNP	t,0F	$N - 1_{[N-1-D]}$	如果 $K_j \leq K_{j+1}$ 则完成.
54		ADD	i,j,8	D	$i \leftarrow j + 1$.
55	S4	STO	ki,key0,i	E	*S4. 移动 K_i.*
56		ADD	i,i,8	E	增大 i.
57		LDO	ki,key,i	E	$k_i \leftarrow K_i$.
58		CMP	t,kj,ki	E	比较 $K_j : K_i$.
59		PBP	t,S4	$E_{[D]}$	当 $K_j > K_i$ 时循环.
60		STO	kj,key0,i	D	*S5.* $K_{i+1} \leftarrow K_j$.
61	0H	PBP	j,S3	$N_{[1]}$	当 $j > 0$ 时继续.　∎

可以使用程序 R 中的量 A, B, C, G, R, L, K, N 和程序 Q 中的量 D, E, M 分析这个程序. 从最内层的循环看, 很明显渐近运行时间与前一个程序相同, 但 $O(N)$ 部分变小了. 其结果是, 对于 $m = 32$, $M = 12$, $N = 10000$, 运行速度大约快了 33%.

55. 用下面程序替代程序 Q 中的第 09–10 行:

Q2	LDO	kl,l,8	A	*Q2. 开始新阶段.*
	SUB	r,j,8	A	
	LDO	kr,l,r	A	
	SR	m,r,1	A	
	LDO	k,l,m	A	
	CMP	t,kl,k	A	
	CSP	kt,t,k	A	如果 $K_l > K_m$ 则交换 K_m 和 K_l.
	CSP	k,t,kl	A	
	CSP	kl,t,kt	A	
	CMP	t,k,kr	A	

	BNP	t,OF	$A_{[A/3]}$	如果 $K \le K_r$ 则完成.
	STO	k,1,r	$2A/3$	
	SET	k,kr	$2A/3$	$K \leftarrow K_r$.
	CMP	t,kl,k	$2A/3$	
	CSP	k,t,kl	$2A/3$	如果 $K_l > K_r$ 则交换 K_r 和 K_l.
	CSP	kl,t,kr	$2A/3$	
OH	STO	kl,1,8	A	
	LDO	kt,1,16	A	
	STO	kt,1,m	A	
	STO	k,1,16	A	
	SET	i,24	A	

另外，把第 25 行的指令替换为 STO kj,1,16（见 (27) 后面的注释）.

平均而言，这一修改使程序 Q 的总运行时间增加了 $A(20\upsilon + 7\frac{2}{3}\mu)$.

56.   ...

类似地，$S_N = \frac{3}{7}(N+1)(5M+3)/(2M+3)(2M+1) - 1 + O(N^{-6})$. 习题 55 中程序的总平均运行时间是 $(42.5A_N + 6B_N + 4C_N + 6D_N + 5E_N + 9S_N + 6N + 7.5)\upsilon + (10\frac{2}{3}A_N + 2B_N + C_N + D_N + 2E_N + 2N - 2)\mu$. 选择 $M = 11$ 要比选择 $M = 12$ 稍好一点点，其平均时间大约是 $(8.91(1+N)\ln N - 3.66N - 39.66)\upsilon + (2.4(1+N)\ln N - 0.22N - 10.88)\mu$.

5.2.3   选择排序   *[502]*

8. 假定我们已经记住了 $\max(K_1, \ldots, K_{i-1})$，则可以在位置 i 处启动步骤 S2 的下一次迭代. 保存所有这些辅助信息的一种方法是利用一个链表 $L_1 \ldots L_N$，使得只要 K_k 为黑体，K_{L_k} 就是前一个黑体元素；$L_1 = -1$.［我们也可以使用较少的辅助存储来实现这一点，代价是增加一些冗余比较.］

下面的 MMIX 程序有一个额外参数 link $\equiv$ LOC(L_1). 下标 i, j, k 放大 8 倍，用作偏移量. 为了使内层循环更快，偏移 k $\equiv 8(k-j)$ 相对于 K_j（和 L_j），保持在范围 $-8j <= k <= 0$ 内.

01	:Sort	SL	j,n,3	1	*S1. 对 j 循环.* $j \leftarrow N$.
02		SUB	j,j,8	1	$j \leftarrow j - 1$.
03		BNP	j,9F	$1_{[0]}$	$j > 0$?
04		NEG	t,1	1	
05		STO	t,link,0	1	$L_1 \leftarrow -1$.
06		JMP	1F	1	
07	2H	ADDU	linkj,link,j	$N-D$	linkj $\leftarrow$ LOC(L_{j+1}).
08		ADDU	keyj,key,j	$N-D$	keyj $\leftarrow$ LOC(K_{j+1}).
09	S2	LDO	kk,keyj,k	A	*S2. 找出 $\max(K_1, \ldots, K_j)$.* kk $\leftarrow K_k$.
10		CMP	t,max,kk	A	比较 $K_i : K_k$.
11		PBNN	t,OF	$A_{[N-C]}$	如果 $K_i < K_k$,
12		STO	i,linkj,k	$N-C$	$L_k \leftarrow i$,
13		ADD	i,j,k	$N-C$	$i \leftarrow k$,
14		SET	max,kk	$N-C$	$\max \leftarrow K_k$.
15	OH	ADD	k,k,8	A	$k \leftarrow k + 1$.
16		PBNP	k,S2	$A_{[N-D]}$	如果 $k \le j$ 则跳转.
17	S3	LDO	t,key,j	$N-1$	*S3. 与 K_j 交换.*

18		STO	max,key,j	$N-1$	
19		STO	t,key,i	$N-1$	
20		SUB	j,j,8	$N-1$	$j \leftarrow j-1$.
21		SUB	k,i,j	$N-1$	$k \leftarrow i$.
22		LDO	i,link,i	$N-1$	$i \leftarrow L_i$.
23		PBNN	i,0F	$N-1_{[C-1]}$	如果无链接,
24	1H	NEG	k,8,j	C	$k \leftarrow 1$ 且
25		SET	i,0	C	$i \leftarrow 0$.
26	0H	LDO	max,key,i	N	$max \leftarrow K_i$.
27		PBNP	k,2B	$N_{[D]}$	
28		PBP	j,S3	$D_{[1]}$	
29	9H	POP	0,0	▮	

9. $N-1+\sum_{N \geq k \geq 2}((k-1)/2-1/k) = \frac{1}{2}\binom{N}{2}+N+H_N$. [C 和 D 的平均值分别是 H_N+1 和 $H_N-\frac{1}{2}$，因此这个程序的平均运行时间是 $(1.25N^2+21.75N+3H_N-1.5)v+(0.25N^2+6.75N-4)\mu$.] 对于大的 N，程序 H 要好得多.

5.2.4　合并排序　　　　　　　　　　　　　　　　　　　　　　　　　　[*508*]

9. 以下子程序实现算法 S. 它需要三个参数：key ≡ LOC(K_1) = LOC(R_1)，待排序记录的位置；key2，记录的第二存储区域的位置（可以是 LOC(R_{N+1})）；n ≡ N，记录数. 可以通过交换 key 和 key2 实现输出区域切换，从而不需要变量 s. 返回值是已排序记录的位置，可以是 key 或 key2.

　　这里介绍的实现维护两个指针 q ≡ LOC(K_q) 和 r ≡ LOC(K_r)，而不是计数器 q 和 r. 偏移量 i 和 j 与 q 和 r 相关. 这样一来，可以在位置 q + i 和 r + j 访问键 K_i 和 K_j. 在内层循环中消除了"减小 q 或 p"，并用测试 i < 0 和 j > 0 代替测试 $q>0$ 和 $r>0$. 这将渐近运行时间减少到 $8N\lg N$ 个单位.

01	:Sort	SL	n,n,3	1	*S1. 初始化.*
02		SET	p,8	1	$p \leftarrow 1$.
03	S2	ADDU	q,key,p	A	*S2. 准备扫描.* q ← LOC(R_{1+p}).
04		NEG	i,p	A	$i \leftarrow 1$（i 与 q 相关）.
05		LDO	ki,q,i	A	ki ← K_i.
06		ADDU	r,key,n	A	r ← LOC(R_{N+1}).
07		SUB	r,r,8	A	r ← LOC(R_N).
08		SUB	r,r,p	A	r ← LOC(R_{N-p}).
09		SET	j,p	A	$j \leftarrow N$（j 与 r 相关）.
10		LDO	kj,r,j	A	kj ← K_j.
11		NEG	k,8	A	$k \leftarrow -1$.
12		SET	l,n	A	$l \leftarrow N$.
13		SET	d,8	A	$d \leftarrow 1$.
14	S3	CMP	t,ki,kj	C	*S3. 比较 $K_i:K_j$.*
15		BP	t,S8	$C_{[C'']}$	如果 $K_i > K_j$，转到 S8.
16		ADD	k,k,d	C'	*S4. 传送 R_i.* $k \leftarrow k+d$.
17		STO	ki,key2,k	C'	$R_k \leftarrow R_i$.
18		ADD	i,i,8	C'	*S5. 游程结束?* $i \leftarrow i+1$.
19		LDO	ki,q,i	C'	ki ← K_i.

20		PBN	i,S3	$C'_{[B']}$	如果 $q > 0$，转到 S3.
21	S6	ADD	k,k,d	D'	S6. 传送 R_j. $k \leftarrow k + d$.
22		CMP	t,k,l	D'	
23		BZ	t,S13	$D'_{[A']}$	如果 $k = l$，转到 S13.
24		STO	kj,key2,k	$D' - A'$	$R_k \leftarrow R_j$.
25		SUB	j,j,8	$D' - A'$	S7. 游程结束？ $j \leftarrow j - 1$.
26		LDO	kj,r,j	$D' - A'$	kj $\leftarrow K_j$.
27		PBNP	j,S12	$D' - A'_{[D'-B']}$	如果 $r \leq 0$，转到 S12;
28		JMP	S6	$D' - B'$	否则转到 S6.
29	S8	ADD	k,k,d	C''	S8. 传送 R_j. $k \leftarrow k + d$.
30		STO	kj,key2,k	C''	$K_k \leftarrow K_j$.
31		SUB	j,j,8	C''	S9. 游程结束？ $j \leftarrow j - 1$.
32		LDO	kj,r,j	C''	kj $\leftarrow K_j$.
33		PBP	j,S3	$C''_{[B'']}$	如果 $r > 0$，转到 S3.
34	S10	ADD	k,k,d	D''	S10. 传送 R_i. $k \leftarrow k + d$.
35		CMP	t,k,l	D''	
36		BZ	t,S13	$D''_{[A'']}$	如果 $k = l$，转到 S13.
37		STO	ki,key2,k	$D'' - A''$	$R_k \leftarrow R_i$.
38		ADD	i,i,8	$D'' - A''$	S11. 游程结束？ $i \leftarrow i + 1$.
39		LDO	ki,q,i	$D'' - A''$	ki $\leftarrow K_i$.
40		BN	i,S10	$D'' - A''_{[D''-B'']}$	如果 $q > 0$，转到 S10.
41	S12	SUB	ji,r,q	$B - A$	S12. 换方向. ji $\leftarrow j - i$.
42		ADDU	q,q,p	$B - A$	$q \leftarrow p$.
43		NEG	i,p	$B - A$	i 与 q 相关.
44		SUB	r,r,p	$B - A$	$r \leftarrow p$.
45		SET	j,p	$B - A$	j 与 r 相关.
46		NEG	d,d	$B - A$	$d \leftarrow -d$.
47		SET	t,l	$B - A$	交换 $k \leftrightarrow l$.
48		SET	l,k	$B - A$	
49		SET	k,t	$B - A$	
50		CMP	t,ji,p	$B - A$	
51		PBNN	t,S3	$B - A_{[E]}$	如果 $j - i \geq p$，转到 S3;
52		JMP	S10	E	否则转到 S10.
53	S13	ADD	p,p,p	A	S13. 换区域. $p \leftarrow p + p$.
54		CMP	t,p,n	A	
55		BNN	t,0F	$A_{[1]}$	如果 $p \geq N$，排序完成.
56		SET	t,key2	$A - 1$	交换 key2 $\leftrightarrow$ key.
57		SET	key2,key	$A - 1$	
58		SET	key,t	$A - 1$	
59		JMP	S2	$A - 1$	转到 S2.
60	0H	SET	$0,key2	1	返回 key2.
61		POP	1,0		

当 $N \geq 3$ 时运行时间是 $(5A + 11B - B' + 9C - 2C' + 9D + D' + 3E + 1)\upsilon + (2C + 2D)\mu$，其中：$A = A' + A''$ 是扫描次数，A' 是步骤 S6 结束时的扫描次数；$B = B' + B''$ 是子文件合并操作的执行次数，B' 是首先耗尽 q 子文件的合并次数；$C = C' + C''$ 是比较次数，C' 是 $K_i \leq K_j$ 的比较次数；$D = D' + D''$ 是其他子文件耗尽时子文件中剩余的元素数，D' 是属于 r 子文件的元素数；D'' 包含 E，

因为子文件的数量是奇数，所以子文件的数量不需要合并. 利用 $A \approx \lceil \lg N \rceil$, $A' \approx A/2$, $B = N - 1$, $B' \approx B/2$, $C + D \approx N \lg N$, $C' \approx C/2$, $D \approx 1.26N + O(1)$（见习题 13）和 $E \approx A/2$, 渐近运行时间是 $8N \lg N + 12.4N + 6.5 \lg N + O(1)$.

程序的最内层循环包含两条转移指令：一条在第 15 行，另一条在第 20 行或第 33 行. 因为没有一个分支预测逻辑能够实现平均超过 50% 的好猜测，在高度流水线处理器上，这些转移指令中的第一条将导致相当大的速度下降. 利用按位运算的技巧与方法可以消除这个分支（见 7.1.3 节，原作第 150 页）.

13. $N \geq 3$ 时，运行时间是 $(16A+10B+1B'+9C-2C'+5D+4N+21)v+(6A+4B+3C+D+N+6)\mu$, 这里 A 是扫描遍数；$B = B' + B''$ 是所执行的子文件合并操作次数，其中 B' 是这些合并中首先耗尽 p 子文件的合并次数；$C = C' + C''$ 是所执行的比较次数，其中 C' 是 $K_p \leq K_q$ 的比较次数；$D = D' + D''$ 是当一个子文件已经耗尽时其余文件中剩余的元素数目，其中 D' 是属于 q 子文件的元素数目. 在表 3 中，我们有 $A = 4$, $B' = 6$, $B'' = 9$, $C' = 22$, $C'' = 22$, $D' = 10$, $D'' = 10$, 总时间 $= 757v + 258\mu$.（在像习题 5.2.1–33 中那样改进之后，可比较的程序 5.2.1L 仅需要 $356v + 160\mu$ 的时间，从而可以看出，当 N 很小时合并排序并不是特别高效.）……

15. 制作步骤 L3 和 L4 的额外副本，把程序 L 的第 26 行替换为

	BOD	p,L5	$C'_{[B']}$	如果 TAG(p) = 0, 转到 L3A.
L3A	CMP	c,kp,kq	C'_1	*L3. 比较 $K_p : K_q$.*
	BP	c,L6	$C'_{1[C'']}$	如果 $K_p > K_q$, 转到 L6.
	SET	s,p	C'_1	*L4. 推进 p. $s \leftarrow p$.*
	LDTU	p,link,p	C'_1	$p \leftarrow L_p$.
	LDT	kp,key,p	C'_1	kp $\leftarrow K_p$.
	PBEV	p,L3A	$C'_{1[B'-B']}$	如果 TAG(p) = 0, 返回 L3A.

类似替换程序 L 的第 38 行. 消除 $L_s \leftarrow p$（以及 $L_s \leftarrow q$）可以缩减渐近运行时间 $0.5C$ 到 $7.5N \lg N$. 还可以进一步改进：只需对寄存器重命名，就可以从内层循环中清除赋值 $s \leftarrow p$（以及 $s \leftarrow q$）！制作内层循环的 12 个副本，对应于 (p,q,s) 的不同排列，以及已知 L_s 的不同情形，平均运行时间可以缩减到 $(6.5N \lg N + O(N))v$.

下面是步骤 L3, L4, L5 的代码（步骤 L3, L6, L7 的代码类似）：

L3pqs	CMP	c,kp,kq	*L3. 比较 $K_p : K_q$.*
	BP	c,L6pqs	如果 $K_p > K_q$, 转到 L6pqs.
L4pqs	STTU	p,link,s	*L4. 推进 p. $L_s \leftarrow p$.*
	LDTU	s,link,p	$p \leftarrow L_p$.
	LDT	kp,key,s	kp $\leftarrow K_p$.
	BOD	s,L5sqp	如果 TAG(p) = 1, 转到 L5sqp.
L34sqp	CMP	c,kp,kq	*L3. 比较 $K_p : K_q$.*
	BP	c,L6sqp	如果 $K_p > K_q$, 转到 L6sqp.
	LDTU	p,link,s	*L4. 推进 p. $p \leftarrow L_s$.*
	LDT	kp,key,p	kp $\leftarrow K_p$.
	BOD	p,L5pqs	如果 TAG(p) = 1, 转到 L5pqs.
L34pqs	CMP	c,kp,kq	*L3. 比较 $K_p : K_q$.*
	BP	c,L6pqs	如果 $K_p > K_q$, 转到 L6pqs.
	LDTU	s,link,p	*L4. 推进 p. $s \leftarrow L_p$.*
	LDT	kp,key,s	kp $\leftarrow K_s$.
	PBEV	s,L34sqp	如果 TAG(p) = 0, 转到 L34sqp.
L5sqp	STTU	q,link,p	*L5. 完成子列表.* $L_p \leftarrow q$.
	SET	p,s	还原 (p,q,s) 的排列.

	JMP	L5A	
L4psq	STTU	p,link,q	*L4. 推进 p.* $L_q \leftarrow p$.
	LDTU	q,link,p	$q \leftarrow L_p$.
	LDT	kp,key,q	kp $\leftarrow K_q$.
	BOD	q,L5qsp	如果 TAG$(q) = 1$, 转到 L5qsp.
L34qsp	CMP	c,kp,kq	*L3. 比较 $K_p : K_q$.*
	BP	c,L6qsp	如果 $K_p > K_q$, 转到 L6qsp.
	LDTU	p,link,q	*L4. 推进 p.* $p \leftarrow L_q$.
	LDT	kp,key,p	kp $\leftarrow K_p$.
	BOD	p,L5psq	如果 TAG$(p) = 1$, 转到 L5psq.
L34psq	CMP	c,kp,kq	*L3. 比较 $K_p : K_q$.*
	BP	c,L6psq	如果 $K_p > K_q$, 转到 L6psq.
	LDTU	q,link,p	*L4. 推进 p.* $q \leftarrow L_p$.
	LDT	kp,key,q	kp $\leftarrow K_q$.
	PBEV	q,L34qsp	如果 TAG$(q) = 0$, 转到 L34qsp.
L5qsp	STTU	s,link,p	*L5. 完成子列表.* $L_p \leftarrow s$.
	SET	p,q	还原 (p, q, s) 的排列.
	SET	q,s	
	JMP	L5A	
L4spq	STTU	s,link,q	*L4. 推进 p.* $L_s \leftarrow p$.
	LDTU	q,link,s	$q \leftarrow L_s$.
	LDT	kp,key,q	kp $\leftarrow K_q$.
	BOD	q,L5qps	如果 TAG$(q) = 1$, 转到 L5qps.
L34qps	CMP	c,kp,kq	*L3. 比较 $K_p : K_q$.*
	BP	c,L6qps	如果 $K_p > K_q$, 转到 L6qps.
	LDTU	s,link,q	*L4. 推进 p.* $s \leftarrow L_q$.
	LDT	kp,key,s	kp $\leftarrow K_s$.
	BOD	s,L5spq	如果 TAG$(s) = 1$, 转到 L5spq.
L34spq	CMP	c,kp,kq	*L3. 比较 $K_p : K_q$.*
	BP	c,L6spq	如果 $K_p > K_q$, 转到 L6spq.
	LDTU	q,link,s	*L4. 推进 p.* $q \leftarrow L_s$.
	LDT	kp,key,q	kp $\leftarrow K_q$.
	PBEV	q,L34qps	如果 TAG$(q) = 0$, 转到 L34qps.
L5qps	STTU	p,link,s	*L5. 完成子列表.* $L_s \leftarrow p$.
	SET	s,p	还原 (p, q, s) 的排列.
	SET	p,q	
	SET	q,s	
	JMP	L5A	
L4qps	STTU	q,link,s	*L4. 推进 p.* $L_s \leftarrow q$.
	LDTU	s,link,q	$s \leftarrow L_q$.
	LDT	kp,key,s	kp $\leftarrow K_s$.
	PBEV	s,L34spq	如果 TAG$(s) = 0$, 转到 L34spq.
L5spq	STTU	p,link,q	*L5. 完成子列表.* $L_q \leftarrow p$.
	SET	q,p	还原 (p, q, s) 的排列.
	SET	p,s	
	JMP	L5A	
L4sqp	STTU	s,link,p	*L4. 推进 p.* $L_p \leftarrow s$.

```
                  LDTU   p,link,s        p ← L_s.
                  LDT    kp,key,p        kp ← K_p.
                  PBEV   p,L34pqs        如果 TAG(s) = 0, 转到 L34pqs.
        L5pqs     STTU   q,link,s        L5. 完成子列表. L_s ← q.
        L5A       SET    s,t             s ← t.
        0H        SET    t,q             t ← q.
                  LDTU   q,link,q        q ← L_q.
                  BEV    q,0B            重复, 直到 TAG(q) = 1.
                  LDT    kq,key,q        kq ← K_q.
                  JMP    L8
        L4qsp     STTU   q,link,p        L4. 推进 p. L_p ← q.
                  LDTU   p,link,q        p ← L_q.
                  LDT    kp,key,p        kp ← K_p.
                  PBEV   p,L34psq        如果 TAG(p) = 0, 转到 L34psq.
        L5psq     STTU   s,link,q        L5. 完成子列表. L_q ← s.
                  SET    q,s             还原 (p, q, s) 的排列.
                  JMP    L5A
```

5.2.5 分布排序   [511]

5. 把程序 R 的第 07–10 行替换为

```
                  NEG    k,3            1     k ← 1.
                  SET    mask,8*((1<<m)-1)  1  mask ← 8(2^m − 1) (位掩码).
        0H        SUBU   P,P,16         N     R5. 步进至下一条记录.
                  LDOU   i,P,KEY        N     R3. 提取键的第 1 位.
                  SLU    i,i,3          N
                  AND    i,i,mask       N     i ← a_1.
```

以初始化寄存器 k (位偏移) 和 mask (位掩码). 假设 $m \geq 3$, 这样, 在后续扫描中, 可以通过加 m 来调整位偏移. 然后, 把第 19 行和第 21 行替换为

```
                  ADD    k,k,m          P − 1    k ← k + 1.
        R3        LDOU   i,P,KEY        N(P − 1)  R3. 提取键的第 k 位.
                  SRU    i,i,k          N(P − 1)
                  AND    i,i,mask       N(P − 1)  i ← a_{p+1−k}.
```

对排序程序的改动将使运行时间增加 $(NP+1)\upsilon$, 达到 $((8P+1)N + 11MP + 26P + 9)\upsilon$. 对于固定的 N 和固定的键长度 Pm, 排序程序花费的额外时间将随着 P 的增大而线性增长, 子程序 Hook 和 Empty 花费的时间将随着 P 的减小呈指数增长. 因此, 对于每个 N 和键长度, 都会有一个最佳扫描次数. 对于 $N < 10\,000$ 且键长度不超过 32 个二进制位的情形, 这些改动将始终使程序变慢. 对于 $N = 100\,000$ 和完整的 64 位键, 在 $m = 13$ 且 $P = 5$ 的情形, 这些改动将使程序快 20% 左右.

5.3.1　比较次数最少的排序

28. 最简单和最有效的解决方案是：首先，将所有 5 个键装入寄存器；然后，对每个结点使用一条 CMP 指令接着一条 BP 指令实现正文中描述的决策树；最后，存储这 5 个键.

```
:Sort  LDB   a,K,0     1
       LDB   b,K,1     1
       LDB   c,K,2     1
       LDB   d,K,3     1
       LDB   e,K,4     1
       CMP   t,a,b     1
       BP    t,0F      1[0.5]    a < b
       CMP   t,c,d     1
       BP    t,1F      1[0.5]    a < b, c < d
       CMP   t,b,d     1
       BP    t,2F      1[0.5]    a < b < d, c < d
       ...
2H     ...                      a < b, c < d < b
       ...
1H     CMP   t,b,c     1        a < b, d < c
       BP    t,2F      1[0.5]    a < b < c, d < c
       ...
2H     ...                      a < b, d < c < b
       ...
0H     CMP   t,c,d     1        b < a
       BP    t,1F      1[0.5]    b < a, c < d
       CMP   t,a,d     1
       BP    t,2F      1[0.5]    b < a < d, c < d
       ...
2H     ...                      b < a, c < d < a
       ...
1H     CMP   t,a,c     1        b < a, d < c
       BP    t,2F      1[0.5]    b < a < c, d < c
       ...
2H     ...                      b < a, d < c < a
       ...
       ⟨ 使用 3H 和 4H 插入 e,
         使用 5H 和 6H 插入最后一个元素 c,
         最后, 使用 7H 的 120 个变量完成排序. ⟩
7H     STB   a,K,0     1
       STB   b,K,1     1
       STB   c,K,2     1
       STB   d,K,3     1
       STB   e,K,4     1
       POP   0,0
```

完整的 1075 行程序的平均运行时间是 $30.8v + 10\mu$. 最短运行时间是 $22v + 10\mu$（正确预测 6 个分支），最长运行时间是 $38v + 10\mu$. 最长运行时间看起来是最优的，因为它是执行 5 次 LDB、7 次 CMP、7 次 BP（所有预测失误）和 5 次 STB 的时间. 不提倡这样写程序. 如果需要，应该实现一个生成器来为任意（小）的 N 生成合并插入程序.

以最少的额外成本可以实现更短的程序. 例如，第一处的测试和转移指令

```
CMP    t,a,b    1
BP     t,0F     1[0.5]
```

可以替换为测试和"交换 a 与 b":

```
CMP    t,a,b    1
CSP    x,t,a    1    a ↔ b
CSP    a,t,b    1
CSP    b,t,x    1
```

这将使程序大小减半，而不改变最长运行时间. 平均运行时间增加 1 个周期，最短运行时间增加 2 个周期.

下一处测试 $c < d$ 也可以类似替换. 在第三处测试 $b < d$ 之后加入控制流需要两个交换：$a \leftrightarrow c$ 和 $b \leftrightarrow d$. 在这里使用条件置 1 指令比使用转移指令效率低. 第 14–21 行的转换将使最长运行时间增加 4 个周期，平均运行时间和最短运行时间增加 2 个周期.

接下来必须在序列 $a < b < d$ 中插入 e. 根据需要交换值，可以将可能性减少为 $a < b < e < d, c < d$ 和 $a < b < d < e, c < d$ 这两种情形. 最后把 c 面插入刚好小于 d 的位置. 在知道最终位置后立即发出 STB 指令，可以进一步减小代码大小而不会影响运行时间. 我们得到：

01	:Sort	LDB	a,K,0	1	
02		LDB	b,K,1	1	
03		LDB	c,K,2	1	
04		LDB	d,K,3	1	
05		LDB	e,K,4	1	
06		CMP	t,a,b	1	
07		CSP	x,t,a	1	$a \leftrightarrow b$.
08		CSP	a,t,b	1	
09		CSP	b,t,x	1	
10		CMP	t,c,d	1	这里 $a < b$.
11		CSP	x,t,c	1	$c \leftrightarrow d$.
12		CSP	c,t,d	1	
13		CSP	d,t,x	1	
14		CMP	t,b,d	1	这里 $c < d$.
15		BN	t,2F	$1_{[1/2]}$	
16		SET	x,a	1/2	$a \leftrightarrow c$.
17		SET	a,c	1/2	
18		SET	c,x	1/2	
19		SET	x,b	1/2	$b \leftrightarrow d$.
20		SET	b,d	1/2	
21		SET	d,x	1/2	
22	2H	CMP	t,e,b	1	这里 $a < b < d, c < d$.
23		BP	t,3F	$1_{[7/15]}$	
24		CMP	t,e,a	8/15	这里 $a < b < d, e < b, c < d$.
25		SET	x,e	8/15	$x \leftarrow e$.

26		SET	e,b	8/15	$e \leftarrow b$.
27		CSNP	b,t,a	8/15	如果 $e < a$ 则 $b \leftarrow a$.
28		CSNP	a,t,x	8/15	如果 $e < a$ 则 $a \leftarrow x$.
29		CSP	b,t,x	8/15	如果 $e > a$ 则 $b \leftrightarrow e$.
30	0H	STB	d,K,4	4/5	这里 $a < b < e < d$, $c < d$.
31		CMP	t,c,b	4/5	
32		BP	t,5F	4/5$_{[2/5]}$	
33		STB	e,K,3	2/5	这里 $a < b < e < d$, $c < b$.
34	1H	STB	b,K,2	8/15	
35		CMP	t,c,a	8/15	
36		BP	t,6F	8/15$_{[4/15]}$	
37		STB	c,K,0	4/15	这里 $c < a < b < e < d$.
38		STB	a,K,1	4/15	
39		POP	0,0		
40	6H	STB	a,K,0	4/15	这里 $a < c < b < e < d$.
41		STB	c,K,1	4/15	
42		POP	0,0		
43	5H	STB	a,K,0	2/5	这里 $a < b < e < d$, $b < c < d$.
44		STB	b,K,1	2/5	
45		CMP	t,c,e	2/5	
46		BN	t,6F	2/5$_{[1/5]}$	
47		STB	e,K,2	1/5	这里 $a < b < e < c < d$.
48		STB	c,K,3	1/5	
49		POP	0,0		
50	6H	STB	e,K,3	1/5	这里 $a < b < c < e < d$.
51		STB	c,K,2	1/5	
52		POP	0,0		
53	3H	CMP	t,e,d	7/15	这里 $a < b < d$, $b < e$, $c < d$.
54		PBN	t,0B	7/15$_{[1/5]}$	
55		STB	e,K,4	1/5	这里 $a < b < d < e$, $c < d$.
56		STB	d,K,3	1/5	
57		CMP	t,c,b	1/5	
58		PBN	t,1B	1/5$_{[1/15]}$	
59		STB	a,K,0	1/15	这里 $a < b < c < d < e$.
60		STB	b,K,1	1/15	
61		STB	c,K,2	1/15	
62		POP	0,0		

以上代码只有 62 条指令. 最长运行时间是 $42v + 10\mu$, 最短运行时间是 $32v + 10\mu$, 平均运行时间是 $37.2v + 10\mu$.

在像 MMIX 这样有用于饱和减的 ODIF 指令的计算机上, 实现一个排序网络（见 5.3.4 节）是有吸引力的选择. 当 3 条指令（见习题 5-8）足以排序两个非负数 a 和 b 时, 可以用 27 条指令实现 5 个数的排序网络（需要 9 个这样的比较器, 见 5.3.4-(11)）. 加上 5 条装入和存储指令, 得到一个仅有 37 条指令的排序过程, 运行时间恒定为 $37v + 10\mu$.

它无法胜过 1075 条指令的完整程序的平均运行时间 $30.8v + 10\mu$, 但比 62 条指令的精简版程序短得多, 它的恒定运行时间是 $37v + 10\mu$, 胜过精简版程序的平均运行时间 $37.2v + 10\mu$.

对于 n 个键, 可能的最小平均比较次数约为 $\lg n$. 对于 n 个键, 最小排序网络的大小为 $O(n(\log n)^2)$. 显然, 对于大的 n, 这两种方法都不值得推荐.

5.5 小结、历史与文献 [552]

2. 对于较小和中等的 N 值，例如 $N \leq 1000$，使用多列表插入排序；对于大的 N 值，使用基数列表排序.

6.1 顺序查找 [553]

3. 以下子程序需要两个参数：第一个结点的位置 p，键 k $\equiv K$. 查找成功后，返回找到的记录的位置，否则，返回 0.

01	S3	LDOU	p,p,LINK	$C - S$	*S3. 前进.* $P \leftarrow \text{LINK}(P)$.
02	:Search	BZ	p,0F	$C - S + 1_{[1-S]}$	*S4. 文件结束?*
03		LDO	kp,p,KEY	C	kp $\leftarrow \text{KEY}(P)$.
04		CMP	t,k,kp	C	*S2. 比较.*
05		PBNZ	t,S3	$C_{[S]}$	如果 $K = \text{KEY}(P)$，则算法成功终止.
06	0H	POP	1,0		返回 p. ∎

运行时间为 $(5C - 2S + 3)\upsilon + (2C - S)\mu$.

5. 如果 $C < S + 2 + (C - S) \bmod 2$，程序 Q' 花费的时间比程序 Q 更多. 成功的查找只会在 $i \leq 2$ 时花费更多的时间，失败的查找只会在 $N = 1$ 时花费更多的时间.

6. 我们展开内循环三次.

01	:Search	SL	i,n,3	1	*Q1. 初始化.*
02		NEG	i,i	1	$i \leftarrow -8N$, $i \leftarrow 1$.
03		SUBU	key,key,i	1	key $\leftarrow \text{LOC}(K_{N+1})$.
04		ADDU	key1,key,8	1	key1 $\leftarrow \text{LOC}(K_{N+2})$.
05		ADDU	key2,key1,8	1	key2 $\leftarrow \text{LOC}(K_{N+3})$.
06		STO	k,key,0	1	$K_N \leftarrow K$.
07		JMP	Q2	1	
08	Q3	ADD	i,i,24	$\lfloor (C-S)/3 \rfloor$	*Q3. 前进.* （三步）
09	Q2	LDO	ki,key,i	$\lfloor (C-S)/3 \rfloor + 1$	*Q2. 比较.*
10		CMP	t,k,ki	$\lfloor (C-S)/3 \rfloor + 1$	
11		BZ	t,Q4	$\lfloor (C-S)/3 \rfloor + 1_{[1-F]}$	如果 $K = K_i$，则转至 Q4.
12		LDO	ki,key1,i	$\lfloor (C-S)/3 \rfloor + F$	*Q2. 比较.*
13		CMP	t,k,ki	$\lfloor (C-S)/3 \rfloor + F$	
14		BZ	t,0F	$\lfloor (C-S)/3 \rfloor + F_{[F-G]}$	如果 $K = K_{i+1}$，则转至 Q4.
15		LDO	ki,key2,i	$\lfloor (C-S)/3 \rfloor + G$	*Q2. 比较.*
16		CMP	t,k,ki	$\lfloor (C-S)/3 \rfloor + G$	
17		PBNZ	t,Q3	$\lfloor (C-S)/3 \rfloor + G_{[G]}$	如果 $K \neq K_{i+2}$，则转至 Q3.
18		ADD	i,i,8	G	
19	0H	ADD	i,i,8	F	
20	Q4	PBN	i,Success	$1_{[1-S]}$	*Q4. 文件结束?*
21		POP	0,0		如果不在表中，则退出.
22	Success	ADDU	$0,key,i	S	返回 $\text{LOC}(K_i)$.
23		POP	1,0		∎

总运行时间为 $(10\lfloor (C-S)/3 \rfloor - S + 4F + 4G + 15)\upsilon + (3\lfloor (C-S)/3 \rfloor + F + G + 2)\mu$. 使用 $(C-S) \bmod 3 = F + G$，这大约为 $(3.33C - 4.33S + 0.67((C-S) \bmod 3) + 15)\upsilon + (C - S + 2)\mu$.

6.2.1 查找有序表 [555]

4. 它必然是一个 $N = 127$ 的失败查找, 因此, 根据定理 B, 答案是 $84v$.

5. 程序 6.1Q′ 的平均运行时间为 $1.75N + 11.5 - (N \bmod 2)/4N$. 当且仅当 $N \leq 17$ 时, 它战胜程序 B. [仅当 $N = 2, 4, 5, 6$ 时, 它战胜程序 C.]

10. 使用一段包含 DELTA 的 "宏扩展" 程序. 因此, 对于 $N = 10$:

```
01  :Search  ADDU  i,key,8*5-8      i ← DELTA[1], DELTA[1] = 5.
02           LDO   ki,i,0           ki ← K₅.
03           CMP   t,k,ki           比较 K : K₅.
04           BZ    t,Success
05           ADDU  i,i,8*3          i ← i + DELTA[2], DELTA[2] = 3.
06           SUBU  l,i,2*8*3        l ← i − 2DELTA[2].
07           CSN   i,t,l            如果 K < K₅, 则 i ← l.
08           LDO   ki,i,0           ki ← K_{2,8}.
09           CMP   t,k,ki           比较 K : K_{2,8}.
10           BZ    t,Success
11           ADDU  i,i,8*1          i ← i + DELTA[3], DELTA[3] = 1.
12           SUBU  l,i,2*8*1        l ← i − 2DELTA[3].
13           CSN   i,t,l            如果 K < K_{2,8}, 则 i ← l.
14           LDO   ki,i,0           ki ← K_{1,3,7,9}.
15           CMP   t,k,ki           比较 K : K_{1,3,7,9}.
16           BZ    t,Success
17           ADDU  i,i,1*8          i ← i + DELTA[4], DELTA[4] = 1.
18           SUBU  l,i,2*8*1        l ← i − 2DELTA[4].
19           CSN   i,t,l            如果 K < K_{1,3,7,9}, 则 i ← l.
20           LDO   ki,i,0           ki ← K_{0,2,2,4,6,8,8,10}.
21           CMP   t,k,ki           比较 K : K_{0,2,2,4,6,8,8,10}.
22           BZ    t,Success
23  Failure  POP   0,0
24  Success  POP   1,0                      ▮
```

[习题 23 表明, 大多数 "BZ t, Success" 指令可以消去. 而生成一段长度大约为 $5 \lg N$ 行、仅需要大约 $5 \lg N$ 个时间单位的程序. 但仅当 $N > 16\,300$ (近似) 时, 该程序才会更快一些.]

6.2.2 二叉树查找 [558]

1. 在内存中使用额外的全字来包含根结点的位置. 用参数 p 中这个全字的位置调用子程序, 并用下面的代码替换程序 T 的前两行:

```
:Search  SET  l,0        1   T1. 初始化. l ← 0.
         JMP  T3         1
OH       SET  p,q        C   P ← Q.
         LDO  kp,p,KEY   C   T2. 比较. kp ← KEY(P).
```

3. 我们可以用有效地址代替 Λ, 并在算法的开头置 $\text{KEY}(\Lambda) \leftarrow K$. 然后可以从内层循环中清除对 $Q \neq \Lambda$ 的测试. 此外, 像程序 6.2.1F 中那样复制代码, 可以删除指令 SET p,q. 因此, MMIX 时间将缩短到大约 $5C$ 单位.

6.2.3　平衡树

12. 在插入 (12) 的第二个外部结点时, 出现最大值, $C = 4, F = H = 1, S = G = J = 0$, 总时间为 $97v$. 当插入 (13) 的倒数第三个外部结点时, 出现最小值, $C = 2, S = J = F = G = H = 0$, 总时间为 $49v$. [程序 6.2.2T 的相应数字为 $57v$ 和 $15v$.]

6.3　数字查找

4. 在压缩表中, 成功查找的执行过程与完全的表中一样, 但失败查找则需要经历另外几次迭代. 例如, 诸如 ACCD 之类的输入参数会使程序 T 执行六次迭代: A 将查找到结点 (2), 其中 C 再次链接到结点 (2)! 因此, 给定键中的任意数量的 C 将在此处循环. 在我们的例子中, 在 D 把查找带到结点 (3) 之前, 只需要再执行一次循环, 从这里字符串的结尾将进一步查找到结点 (12). 最后, 以零表条目查找失败结束. 有必要验证零序列上不可能存在无限循环. ⋯⋯

9. 这个子程序有两个参数: 指向根结点的指针 $p \equiv \text{LOC(ROOT)}$, 给定的键 $k \equiv K$. 如果查找成功, 则返回找到的结点的位置, 否则, 返回 0. 我们用 $s \equiv K'$ 作为移位寄存器.

01	:Search	SET	s,k	1	*D1. 初始化.*　$K' \leftarrow K$.
02		JMP	D2	1	
03	OH	SET	p,q	$C-1$	$\text{P} \leftarrow \text{Q}$.
04		SLU	s,s,1	$C-1$	
05	D2	LDO	kp,p,KEY	C	*D2. 比较.*　kp $\leftarrow$ KEY(P).
06		CMP	t,k,kp	C	
07		BZ	t,Success	$C_{[S]}$	如果 $K = \text{KEY(P)}$, 则退出.
08		ZSNN	l,s,LLINK	$C-S$	$l \leftarrow b?\text{LLINK} : \text{RLINK}$.
09		LDOU	q,p,l	$C-S$	*D3/4. 左移/右移.*　$\text{Q} \leftarrow \text{LINK}(b,\text{P})$.
10		PBNZ	q,OB	$C-S_{[1-S]}$	
11		〈 如程序 6.2.2T 中那样继续执行. 〉				∎

这个程序查找阶段的运行时间是 $(8C - 3S + 2)v + (2C - S)\mu$, 其中 $C - S$ 是所探查的二进制位数. 对于随机数据, 近似的平均运行时间是:

	成功	失败
程序 6.2.2T	$14 \ \ln N - 14.92$	$14 \ \ln N - 4.91$
这个程序	$11.5 \ln N - 6.73$	$11.5 \ln N - 0.19$

因此, 如果 $N \geq 28$, 这个程序在查找成功时更快, 如果 $N \geq 7$, 在查找失败时更快.

6.4　散列

1. $-4 \leq a \leq 58$. 因此, 必须保证包含键的表的前后位置中所包含的数据与任何给定参数都不匹配. 或者, 在第一个 POP 之前插入指令 "CMP t,a,40; CSNN a,t,4", 在最后一个 POP 之前插入指令 "CSN a,a,4; CMP t,a,40; CSNN a,t,4", 使得 a 保持在 $0 \leq a \leq 39$ 的范围内. (中间的 POP 不需要这样的测试.) 额外的测试将使平均运行时间增加 1.4 个周期. [由于不需要这些预防措施, 我们可以认为习题 6.3–4 中的方法使用的空间较少, 因为该表的边界决不会被超过.]

2. BLACK 和 DATA 都散列到 4; FOR 和 SHE 都散列到 6; DAY 和 NO 都散列到 11; LOOK 和 STUDENT (还有 PROGRAM) 都散列到 22; ALL 和 TRY 都散列到 27; CAN 和 PEOPLE 都散列到 31; THEM 和 OVER 都散列到 32; ONE 和 WILL 都散列到 34; HIM 和 PART 都散列到 35; THEY 和 WHAT 都散列到 37.

3. ASCII 码满足 $\mathtt{A}+\mathtt{T}=\mathtt{O}+\mathtt{F}$ 和 $\mathtt{B}-\mathtt{E}=\mathtt{O}-\mathtt{R}$, 所以我们得到 $f(\mathtt{AT})=f(\mathtt{OF})$ 或 $f(\mathtt{BE})=f(\mathtt{OR})$. 注意, 表 1 中的指令 $\mathtt{2ADDU\ a,a,a}$ 比较好地解决了这个两难选择.

5. 由于这个散列函数假定最多有 26 个不同的值, 而且其中一些值出现的概率要远高于其他值, 所以这个散列函数很糟糕. 甚至对于两次散列 (设 $h_2(K)=1+(K$ 的第二个字节), 再比如说 $M=257$), 查找过程减缓的时间要超过快速散列所节省的时间. 另外, $M=256$ 也太小了, 因为 FORTRAN 程序经常有超过 256 个互不相同的变量 (尤其是由程序生成器生成时).

6. 由于 $K>M$ 几乎总会发生, 所以在 MMIX 上不行. 在这种情况下, 不包含 rR 余数 $(wK)\bmod M$, 而是包含寄存器 $z=0$ 的值. [能够计算 $(wK)\bmod M$ 当然很不错, 特别是使用线性探查并取 $c=1$. 但遗憾的是, 像大多数计算机一样, MMIX 不允许这样做, 因为商会溢出.]

12. 我们可以将 K 存储在表尾的额外表项 $\mathtt{KEY}[m]$ 中, 并使标记链尾的奇数链接指向此表项. 用以下代码代替第 23 行

```
C6  8ADDU  t,m,1    1-S    C6. 插入新键.
```

并且用以下代码代替第 09–14 行

```
      SL    t,m,3          A
      STT   k,key,t        A        KEY[M] ← K.
      JMP   3F             A
OH    SET   p,i            C-A      保留 i 的前一个值.
      LDT   i,link,i       C-A      C4. 前进到下一项.
3H    LDT   t,key,i        C        t ← KEY[i].
      CMP   t,t,k          C        C3. 比较.
      BNZ   t,OB           C[C-A]   如果 KEY[i] ≠ K, 则跳转.
      PBEV  i,Success      A[A-S]   退出, 除非 i 是奇数.
```

"改进"后的程序查找阶段的总运行时间为 $(7C-S+69)v+(2C+3)\mu$. 所"节省"的时间为 $(C-5S)v-S\mu$. 如果 $S=1$ 且 $C<5$, 这实际上是净损失. (内层循环不一定总是需要优化的!)

72.

(b) ……

假定在位置 H, 8×256 个半字的表初始化为 0 到 $M-1$ 范围内的随机数, 并且 H 的地址在全局寄存器 $\mathtt{h}\equiv\mathtt{LOC(H)}$ 中. 然后我们可以用以下代码代替程序 L 的第 03 行和第 04 行

```
SRU  j,k,7*8-3; LDTU i,:h,j
SLU  j,k,8; SRU t,j,7*8-3; INCL t,1*4*258; LDTU t,:h,t; XOR i,i,t
SLU  j,j,8; SRU t,j,7*8-3; INCL t,2*4*258; LDTU t,:h,t; XOR i,i,t
SLU  j,j,8; SRU t,j,7*8-3; INCL t,3*4*258; LDTU t,:h,t; XOR i,i,t
SLU  j,j,8; SRU t,j,7*8-3; INCL t,4*4*258; LDTU t,:h,t; XOR i,i,t
SLU  j,j,8; SRU t,j,7*8-3; INCL t,5*4*258; LDTU t,:h,t; XOR i,i,t
SLU  j,j,8; SRU t,j,7*8-3; INCL t,6*4*258; LDTU t,:h,t; XOR i,i,t
SLU  j,j,8; SRU t,j,7*8-3; INCL t,7*4*258; LDTU t,:h,t; XOR i,i,t
```

上面的代码很长, 但只需要 $37v+8\mu$ 而不是 $61v$. 图 42 告诉我们, 只要负载因子在合理范围内, 程序 L 的运行时间在 $70v$ 到 $80v$ 之间. 在这种情况下, 新的代码大约快三分之一. 在同样的条件下, 对于一个空表, 程序 D 的加速将以三分之一的速度重新开始, 并将增加到大约二分之一, 因为需要计算更多的第二次散列. 修改后的程序 D 将受益于与程序 L 相似的加速, 但范围稍大. 可以用 0 到 $2^{32}-1$ 之间的随机数初始化 H 处的半字表, 并通过在代码上附加最后的 AND 指令把范围缩小到 0 至 $M-1$. 对于 $1\leq m\leq 32$, 相同的表可以用于所有 $M=2^m$.

致　　谢

1998 年 12 月，弗拉迪米尔·伊万诺维奇启动了一个邮件列表，以协调那些响应高德纳的 MMIX 页面上号召的志愿者或被高德纳推荐的人. "MMIX 大师"项目已经启动. 后来，他添加了一个网页和一个维基来帮助交流，并向公众展示提交的解决方案.

在接下来的几年中，收到了很多贡献. 他们帮助完成了这本书中介绍的程序集.

扬-亨德里克·贝尔曼贡献了程序 5.2.3H 的实现.

维兹·德博尔和肯尼思·拉斯科斯基贡献了程序 5.2C 的实现.

安德雷·杜宾恰克贡献了程序 2.1–(5), 2.2.3–(10), 2.2.3–(11), 2.2.3T, 2.2.4A, 6.1S, 6.1Q, 6.1Q′ 的实现，以及习题 2.1–8, 2.1–9, 2.2.3–24, 2.2.4–11, 2.2.4–13, 2.2.4–14, 2.2.4–15 的解答.

叶夫根尼·埃雷明贡献了程序 5.2.2B 的实现.

阿明·格罗登贡献了程序 5.2.4L 的实现.

布莱克·黑格尔贡献了程序 5.2.1S, 5.2.1L, 5.2.1D 的实现，以及习题 5.2.1–3 的解答.

约翰尼斯·梅尔和格奥尔格·施米德尔一起贡献了程序 6.2.1B 和 6.2.1F 的实现.

拉吉斯拉夫·斯拉代克贡献了习题 2.2.6–15 和 2.5–27 的解答.

迈克尔·昂瓦扎特贡献了程序 5.2.3S 的实现，以及习题 5.2.3–8 的解答.

陈文旺贡献了程序 2.3.2D, 6.4C, 6.4D, 6.4L 的实现，以及习题 2.2.3–2, 2.2.3–3, 2.2.3–8, 2.2.3–24, 2.2.3–27, 2.3.5–4, 2.5–4, 2.5–34 的解答.

尤瓦尔·雅罗姆贡献了程序 2.3.1T 的实现.

一个未知的贡献者提交了程序 2.3.1S.

我们要感谢所有人!

人名索引

术语索引

ASCII 字 符 表

	#0	#1	#2	#3	#4	#5	#6	#7	#8	#9	#a	#b	#c	#d	#e	#f	
#2x		!	"	#	$	%	&	'	(	)	*	+	,	−	.	/	#2x
#3x	0	1	2	3	4	5	6	7	8	9	:	;	<	=	>	?	#3x
#4x	@	A	B	C	D	E	F	G	H	I	J	K	L	M	N	O	#4x
#5x	P	Q	R	S	T	U	V	W	X	Y	Z	[	\	]	^	_	#5x
#6x	`	a	b	c	d	e	f	g	h	i	j	k	l	m	n	o	#6x
#7x	p	q	r	s	t	u	v	w	x	y	z	{	|	}	~	■	#7x
	#0	#1	#2	#3	#4	#5	#6	#7	#8	#9	#a	#b	#c	#d	#e	#f	

MMIX 操 作 码 表

	#0	#1	#2	#3	#4	#5	#6	#7	
#0x	TRAP $5v$	FCMP v	FUN v	FEQL v	FADD $4v$	FIX $4v$	FSUB $4v$	FIXU $4v$	#0x
	FLOT[I] $4v$		FLOTU[I] $4v$		SFLOT[I] $4v$		SFLOTU[I] $4v$		
#1x	FMUL $4v$	FCMPE $4v$	FUNE v	FEQLE $4v$	FDIV $40v$	FSQRT $40v$	FREM $4v$	FINT $4v$	#1x
	MUL[I] $10v$		MULU[I] $10v$		DIV[I] $60v$		DIVU[I] $60v$		
#2x	ADD[I] v		ADDU[I] v		SUB[I] v		SUBU[I] v		#2x
	2ADDU[I] v		4ADDU[I] v		8ADDU[I] v		16ADDU[I] v		
#3x	CMP[I] v		CMPU[I] v		NEG[I] v		NEGU[I] v		#3x
	SL[I] v		SLU[I] v		SR[I] v		SRU[I] v		
#4x	BN[B] $v+\pi$		BZ[B] $v+\pi$		BP[B] $v+\pi$		BOD[B] $v+\pi$		#4x
	BNN[B] $v+\pi$		BNZ[B] $v+\pi$		BNP[B] $v+\pi$		BEV[B] $v+\pi$		
#5x	PBN[B] $3v-\pi$		PBZ[B] $3v-\pi$		PBP[B] $3v-\pi$		PBOD[B] $3v-\pi$		#5x
	PBNN[B] $3v-\pi$		PBNZ[B] $3v-\pi$		PBNP[B] $3v-\pi$		PBEV[B] $3v-\pi$		
#6x	CSN[I] v		CSZ[I] v		CSP[I] v		CSOD[I] v		#6x
	CSNN[I] v		CSNZ[I] v		CSNP[I] v		CSEV[I] v		
#7x	ZSN[I] v		ZSZ[I] v		ZSP[I] v		ZSOD[I] v		#7x
	ZSNN[I] v		ZSNZ[I] v		ZSNP[I] v		ZSEV[I] v		
#8x	LDB[I] $\mu+v$		LDBU[I] $\mu+v$		LDW[I] $\mu+v$		LDWU[I] $\mu+v$		#8x
	LDT[I] $\mu+v$		LDTU[I] $\mu+v$		LDO[I] $\mu+v$		LDOU[I] $\mu+v$		
#9x	LDSF[I] $\mu+v$		LDHT[I] $\mu+v$		CSWAP[I] $2\mu+2v$		LDUNC[I] $\mu+v$		#9x
	LDVTS[I] v		PRELD[I] v		PREGO[I] v		GO[I] $3v$		
#Ax	STB[I] $\mu+v$		STBU[I] $\mu+v$		STW[I] $\mu+v$		STWU[I] $\mu+v$		#Ax
	STT[I] $\mu+v$		STTU[I] $\mu+v$		STO[I] $\mu+v$		STOU[I] $\mu+v$		
#Bx	STSF[I] $\mu+v$		STHT[I] $\mu+v$		STCO[I] $\mu+v$		STUNC[I] $\mu+v$		#Bx
	SYNCD[I] v		PREST[I] v		SYNCID[I] v		PUSHGO[I] $3v$		
#Cx	OR[I] v		ORN[I] v		NOR[I] v		XOR[I] v		#Cx
	AND[I] v		ANDN[I] v		NAND[I] v		NXOR[I] v		
#Dx	BDIF[I] v		WDIF[I] v		TDIF[I] v		ODIF[I] v		#Dx
	MUX[I] v		SADD[I] v		MOR[I] v		MXOR[I] v		
#Ex	SETH v	SETMH v	SETML v	SETL v	INCH v	INCMH v	INCML v	INCL v	#Ex
	ORH v	ORMH v	ORML v	ORL v	ANDNH v	ANDNMH v	ANDNML v	ANDNL v	
#Fx	JMP[B] v		PUSHJ[B] v		GETA[B] v		PUT[I] v		#Fx
	POP $3v$	RESUME $5v$	[UN]SAVE $20\mu+v$		SYNC v	SWYM v	GET v	TRIP $5v$	
	#8	#9	#A	#B	#C	#D	#E	#F	

如果发生转移则 $\pi = 2v$；如果没有发生转移则 $\pi = 0$.